高等职业教育“十四五”规划教材
高等职业教育产教融合新形态教材

猫病防治技术

李艳艳　主编

中国农业大学出版社
·北京·

内 容 简 介

本教材顺应宠物临床猫科发展最新趋势，开展校企合作，遵循学习者认知规律，共设十个项目，59个典型工作任务，23个技能训练点，培养学习者掌握猫病诊疗的基础知识和常规技能。教材系统地介绍了猫病诊疗的基础知识和临床常见疾病防治方法，深度融合行业发展最新理念和技术，理论与实践相结合，确保了教材的科学性、先进性、实践性和创新性。本教材以项目引领、任务驱动，项目设计学习目标、温故知新、基础任务、进阶任务、拓展任务、技能强化、思维提升及病例/案例分析为模块，符合技术技能型人才成长规律，有助于加深学习者的印象和理解。本教材图文并茂、彩色印刷，既可作为高等职业院校宠物医疗等相关专业的教材，也是广大养猫人士、宠物医生助理入门猫科的一本实用的工具书。

图书在版编目(CIP)数据

猫病防治技术 / 李艳艳主编. --北京：中国农业大学出版社，2024. 7. --ISBN 978-7-5655-3245-0

Ⅰ. S858. 293

中国国家版本馆 CIP 数据核字第 2024L8Y419 号

书　名　猫病防治技术

作　者　李艳艳　主编

策划编辑　康昊婷　　**责任编辑**　许晓婧

封面设计　郑　川　李尘工作室

出版发行　中国农业大学出版社

社　址　北京市海淀区圆明园西路2号　　**邮政编码**　100193

电　话　发行部 010-62733489，1190　　读者服务部 010-62732336

编辑部 010-62732617，2618　　出　版　部 010-62733440

网　址　http://www.caupress.cn　　**E-mail** cbsszs@cau.edu.cn

经　销　新华书店

印　刷　运河(唐山)印务有限公司

版　次　2024年9月第1版　2024年9月第1次印刷

规　格　185 mm×260 mm　16开本　19.75印张　490千字

定　价　69.00元

编审人员

主　编　李艳艳（江苏农牧科技职业学院）

副主编　张风荣（山东畜牧兽医职业学院）

葛冰倩（金华职业技术大学）

刘国芳（江苏农林职业技术学院）

姜忠华（南通市崇川区康美宠物医院）

参　编　周红蕾（江苏农牧科技职业学院）

李　玲（江苏农牧科技职业学院）

贺卫华（江苏农牧科技职业学院）

侯凤香（温州科技职业学院）

陈一丹（温州科技职业学院）

禹海杰（嘉兴职业学院）

陈　亮（湖南伴侣动物医疗有限责任公司）

钱小亮（瑞辰宠物医院集团有限责任公司）

徐卫祥（常州市红一梅动物诊疗有限公司）

季　罡（淮安区小牧家宠物医院）

主　审　周振雷（南京农业大学）

裴增杨（瑞辰宠物医院集团有限责任公司）

前言 Preface

近年来,随着养猫数量持续攀升,“猫经济”已经成为国内宠物市场的重要支柱,随之而来,宠物医院中猫病例数量越来越多,猫科发展突飞猛进,成为宠物医疗专科化发展的重点方向。猫不是小型犬,其物种特性和解剖生理特点决定了我们不能将其片面地按照小型犬对待。随着行业发展和认识加深,越来越多的宠物医院重视猫病的诊疗,开设了猫专科门诊,猫专科医院也应运而生,系统地掌握猫病相关知识,已经成为宠物医生和宠物医生助理必备的职业技能。

为适应猫科发展趋势,猫病相关课程陆续开展起来,2022 年职业教育专业简介中,猫病防治技术被列为宠物医疗技术专业核心课程。而目前,国内尚无针对猫病防治技术对应的教材,因此,结合猫病诊疗现状及高等职业教育人才培养目标,我们编写了《猫病防治技术》教材。本教材不仅是职业院校宠物医疗技术等相关专业学生的教材,也是广大养猫人士、宠物医生助理入门猫科的一本实用工具书。

本教材的编写坚持贯彻党的教育方针,以习近平新时代中国特色社会主义思想为指导,落实立德树人根本任务。依据《职业院校教材管理办法》(教材〔2019〕3 号)及《中华人民共和国职业教育法》(2022 年修订)中关于职业教育教材开发和编写要求,以编写高质量职业教育教材为目标,校企协同组建了政治素养高、专业能力强的教材编写团队。

本教材编者均为多年从事宠物临床课程教学的“双师型”专业教师及行业企业工作人员。教材从宠物临床常见猫病出发,理论与实践相结合,配以通俗易懂的微课教学视频,使学习者能快速掌握猫常见疾病防治技术。

本教材具有以下特点:

一、体例新颖,遵循学习者认知规律,凸显了教材适用性

本教材以项目引领、任务驱动,各项目按基础任务、进阶任务、拓展任务设计,由浅入深、循序渐进,符合学生认知规律,体现分层教学特点,突出了教材的适用性。项目设计学习目标、温故知新、任务驱动、技能强化、思维提升、病例 / 案例分析等模块,突出理实一体,知技并行,符合技术技能型人才成长规律。教材针对难点、易错点插入小贴士,强调疾病诊疗要点,有助于加深学习者的印象和理解。

二、资源丰富,图文并茂,彩色印刷,提高了教材可读性

本教材配有高质量微课、视频和动画,使学习者能够获得全方位的学习体验。全书四色印刷,图像清晰,可读性强。教材深入贯彻党的二十大精神,将知识传授、能力培养及价值塑造贯穿始终,促进学生德技并修。教材引入行业热点话题,微课视频润物无声融入思政元素,引发学习者共鸣,彰显课程育人特色。

三、校企协同,融入"三新",引入典型案例,体现了教材先进性

本教材编写团队由工作多年的专业教师及行业一线宠物医生组成,校企合作共同开发,彰显教材建设产教融合特色。教材紧密对接国内外猫科发展最新动态,融入猫病诊疗前沿最新理念和技术,引入典型猫病案例,体现了职业教育教材建设的科学性和先进性。

四、平台支撑,同步在线开放课程,有助于个性化学习

教材对应的在线开放课程已在智慧职教 MOOC 上线,并接入国家职业教育智慧教育平台。平台设有讨论、作业、单元测验、考试等环节检测学习效果。学习者能根据自己实际情况制订个性化学习计划,开展自主学习。同时,也有助于教师开展线上线下混合式教学,符合职业教育教学特色。

本教材编写分工如下:李艳艳、陈亮负责项目一、项目二、项目九编写,张风荣、姜忠华负责项目三编写,周红蕾、贺卫华、钱小亮负责项目四及项目七编写,侯凤香、陈一丹、徐卫祥负责项目五编写,刘国芳、姜忠华负责项目六编写,李玲、禹海杰、钱小亮负责项目八编写,葛冰倩、季罡负责项目十编写,李艳艳负责统稿,周振雷教授及裴增杨医师负责教材审定。

本教材在编写中,参考了大量最新的专业文献及资料,病例资料由江苏农牧科技职业学院教学宠物医院、湖南伴侣动物医疗有限责任公司、南通市崇川区康美宠物医院、淮安区小牧家宠物医院、常州市红一梅动物诊疗有限公司等提供,瑞辰宠物医院集团有限责任公司为本教材提供企业指导,在此表示感谢。

由于编者能力所限,书中不足之处在所难免,敬请同行专家、师生、读者批评指正,提出宝贵意见,以便进一步完善。

编　者

2024 年 3 月

目录

Contents

项目一　猫不是小型犬……1

基础任务……2

任务 1　猫的生理特点……2

任务 2　猫的行为特点……6

进阶任务……15

任务 3　优化猫的室内生活环境……15

任务 4　猫友好型诊所……23

拓展任务……34

任务 5　猫的应激……34

任务 6　流浪猫 TNR 计划……37

技能强化……40

技能训练 1　体况评分……40

技能训练 2　肌肉评分……43

技能训练 3　猫友好型保定……45

技能训练 4　采血技术……52

技能训练 5　静脉留置针放置技术……54

思维提升……57

厌食鉴别诊断……57

案例分析……57

项目二　猫常见传染性疾病防治……60

基础任务……61

任务 1　猫泛白细胞减少症……61

任务 2　猫疱疹病毒感染……65

任务 3　猫杯状病毒感染……69

进阶任务……72

任务 4　猫传染性腹膜炎……72

任务 5　猫衣原体感染……79

任务 6　猫支气管败血波氏杆菌感染……81

任务 7　猫白血病病毒感染 …… 82
任务 8　猫免疫缺陷病毒感染 …… 86
拓展任务 …… 89
任务 9　猫巴尔通体感染 …… 89
任务 10　猫嗜血支原体感染 …… 92
技能强化 …… 94
技能训练　猫的免疫程序 …… 94
思维提升 …… 97
发热鉴别诊断 …… 97
病例分析 …… 98

项目三　猫常见消化系统疾病防治 …… 101

基础任务 …… 102
任务 1　呕吐 …… 102
任务 2　腹泻 …… 105
任务 3　便秘 …… 108
进阶任务 …… 112
任务 4　口炎 …… 112
任务 5　胰腺炎 …… 116
任务 6　线性异物 …… 119
任务 7　毛球症 …… 121
任务 8　炎性肠病 …… 124
任务 9　肝脂质沉积综合征 …… 128
拓展任务 …… 132
任务 10　胆管炎 …… 132
任务 11　三体炎 …… 136
技能强化 …… 139
技能训练 1　鼻饲管放置技术 …… 139
技能训练 2　食道饲管放置技术 …… 141
思维提升 …… 144
呕吐鉴别诊断 …… 144
病例分析 …… 145

项目四　猫常见泌尿系统疾病防治 …… 147

基础任务 …… 148
任务 1　特发性膀胱炎 …… 148
进阶任务 …… 153
任务 2　急性肾损伤 …… 153
任务 3　慢性肾病 …… 158

拓展任务 ······164
任务4 多囊肾 ······164
技能强化 ······165
技能训练1 膀胱穿刺技术 ······165
技能训练2 公猫导尿技术 ······166
技能训练3 皮下补液技术 ······167
技能训练4 公猫尿道造口手术 ······168
思维提升 ······172
少尿或无尿的鉴别诊断 ······172
病例分析 ······173

项目五 猫常见呼吸系统疾病防治 ······175

基础任务 ······175
任务1 猫哮喘 ······175
进阶任务 ······180
任务2 猫脓胸 ······180
拓展任务 ······184
任务3 乳糜胸 ······184
技能强化 ······187
技能训练1 胸腔穿刺技术 ······187
技能训练2 胸导管放置技术 ······189
思维提升 ······191
咳嗽鉴别诊断 ······191
病例分析 ······192

项目六 猫常见心血管系统疾病防治 ······194

基础任务 ······196
任务1 系统性高血压 ······196
进阶任务 ······201
任务2 肥厚性心肌病 ······201
任务3 肥厚性心肌病分级 ······207
拓展任务 ······209
任务4 扩张性心肌病 ······209
技能强化 ······211
技能训练 血压测量技术 ······211
思维提升 ······213
呼吸困难鉴别诊断 ······213
病例分析 ······214

项目七　猫常见内分泌系统疾病防治……217

基础任务……218

任务 1　甲状腺功能亢进……218

进阶任务……222

任务 2　糖尿病……222

任务 3　糖尿病酮症酸中毒……226

拓展任务……229

任务 4　醛固酮增多症……229

任务 5　肢端肥大症……231

技能强化……233

技能训练　血糖测定技术……233

思维提升……235

多饮/多尿鉴别诊断……235

体重下降鉴别诊断……236

病例分析……236

项目八　猫常见寄生虫病防治……239

基础任务……240

任务 1　弓形虫感染……240

进阶任务……244

任务 2　贾第鞭毛虫感染……244

任务 3　三毛滴虫感染……247

拓展任务……250

任务 4　隐孢子虫感染……250

技能强化……252

技能训练　粪便检查技术……252

思维提升……254

小肠性腹泻鉴别诊断……254

大肠性腹泻鉴别诊断……254

病例分析……255

项目九　猫常见皮肤病防治……257

基础任务……259

任务 1　皮肤癣菌病……259

任务 2　外耳炎……263

任务 3　痤疮……266

进阶任务……269

任务 4　嗜酸性肉芽肿……269

任务 5　落叶型天疱疮 ······ 272
拓展任务 ······ 275
任务 6　食物过敏性皮炎 ······ 275
任务 7　跳蚤过敏性皮炎 ······ 276
技能强化 ······ 278
技能训练 1　皮肤刮片检查技术 ······ 278
技能训练 2　皮肤触片检查技术 ······ 279
技能训练 3　皮肤粘片检查技术 ······ 279
技能训练 4　皮肤活组织采样技术 ······ 280
思维提升 ······ 282
瘙痒鉴别诊断 ······ 282
脱毛鉴别诊断 ······ 283
病例分析 ······ 283

项目十　猫常见中毒性疾病防治 ······ 286

基础任务 ······ 287
任务 1　对乙酰氨基酚中毒 ······ 287
任务 2　阿维菌素中毒 ······ 290
进阶任务 ······ 291
任务 3　百合花中毒 ······ 291
任务 4　除虫菊酯类中毒 ······ 294
拓展任务 ······ 296
任务 5　杀鼠药中毒 ······ 296
技能强化 ······ 297
技能训练 1　催吐技术 ······ 297
技能训练 2　洗胃技术 ······ 298
思维提升 ······ 299
流涎鉴别诊断 ······ 299
病例分析 ······ 300

思考与练习答案 ······ 302

参考文献 ······ 303

附录　缩略语 ······ 304

项目一

猫不是小型犬

学习目标

【知识目标】
- 能说出猫主要生理特点和行为特点；
- 能列举室内猫生活的基本要素；
- 了解猫友好型诊所的建设要求。

【能力目标】
- 能正确规范进行猫体况评分和肌肉评分；
- 能正确规范进行猫友好型保定、采血与静脉留置针放置等相关操作。

【素养目标】
- 正确理解猫不是小型犬这一理念，建立正确的猫病诊疗思维；
- 能为宠物主人提供正确的猫饲养管理指导意见，树立守护宠物健康的职业理想。

温故知新

猫的生理指标，见表 1-1。

表 1-1 猫常见生理指标及范围

生理指标		参考范围
体温	成年猫	38.0 ~ 39.0 ℃
	幼猫	38.5 ~ 39.5 ℃
呼吸		20 ~ 40 次 /min
心率		120 ~ 180 次 /min
血压	收缩压	110 ~ 140 mmHg
	舒张压	60 ~ 90 mmHg
性成熟年龄		6 ~ 8 月龄
体成熟年龄		12 ~ 16 月龄
寿命		平均 13 岁，有记载最长寿命为 32 岁
发情特点		季节性多次发情，刺激性排卵

续表 1-1

生理指标	参考范围
初次发情	6～7 月龄，最早可达 4～5 月龄
适合繁殖年龄	1～5 岁，短毛猫 12 月龄后，长毛猫 18 月龄后
妊娠期	60～68 d，平均 63 d
产仔数	每窝 2～5 只
年产胎数	2～3 胎
食性特点	肉食
性格特点	独立、敏感，好奇心及警惕性强等

基础任务

任务 1　猫的生理特点

一、猫的起源

目前，普遍认为家猫是由北非及欧洲的独居沙漠食肉动物——非洲野猫（图 1-1）进化而来的，但没有十分明确。从考古学以及文献记载来说，家猫的祖先可追溯到公元前 4 000 年前的古埃及，当时的人们为了控制鼠患，保护谷仓，便驯养野猫作为他们的捕鼠帮手。猫因其出色表现，而被当时的人们尊崇为圣兽，在古埃及的墓穴中，出土了大量的猫木乃伊也得到了印证。后来，法国考古学家在塞浦路斯的一个古墓葬中，发现了用于陪葬的猫的遗骨。专家指出，这一古墓葬距今已经有 9 000 多年的历史，因此有理由认为猫被人类驯化的历史已有近万年。犬为完全驯化动物，而与犬不同的是，家猫属于半驯化动物，有着自己的野性。

1. 猫的生理特点

2. 猫与犬解剖学的上差异

图 1-1　非洲野猫

二、生理特点

猫不是人类，也不是小型犬。猫更耐高温，肾脏浓缩能力强，其喝水少，更加珍惜自己的体液，这与它是来自于沙漠地区的肉食动物相关。在野外，猫所需水分都是通过猎物获得的，很少喝水。

因此，猫或多或少都存在脱水的情况，尤其在疾病状态下，脱水往往是最常见的临床表现。

猫每天多次浅睡眠，约 90% 的时间都是浅睡眠，或者叫“假寐”，稍有动静就会惊醒，因为**猫既是猎手**（图 1-2），**也是猎物**（图 1-3），它需要密切关注周围的情况，为捕猎需要，也为逃生需要。

图 1-2　猫是猎手

图 1-3　猫也是猎物

猫的胃容量不大，成年猫 300 ~ 350 mL，其肠道短、消化道菌群少，每次进食量不多。猫肠道的总长度 1 ~ 1.5 m，相当于其身体长度的 4 倍，这一比例远低于人和犬的比例，因此猫最好少食多餐，术前禁食时间也要相应地缩短，一般 4 ~ 6 h 为宜。

猫的味觉不够灵敏，对甜味反应迟钝，但对酸、咸、苦味敏感，饲喂比较苦的药物时，最好使用空胶囊包裹，否则会造成猫的不适，甚至出现呕吐、流涎、精神抑郁等表现。

猫的舌头肌肉发达，转动灵活，舌头上布满倒刺。倒刺有利也有弊，好处包括提高味觉能力，辨别食物新鲜度，帮助梳理毛发，也有助于把肉从骨头上剔除，弊端是舔毛过程中容易将被毛带入胃肠，过多时形成毛球，引起毛球症。此外，猫对一些线状物体非常有兴趣，在舔舐过程中容易造成这些线性物体进入胃肠形成线性异物，线性异物对猫影响很大，往往需要通过手术进行治疗。

猫不能合成精氨酸，而精氨酸是肝脏尿素循环的重要部分，在长期禁食时易发生高氨血症，导致肝性脑病。猫可以合成牛磺酸，但非常有限，而牛磺酸缺乏会导致视网膜变性，甚至失明以及扩张性心肌病。因此，猫的食物中必须添加适量的精氨酸及牛磺酸。猫肝脏缺乏葡萄糖醛酸转移酶，肝脏更加敏感，对很多药物和植物源性毒物不耐受，容易出现中毒反应。大多数猫对乳糖不耐受，因其缺少乳糖酶，当猫摄入乳糖后，未被消化的乳糖会直接进入大肠，刺激肠道蠕动，导致腹泻等症状。

钴胺素（维生素 B_{12}）在猫的小肠后段吸收，它需要一种叫固有因子的蛋白质来协同吸收，犬猫的这种蛋白由胰腺分泌，而人和其他动物则由胃来分泌。当猫缺乏维生素 B_{12} 时，会出现嗜睡、食欲下降、呕吐、腹泻等症状。当猫出现慢性腹泻或胰腺分泌不足时会导致维生素 B_{12} 吸收不良，这时就需要额外补充维生素 B_{12}。

猫食高脂肪鱼类产品或相关罐头食品（如金枪鱼或金枪鱼罐头）会引起维生素 E 缺乏，导致脂肪组织炎和感觉过敏。

小贴士

猫肠道较为敏感，应避免频繁更换猫粮，同时应根据物种特点选择高品质的猫粮，避免从人或犬的角度考虑猫的食物供给。

图 1-4　翻正反射

猫柔软的身体和强健的肌肉组成了超级缓冲系统，爆发力强，可以跳至身高 5 倍的高度。猫具有良好的翻正反射（图 1-4），达到一定高度后有足够的时间调整姿势，放松肌肉，四肢展开，使得下降的速度减慢，最终成功着地。

猫是刺激性排卵动物，必须交配后才会排卵。猫发情的诱导和光照刺激有关系。长毛猫初次发情时间较晚，不发情的猫可以每天进行 12 ～ 14 h 光照，同时在夜间进行 1 h 的短时光照刺激。绝育猫寿命更长，患生殖系统疾病的风险大大降低，且行为良好，外出、争斗机会减少，叫春、扰民机会减少。通常建议 6 月龄左右、免疫齐全、第一次发情前进行绝育。

猫薄荷（图 1-5）是一种会引起猫愉悦、兴奋的植物，是薄荷家族的一员，其分泌的化学物质和母猫腺体分泌的气味相似。猫食用后有些会引起暂时性的行为变化，如闻、舔、咀嚼、磨蹭、翻滚、叫等行为(图 1-6)。对于猫薄荷，猫在 6 周龄之前不会有反应，只有 70% 的成年猫有反应，另 30% 无反应的成年猫可能对金银花有反应。

猫是一种敏感焦虑的动物，在野外，它是一种独居动物，可以通过狩猎自给自足，并捍卫自己的领地，不需要其他猫的陪伴。它对周围事物高度警觉，利用其敏感度使自己不陷入麻烦，但过于敏感会产生焦虑行为，长期的焦虑会改变猫的行为模式并影响身体免疫状况，甚至引发疾病。猫处于焦虑状态时，会发生压力转移行为，如过度理毛、过食、随处排泄、食物联想和厌食。

猫通常没有寻找朋友的欲望，另一只猫的出现会被认为是对自己领地的威胁。猫也不依赖人，不喜欢被人限制、安慰或拥抱。猫独立且没有明显社会化特点，服从人类并不是其智力表现，早期社会化会决定猫成年后与其他动物的关系。

打呼噜是猫的常见表现，猫在满足、舒服、开心、放松时会打呼噜，如在吃饭和被主人温柔抚摸时最常见。母猫在照顾幼猫时

图 1-5　猫薄荷

图 1-6　食用猫薄荷后猫的行为

会打呼噜从而安抚幼猫，而幼猫吸吮乳汁时也会打呼噜，以此表达开心和满足的喜悦心情。但是猫在害怕或者疼痛时也会通过打呼噜缓解紧张、恐惧和痛苦，进行自我治疗。此外，猫在发出请求、讨好、社交时也会打呼噜。打呼噜是受神经控制的自主行为，是喉部假声带发出的低频率振动。打呼噜会引起内啡肽和其他物质的释放，研究表明，此种频率可以刺激肌肉和骨骼加速恢复，如猫在受伤后会通过打呼噜刺激有益激素的分泌来缓解疼痛，加速伤口愈合。

三、营养需求

猫是严格的肉食动物，在野外以小鼠、兔子、鸟、昆虫、蛙、小型爬行动物等为食，每天需要进食 8～10 餐。猫每日需要的能量约为 50 kcal/kg（1 cal≈4.18 J），猫对蛋白质要求很高，蛋白质是猫最重要的营养物质，猫的常量营养素摄入目标总能量由蛋白质提供约 52%，脂肪提供 36%，碳水化合物提供不超过 12%。成年猫对蛋白质的需求是成年犬的 2～3 倍，随着猫到老年，它们对蛋白质的需求会进一步增加。猫对脂肪耐受性高，对不饱和脂肪酸需求高，而猫对碳水化合物消化能力有限，食用过多可能导致腹泻、呕吐或肠胃胀气。食物的温度也很重要，猫偏爱处于体温或室温状态的食物，通常会拒绝进食温度低于 15 ℃或高于 50 ℃的食物。猫的食物偏好与日粮中的蛋白质含量，特别是动物蛋白质含量有强相关性。

除了蛋白质以外，已证实脂肪对猫的适口性也很好。猫对精氨酸需求严格，如果饮食中缺乏精氨酸超过 24 h，会威胁生命。此外，猫机体由半胱氨酸合成牛磺酸的能力、处理日粮中碳水化合物的能力、由 β- 胡萝卜素合成维生素 A 的能力及由色氨酸合成烟酸的能力都有限，因此猫的食物中要添加精氨酸、牛磺酸、烟酸和维生素 A，而动物组织中除了含有大量蛋白质外，也含有大量的上述营养物质。

与干燥的膨化日粮相比，猫通常更偏爱与动物组织水分含量相似的湿粮。但是长期仅饲喂干粮时，猫会形成强烈的偏好性，变得只吃干粮，研究已证实，干粮是猫患下泌尿道疾病的一种风险因素。此外，猫对食物变化十分敏感，饲养过程中应避免频繁更换食物，尤其不建议在住院期间更换新的食物，若进行换粮应缓慢过渡，一般需要 3～4 周。

思考与练习

1. 猫胡须的用途包括（　　）。（多选）
   A. 触觉感受器　　B. 辅助狩猎，测量距离
   C. 情绪表达　　D. 收集声音
2. 猫打呼噜可能传达的信号包括（　　）。（多选）
   A. 情感的满足　　B. 缓解疼痛
   C. 哺育幼猫　　D. 向主人祈求食物
   E. 缓解紧张情绪
3. 以下属于猫粮中必须额外添加的物质是（　　）。（多选）
   A. 牛磺酸　　B. 甘氨酸　　C. 精氨酸　　D. 丙氨酸
4. 猫饮食中最重要的物质是（　　）。
   A. 脂肪　　B. 蛋白质　　C. 碳水化合物　　D. 含氮物质
5. 以下可作为猫首选的食物是（　　）。
   A. 干粮　　B. 湿主粮　　C. 干粮与湿粮混合　　D. 零食罐头

任务 2　猫的行为特点

一、交流方式

交流是个体向其他个体发送信息的过程，目的是改变信息接受者的行为。很多人认为猫是独来独往的生物，其实它们只是社恐而已，猫的交流方式包括视觉、嗅觉、听觉及触觉。猫与猫之间有着独特的交流方式，不同的叫声、表情、肢体语言表达不同的含义，正确解读猫的交流方式可以帮助宠物主人更好地理解它们的需求和心情。

（一）听觉交流

身为夜间捕食者，猫有大而灵动的耳朵，听觉十分灵敏。研究发现，猫可听到超音波的音频，听觉上限为 60 kHz。有一些研究者将猫发出的声音分成敌对互动、友好互动、母猫与幼猫互动、猫与人类互动 4 种情况。也有研究者将猫的发音（表 1-2）分为闭口音、张口音、张口逐渐转为闭口音，许多与攻击和防御行为相关的声音都是闭口音。

表 1-2　猫的发音

嘴型	叫声	使用情况
闭口	呼噜声（purr）	与熟识的个体沟通，如猫、人、犬等
		照顾幼猫
		感到疼痛 / 罹患慢性病
	颤声（trill）	成年猫之间打招呼
		母猫与幼猫交流
张口	咆哮声（growl）	遭遇攻击
	吼叫声（yowl）	遭遇攻击
	嘶嘶声（hiss）	防御性的叫声
	呼声（spit）	防御性的叫声
	尖叫声（shriek）	疼痛感或恐惧
	聊天（chatter）	当猫盯着猎物，中间有障碍物时，表示一种强烈的兴奋状态，也可能表示无法接触到猎物的沮丧
张口转闭口	喵喵声（meow）	打招呼
		与人类互动
	母猫发情叫声	宣告处于发情期
	公猫发情叫声	求偶 / 警告其他公猫
	嚎叫声（howl）	遭遇攻击

3. 呼噜声（purr）　4. 颤声（trill）　5. 咆哮声（growl）　6. 吼叫声（yowl）　7. 嘶嘶声（hiss）

8. 呼声(Spit)　　9. 聊天(chatter)　　10. 喵喵声(meow)　　11. 母猫发情叫声

12. 公猫发情叫声　　13. 嚎叫声(howl)

(二)视觉交流

猫有一双大眼，具备广阔的双眼视觉及良好的夜视能力，却无法看清楚细部特征。视觉信号的发送和接收几乎都是即时的。如姿势、竖毛与否及位置变化，都能告诉接收者发送者的情绪状态和行为意图。姿势及面部的视觉信号要能发挥作用，需要发送者及接收者间的距离够近且能看见。一般来说，身体姿势能够传达出猫整体的情绪状态及意图，而面部信号能够因不同情况迅速改变，可提供更为实时的信息。因此，应综合姿势及面部表情做综合考量(图 1-7、图 1-8)。

图 1-7　姿势及面部表情变化(紧张或害怕)

图 1-8　姿势及面部表情变化(防御)

直接的视觉信号具有传送快速，能够根据新信息而迅速改变的特性。发送视觉信号对发送者来说相当危险，因需冒着被看见的风险，可能让潜在的捕食者或是敌人发现它们的行踪。视觉信号很容易受物理障碍物阻挡，在有茂密的植被、山丘及其他障碍物的环境内传送效果较差。

在某些情况下，因为发送者可以暗自留下信息，视觉信号被视为间接性的沟通，如猫可以在树上或其他物体表面留下抓痕，或是在明显的位置留下排泄物等。这些视觉信号会吸引接收者前来探究，同时也能释放嗅觉信号，使接收者从中获得更多信息。

(三)嗅觉交流

猫的身上有数个产生气味的腺体，分别位于颊部、嘴周、尾根部、爪部及肛门。它们会通过磨蹭、抓挠、排泄等方式把自己的味道标记在想要标记的地方。凭借着气味传送的信号有两个优点：一是可以绕过或穿过障碍传送，不像视觉及听觉信号会被阻断；二是信号能够持久，因此发送者得以在接收者侦测到信息之前离开该处。猫的嗅觉能力优于人类，但不如犬和猪。

猫常见的气味标记行为包括喷尿、磨蹭、抓挠等(图 1-9)。当猫用脸轻碰或磨蹭物体时,其脸部腺体分泌的味道会遗留在物体表面(图 1-10)。脸部的分泌物能帮助其沟通行为,在辨识领地、传达个体情绪状态信息、传达发情信息方面都非常重要。气味标记对远距离交流非常重要,可以帮助猫避免直接对抗,制造相对独立的空间距离。

图 1-9　标记行为——蹭脸

图 1-10　标记处留下的黑色油渍(含面部信息素,应避免清除)

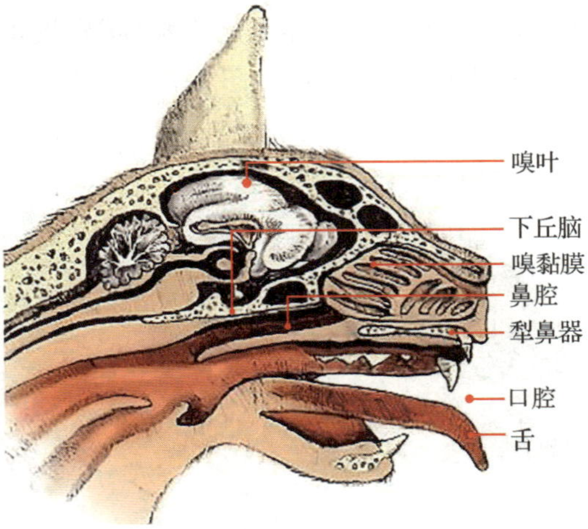

图 1-11　犁鼻器结构

犁鼻器(图 1-11)是猫的一个特殊器官,是费洛蒙的接收器官。费洛蒙是同一种属个体间发挥作用的化学信息素,可以方便猫与猫之间的交流、分辨领地及追踪猎物等。犁鼻器是位于硬腭上方鼻中隔附近(图 1-12)的盲管状结构,长度 1 cm 左右。猫上唇轻微抬起,嘴巴微张,被称为“裂唇嗅反应”(图 1-13),这样可以把气味更好地送达犁鼻器。犁鼻器的盲端内壁上覆盖着感觉上皮和嗅黏膜,犁鼻器上有许多神经元,可以把信息直接、快速地发送到下丘脑,给大脑进行分析。目前已知合成该种费洛蒙复合物的部分成分,许多猫接触这些成分时,会表现出更为平静的行为,依此,许多厂商已经开发出相应的产品,来调节猫的情绪和行为,如法国诗华公司生产的费利威(Feliway)。

图 1-12　犁鼻器位置(圈处)

图 1-13　裂唇嗅反应

（四）触觉交流

触觉信号是即刻生效的，且需要发送者和接受者近距离接触。猫非常喜欢触碰的行为，而且似乎很喜欢跟与社交纽带关系的个体互动。彼此熟悉且友好的猫在分开一段时间后，见面时会互相摩擦头部与身体，也可能会将尾巴交缠在一起（图 1-14、图 1-15）。动物间展现的实体距离可能受到彼此的关系深浅所影响。同窝的成年猫，会远比起同住但彼此没有血缘关系的猫花更多时间做近距离接触，即使彼此从幼猫时期就一起生活。

14. 猫临床行为学基本解读

图 1-14 触觉交流 - 摩擦头部

图 1-15 触觉交流 - 摩擦身体、尾巴交缠

二、社交行为

猫是相对独立的动物，它们善于独处，并且不像犬一样需要持续的陪伴和关注。猫可以在家中自己玩耍、打盹，或者自己活动。这是猫的天性，也是它们与其他宠物的不同之处。虽然猫很独立，但它们同样需要社交。猫的社交行为包括亲和行为、敌对行为、繁育与抚育幼猫行为等。

（一）敌对行为

任何社交群体都会存在冲突，猫群也不例外。当食物、水、休息区和交配对象稀缺时，就会发生冲突，因此资源分布是决定猫群能否和谐相处的重要因素之一。

距离递增行为是指猫为防止他人靠近而逐步表现出的攻击警告行为。该行为会增加猫和其他个体间的距离，其他个体包括猫、人或其他动物。猫感到威胁或没有安全感时，特别是远离自己家庭领地时，它可能会试着离开该处。若猫无法离开该处，或该处为其领地，它会试着赶走其他个体。这种行为模式往往代表着威胁信号的传递，接着猫会进行战略性撤退，或者升级为攻击，这种行为目的是驱离其他个体。

距离递增行为包括改变身体姿态，通过叫声和攻击行为，来增大其外观和攻击性。通过弓背、盯视对方、毫不犹豫冲向对方、轻触行为，甚至尿液标记等行为传达自信的信号。如果这些行为无法驱离对方，该猫会升级为攻击行为，会站得更高，将身体侧面朝向对方，使其看起来更强大，尾部和身体被毛逆立，增加自身外观的大小和体积，同时放大瞳孔盯视对方，也可能发出叫声，用力摆动尾巴，抬爪攻击对方。

面对这类威胁行为，猫会出现以下几种反应。

逃跑：逃出发出威胁的视野。

避免冲突（定格 / 抑制）：压低身体，避免眼神接触，保持静止不动，直到另一只猫离开。

攻击：在无法逃脱的时候，打斗是不得已而为之的最后的选择。

如果面对威胁行为时，猫回以反击，那么接着就会发生打斗，胜利者会驱离失败者(表 1-3)。

表 1-3　猫遇到威胁行为时的反应

反应	行为		备注
逃跑	远离危险地带，不喜欢惹是生非		三十六计走为上策
定格 / 抑制	轻度	不敢直视，略微压低耳朵，掉头，往后躲	敌不动我不动
	中度	耳朵压平，尾巴压低，蜷至股外侧，头偏向一侧，蹲伏	
	重度	翻转身体，亮出“武器”——爪子	
攻击	主动靠近，凝视，四肢僵硬，耳朵高耸且转向外侧，抬高尾根，甚至对弱者进行爬跨		敌若动我先动

(二)友好行为

与距离递增行为相反，距离递减行为属于一种友好行为，表示猫希望拉近彼此间的距离。表现为鼓励社交群体中成员进行相互接触，缩短彼此间距离，表达友善的信号。猫也会发出打招呼的听觉信号，如喵喵叫或是颤声。此时猫的尾巴会垂直竖立，如当幼猫接近母猫时，通常会竖起它们的尾巴，一旦相互靠近就会通过嗅觉和触觉等方式进行交流，这种友善的行为表现包括轻触、磨蹭、顶脑袋、碰鼻子、尾巴交缠、互相舔毛、按摩踩奶等(图 1-16、图 1-17)。

图 1-16　友好行为(碰鼻子)

图 1-17　友好行为(互相舔毛)

小贴士

通过猫的行为与声音信息，预判猫的心理与行为，有助于避免在诊疗过程中被猫抓伤或咬伤。

(三)幼猫的社交行为

幼猫出生后的前 2 个月是与其建立社会化关系的最佳时期。幼猫通过与母猫或其他幼猫之间的社交互动，学会舔毛、捕猎、采食、敌对行为和亲和行为等重要技能。因此，如果让幼猫接受其他猫、犬或人，应尽早给予其社交机会，研究表明 2 ~ 7 周龄是最为关键的时期。若幼猫缺少社交行为，将对其产生深远的影响，如在幼龄时期孤立幼猫，可能出现行为、心理及身体问题，表现为恐惧、攻击性及学习困难等。

（四）猫与人的社交行为

猫2～7周龄的社会化，对于猫与人类能否和谐相处至关重要。在此期间，猫应至少接触4个人，然后逐渐引入更多简单的正向强化的经历。人的关注非常重要，而且猫通常更喜欢与人进行频繁和温和的互动。另外，猫喜欢选择进行社交的时间和地点。宠物主人对猫的关注越多，这种纽带关系就越强。猫在最初嗅过某个人后，大多数的猫喜欢这个人抚摸它的头颈部，而不是抚摸整个身体。当猫选择离开时，不应再继续碰触它。如果想要熟悉一只猫，最好的方式就是对其头和脸颊的抚摸。直接凝视对猫而言是威胁，一些猫喜欢被抚摸或理毛，而另一些猫喜欢以游戏为中心的互动。

三、标记行为

标记行为是指喷洒尿液、粪便或其他气味作为信息，让该区域的同种动物知道标记个体存在的行为。动物标记原因包括进行领地标记、宣告性接受度和识别个体的存在。

猫最常用的标记方式是使用尿液，这种行为称为喷尿，是猫的一种正常的交流行为。猫典型的标记姿势为背靠垂直物体，尾巴竖立，当少量尿液喷洒到物体表面后，猫会垂直抖动尾巴，轻踏后爪，半闭眼睛（图1-18）。在水平表面做标记时，猫会采取下蹲姿势，与正常排尿相比，此时尿液量较少，排尿后极少表现抓刨或掩埋的行为（图1-19）。公猫会比母猫做更多的标记，未去势的公猫标记行为明显高于已去势的公猫，除公猫外，在繁殖季节，母猫也会表现喷尿的标记行为。猫通常会在重要的社交区域进行尿液标记，如沙发上或沙发脚、床上或床脚、鞋架位置、花盆等处。喷尿可能是一种激素引起的反应，如发情季节，也可能是对情绪状态的反应、领地争夺或敌对状态的反应，如多猫家庭的室内标记、外来新猫的刺激、搬家等。

图1-18 尿液垂直标记

图1-19 尿液水平标记

针对喷尿，需要根据不同原因进行管理，由激素引发的尿液标记行为，通过绝育或去势手术可以得到解决。由情绪因子引发的室内尿液标记行为可以从环境管理、行为纠正及使用药物或费洛蒙进行管理。

磨爪是猫每日的必备生活内容，磨爪可以标记领地，猫趾间的腺体会分泌包含信息素的独特气味，在磨爪时，将气味释放并保存在爪痕里，以此宣告“这里是我的地盘”（图1-20）。猫通过磨爪可以修剪指甲，磨掉指甲外部老旧的角质层，让新长出来的指甲露出来。此外，磨爪也能表达猫不太愉快的情绪，用来舒缓心情。猫甚至会用磨爪来转移尴尬情绪，比如打架失败，或者失足从猫爬架摔了下来等。除了通过磨爪标记外，猫也会用头磨蹭标记，以此来表达猫对你的信任和接受（图 1-21）。

图 1-20　磨爪标记

图 1-21　磨蹭标记

四、识别猫的疼痛

疼痛会导致猫的应激，可影响猫的行为，也能影响疾病的治疗，但是猫很容易隐藏疼痛，因此识别并及时管理疼痛是猫饲养和疾病诊疗的前提（图 1-22）。

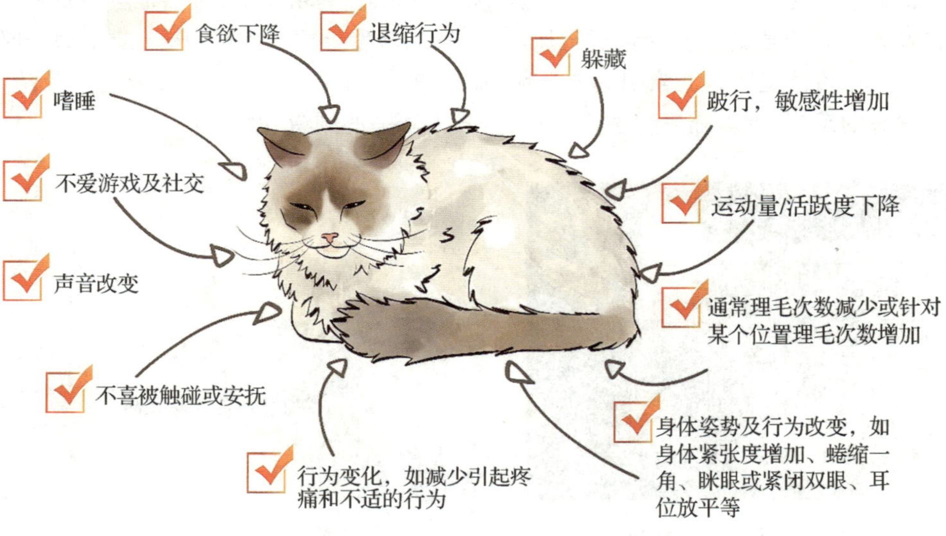

图 1-22　猫疼痛时主要表现

猫疼痛评估最重要的是要基于其行为变化，需要动态性与互动性地进行评估。常用疼痛评估方法包括多维复合疼痛评分、格拉斯哥疼痛评分及猫表情量表（feline grimace scale，FGS）。以 FGS 为例，FGS 是根据猫面部表情变化来评估其是否疼痛的工具，主要观察耳朵位置、眯眼程度、口鼻部紧张度、胡须位置及头部位置等 5 方面（图 1-23 至图 1-27）。

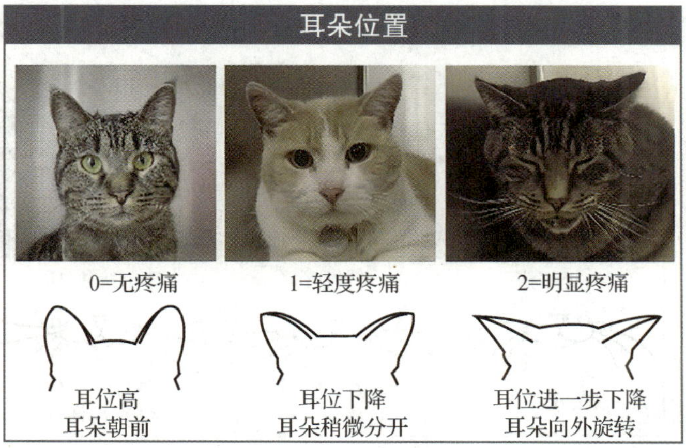

图 1-23　疼痛时耳位变化

图 1-24　疼痛时眼睛变化

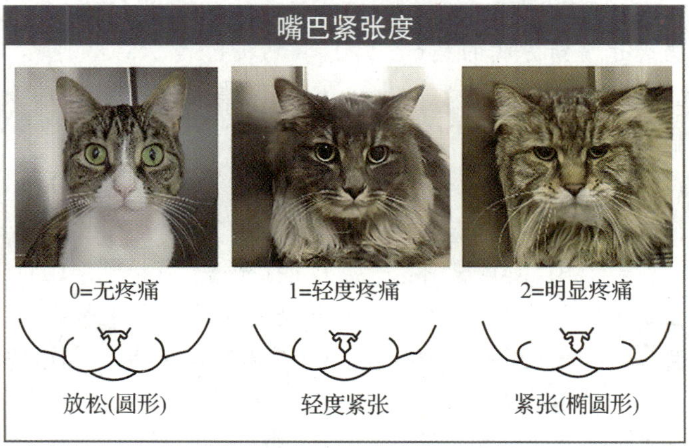

图 1-25　疼痛时口吻部紧张度变化

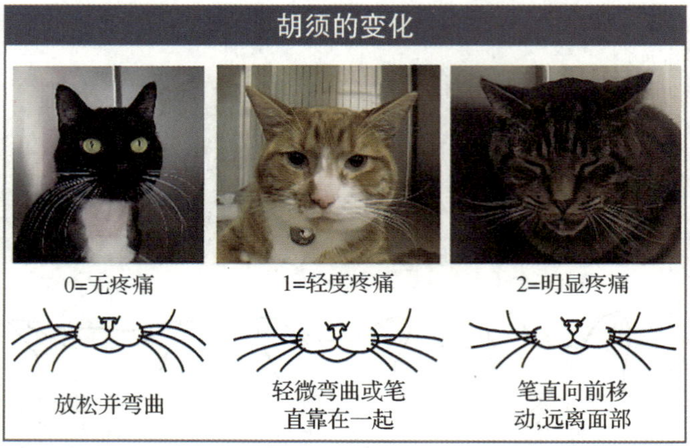

图 1-26　疼痛时胡须变化

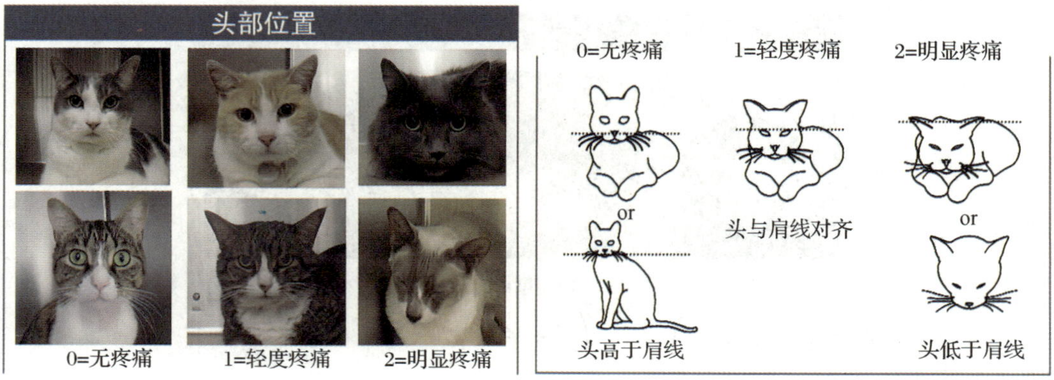

图 1-27　疼痛时头部位置变化

思考与练习

1. 以下不属于猫表达情绪方式的是(　　)。
   A. 声音变化　B. 姿势　C. 面部表情　D. 玩耍情况
2. 以下不属于猫表达亲和信号的是(　　)。
   A. 轻声喵喵叫　B. 互相舔毛　C. 互相碰鼻子　D. 被毛竖立
3. 以下不属于猫表达敌对信号的是(　　)。
   A. 被毛竖立　B. 闭口嚎叫　C. 打呼噜　D. 抓挠
4. 若要与猫建立良好的社交关系,最佳培养社交关系的年龄段是(　　)。
   A. 2～7 周龄　B. 2～7 月龄　C. 7 周龄至 1 岁　D. 与年龄无关
5. 不属于猫标记行为的是(　　)。
   A. 喷尿　B. 抓挠　C. 蹭脸　D. 舔毛

进阶任务

任务3 优化猫的室内生活环境

猫生活在室内可减少其发生车祸、被捕猎、与其他猫或其他动物争斗以及发生感染性疾病的风险。但室内生活并不是没有风险，不是所有的猫都能适应室内生活，并且可能会面临某些行为和疾病问题的风险。合理的室内生活必须满足猫所有对环境和社交的需求，需要随着时间的推移而不断对每只猫的健康进行反复的评估。

优化室内猫生活环境有两个方面需要考虑：一是减少应激性刺激因素，二是改善和丰容环境。应激是不能预测或不可控制的，这些刺激可能是物理性因素或社会性因素，早期生活经验和遗传学在个体适应环境的能力中发挥着巨大的作用。沉闷无趣的或充满新奇的混乱环境都是不可取的，例如家庭中的新成员、日常或物理环境改变等。与其他动物和人类关系不良也可能导致应激，另外竞争资源也可能是真实存在的(其他动物)或可以被感知的(无法获得资源，害怕遭到伏击)。猫的大多数焦虑症，例如喷尿，是社会性或环境应激的结果。应尽可能识别和去除应激因素，创造一个更可预测的、和谐的日常生活环境。

一、安全的空间

安全的空间即可以让猫休息，放松身心，不用害怕的地方(图 1-28)。猫还需要从这一空间有利位置进行观察，因此，该空间通常位于高处(图 1-29)。在进化过程中，猫既是猎手，也是猎物，常常需要寻找潜在的安全地方，高处就是它们观察猎物和栖息躲避的理想位置。猫在高处更容易观察外界环境和监视领地，不容易被攻击，更有安全感，并且可以让猫保持隐蔽，具有控

图 1-28 为猫提供安全而舒适的空间

制感。视觉刺激对猫很重要，猫至少要有一个安全的休息区域（窗台、爬架），而且可以观察到户外（图 1-30 至图 1-32）。

图 1-29　具有休息与攀爬功能的爬架

图 1-30　靠近窗边的爬架

图 1-31　吸盘式猫吊床

图 1-32　与室内相通的封闭式室外活动场

躲藏是猫应对不熟悉环境的一项重要机制，猫进行躲藏是在尝试避免与其他生物互动，尤其是在充满压力的环境中。猫不喜欢找麻烦，它们通常会远离危险，喜欢观察，避免被伏击，在野外也都是独自生活或同有亲缘关系的猫群一起群居。在一个有多只猫、犬或人的家庭中，其他猫、犬或人都有可能侵入猫的安全空间，给其带来危机感。所以，一个让猫感觉安全的空间，必须要有一个以上的出入口。家庭中的每只猫都应至少有一个安全的空间，并彼此分离。空间位置取决于个体的身体条件，如行动不便的猫需要坡道出入口或需要位置较低、容易进出的空间。如果没有躲藏的区域，会让猫感到恐惧、警觉、缺乏休息以及发生与恐惧相关的攻击行为，这一点对医院内的猫的护理非常重要。因此，在住院猫笼内设置躲藏区域，如纸箱、猫笼或可躲藏的猫窝，都能减少住院猫的应激。此外，用帘布覆盖猫笼也是有必要的（图 1-33、图 1-34）。

图 1-33　可躲避的纸盒

图 1-34　可隐藏的休息区

二、独立及多元化的环境资源

鉴于领地是基于资源可获得性而建立起来的，所以猫必须能够利用所有关键资源，而不需要躲避真正或想象中的危险。基本资源包括食物、水、猫砂盆、猫抓板和玩耍场所，以及可以观察、休息和睡觉的地方。

猫在户外的时候，狩猎和采食都是独自进行的。虽然猫是捕食者，但是它们也有被捕食的风险。在多猫家庭中，尽量提供丰富的资源。资源的独立减少了竞争和打斗的风险，每个资源所在的区域应和其他资源所在的区域分隔开来，而不是集中在指定的猫专有区域。此外，每种资源应该都可供猫进行选择，两个或多个饲喂区、水碗和猫砂盆等。

（一）猫砂盆

理想情况下，每只猫应有自己专用的猫砂盆，但在多猫环境下通常难以实现。猫砂盆必须够大，至少是猫体长的 1.5 倍，数量要多（每只猫一个或多个）并保持清洁，每只猫对猫砂盆的类型和深度有不同的偏好，一般来说，由于土壤和沙子是猫砂盆的天然垫料，大多数猫都很容易接受沙子状或黏土样的垫料（图 1-35 至图 1-39）。猫砂盆必须分布在整个家中，如其他资源一样，

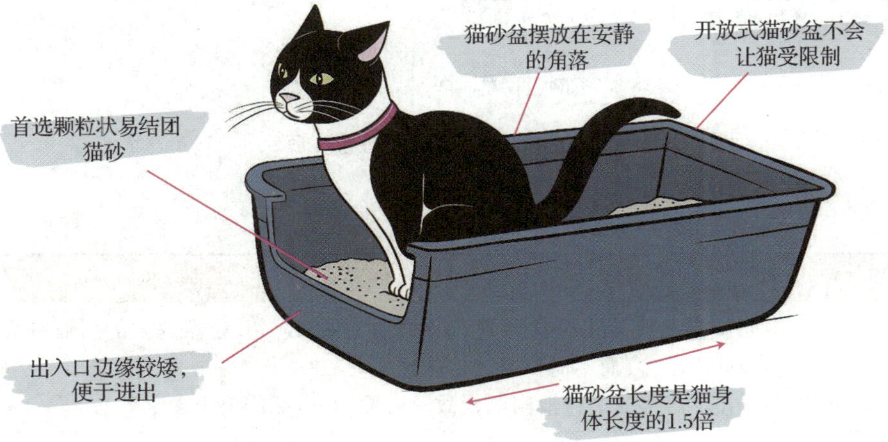

图 1-35　猫砂盆的选择

猫砂盆要远离噪声来源，例如洗衣机、烧水壶、卫生间等(图1-40)。总之，猫砂盆的选择应从猫的角度考虑，尽量增加其可用性(表1-4)。

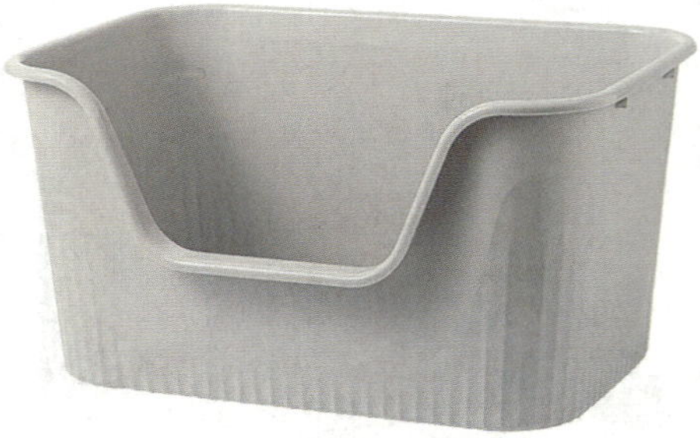

图1-36　理想的猫砂盆
(具有较高的边缘和较低的出入口)

图1-37　收纳箱自制猫砂盆

图1-38　偏小的猫砂盆

图1-39　具有隐藏功能的猫砂盆存放柜

图1-40　猫砂盆使用注意事项

表1-4　增加猫砂盆的可用性

可用性特征	具体要求
数量	• 在不同位置放置 $n+1$ 个猫砂盆(n 为家中猫的数量)，让家庭内的所有猫在有需求时都能接近猫砂盆，而不需要与其他猫碰面 • 如果存在不可接受的排泄问题或敌对碰面，则可能需要更多猫砂盆

续表 1-4

可用性特征	具体要求
位置	• 有多个楼层的家庭内，每层应至少放置一个猫砂盆 • 分散放置在家内每只猫核心活动区域的边角处 • 不要放置在嘈杂的电器或环境（如卫生间和洗衣机等）及人员频繁出入的区域或偏远位置 • 所放置的区域应有多个入口和出口，避免存在道路瓶颈
大小	• 必须是家内最大猫体长（鼻尖至尾根部）的 1.5 倍 • 最适合体型较大的猫的是塑料制大号收纳箱或整理箱
猫砂	• 大多数猫偏好膨润土可结团细砂 • 猫砂盆内的猫砂装填深度为 2.5 ~ 7.5 cm，并保持装填深度 • 可以在猫砂盆内装入不同的猫砂，判断每只猫偏好何种类型的猫砂
清理	• 每天都应清理猫砂盆 1 次或 2 次 • 每周都应完全倒空猫砂盆，用温和的肥皂水清洗，如有需要可提高频率 • 对有些猫来说，能自动清理的猫砂盆过于嘈杂，可能会吓到猫 • 应替换磨损、被抓损或损坏的猫砂盆 • 无论磨损程度如何，每年应完全更换所有猫砂盆

（二）猫抓板

磨爪是猫的正常行为，可以锋利爪子、伸展肌肉及标记气味，猫常常在睡醒或兴奋的时候磨爪，如当主人回到家中或在玩耍期间。最好将猫抓板固定，重型猫爬树最好覆盖地毯、剑麻或藤条，瓦楞纸板可铺在地板上或固定在墙壁上（图 1-41、图 1-42）。

图 1-41　垂直猫抓板

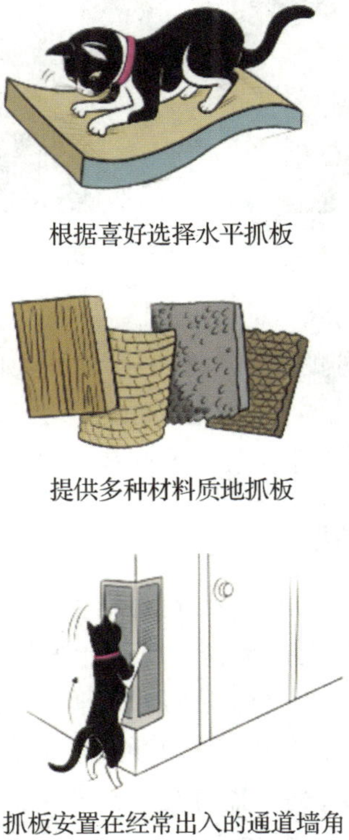

图 1-42　猫抓板的选择与布置

当猫的磨爪频率过高、磨爪位置过多或时间过长时，应考虑这可能与应激或焦虑有关，可能需要提高环境的丰富性，辨识并去除潜在的应激因子，或者进行费洛蒙治疗。

（三）水盆

饮水点可以由各种碗、花瓶、喷泉或滴水龙头组成，水应该是新鲜的。食盆和水盆都应是浅口宽碗，从而保证猫的胡须不触碰这些食盆及水盆（图 1-43 至图 1-46）。当猫隶属于同一社群，它们可能会共享资源，但不同资源之间仍然需要物理分离，并且每只猫至少需要一个饲喂点。

图 1-43　浅口宽碗

图 1-44　避免胡须触碰水碗

图 1-45　自动循环饮水机

图 1-46　水龙头

猫摄取水分的多少会根据饮食种类而有所不同，以湿粮为主的猫摄水量较少。然而，因为猫的渴觉动力较弱，它们吃干粮时不会靠着多喝水来补回，而是使尿液浓缩能力提高。正常情况下，很多猫都会存在脱水的问题，在发生疾病后，脱水也是猫常见的临床症状。

三、活动需要

捕猎是猫的正常行为，也是猫生活中重要的组成部分。猫的捕猎过程中包括定位、跟踪、追逐、猛扑、杀戮和吃掉猎物。捕猎行为是猫的一种强大的驱动力，甚至可能会优先于采食行为。猫是天生的捕食者，幼猫在断奶期间由吃母乳转为进食母猫带回窝内的猎物，进而发展为捕猎行为。此时，幼猫的游戏行为开始集中于抓捕猎物，即使猫被驯化和养在家中，它仍会表现为捕食性玩耍。因此，饲养猫时要考虑满足猫的这种需要，主人需要为猫提供更多的玩具，满足它们的“捕猎需求”（图 1-47 至图 1-49）。

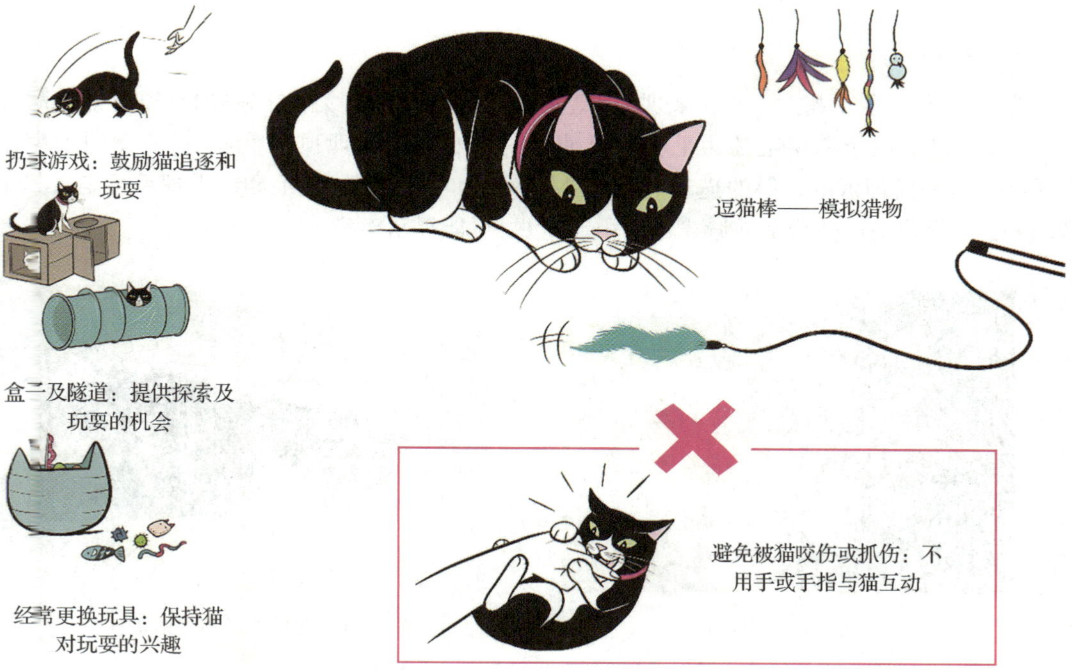

图 1-47　提供多样化的活动方式

图 1-48　逗猫棒

图 1-49　激光笔

四、尊重猫的嗅觉

猫用嗅觉感知世界的程度远远超过人类，它们还通过信息素来进行识别和沟通。由人为造成的芳香环境，都会影响到猫。空气清新剂、清洁用品、香水和有香味的猫砂可能对主人来说是愉快的，但对猫来说会令其困惑。此外，由鞋子或访客带来的外面的气味也可能对猫造成威胁。因此，需要限制使用芳香产品，并将鞋类和购物袋放置在门口附近，以帮助减少猫感觉到的威胁。在家里或诊所里，使用猫熟悉气味的衣服和垫子可以令猫感到安心，避免一次性洗掉猫所有的垫子，以保持其嗅觉的连续性。当一只猫用脸颊或抓挠标记一个表面或一个角落时，代表其在用气味进行标记并使其熟悉，最好不要洗掉这样的标记。在整个家庭（尤其是门口处）提供坚固的可供抓挠的猫抓板，有助于为猫提供安全的区域，从而减少猫通过喷尿来标记领地。化学合成的猫面部信息素已被广泛使用，有益于增加猫的安全感。

五、理毛

猫每天平均会花超过 3.5 h 来理毛，这是猫非常重要的行为（图 1-50）。猫通常能耐受梳毛手套，但仅适用于单层毛的短毛猫。可使用刷子和梳子梳理顶层毛发，需要使用细齿梳或除浮毛工具来梳理绒毛较厚的猫。对喜欢身体接触和关注的猫，梳毛和亲手理毛可丰富其生活（图 1-51）。猫理毛次数增加或减少都要引起重视，可能提示疾病。

图 1-50　理毛

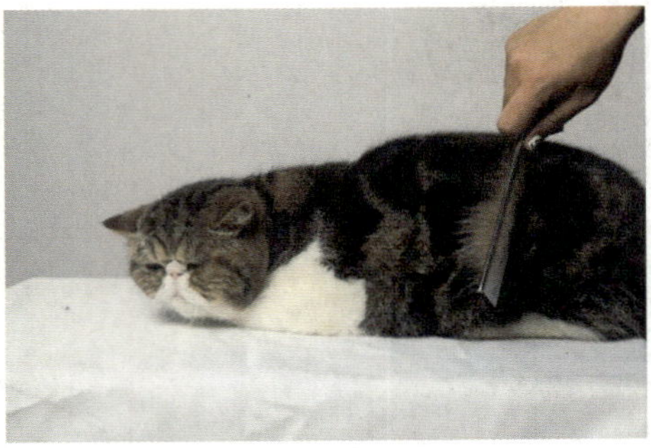

图 1-51　选择适当的理毛工具

可使用正面强化作用来训练一些简单的行为，如坐下和呼叫时过来，这样在需要给猫理毛时，就可以叫猫过来理毛。经过适当的训练后，剪指甲和刷牙可成为获得主人关注的另一种积极方式，这样既可给家猫提供适当的行为护理，也可提供一定的健康护理。

小贴士

环境丰容是指物理和社会环境的丰富，其目标是提供行为的多样性，增加生活的空间，增强人与猫之间的关系，最终提高猫个体对环境的适应能力，从而减少异常行为和不良行为的出现，避免因应激产生病症。

思考与练习

1. 以下不属于猫标记行为的是（　　）。
   A. 抓挠行为　　B. 尿液标记　　C. 蹭脸　　D. 撕咬
2. 以下不会导致猫应激的是（　　）。
   A. 洗澡　　B. 就诊
   C. 引入新的动物　　D. 使用新的猫玩具
3. 以下不属于猫生活必需物品的是（　　）。
   A. 猫衣服　　B. 猫抓板　　C. 猫玩具　　D. 猫窝
4. 理想情况下，饲养 3 只猫时，猫砂盆的数量应为（　　）。
   A. 1　　B. 2　　C. 3　　D. 4
5. 养猫家庭最好不要使用（　　）。（多选）
   A. 空气清新剂　　B. 花露水　　C. 蚊香　　D. 香水

任务 4 猫友好型诊所

猫友好型诊所(cat friendly clinic,CFC)是从猫的角度思考,改变医院理念、诊疗程序、设备,减少猫就诊和诊疗处置时的紧张与焦虑,让猫和宠主在宠物医院获得良好就诊体验。猫友好型诊所是国际猫科医学会(international society of feline medicine,ISFM)于 2012 年启动的一个国际性项目,正在改变全球猫科诊疗模式(图 1-52)。

15. 猫友好型诊所

图 1-52 ISFM 猫友好型诊所认定标志

一、猫友好型诊所

CFC 项目通过降低猫在整个就诊过程中的压力,减少猫的应激,鼓励猫与宠物医生配合,让诊疗变得更轻松。此外,还提供了一个全新而独特的思考方式——“站在猫的角度思考”,使得宠物医生开始重新审视自己服务理念、工作流程、医院布局、产品和服务等能否满足猫和宠主的需要。猫友好型诊所不等于猫专科医院,获得认证的医院可在自己的医院网站、诊所内部、所有诊所文章中张贴猫友好型诊所的标志。

猫友好型诊所的医生要了解猫独有的需求,在友好的环境中完成问诊,医生和助理要懂得如何对猫进行友好型处置;医院要具备对猫病检查和治疗的设备,也要具备完备的住院设施和完善的护理标准。ISFM 针对猫友好型诊所具体的认证,主要从表 1-5 中 14 个方面进行评估,同时根据医院的建设水平将友好型诊所分为金、银、铜 3 个等级。

表 1-5 友好型诊所评估内容

评估项目	评估项目	评估项目
员工培训	诊疗室	牙科设备
诊所内猫的处置	临床记录	影像设备
与宠主的沟通	住院部	实验室仪器
诊疗场所	手术室及镇痛管理	药品管理
候诊区	外科设备	

二、猫友好型诊所建设要求

(一)团队要求

1. 团队成员要求

团队成员要喜欢猫、了解猫,明确猫在医院内及医院外的需求,知道如何与猫接触和相处,并愿意与猫进行互动,也要具有良好的猫行为学基础,掌握减少猫应激的各种技能。在临床过程中,要坚持如非必要,避免对猫进行强制性保定。

2. 正确地接触猫

团队成员要掌握接触猫及与猫相处的知识和技巧,工作人员需要养成轻声细语/轻手轻脚的习惯,包括保持工作环境的安静,关门时不要发出撞击声响,避免激烈的动作等。医生和助理要更耐心地给予足够的时间让猫适应医院陌生的环境、气味等,操作时要更加轻柔,认识猫的肢体语言,了解猫的内心想法,想猫之所想,适时采取相应的措施。可以考虑在候诊区和诊室使用猫面部信息素,缓解猫的紧张情绪。

对猫进行最小化保定,甚至通过安抚和转移注意力的方式代替保定操作。初次接触时不要直视猫的眼睛,直视对猫来讲是一种威胁。如果做眼科检查,一定要观察猫的眼睛,可以先缓慢眨眼,表示友好。在伸手触碰猫身体前,应先与猫打招呼,轻声呼唤,让猫先闻闻你的手,判断一下它的反应。如果猫接受的话,可以先用手摸摸猫的鼻梁上方和颊部,这时猫表达友好的方式是用头蹭你的手。猫会出现“白大褂效应”,推荐常服接诊,也要避免使用香水和气味浓郁的护手霜。

3. 临床知识和技能培训

猫科医生需要终身学习,不断地更新知识,做到学以致用。医生和医生助理每年进行继续教育的课程中要涵盖猫科医疗内容,医院也需对所有团队成员的年度学习进行登记和考核。继续教育的方式很多,例如病例分析与讨论、专业会议或专题培训、网络平台的学习、证书课程学习、参与临床科研项目、阅读文献/期刊/书籍等。

4. 与宠物主人的沟通

与宠物主人有效的沟通是为猫提供高质量医疗护理的重要环节。以理解和体谅的态度进行沟通,倾听他们的问题,与宠物主人一起讨论,这不仅适用于诊疗的各个环节,同样适用于预约或者咨询。例如接到宠物主人的电话咨询时,向他们解释相关的诊疗流程以及猫到宠物医院可能面对的问题等,会增加他们对医院的信任。当然,留出时间给宠物主人提问以确定他们是否了解你给出的解释与建议,可以确保双方的信息正确等。

5. 猫科专员

在院内指定一名或多名猫科专员,猫科专员不一定是医生,可以是医生助理甚至是前台接待员,他们爱猫、懂猫、从猫的角度思考并愿意为猫的福利跟医院所有的人进行沟通。猫科专员工作内容包括解读猫的行为,监督猫友好型处置的操作,与宠物主人进行沟通交流等。

(二)就诊前准备

1. 就诊前准备

猫是领地性动物,离开领地意味着冒险。对于很多宠物主人来说,带猫出门充满了挑战。为了减轻猫的应激,同时为了让宠物医生能够轻松和有效工作,可以做适当的准备工作。

(1)猫笼的选择　推荐顶部以及侧边可以打开的分体式航空箱(图1-53),方便把猫抱进或取出。拆掉上半部分后,猫可以在底座内接受医生的检查。猫笼应透气,但不宜透明以致让猫过于暴露，可以考虑在笼外遮盖毯子或毛巾，为猫提供安全感（图 1-54）。

图 1-53　分体式航空箱

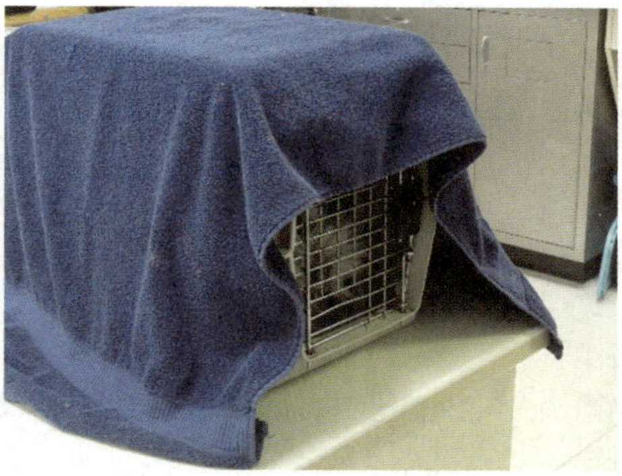

图 1-54　就诊时用毛巾覆盖航空箱

（2）让猫适应猫笼　让猫适应外出物品是带猫出门的关键环节，要让猫先熟悉和接受猫笼需要时间和训练。需要注意的是，若猫笼只在猫将要出门时才出现在猫的视野中，这个猫笼对猫而言就是一个威胁，要想猫进去就非常困难。最好在就诊前一天把猫笼打开，留一些零食在里面，然后放在猫喜欢活动的区域内。当猫认为猫笼安全，就会逐渐接近进而进去休息。猫笼放入猫喜欢的玩具或零食也会让猫更加容易接受（图 1-55）。

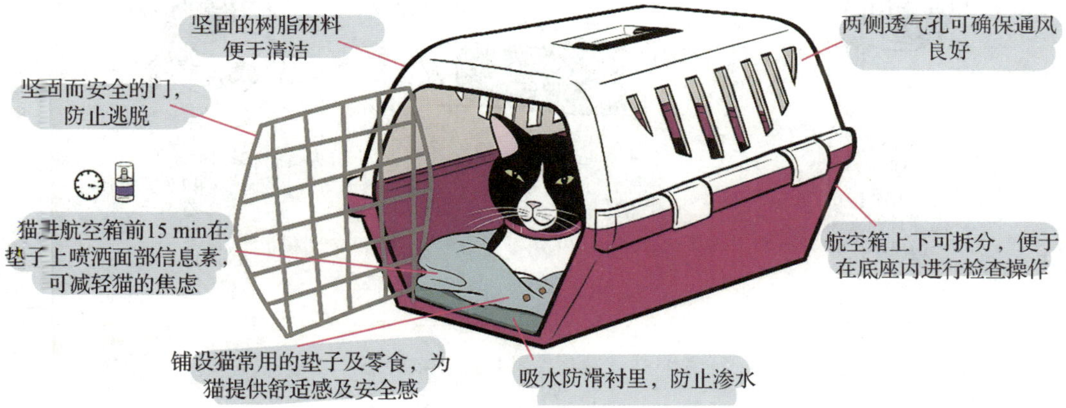

图 1-55　航空箱选择及准备

（3）猫面部信息素的使用　猫的面部信息素可缓解猫的紧张情绪，注意应提前 15 min 将其喷洒在猫笼 / 包内，待其发挥作用（图 1-56）。

（4）路途上　把猫笼固定在车内，保证其不会在行驶过程中晃动。冷静驾驶，不要突然启动和制动，也不要制造噪声或者播放嘈杂的音乐。行驶过程中，关上车窗。建议与猫说话或轻声安慰猫。携带猫笼行走时，需要注意晃动的幅度，尽可能地减少猫在笼内的颠簸（图 1-57、图 1-58）。

图 1-56　费利威 /feiliway
喷雾式面部信息素

2. 预约制度

预约制度是猫友好型诊所提升服务质量的重要工作流程。养成预约的习惯，并在出门前通知宠物医院，以免等待过久，可减轻

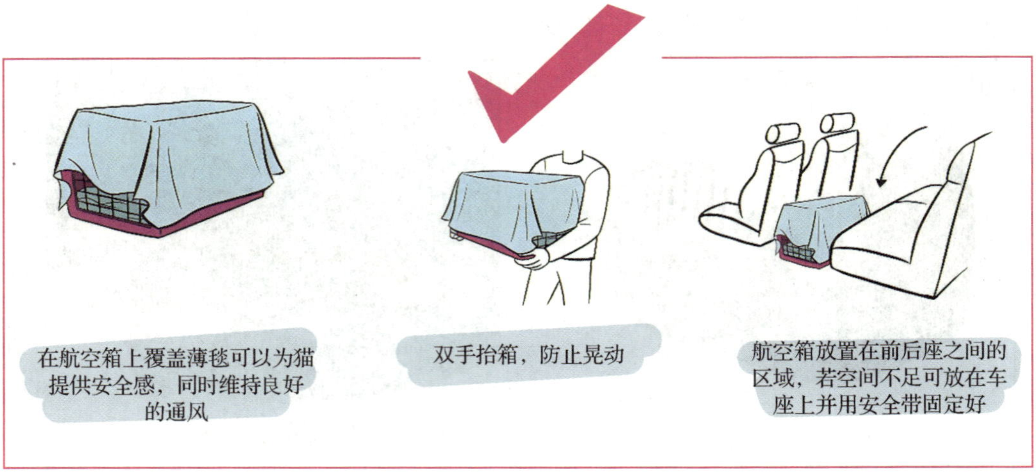

图 1-57　猫笼转运中注意事项

图 1-58　避免采用的猫携带方式

猫在陌生环境中逗留的时间。宠物医生与宠主需要进行就诊前的沟通，为每一只猫提供有针对性的服务准备，如建立病历，同时尽可能地减少候诊时间。同时，预约制度有利于宠物医院合理安排工作，工作流程也会更加顺畅。一些面积狭小的动物诊所也可以借此避开已有预约的时间段，甚至可以进行预分诊。

（三）候诊区

具备猫单独的候诊区是猫友好型诊所的基本要求，若宠物医院既接诊猫也接诊犬，那么最佳的规划是犬和猫有各自单独的进出口、通道和候诊区（图 1-59）。

候诊区设置要求如下：

★ 尽量远离前台，避免各种干扰。

★ 为宠物主人配置足够的座椅，同时为每一只猫准备一个安置猫笼 / 包的小台子或架子。

★ 提供醒目的“保持安静”提示。

★ 推行预约制，尽量不让猫和宠主等候太长时间。

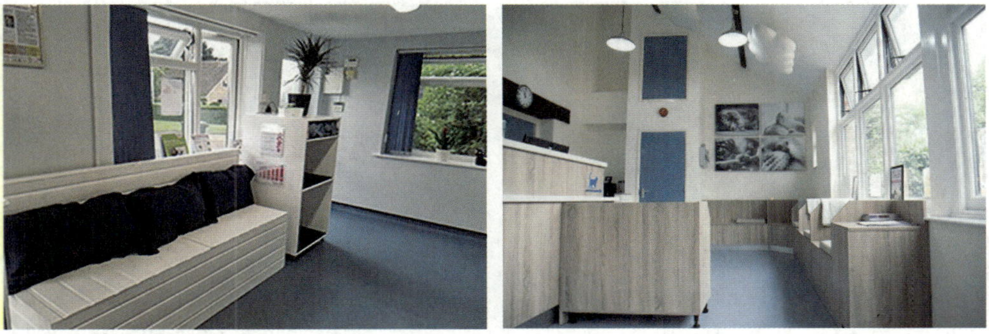

图 1-59 猫候诊区

★ 若诊室无接诊病例，可请宠物主人直接带猫到诊室，无需在候诊区等候。

为避免候诊时猫与猫之间的视觉接触或其他干扰，可采用一些方法来改善，如在座位之间用小隔断将猫分隔开。也可准备干净的毯子或毛巾覆盖猫笼，毛巾还可用于保定猫。推荐宠主带上自己的毯子或毛巾，避免直接将猫笼放到地上。推荐安放猫笼的高度应离地约 1 米，并设置隔板或进行遮挡（图 1-60）。候诊区可展示猫品种、客户感言、诊所介绍、推广活动、猫领养信息、猫科讲座资讯等图片，提供猫科相关杂志和资料，以供浏览。

如果无法设置独立的候诊室，可将候诊区进行空间上的隔离，分成两个不同区域分别供犬、猫使用，即使一道屏风也能够避免犬猫发生视觉上的接触（图 1-61）。同时，采取积极的措施避免候诊犬只吵闹，如让吵闹的犬只在医院外等候。

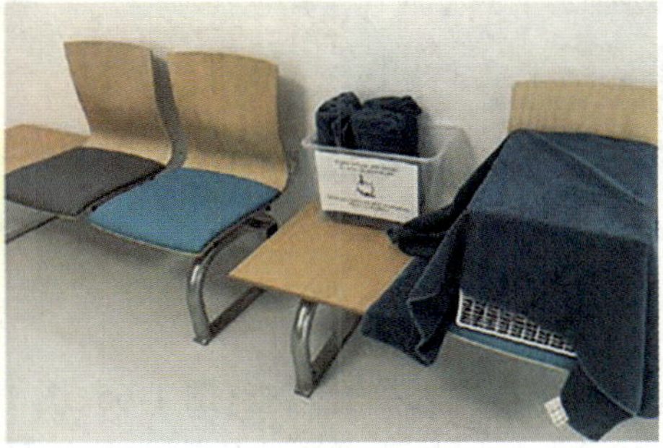

图 1-60 猫笼抬高并使用毛巾遮挡

图 1-61 具有指示牌的猫候诊区

（四）诊室

1. 猫科专用诊室要求

猫科诊室要整洁卫生、光线充足、通风良好，房门可上锁，接诊期间严禁打扰。诊室需要可完全封闭，以保证隐私、保持安静并防止猫逃跑或藏匿（图 1-62）。诊室的地面和诊疗台要选用可彻底清洁和消毒的材质。光滑而冰冷的表面，例如不锈钢诊疗台，会让猫没有安全感，推荐诊疗台上铺设橡胶垫或毛巾。猫对气味极其敏感，接待下一个病例之前，应清洁消毒诊疗台并通过通风换气清除气味。诊室不应留有猫可轻易进入但难以抱出来的狭小空间或孔洞。诊室内应配备可以直接观看影像检查结果的电脑和软件，方便向宠物主人解读，同时可避免反复进出诊室产生的噪声。尽可能在诊室完成实验室样本的采集，以减少将猫带入新环境而出现应激，建议使用合成猫费洛蒙喷雾或扩散器、爬架等来营造更为轻松的氛围（图 1-63）。

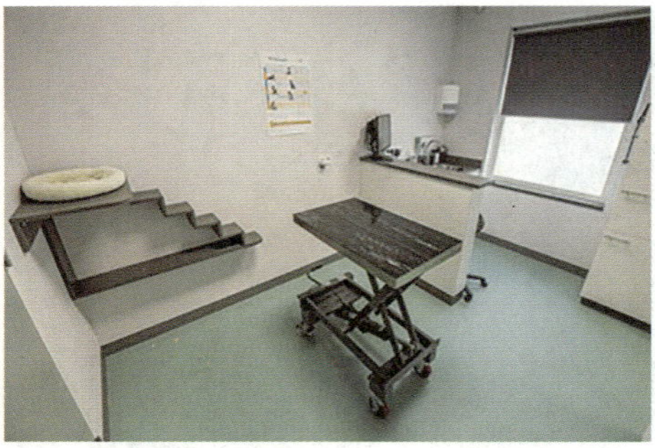

图 1-62　诊室无藏猫死角

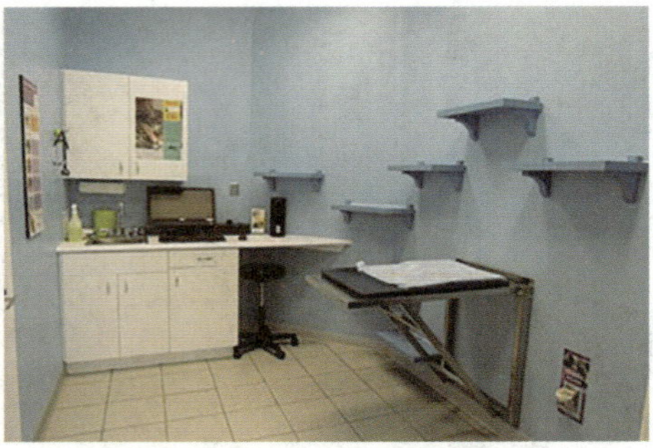

图 1-63　诊室设有爬架及使用费洛蒙

2. 诊室内常用设备

诊室内常用设备包括听诊器、检耳镜、检眼镜、笔灯、手持放大镜、静音电推剪、体温计等。对猫而言，最为理想的是使用前端柔软、能迅速完成测量的体温计。其他设备还包括多普勒血压计（配置合适的袖带）、台式电子秤、静脉采血耗材、毛巾等（图 1-64）。

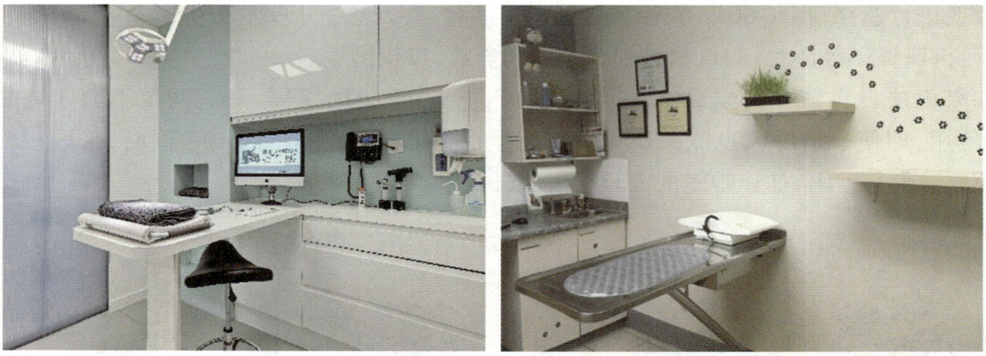

图 1-64　诊室内常用设备

（五）猫友好型处置

推荐让猫待在顶部能够打开的猫笼的底座上，面朝宠物主人接受检查（图 1-65、图 1-66）。如果猫表现紧张，应给猫一点适应的时间，要有足够的耐心。尽量让猫自己从笼内出来，而不是拉出来或倒出来。具体的做法是将猫笼轻轻放在桌子或地板上打开，然后医生一边采集病史信息，一边观察猫的动静。当猫从猫笼出来时，可用温柔的语调与猫打招呼，让猫先闻闻手背，判

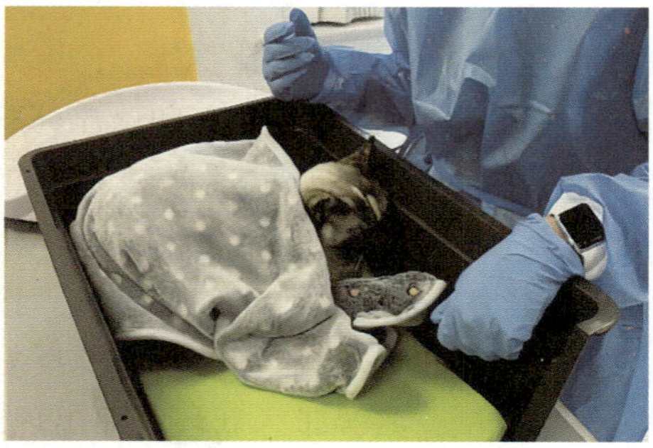

图 1-65　在航空箱底座进行检查

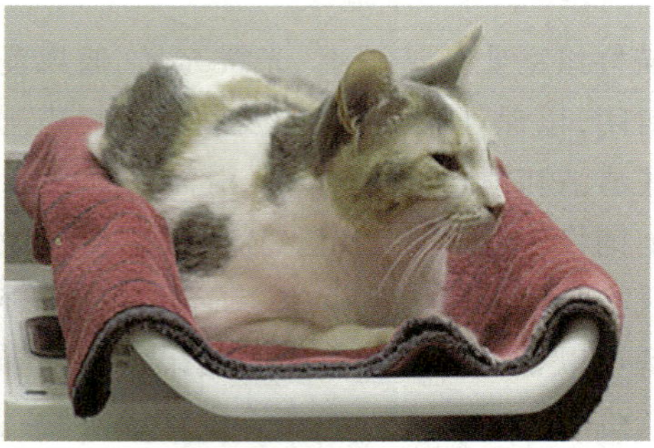

图 1-66　在体重秤内检查

断它的接受程度。如果猫接受，则一边抚摸猫的头颈部一边跟它说话，推荐用手指轻轻抚摸猫的额头和颊部（图 1-67、图 1-68）。

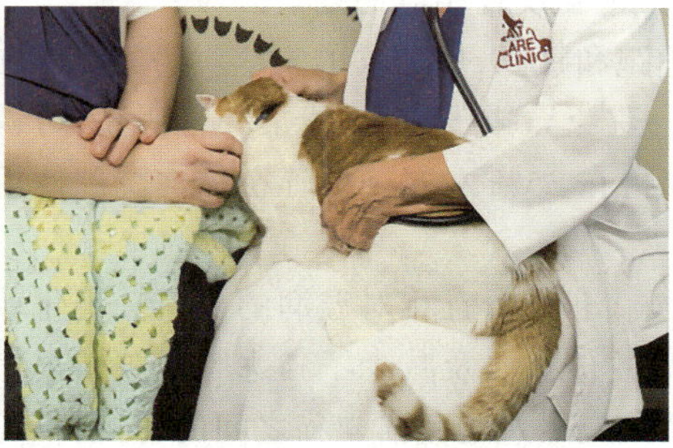

图 1-67　在猫可接受的区域进行检查

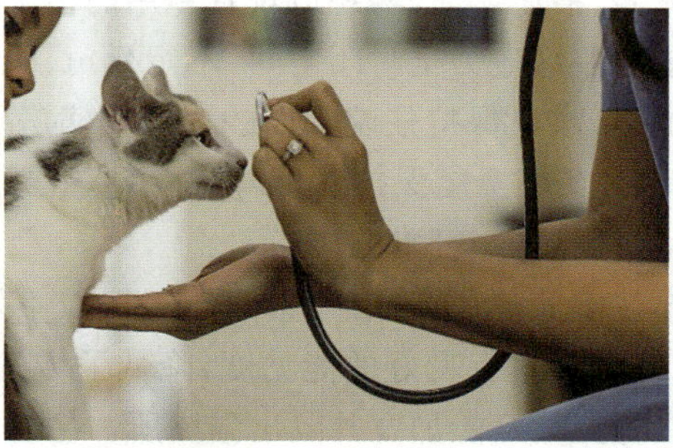

图 1-68　让猫嗅闻手或听诊器

小贴士

理想的检查地点是猫喜欢待的地方，更多推荐在猫笼或可拆卸航空箱底座内检查。

非眼科检查时，切忌直视猫的眼睛，尽量在猫后方或侧方检查（图 1-69、图 1-70）。对于胆小的猫，可由宠主轻柔地将其从猫笼里抱出来。对于非常敏感且具有攻击性的猫，推荐用毛巾保定的方式抱出来。检查过程中，找到让猫感到放松的姿势或方式。尽量去适应每只猫的喜好，让猫以为只是在游戏或抚摸的情况下完成大部分体格检查。

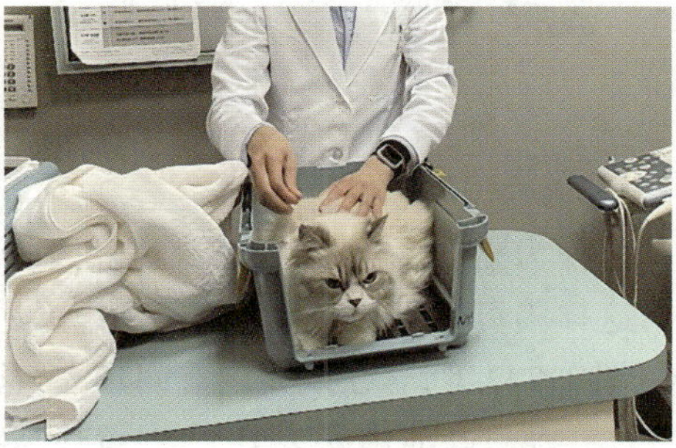

图 1-69　由猫后方检查

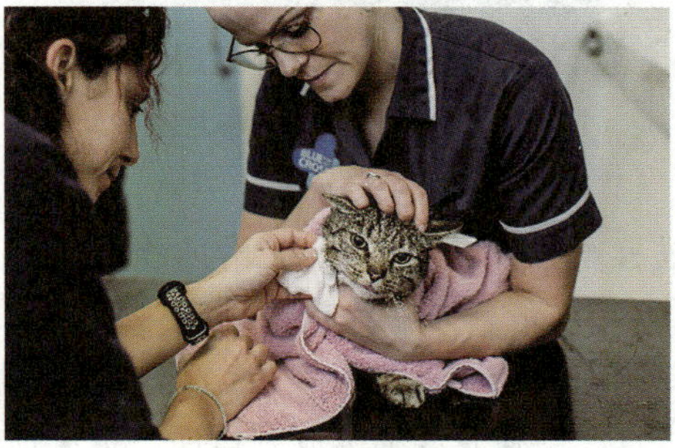

图 1-70　由猫侧方检查

可将检查分为几个较短时间的分步检查，一旦猫变得焦躁不安，就让它休息一会儿，抚摸它，与它说话，或让它在房间里走一走。

当需要进行眼科检查时，医生放松的眼神和缓慢的眨眼可以缓解猫的紧张和不安。

避免突然的刺激，包括巨大或突然的噪声，突然变化的灯光，突兀的动作等。同时，要注意你所发出的声音，比如“嘘”类似于猫的“嘶—嘶”声，应予以避免。

将侵入性的检查放到最后进行，例如测量体温、打开口腔等。

如果宠物主人警告猫可能会咬人或抓人，医护人员应高度重视，做好充足的准备，而不是依靠或期待宠物主人能安全地将猫保定住。

（六）住院部

拥有猫专属的住院病房是猫友好型诊所的基本要求，这是管控猫的应激、增加猫舒适感的基础。猫的专用住院病房应在医院的布局规划中专门设计，按照最大限度减少应激因素的原则，达到多房间、一笼一猫，同一个空间尽量少猫的要求，病房内设置处置区域，以进行简易处置如测量体温、抽血。此外，还应设置专用的传染病病房，也要设置相应的处置区域。

猫住院部应为全封闭空间，不留死角，防止猫逃跑和藏匿，保证猫的安全。房间能够在一定程度上隔音，以保持住院部内的安静。病房要通风，避免异味残留，光线柔和且明亮，可调控温度 / 湿度，环境温度保持在 18 ~ 25 ℃，相对湿度保持在 35% 左右。推荐在猫住院部使用费洛蒙产品，尽可能减轻猫的应激。

猫住院笼选用坚固、不渗水、不反光、不发出异响、非光滑且相对温润的材料。钢化玻璃门是更好的选择，有良好的能见度，降低了传染性疾病的传播以及减少了猫逃脱或肢体损伤的概率。住院笼最好能加宽并隔出猫厕所。住院笼的摆放应尽量避免猫与猫之间的对视，推荐笼门为一个朝向的摆放方式。如果空间狭窄，则住院笼应采用帘布遮挡视线(图 1-71)。建议将单层猫住院笼安置于高出地面 90 ~ 100 cm 架子上，方便工作人员观察和操作。双层猫住院笼，底层应至少离地 20 cm(图 1-72)。

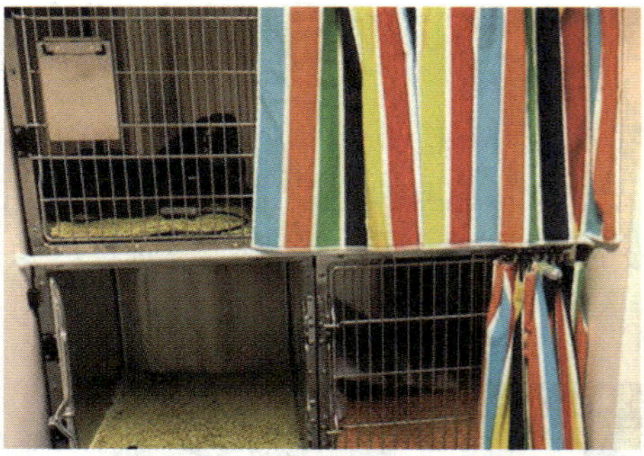

图 1-71　住院笼使用帘布遮挡

图 1-72　住院笼架高

猫喜欢柔软材质，讨厌光滑冰冷的表面，因此应另外为猫准备舒适、温暖、卫生、柔软的垫被(图 1-73)，最好是主人从家里带来的毯子或毛巾，这样猫可嗅到比较熟悉的气味，更易缓解紧张。笼内最好能提供躲藏的空间，准备纸箱、猫屋(图 1-74)等，若住院笼内空间较大，甚至可以将猫自己的猫笼或猫窝放到里面。也可提供爬高设施，通过在笼内安装架子，安置垫高物(如倒置的纸箱)的方式增加垂直空间(图 1-75)。 猫住院笼内除了“生存”所需的食物、水、猫砂等之外，还需根据猫的习性布置合理的“生活”环境(图 1-76)。

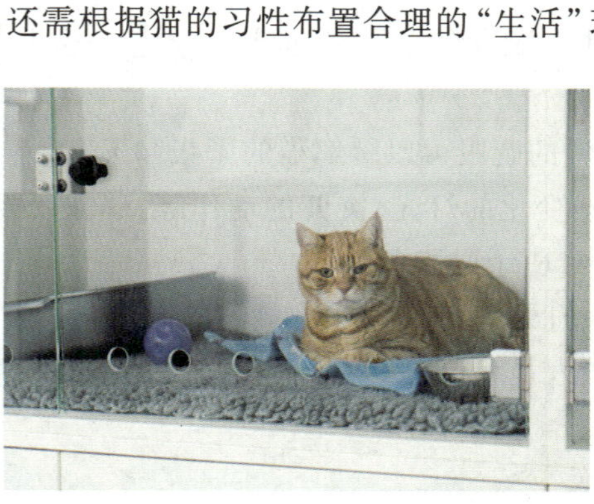

图 1-73　住院笼铺设垫被

图 1-74　住院笼内放置猫屋

图 1-75 分区住院笼

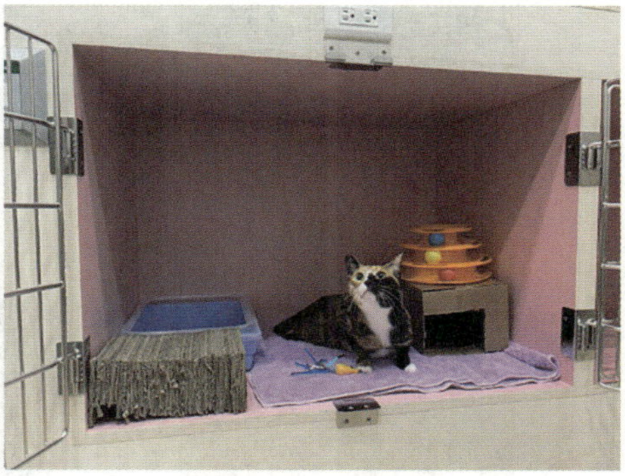

图 1-76 营造丰富生活环境的住院笼

尽量减少住院部工作人员数量。从猫的角度去思考，工作过程中，工作人员要轻声细语、轻手轻脚，在住院部内也可以播放轻柔的音乐以舒缓猫的情绪。对于住院时间比较长的猫，可以考虑放置猫抓板，或者其他猫玩具，使其释放压力。若零食不影响治疗，可以利用猫喜欢的零食来建立良好的互动关系，提高其安全感。在进行临床操作如测血压或者抽血的前后，都要与猫进行沟通并抚摸它，操作时尽量避免其他猫只在场。

（七）传染病房

猫的传染性疾病较为多见，若未对传染性疾病进行严格的管理，可能会导致院中其他猫的感染。若医院接受传染病病例住院，须设置传染病房。传染病房需配备专用的清洗和消毒设施，并仅限该传染病房内使用。传染病房最好只有一个单独的出入口，进出口外应设置消毒池。进入病房应穿防护服，如一次性隔离衣、手套、口罩和鞋套等，离开病房前应再一次进行消毒方可离开。理想情况下，传染病房应采用负压通风系统。最好指定专人护理患猫，以确保其得到足够的治疗，并减少院内传染的风险（图 1-77）。

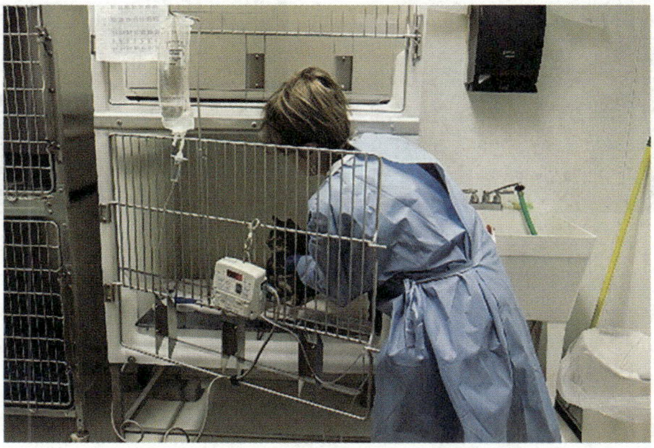

图 1-77 传染病房由专人负责护理

（八）手术室与麻醉室

无菌对于手术而言非常重要，手术室应尽可能保持干净、整洁。手术室除进行无菌手术外，应尽量避免其他污染操作。理想情况下，麻醉前的诱导、剃毛以及牙科手术，都应在另一个独立的房间或处置室进行处理。术前应对猫进行必要的镇痛管理，齐全的手术设备和保温措施，也是必需的（图 1-78）。

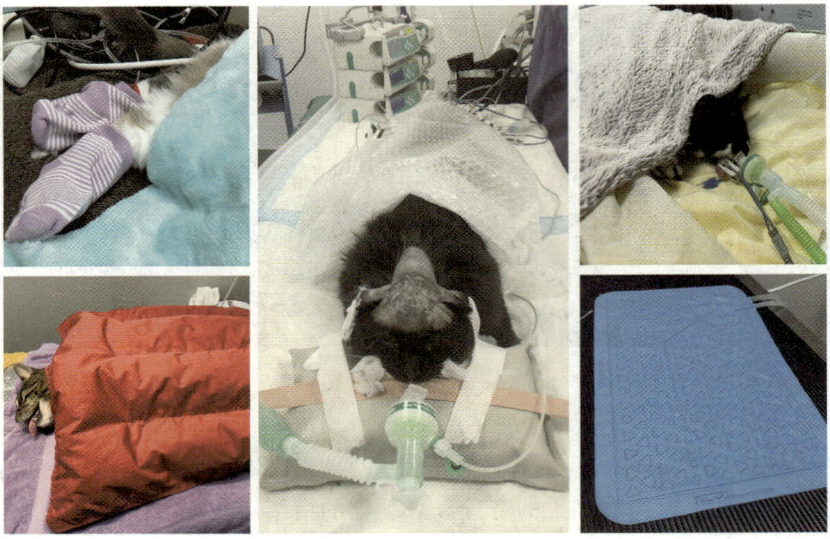

图 1-78　术中采取保温措施

猫友好型诊所应配备基本的实验室检查设备。

金牌 CFC 还应有专门的牙科手术室，具备进行牙科 X 线检查的设备，以便正确地检查牙科疾病。同时必须提供洗牙和抛光牙齿的设备，建议使用优质的超声洁牙设备（图 1-79）。

化验室应配置显微镜、离心机、血常规检测仪、生化检测仪、尿检设备等（图 1-80）。

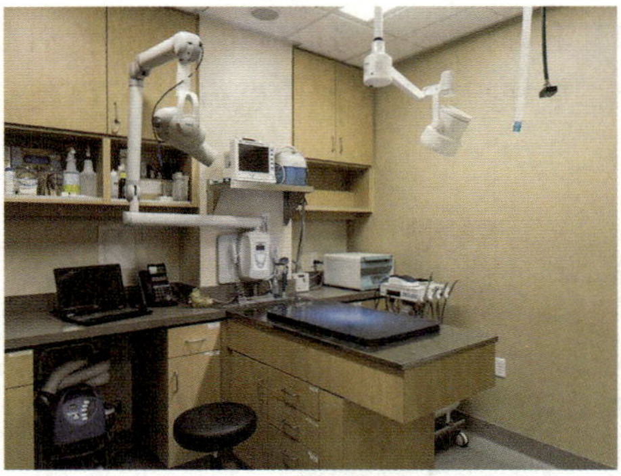

图 1-79　牙科手术室

图 1-80　化验室

国际爱猫日

国际爱猫日为每年 8 月 8 日，该节日由国际动物基金会在 2002 年正式提出，旨在呼吁人们关注猫的健康、科学饲养、领养以及救助猫等。国际猫护理组织（international cat care）鼓励猫主人每天花 5 min 与他们的猫玩耍，以改善它们的身体健康和心理健康。国际爱猫日不仅仅是为了庆祝人们与猫之间的特殊纽带，还提醒人们要关注并尊重所有动物的权益和福祉，共同营造一个更友善的人与动物共存的世界。

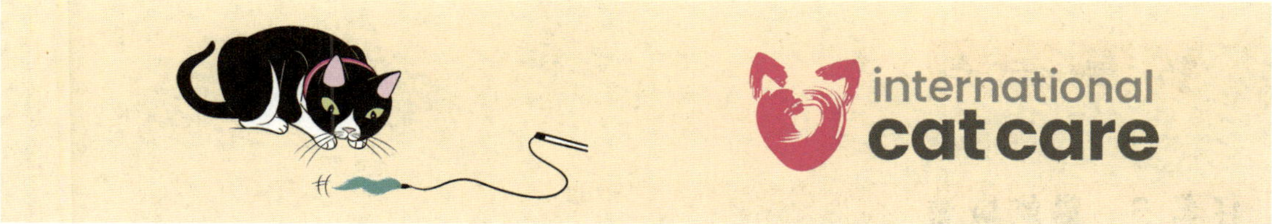

思考与练习

1. 猫友好型诊所不允许接诊犬。（　　）
   A. 正确　　B. 错误
2. 猫友好型诊所对员工有很高的要求，尤其是要具备猫行为学方面的知识。（　　）
   A. 正确　　B. 错误
3. 猫友好型诊所的诊室一般要求不高，可以设计得与犬诊室相一致。（　　）
   A. 正确　　B. 错误
4. 猫友好型诊所的猫住院部可以允许犬入住。（　　）
   A. 正确　　B. 错误
5. 猫友好型诊所的布置需要从猫的角度考虑来进行设计。（　　）
   A. 正确　　B. 错误

思政园地

绝育变“绝命”：多只宠物猫在同家店绝育手术后染上猫瘟

广州宠物医院在年底发布“双十二年终抢先享，猫咪绝育318元”的优惠活动。此后有多名猫主将爱猫送到此店进行绝育手术。手术后，当中数只猫先后被诊断为猫瘟，甚至有部分猫因此离世。这些猫主表示，多只猫在相同时期同一门店出现问题，并非巧合。虽然宠物医院提出了赔偿方案，但采访中的猫主表示不满意，希望院方可以给出合理的解释或赔偿。

猫瘟在宠物临床发病率高，患猫感染的原因在于未施打疫苗或免疫后失败以及术后机体免疫力下降所致。此外，宠物医院环境消杀不彻底、未设置传染病房、医护人员间接传播、对猫瘟病例漏诊等都导致医院内存在大量病原，这也是猫在住院后或术后发生猫瘟的重要原因。

目前宠物诊疗行业仍缺乏行之有效的规范化管理措施，宠物诊疗机构诊疗环境及诊疗技术参差不齐，宠物医疗事故及医患纠纷屡见不鲜。

思考：根据前面所学及查找资料，请针对上述问题对宠物医院建设和管理提出合理化建议。

拓展任务

任务5 猫的应激

应激(stress)又译紧迫、压力,是指机体受到外界环境刺激后出现的生理、行为或心理性的非特异性反应。应激反应可以增加猫逃避危险的能力,但是应激持续存在或在很长一段时间内频繁重复,应激激素的持续释放,可能会损害猫的身体健康。

一、应激源

应激源是指可引起猫产生负面应对反应、稳态失衡的客观变化,可能是环境变化、突发事件等,统称为刺激物或刺激(表1-6)。此外,各应激源对猫的影响程度也不同(图1-81)。

表1-6 常见应激源分类

类别	原因
环境变化	没有经过脱敏训练的突然外出、搬家、装修、外出洗澡、巨大而突然的噪声(如烟花爆竹、突然的雷雨)等
新家庭成员	引入新的宠物、家庭添加新成员、外来访客等
分离焦虑	寄养、主人出差等
生病或受伤	就诊、住院等
社交冲突	猫群不合、宠主对猫的刺激、其他动物的刺激等

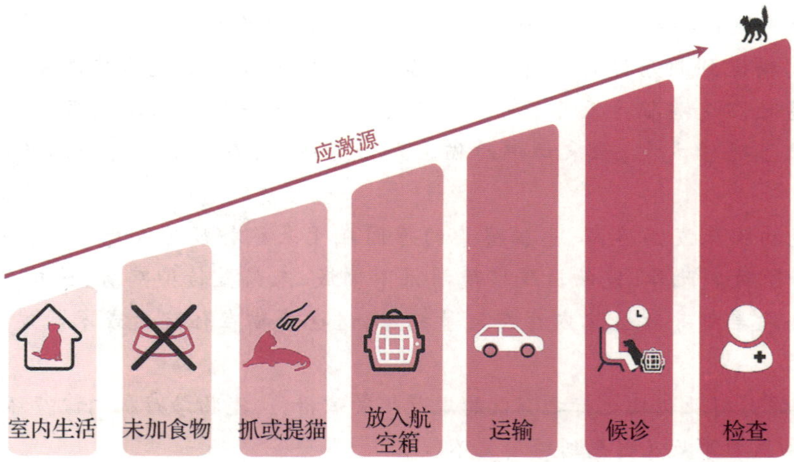

图1-81 不同程度的应激源

小贴士

猫天性胆小、敏感、焦虑,缺乏安全感,遇到任何小的压力或刺激,就可能会引发应激反应。

二、应激表现

猫天性胆小而内敛，许多应激情况不会有明显的行为变化，需要仔细观察，多数情况下，当猫出现以下变化时，应该引起足够重视。详见表 1-7 及图 1-82 至图 1-87。

表 1-7 猫应激表现

行为变化	心理变化	生理变化
逃跑、躲藏、肢体僵硬	害怕	炸毛（被毛竖立）
排便行为改变	沮丧	瞳孔扩大
过度理毛、抓挠	紧张	呼吸急促
哈气、攻击	疼痛	心跳加速
厌食、呕吐等	激动	流涎

图 1-82 食欲下降

图 1-83 躲藏

图 1-84 猫砂盆外排便

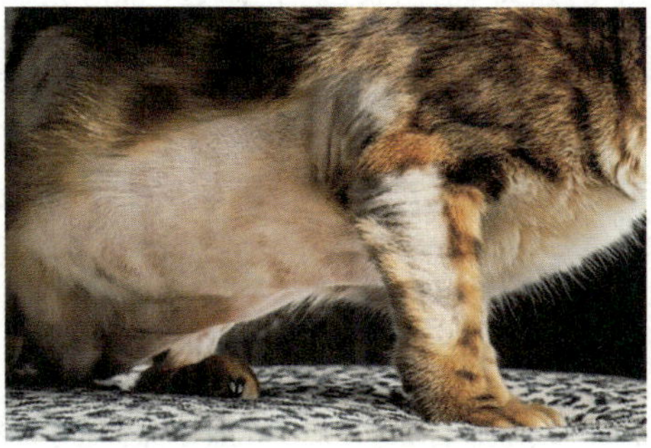

图 1-85 过度理毛导致脱毛

图 1-86 发出威胁的声音

图 1-87 被毛竖立

三、应激与疾病

机体在应激时引起神经、内分泌系统的一系列调节变化，目的是重新调整机体的内环境平衡状态，以对抗应激源的作用，但这种变化往往会增加器官功能的负荷或者自身防御机制的消耗。因此，过分强烈或长时间的应激状态将造成机体适应能力的破坏或适应潜能的耗竭，影响机体免疫系统，最终导致疾病的发生与发展。

（一）免疫系统

急性应激可以短暂激活免疫系统，体现在巨噬细胞和白细胞总数的增加。然而，持续的应激会促进糖皮质激素的分泌，从而抑制免疫系统，继而导致新的感染或者感染复发，如传染性腹膜炎发生概率或上呼吸道感染概率增加。

（二）消化系统

应激与一些胃肠道问题相关，它可以改变肠道屏障的完整性，增强其通透性和局部炎症，慢性应激可能导致消化道溃疡，严重的可能导致出血、穿孔。临床常表现为食欲下降、呕吐或间歇性腹泻等。

（三）泌尿系统

应激是诱发特发性膀胱炎的最重要因素，患猫出现排尿困难、尿血、尿频、排尿行为改变等。与健康猫相比，患有特发性膀胱炎的猫膀胱壁的糖胺聚糖层更薄，交感神经的激活增加，血液儿茶酚胺水平也会升高。

（四）心血管系统

应激时，患猫也可出现心率加快，血压升高。在门诊检查中，应激常常导致猫出现心动过速、呼吸加快、血压升高等情况，因此应在猫情绪稳定后测量以上指标才能确保测量结果准确。同样，慢性的应激会导致氧化应激，当氧化应激超过机体本身的抗氧化能力时，则会造成一些严重后果，包括高血压、心脏病等。

（五）皮肤

自我理毛和抓挠常常是猫面对冲突时的即时反应，当猫面对各种压力情况时，可能出现压力转移行为，如过度理毛。皮肤和神经系统联系紧密，如特应性皮炎可能因受到压力的影响，发生持续性瘙痒。

（六）生殖系统

应激母猫生育的幼猫可能出现体重下降、生长缓慢的情况，应激也会干扰垂体及卵巢功能，导致发情中断或流产。这些应激因素包括长途运输、过度拥挤、环境改变、引入新的宠物或者长期敌对的社交互动等。

四、应激与心理行为异常

环境或慢性疼痛等内在的应激源会引发焦虑，不仅会增加疾病风险，也会增加心理问题的发生风险。猫敏感而易焦虑，应激会使其出现心理问题，继而导致行为改变。包括长时间躲藏，玩耍、探索或理毛时间减少，食欲下降甚至厌食，排尿行为改变等。应激会导致猫采食减少，而某些情况下也可能出现食欲增加。应激同样会导致猫叫增加，出现攻击行为、喷尿行为和强迫行为。当应激引起猫的厌食时，会出现一些严重的病症，脂肪肝尤为常见。应激会增加对新食物的恐惧感，因此在猫已经应激的情况下，更换或者获得新的食物，厌食情况可能加剧。

五、应激管理

（一）去除应激源

查找应激源并及时去除，可以减轻猫的应激压力。

（二）多模式环境改变

多模式环境改变（multimodal environmental modification，MEMO）计划提出为猫创造更多能够表达自然行为的环境，能减缓猫的情绪压力。计划中的内容包括但不限于：不对猫进行任何形式的惩罚；提供猫爬架、猫抓板、躲藏箱等娱乐设施，进行环境丰容，减少压力；保证猫砂盆舒适和清洁；增强与猫的互动，积极处理猫间的冲突等。

（三）药物干预

对于容易应激的猫，可以选择费利威等面部信息素或加巴喷丁，缓解其紧张情绪。有行为问题的猫，可能需要一些精神类药物干预，如氟西汀、氯米帕明、丁螺环酮、α- 卡索西平、茶氨酸等。

任务 6 流浪猫 TNR 计划

TNR 即抓捕（trap）、绝育（neuter）、放归（return）的简称，是将流浪猫抓捕，绝育后再将其放归回原本的生活区域，以控制其数量的一种方式。TNR 是目前国际上公认的人道的、有效控制流浪猫数量的方法之一。

16. 流浪猫 TNR 计划

一、TNR 意义

流浪猫 6～7 月龄即可繁殖，每年可繁殖 2～3 胎，一对猫夫妇只需要 9 年，它们的后代总量就能达到千万只的级别。流浪猫数量增加对其他物种如鸟类、小型哺乳动物、爬行动物或两栖动物带来极大的威胁，世界自然保护联盟甚至将流浪猫列为排名第 38 的危险入侵物种。除了对野生动物的影响外，城市中的流浪猫往往靠人类厨余垃圾、污水为生，也不可能定期注射疫苗，成为传播狂犬病、弓形虫病等人兽共患病的潜在媒介。此外，流浪猫发情季节扰民情况也非常明显。

通过大量研究和实践证明，相较于通过安乐和收容进行流浪猫数量的管控，TNR 是最有效控制流浪猫数量的方法。

二、TNR 流程

（一）抓捕

抓捕方法以诱食为主，使用人道的陷阱，捕捉流浪猫。工具包括诱捕笼、抄网、转移袋等（图 1-88、图 1-89）。

（二）绝育

流浪猫 6～8 月龄即可进行绝育，捕捉后的猫被带到宠物医院进行绝育或去势手术。此外，它们通常会接受基本的健康检查和必要的疫苗接种。绝育后的猫必须接受剪耳做耳标，通常公猫标记在左耳，母猫标记在右耳，耳标通常为距离耳尖 1 cm 左右的平切口（图 1-90），V 形切口可选择耳尖或耳廓后缘位置（图 1-91），防止重复抓捕绝育。

图 1-88　诱捕笼

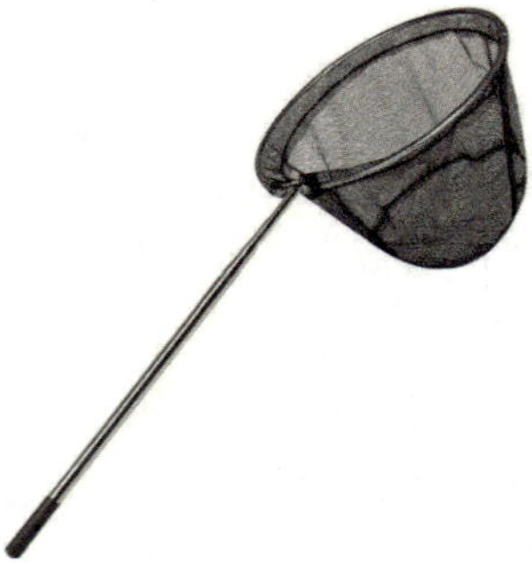

图 1-89　抄网

（三）放归

手术恢复后，流浪猫被放回它们被捕获的地方，这通常是它们的原栖息地，它们熟悉这个环境，并能在那里找到食物源（图 1-92、图 1-93）。

图 1-90　耳标——平切口

图 1-91　耳标——V 形切口

图 1-92　放归原栖息地

图 1-93　放归

小贴士

猫 4 月龄即可发情受孕，目前建议流浪猫绝育年龄可以提前至 4 月龄，以减少流浪二代的数量及未成年母猫难产的问题。

三、TNR 优点

（一）有效减少流浪猫数量

国际上对流浪动物的种群管理主要有三个措施，即收容、安乐死和 TNR。收容所因容纳数量、人力和资金等限制因素，具有很大的局限性。而从动物福利角度考虑，安乐死也不人道。TNR 比人道毁灭更科学，更符合人道精神，成为许多国家救助流浪猫首选方案。据相关研究表明，高强度的 TNR（70% 以上绝育率）可以显著控制某一区域内流浪猫的数量。

（二）改善社区生活环境

未结扎的流浪猫，常常会有让当地居民感到困扰的行为发生，如到处排泄来占领地盘、猫因为发情期“叫春”、为了求偶出现互相攻击等行为。流浪猫也可能会因这些行为而使其遭受居民的驱赶、迫害。

（三）提高流浪猫生存能力

绝育手术能让猫减少因生殖系统引发的疾病，例如子宫积脓、子宫肿瘤、卵巢肿瘤、睾丸肿瘤、乳腺肿瘤等。母猫绝育可以停止怀孕、生产、哺乳这一系列无休止的生理循环。公猫绝育可以停止因发情争夺配偶、领地而产生冲突，造成咬伤以及猫白血病病毒和猫艾滋病病毒的传播等。

思政园地

领养代替购买：救助流浪猫，共建和谐家园

幸运土猫是一个致力于流浪猫救助的非盈利性志愿者团体，于 2001 年在北京成立，已成为国内最成功的动物福利组织之一。幸运土猫以传播正确对待伴侣动物的观念为宗旨，同时鼓励和积极影响关注生命的人们参与到帮助流浪动物的行列中来，为创造更和谐的社会环境做出努力！自 2001 年至今，在众多志愿者们的共同努力下，已有超过 3 000 只流浪猫在幸运土猫的帮助下重新回到幸福的新家。

幸运土猫流浪猫群护（TNR）项目起始于 2004 年，是幸运土猫近年来大力实施及推广的动物福利工作之一。如今流浪猫群护项目已经成为了一个成功的社会公益项目，越来越多的动保组织和爱心公众意识到流浪猫绝育工作的重要性，并自发行动起来为身边的流浪猫提供绝育帮助，为流浪猫救助工作打下了坚实的基础。

思考：如果你有时间和精力是否愿意投身到救助流浪猫的行列中？

技能强化

技能训练1 体况评分

17. 猫体况评分

体况评分(body condition score,BCS)即营养状况评估,是猫整体状态检查的重要内容,为临床诊疗提供参考。BCS是通过分值来评价猫的营养程度,目前临床上多采用世界小动物兽医协会(world small animal veterinary association,WSAVA)九分制进行评估。

一、BCS评分目的

保持猫的理想体重可以降低疾病风险、预防营养不良、改善猫的生活质量。肥胖会对猫的肌肉骨骼系统、泌尿系统、胃肠道和内分泌系统产生负面影响,导致跛行、下泌尿道疾病、肝脏脂质沉积和糖尿病等。体重过轻也会危害身体健康,如与年龄相关的瘦体重减少会导致全身无力,增加跌倒和骨折的风险,还可能抑制身体的免疫反应。因此,通过科学的体况评估,可辅助制订合理的健康管理方案。

二、BCS评估方法

BCS主要采用视诊和触诊的方法进行评估(表1-8、图1-94)。

表1-8 BCS评估方法

部位	内容	检查方法
骨骼	肋骨、脊椎和髋骨是否明显	视诊、触诊
皮下脂肪	面部、肩部、胸廓两侧、背部及四肢部位脂肪的蓄积情况	视诊、触诊
腰部和腹部轮廓	腰部轮廓是否显著,腹围大小、腹部脂肪是否可见	视诊

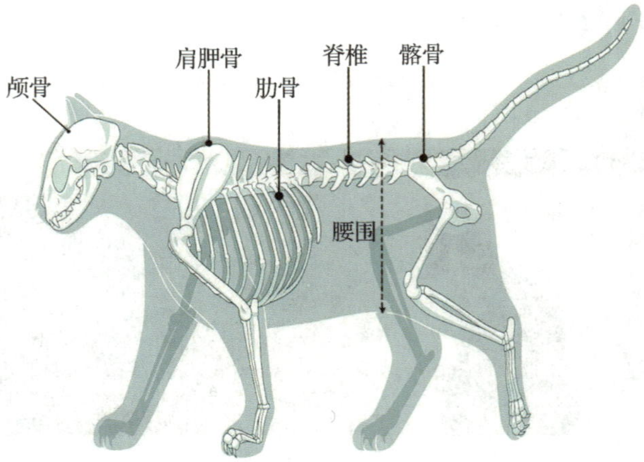

图1-94 评估部位

三、评估流程

BCS 评估流程可参照图 1-95。

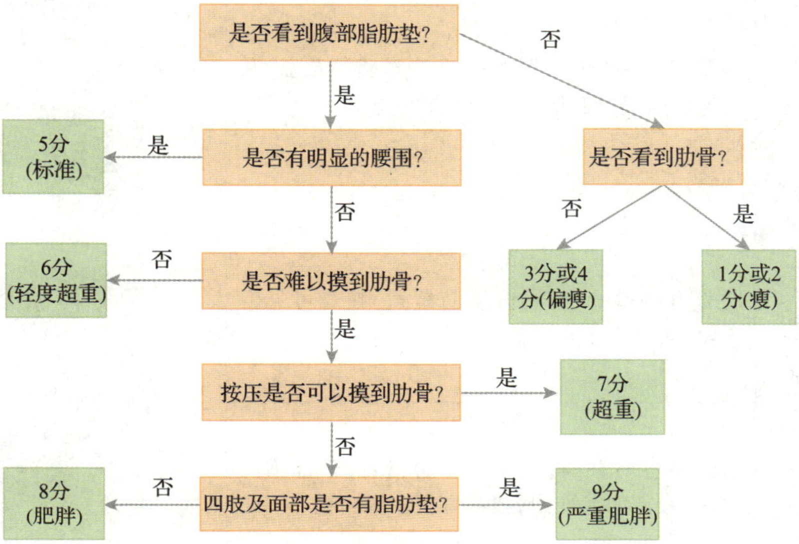

图 1-95　评估流程

四、九分制 BCS 评分标准

BCS 评分有九分制及五分制两种情况，多数宠物医院采取九分制评分标准（表 1-9）。

表 1-9　九分制 BCS 评分标准（WSAVA）

营养情况	得分	评分标准	示意图
过瘦	1	短毛猫可见明显的肋骨、脊椎与髂骨翼，触诊不到脂肪，腹部严重内缩，腰围极小，肌肉量明显减少	
	2	短毛猫可轻易看到肋骨，脊椎明显，腹部明显内缩，腰围很小，触诊不到脂肪	
	3	肋骨可见，有少量脂肪覆盖，脊椎明显，肋弓后可见明显腰身，腹部可触及少量脂肪	
	4	肋骨不可见但容易触及，有轻微脂肪覆盖，腰身明显，腹部轻微收紧，腹部可触及脂肪，但未见脂肪垫	

续表 1-9

营养情况	得分	评分标准	示意图
标准	5	体型匀称，肋骨容易触及，有少量脂肪覆盖，腰线轮廓明显，腹部有极少量脂肪垫	
过胖	6	肋骨可触摸到，有稍多脂肪覆盖，腰身可见但不明显，可看出腹部脂肪垫	
	7	肋骨不容易触及，有较多脂肪覆盖，腰部不易辨认，腹部明显变圆，腹部有较多脂肪垫	
	8	肋骨不易触摸到，覆盖中量脂肪，无腰身，腰部明显且圆形，腹部有中量脂肪垫，可触及后背部有明显脂肪垫	
	9	肋骨触摸不到，肋骨、脊椎、面部与四肢堆积大量脂肪，腹部膨胀，分辨不出腰部，腹部堆积大量脂肪	

练一练

请对下图中的猫进行 BCS 评分。

BCS（　　）分

BCS（　　）分

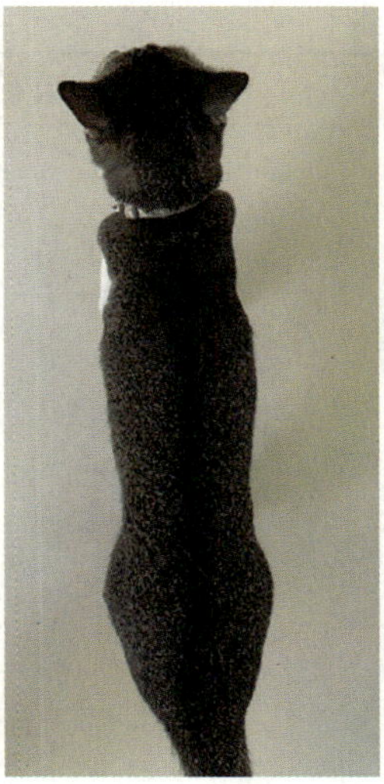

BCS（ ）分

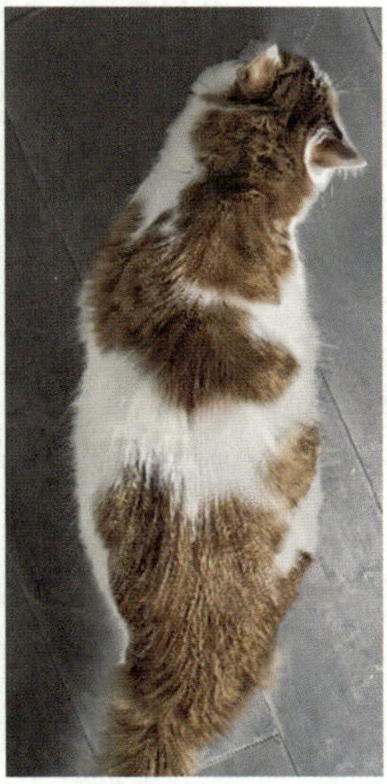

BCS（ ）分

技能训练 2 肌肉评分

当猫因疾病或其他原因导致体重下降时，通常首先会发生肌肉的丢失，而不是脂肪。肌肉评分（muscle condition score，MCS）系统引自世界小动物兽医协会（WSAVA）的评判标准，通过视诊及触诊方法评估猫肌肉状况。肌肉评分主要分为正常肌肉、轻度肌肉流失、中度肌肉流失和严重肌肉流失。

18. 猫肌肉评分

MCS 评估方法　检查颅骨、肩胛骨、脊椎与臀部肌肉情况，通常脊椎两侧肌肉是最早流失的部位，也是最常进行肌肉评分的部位。触诊时手指按压检测部位，感受肌肉的丰满程度。MCS 评分标准见表 1-10。

表 1-10　MCS 评分标准

评分	肌肉情况	批判标准	示意图
1 分	正常肌肉状态	触诊颅骨、肩胛骨、臀部与脊椎两侧皮肤弹性良好，皮下有少量脂肪垫，肌肉丰满	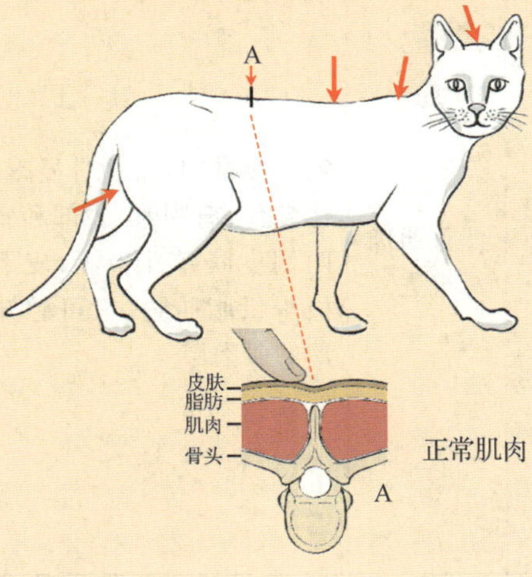

续表 1-10

评分	肌肉情况	批判标准	示意图
2 分	轻度肌肉流失	触诊颅骨、肩胛骨、臀部和脊椎两侧皮肤弹性良好，皮下有少量脂肪垫，肌肉松软	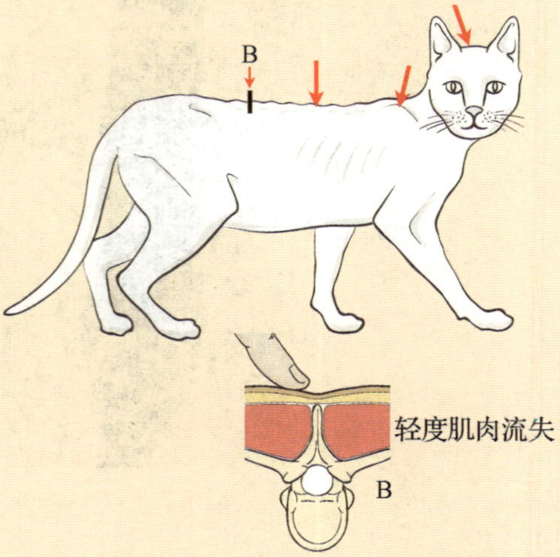
3 分	中度肌肉流失	腹部轻微内缩，触诊颅骨、肩胛骨、臀部和脊椎两侧皮肤弹性中等，皮下有少量脂肪垫，明显感知肌肉松软，肌肉层变薄	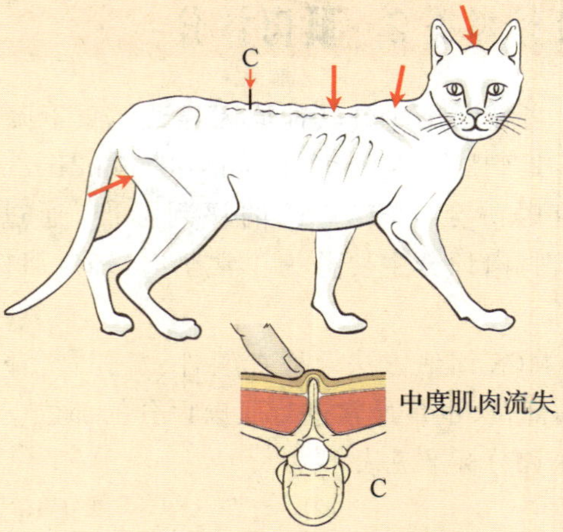
4 分	严重肌肉流失	视诊腰椎明显，肋骨显露，触诊颅骨、肩胛骨、臀部和脊椎两侧皮肤弹性中等，皮下有极少量脂肪垫，只可感知极薄的肌肉层	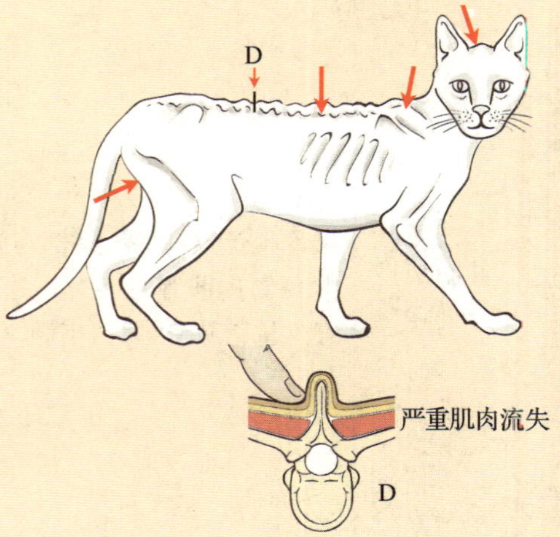

练一练

请对下图中的猫进行 MCS 评分。

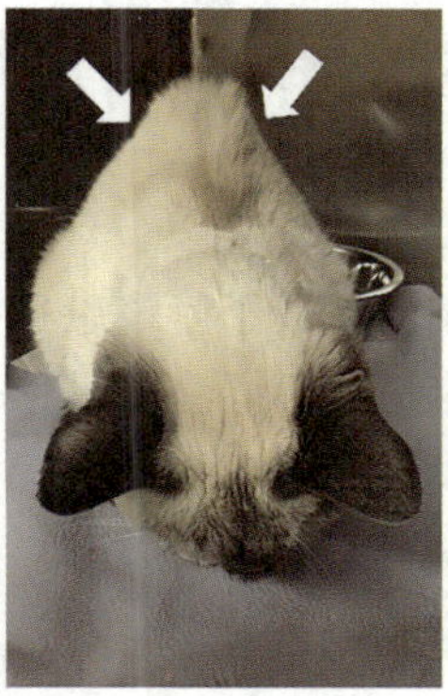

肌肉评分(　　)

肌肉评分(　　)

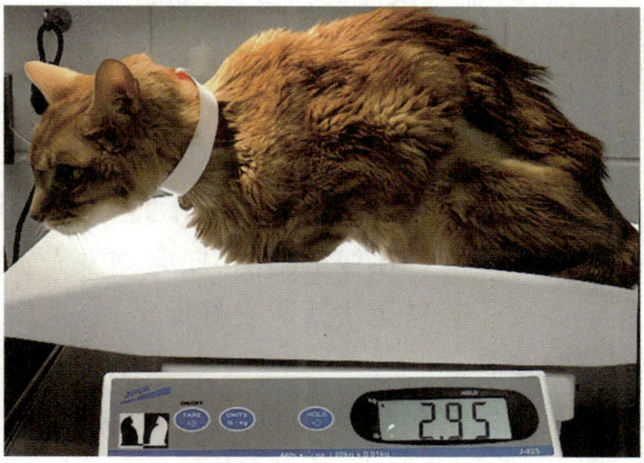

肌肉评分(　　)

技能训练 3　猫友好型保定

临床上进行猫疾病诊疗工作的前提是进行猫的保定。掌握猫友好型保定方法，可以有效地缓解猫的紧张情绪，降低猫的应激，顺利进行诊疗操作，增强宠主对宠物医生的信任。

一、减少猫的紧张感

（一）创造一个对猫来说安全的环境

猫能从多种来源中感受到威胁，如气味、声音、环境、感觉、味道等。具体因素详见表 1-11，在保定时应尽可能地减少这些因素的影响。

表 1-11　对猫构成威胁的影响因素

来源	威胁因素
气味	犬、其他猫、人、尿液、粪便、肛门、呕吐物、血液、消毒剂、酒精、药物、香薰蜡烛、芳香剂、香水、洗衣粉等
声音	犬、其他猫、陌生的声音、电话声、传真机、打印机、门、水、离心机、洗碗机、音乐、汽车、喷雾瓶、嘘声等
环境	犬、其他猫、陌生人、反光物体、有东西接近、亮光、陌生的衣物、面具、保定手套、阴影、突然运动等
感觉	冷、湿、滑、限制自由、血压计袖套充气、针、饲喂器饲喂、冰冷的皮下补液 / 注射，注射时的痛感等
味道	陌生的食物和药物等

（二）友好型的保定方式

保定过程应注意以下情况：

(1) 抓后脖颈不能作为常规保定方式。

(2) 不能抓、拉、摇晃、倾倒患猫。

(3) 初次见面，不要抚摸头部后方。

(4) 不要戴皮手套保定患猫。

(5) 提前使用面部信息素，缓解猫的紧张情绪。

19. 猫的保定技术

二、保定前准备

(一) 动物准备

宠物主人进入诊疗室后并不需要立即将猫抱出航空箱，医生应该先详细问诊及了解该患猫之前就诊经历。在接触猫前，向宠物主人了解猫的习性，评估猫的行为，确定适合不同猫的最佳保定方式。若猫无法适应友好保定，宜选用化学保定或其他强制性保定方式，如保定网、厚手套等保定工具。

(二) 保定前操作

1. 开始接触

在接触猫前确认猫是否存在损伤，接触时避开损伤部位。与猫接触可按照如下步骤进行：

——缓慢地接近猫，同时轻声呼唤其名字。

——俯身 / 蹲下 / 坐下，降至与猫同一水平。

——由后方或侧面接近，缓慢靠近猫，若猫未出现紧张 / 恐惧 / 愤怒 / 攻击倾向，可进行下一步操作。

2. 移出笼位

可徒手将猫抱出，或用毛巾包裹其全身，再缓慢抱出。若猫反抗剧烈，根据猫笼 / 包情况，可选择在猫笼 / 包内进行检查，如带拉链的猫包或分体式的航空箱。

3. 搬运或移动

一只手在胸骨位置托起胸腔，手臂支撑后躯，并使其紧靠保定人员，另一只手控制双后肢。

三、常规保定方法

徒手保定方法很多，适合性格较为温顺猫的保定或侵入性小的检查及治疗的保定。

(一) 徒手保定

1. 头部保定法

适合性格温顺的猫，根据检查需要有多种方法 (图 1-96)。

2. 颈部保定法

一只手固定身体的一侧，另一只手固定对侧头部，暴露颈部 (图 1-97)。

3. 侧卧保定法

根据操作需要，可选择不同的侧卧保定方式，可配合项圈保定，不可过度拉伸四肢，否则即为非友好型保定 (图 1-98、图 1-99)。

4. 双手锁肩保定法

两拇指按住两肩胛骨之间的凹陷处，其余四指托住前肢扣住，可稍加施力 (图 1-100)。

5. 颈部皮下保定法

一手抓住颈部皮肤上提，此操作为非友好型保定，应避免用于成年猫 (图 1-101)。但是对于幼猫可选择此方法，因猫妈在转移幼猫时常常衔叼颈部，幼猫更易接受此种保定方法 (图 1-102、图 1-103)。

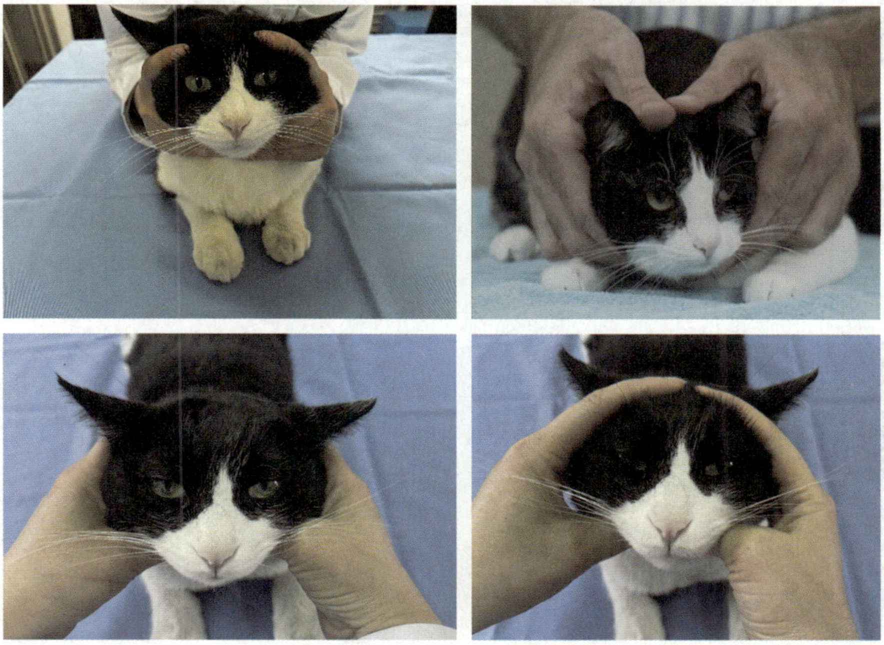

图 1-96　各种头部保定方法

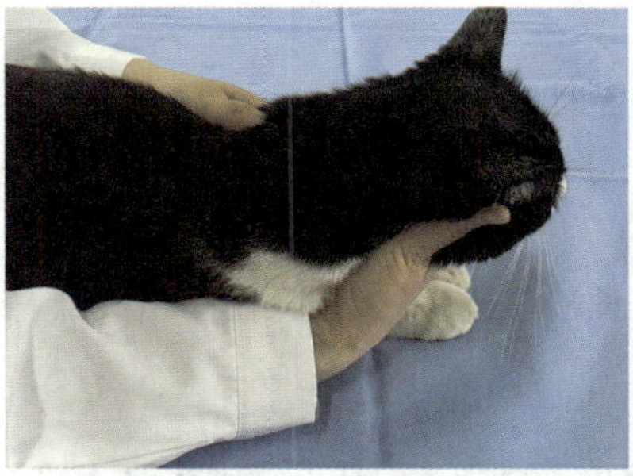

图 1-97　颈部保定

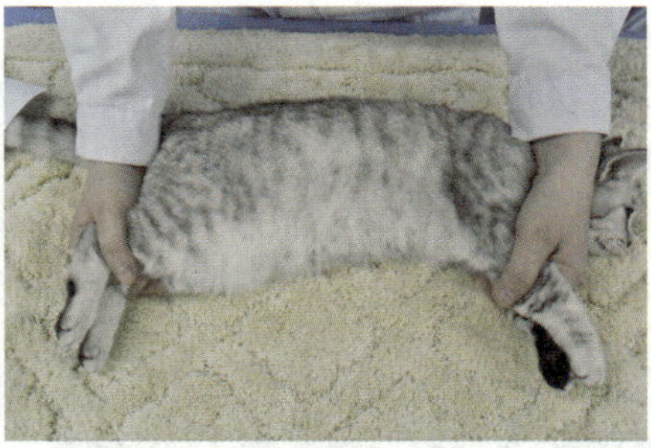

图 1-98　侧卧保定

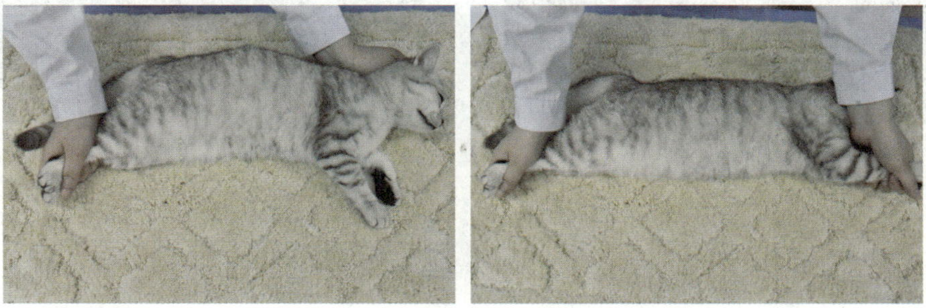

图 1-99　非友好型保定

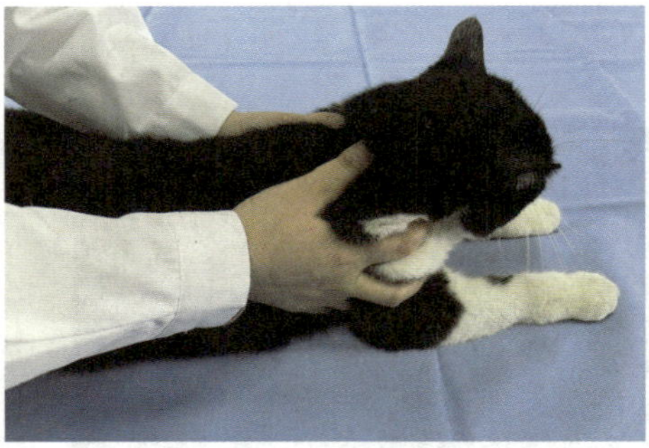

图 1-100　锁肩保定

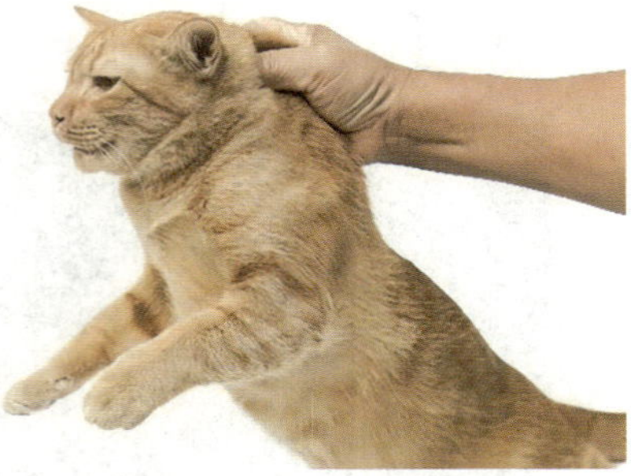

图 1-101　提拉颈部（非友好型保定）

图 1-102　母猫转移幼猫

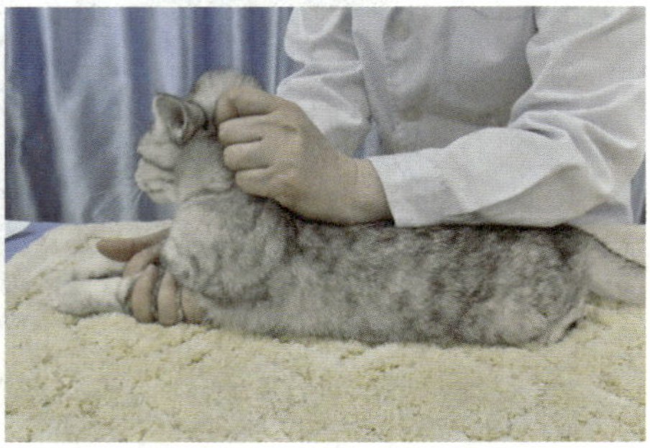

图 1-103　幼猫可提拉颈部进行保定

（二）毛巾保定法

毛巾保定法最常用，适用于临床一般检查及处置时使用，可以防止患猫抓挠。毛巾保定操作步骤如下：

（1）将毛巾平铺于操作台面上（图 1-104）。

（2）猫放在距毛巾一端 1/3 处，短端紧裹住躯体，长端环绕躯体一周，仅露出头部（图 1-105 至图 1-108）。

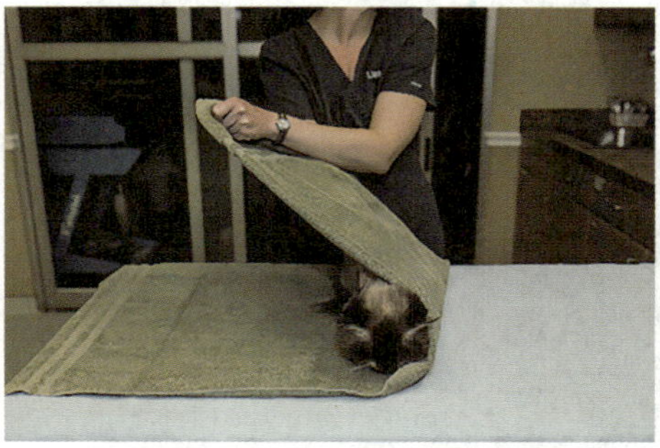

图 1-104　猫置于毛巾一边（短边）

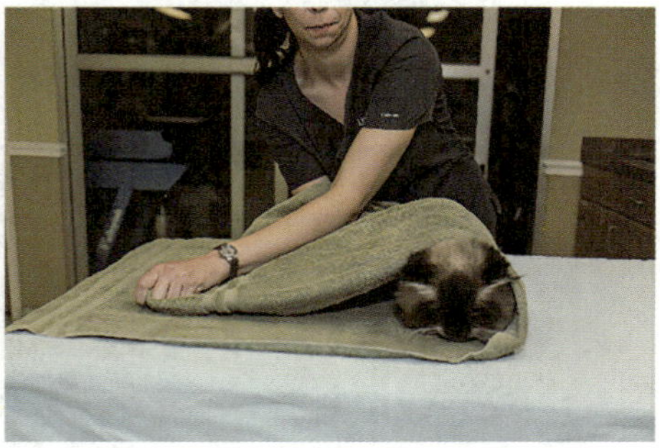

图 1-105　折转短边至长边

（3）根据操作需要暴露四肢或头部（图 1-109）。

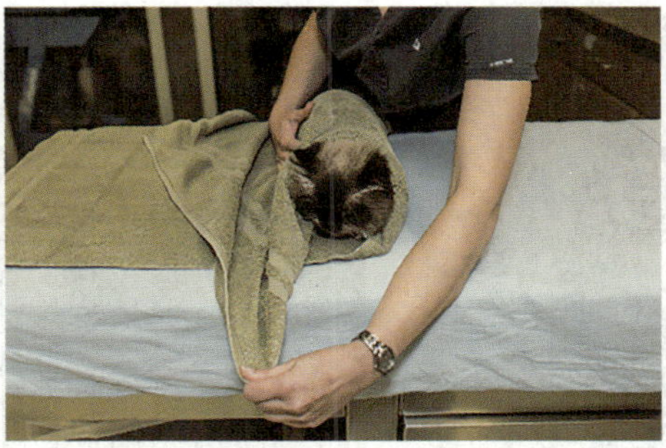

图 1-106　短边沿颈腹侧裹卷

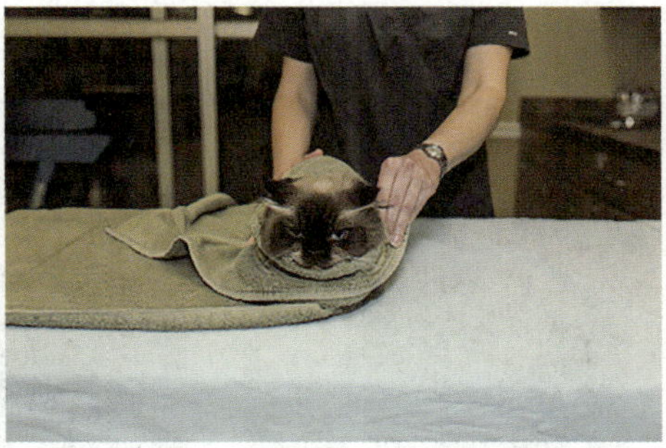

图 1-107　确保猫颈部处毛巾松紧适宜

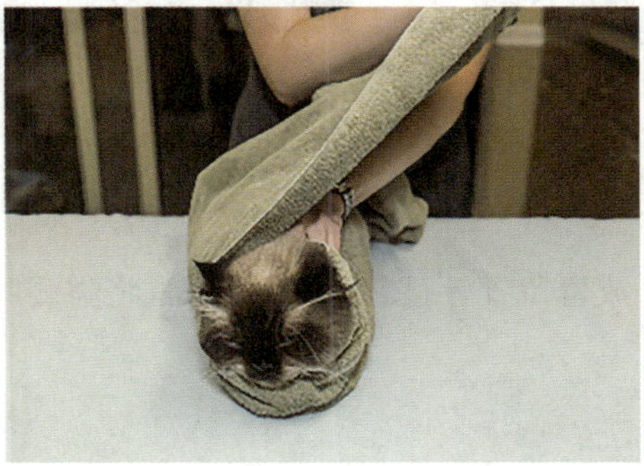

图 1-108　将长边继续裹卷躯干

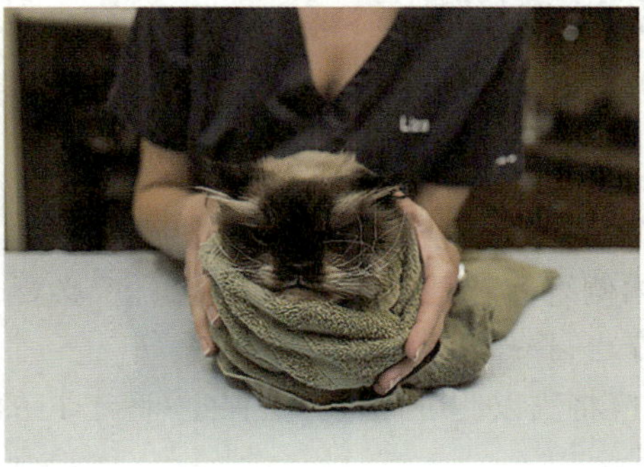

图 1-109　保定后确保爪部包裹牢固

（三）前肢头静脉穿刺保定法

前肢头静脉穿刺保定法适用于前肢头静脉采血及放置静脉留置针时使用。患猫俯卧，毛巾包裹猫的其余三肢及躯干，暴露需要静脉穿刺的前肢，采血人员抓住猫前爪并沿身体长轴方向前伸（图 1-110、图 1-111）。保定人员用大拇指按压静脉近心端，采血人员完成采血操作，可选择食物、玩具转移猫的注意力。

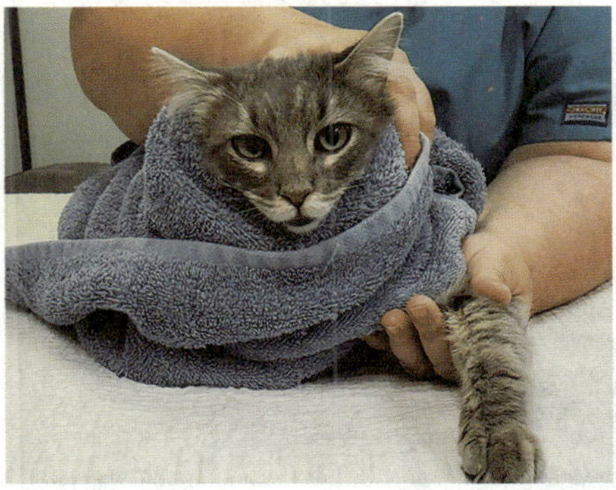

图 1-110　前肢头静脉毛巾保定方法

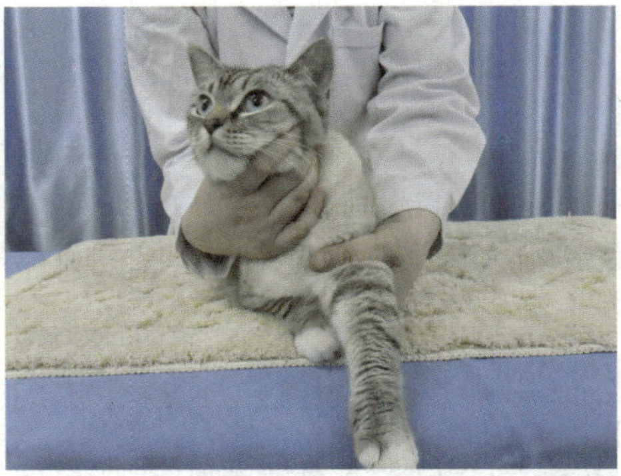

图 1-111　徒手保定进行头静脉采血

（四）颈静脉穿刺保定法

患猫坐立或俯卧保定，助手一只手控制头颈部并上抬，暴露颈静脉，另一只手同时抓住猫双前肢，食指插入双前肢之间，并向下拉，便于穿刺人员操作（图 1-112、图 1-113）。也可使用食物或玩具转移猫的注意力，增加穿刺成功率（图 1-114）。

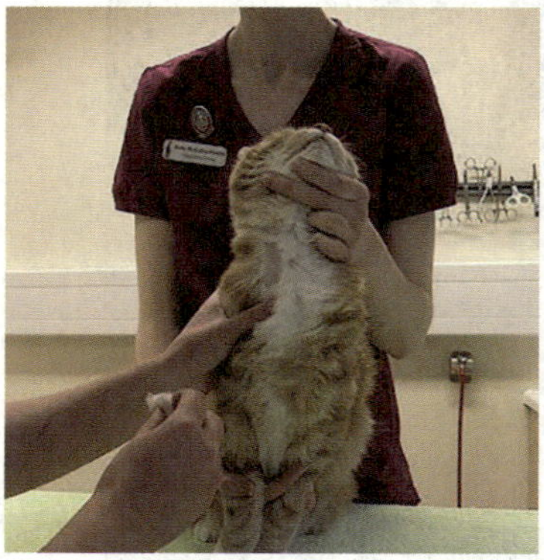

图 1-112　坐立位颈静脉采血

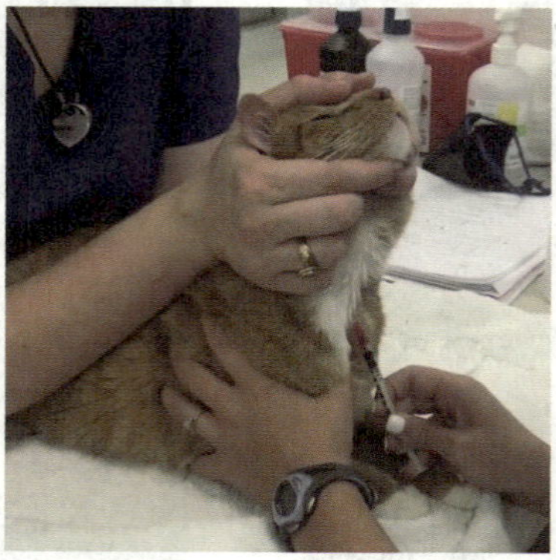

图 1-113　俯卧位颈静脉采血

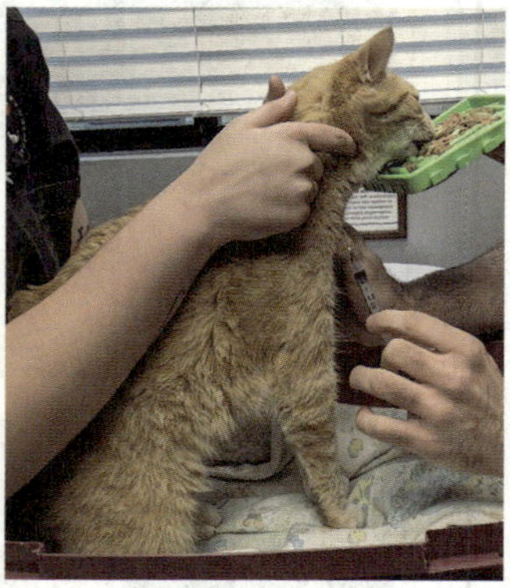

图 1-114　通过食物转移猫注意力

（五）内侧隐静脉穿刺保定法

内侧隐静脉是猫最常用采血部位，必要时也可放置留置针（图 1-115）。通常将猫侧卧保定于诊疗台，操作步骤如下：

（1）将猫以侧卧保定方法保定（图 1-116）。

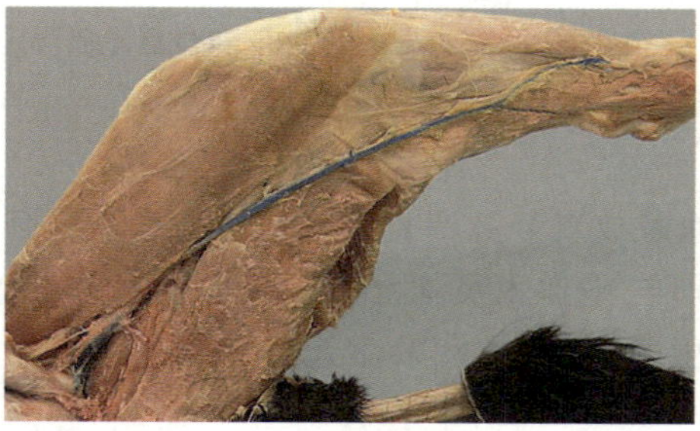

图 1-115　内侧隐静脉局部解剖

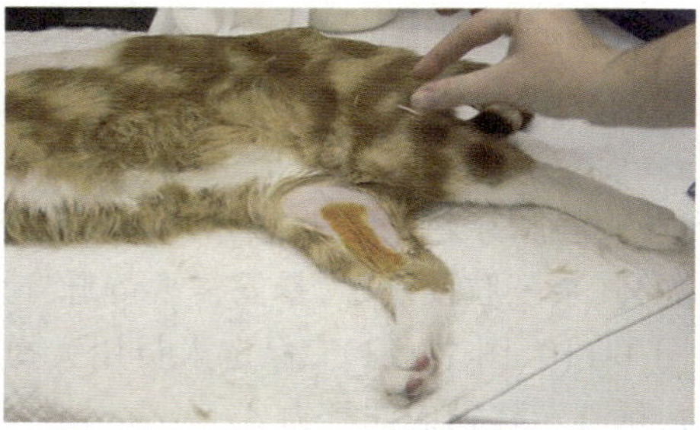

图 1-116　采血位置在膝关节内侧附近

（2）四肢朝向保定人员对侧，保定人员双手自上方越过，一只手同时握住双前肢食指插在左右侧肢之间；另一只手大拇指和食指握住上方后肢，其余手指伸直成刀状横切于下方后肢大腿内侧，阻断内侧隐静脉血流（图 1-117）。

（3）采血人员拉伸下方后肢，完成采血操作（图 1-118）。

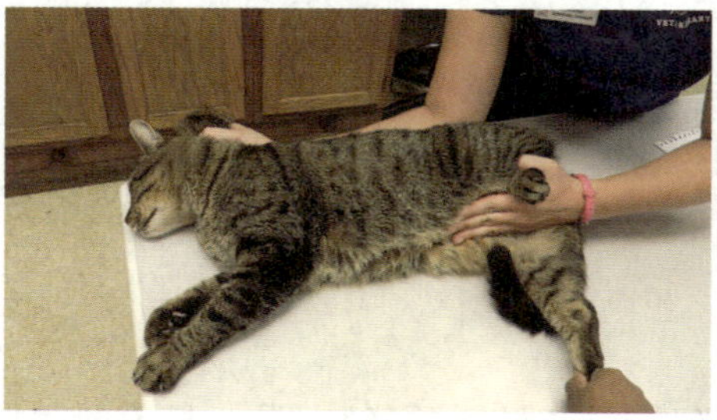

图 1-117　徒手保定进行隐静脉采血

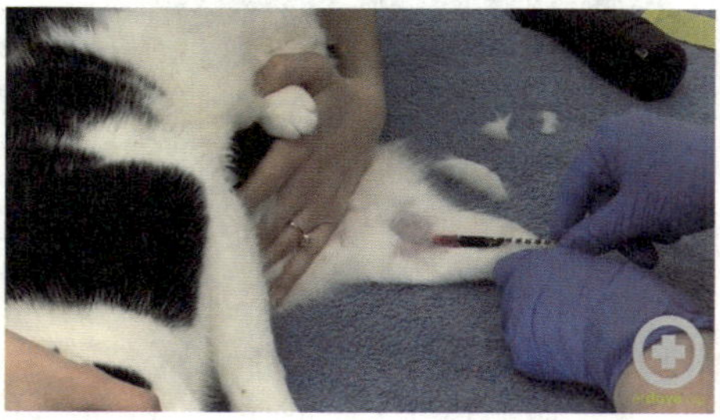

图 1-118　助手手掌呈刀状压迫隐静脉近心端

(六)伊丽莎白项圈保定法

项圈保定是猫经常采用的保定方法,目前市场上有各种不同材质及样式的项圈(图 1-119)。

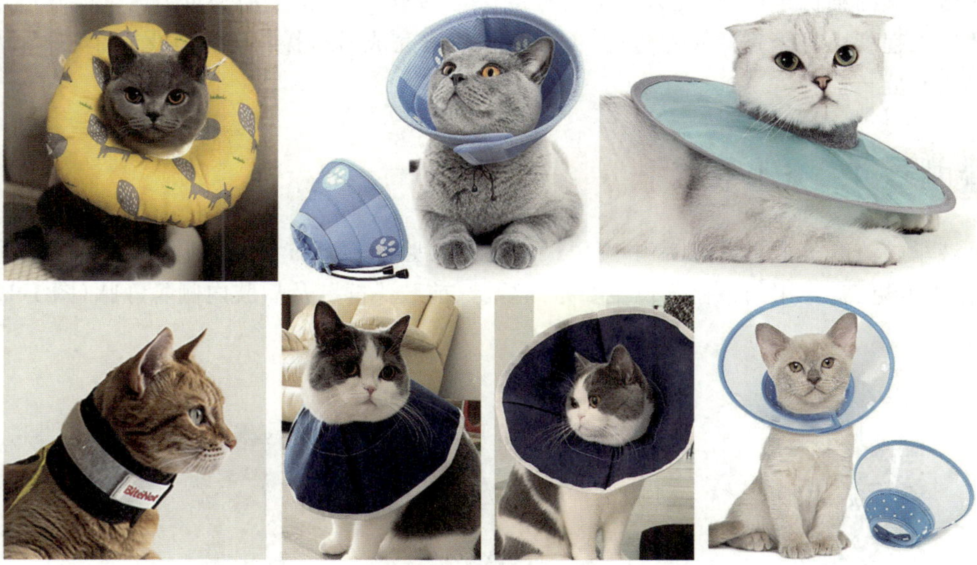

图 1-119 各种不同样式的项圈

(七)猫包保定法

当猫表现一定的攻击性时,可选择猫包保定(图 1-120)。猫包保定操作步骤如下:

(1)需要双人操作,选用合适大小猫包,敞开置于操作台面上。

(2)保定人员将猫以俯卧位放入猫包中,并保定住猫的肩背部及臀部,另一人迅速环绕并固定颈带,拉上拉链。

(3)四肢可从拉链处伸出进行操作。

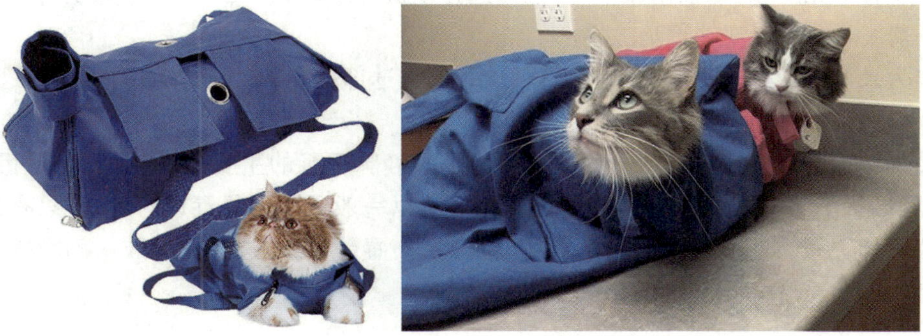

图 1-120 猫包保定

(八)化学保定

当猫表现较强的攻击性或后续操作对猫产生较大刺激时,可选择化学保定,方法包括气体麻醉保定及注射药物保定。猫可先以项圈或毛巾保定,再罩上气体麻醉的面罩,最常使用的药物是异氟烷,或者直接注射低剂量的镇静剂,但需控制好剂量。

四、保定注意事项

性格温顺的猫保定时，应先采取最小程度保定，并随时准备增加保定力度。操作顺序按照疼痛及侵入程度由轻至重的顺序进行，并以最快速度完成所有操作。解除保定前，操作人员应告知其他人员。

技能训练4　采血技术

血液学检查是宠物临床诊疗中应用最广泛的实验室检查方法，猫的静脉与犬相比通常更细，采血难度更高，常用的采血部位主要是颈静脉、前肢头静脉及后肢内侧隐静脉（图1-121）。

20. 猫的采血技术

图1-121　猫静脉采血常用部位

一、采血部位

（一）颈静脉

颈静脉血管较粗，主要在输血等采血量较大时使用。当猫脱水严重，前肢头静脉及后肢内侧隐静脉血管不充盈，难以抽出血液时，也可选择该血管采血。

（二）前肢头静脉

除作为采血部位外，头静脉也是留置针放置的首选部位。

（三）后肢内侧隐静脉

后肢内侧隐静脉位于大腿内侧浅表皮下，是股静脉下行的主要分支，血管比较粗，便于采血，但后肢形状不够平直，固定留置针比较困难，所以一般不用于留置针的放置，只有当前肢静脉放置留置针失败，或是由于外伤等原因不能放置留置针时，才选择在后肢内侧隐静脉放置留置针。

二、材料准备

毛巾或伊丽莎白项圈、保定袋、电剪、注射器及头皮针、酒精棉球、止血带等。

三、后肢内侧隐静脉采血

因猫的颈静脉不方便固定，前肢头静脉需要安放留置针，所以后肢内侧隐静脉是最常选择的采血部位。

（一）剃毛处理

对采血部位进行剃毛处理（图 1-122），既有利于血管暴露有良好的视野方便操作，也有助于下一步充分消毒。

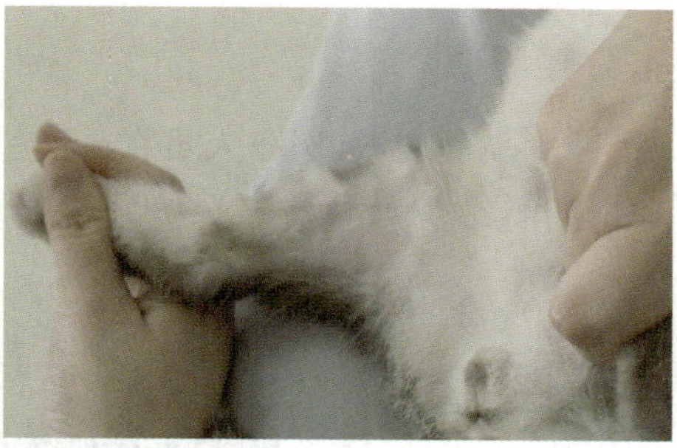

图 1-122 采血部位剃毛

（二）保定

助手将猫进行侧卧保定，一只手固定上方后肢使其弯曲，并使手掌呈刀状向下压迫下方后肢近心端，使隐静脉怒张（图 1-123、图 1-124）。

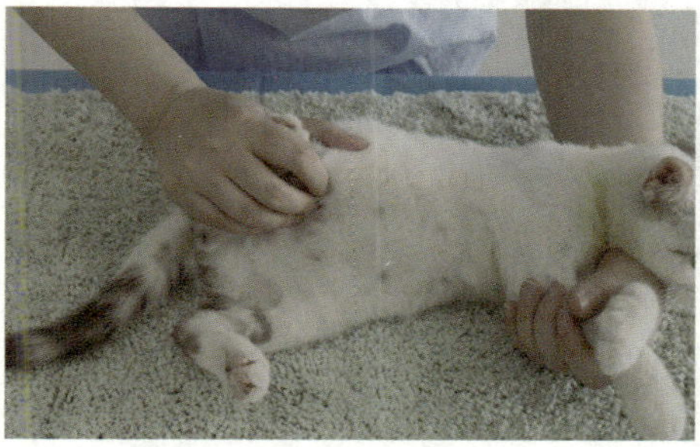

图 1-123 侧卧保定

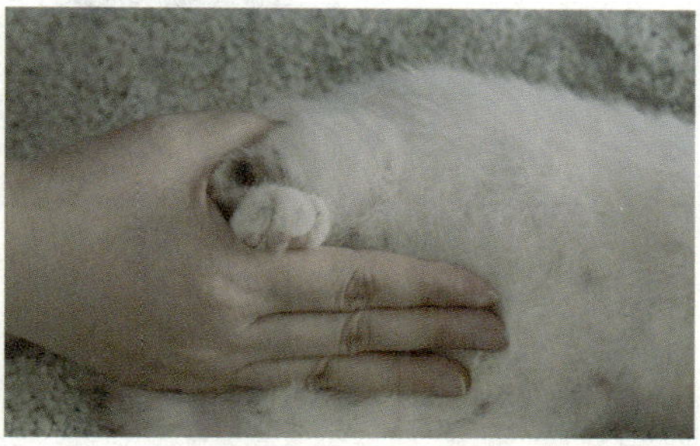

图 1-124 一手掌呈刀状压迫隐静脉近心端

（三）消毒

采血者用酒精的棉球由内到外旋转式消毒隐静脉区域，去除浮毛及皮肤油脂（图 1-125）。

图 1-125 消毒

（四）进针采血

采血者一只手持注射器或头皮针，另一只手握住采血肢并拉直，以 20°～30°角进针，回抽有回血后，注射器针头放平，前进 2～5 mm 再回抽采血（图 1-126、图 1-127）。

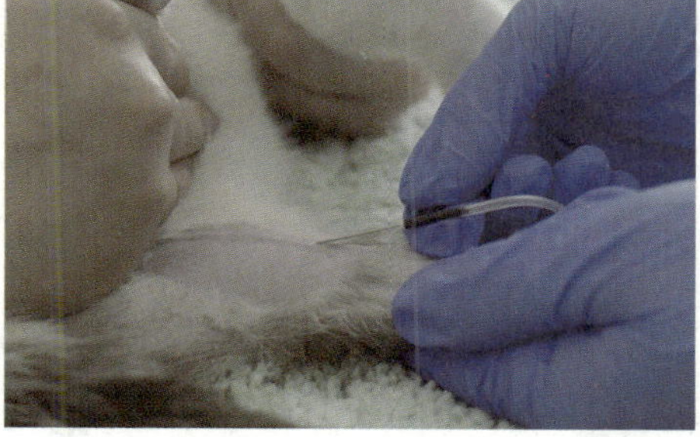

图 1-126 以 20°～30°角进针

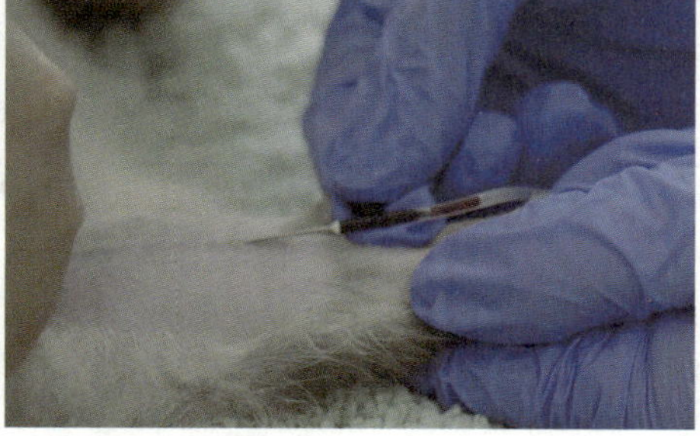

图 1-127 回血后放平针头再前进 2～5 mm

（五）压迫止血

采血结束后，用干棉球按压穿刺处至不出血为止。

四、注意事项

为了减少猫的应激，医务人员在采血过程中应注意观察猫的反应，保定工作应有效且温和，可使用零食、玩具转移猫注意力（图 1-128）。

图 1-128　通过食物转移猫注意力可提高采血操作成功率

技能训练 5　静脉留置针放置技术

21. 猫静脉留置针放置技术

静脉留置针在宠物临床中被广泛应用，已经成为临床治疗、急救给药、营养供给的重要途径。

一、放置部位

前肢头静脉、后肢内侧隐静脉、颈静脉。

二、材料准备

电剪、酒精棉球、留置针（图 1-129）、胶带、止血带、注射器、生理盐水、自粘绷带等。

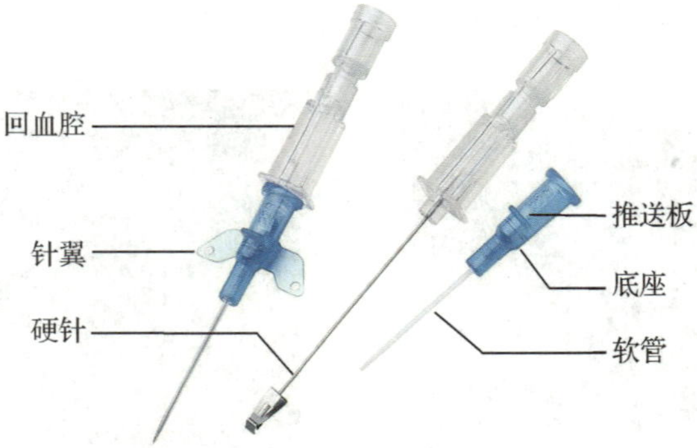

图 1-129　留置针结构

三、操作步骤

以下具体操作以前肢头静脉为例。

（一）剃毛

穿刺前对穿刺区域进行剃毛（图 1-130）。

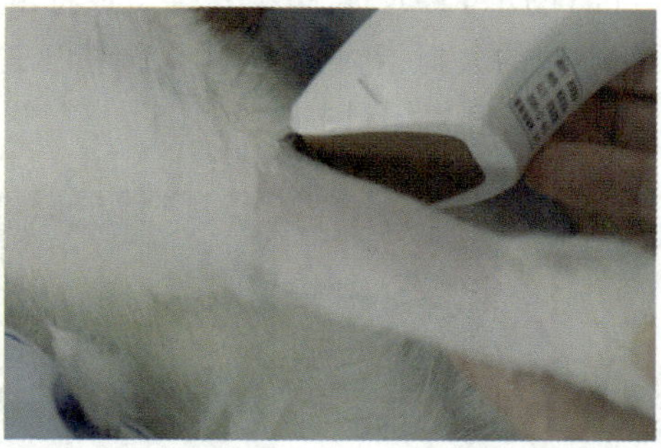

图 1-130 剃毛

（二）保定

患猫俯卧保定于诊疗台一侧，保定助手一只手固定猫的躯干，另一只手握住穿刺肢体肘关节并向前伸直，大拇指压迫头静脉近心端，使其怒张（图 1-131、图 1-132）。对不配合的猫可以使用伊丽莎白项圈、毛巾或保定袋进行保定。

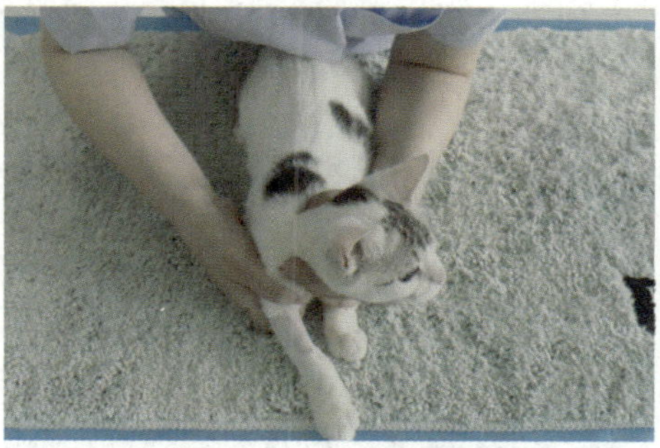

图 1-131 俯卧保定

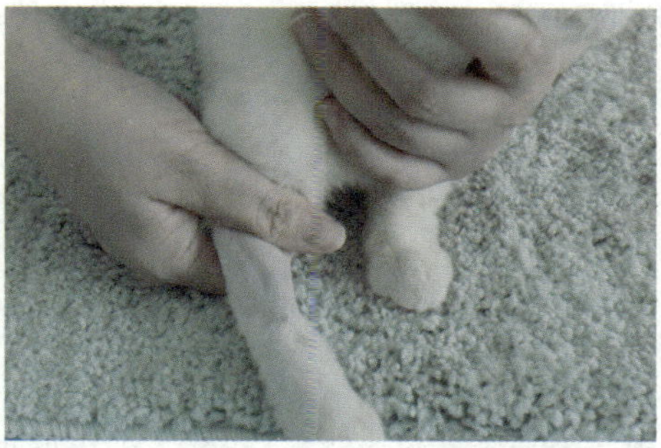

图 1-132 大拇指第二指关节压迫静脉近心端

（三）消毒

操作者站于猫的对面，左手将前肢沿猫身体长轴方向拉直，常规消毒穿刺部位（图 1-133、图 1-134）。

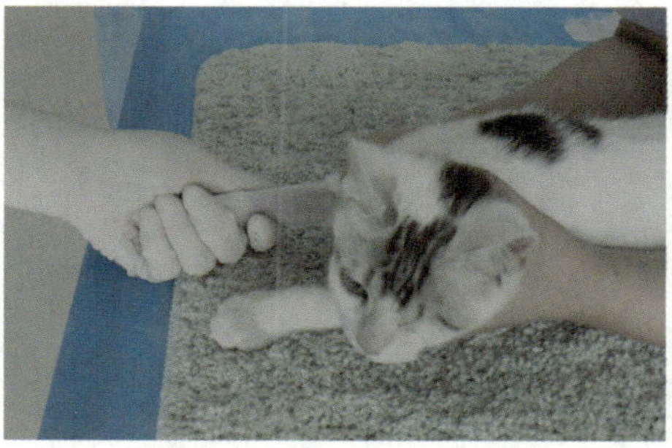

图 1-133 将穿刺肢体向前牵拉

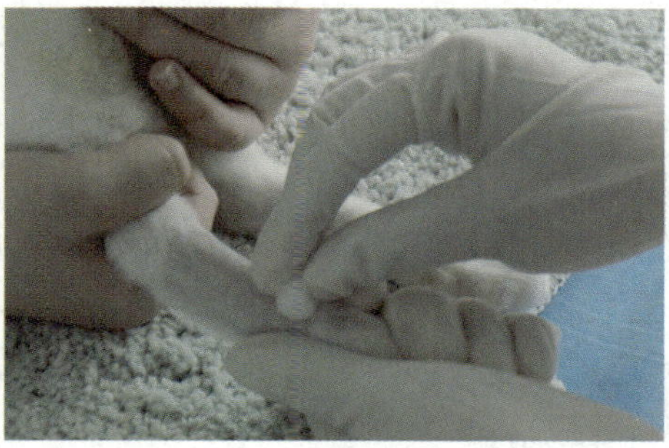

图 1-134 穿刺部位消毒

（四）穿刺

穿刺时右手持留置针，针头斜面向上，左手将前肢拉直，以 20° ～ 30° 角进针，看到回血后将留置针放平，再进针 2 ～ 5 mm（图 1-135）。食指抵住推送板将留置针的软管直接全部推送到血管中。助手松开压迫血管近心端的大拇指，再快速用大拇指压迫留置针软管上方皮肤，防止血液溢出，操作者拔出硬针，迅速旋紧肝素帽（图 1-136）。

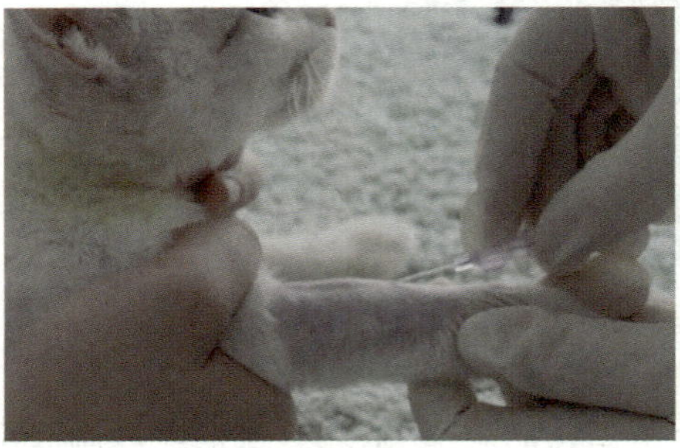

图 1-135　进针

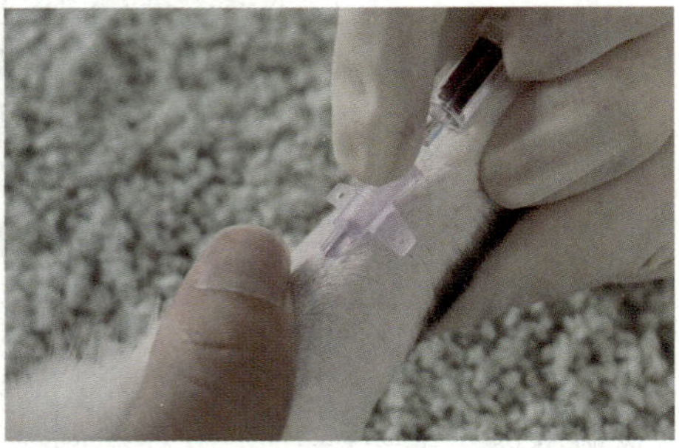

图 1-136　助手压迫留置针软管上方皮肤

（五）固定

胶带固定留置针，防止过紧或过松，缓慢注入生理盐水进一步验证穿刺正确及通针（图 1-137、图 1-138）。

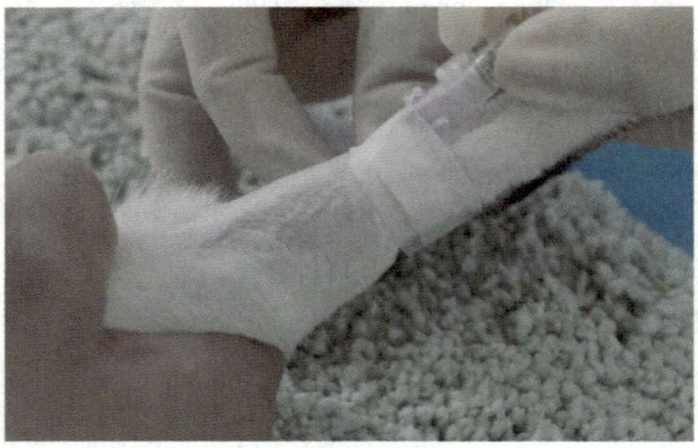

图 1-137　固定留置针

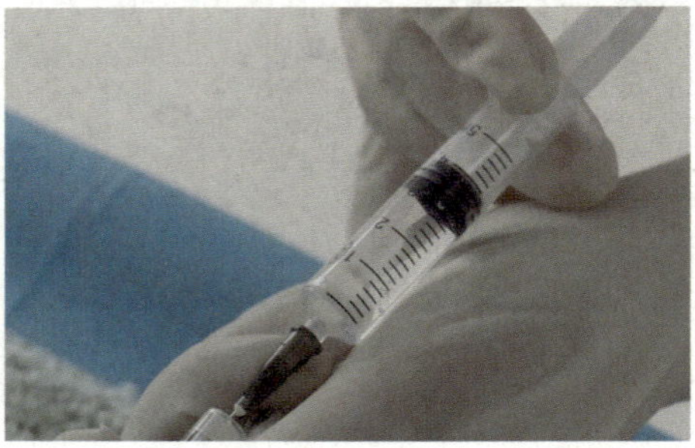

图 1-138　生理盐水验证并通针

四、注意事项

（一）严格无菌操作

准备留置针材料及消毒过程都应严格遵循无菌操作，避免穿刺部位及留置针软管的污染。

（二）留置针大小选择

在不影响输液速度的情况下，尽量选择小规格的留置针。

（三）留置针固定

固定前左手应固定好留置针针翼部位，防止在固定中造成留置针方向偏移导致留置针的移位、弯折或脱落。

思维提升

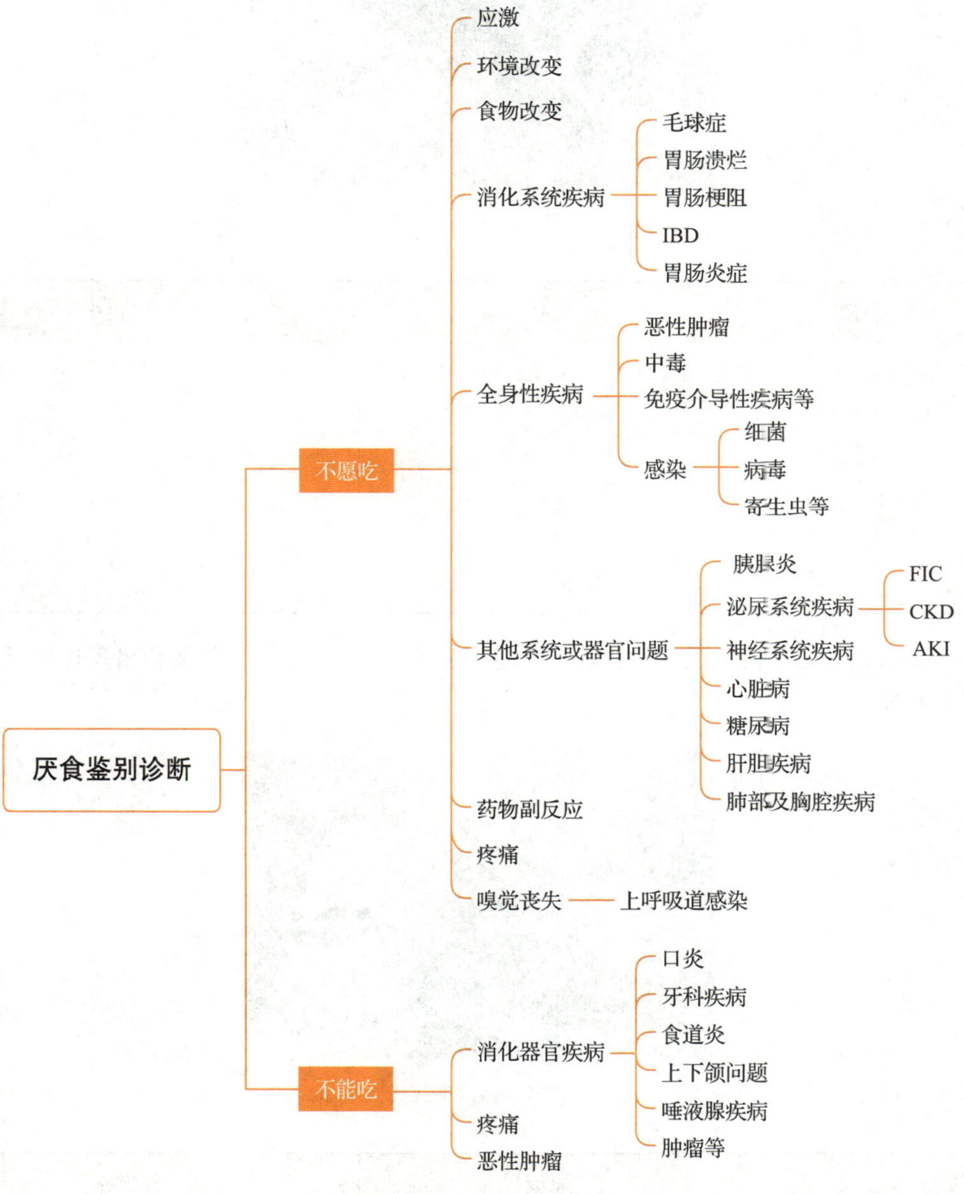

案例分析

图 1-139 是一只到宠物医院就诊的猫，请分析一下，这只猫有何异常行为，为什么会出现这种行为？如何改善这种状况？

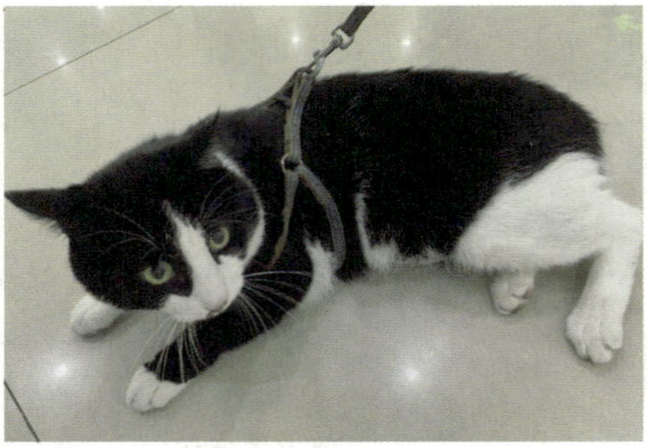

图 1-139　患猫 1

异常表现	原因	改善方法

图 1-140 是一只住院的猫，请分析一下，这只猫有何异常行为，为什么会出现这种行为？如何改善这种状况？

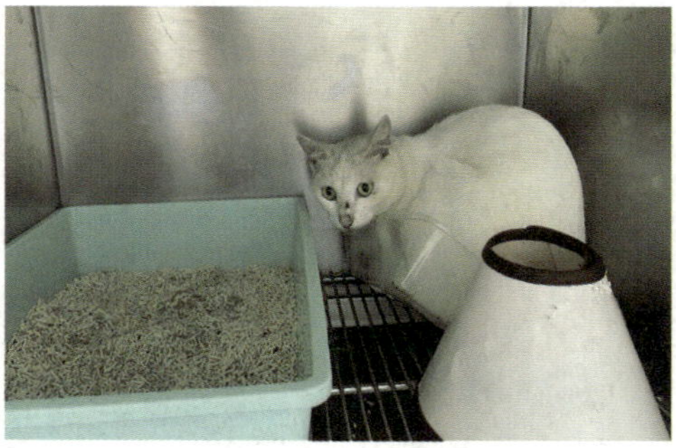

图 1-140　患猫 2

异常表现	原因	改善方法

图 1-141 是一只住院的猫，请分析一下，这只猫有何异常行为，为什么会出现这种行为？如何改善这种状况？

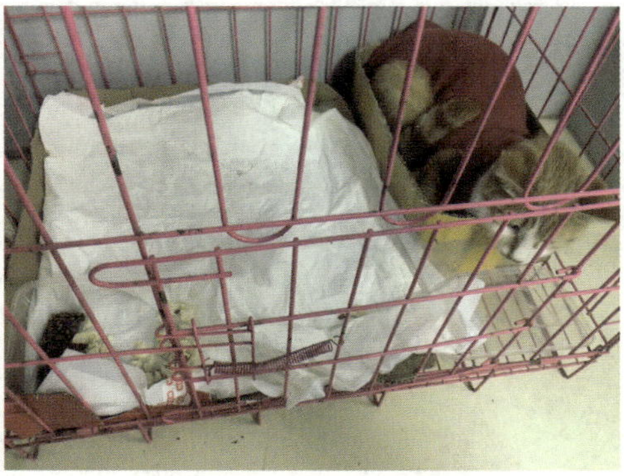

图 1-141 患猫 3

异常表现	原因	改善方法

项目二

猫常见传染性疾病防治

学习目标

【知识目标】

★ 掌握猫泛白细胞减少症、猫上呼吸道感染、猫传染性腹膜炎等常见传染病的诊治方法；

★ 了解猫白血病病毒感染及猫艾滋病的诊治方法；

★ 了解人猫共患性传染病的防护方法。

【能力目标】

★ 能规范进行猫免疫程序制订；

★ 能根据不同传染病，制订合理化防治方案。

【素养目标】

★ 通过猫常见传染性疾病的诊治，提高公共卫生安全意识；

★ 熟知猫传染病诊疗进展，提升专业认同，树立职业自信；

★ 培养科学严谨、规范操作的职业素养。

温故知新

免疫相关概念

★ **免疫应答**：免疫细胞识别抗原后活化、增殖、分化为效应细胞，并通过其分泌的抗体或细胞因子表现出一定生物学效应的过程。由细胞介导的称为细胞免疫应答，由体液中可溶性分子介导的则称为体液免疫应答。

★ **母源抗体**：指初生仔通过母体胎盘或初乳获得的被动性抗体。

★ **免疫空窗 / 空白期**：指在注射疫苗后，机体的免疫应答还未充分发挥时，抗体水平较低或消失的期间。

★ **免疫逃逸**：指病原体或肿瘤细胞通过改变自身的表面抗原或操纵免疫系统，逃避宿主免疫攻击的现象。

★ **免疫失败**：疫苗接种过的动物机体不产生相应的免疫应答或显著减弱，并由此造成不能预防相应疫病的现象。

★ **疫苗**：指针对疾病的病原微生物或其蛋白质、多糖或核酸，以单体或通过载体经预防接种进入机体后，能诱导产生特异性体液免疫和细胞免疫，从而使机体获得预防该疾病的免疫力。

★ **灭活疫苗：** 指采用物理或化学的方法，使病原微生物失去活性，但仍保留其免疫原性而制成的疫苗，或裂解后提取主要抗原成分制成的疫苗。

★ **弱毒活疫苗：** 指通过特殊工艺将病原微生物（如细菌、立克次体、病毒等）毒力降低不能使动物致病，然而又保留其刺激动物机体产生免疫应答能力，经培养繁殖或接种于细胞、组织等生长繁殖后制成的疫苗。

基础任务

任务1 猫泛白细胞减少症

猫泛白细胞减少症也称猫瘟，是由猫细小病毒（feline parvovirus，FPV）引起的急性病毒性肠炎。

22. 猫瘟

一、病原

FPV 为单股 DNA 病毒，在 1928 年被发现并分离，而犬细小病毒（canine parvovirus，CPV）在 1978 年才被发现和分离，目前普遍认为 CPV 是由 FPV 遗传进化而来的。FPV 可感染家猫、野生猫科动物以及浣熊和狐狸，但不会感染犬。而 CPV-2a 型、CPV-2b 型、CPV-2c 型犬细小病毒可感染猫，所以猫感染以上 CPV 血清型后就会再次感染犬。

FPV 在环境中稳定，在室温环境中可存活数月甚至 1 年以上，对常规消毒剂如酒精、碘伏、洗必泰等抵抗力强，使用次氯酸盐、过硫酸氢钾复合盐等可进行有效消杀。

二、流行病学

FPV 可感染任何年龄段的猫，1 岁以内的猫多发，未免疫猫感染率高。据统计，本病平均死亡率在 50% 左右。

急性发病期间，大量的病毒随粪便排出，患猫康复后仍可持续排毒数周。猫瘟的传染源包括粪便、尿液、唾液、呕吐物。传播途径包括与感染动物直接或间接接触、与病毒携带者接触、或经由污染的环境而感染。猫瘟也可发生垂直传播，即由怀孕母猫传染给胎儿。

三、临床表现

FPV 具有高度传染性，对快速分裂的淋巴组织、骨髓、小肠隐窝上皮细胞、胎儿及幼猫小脑组织细胞具有亲和力。淋巴组织感染及消耗淋巴细胞可抑制免疫机能，同时由于在骨髓中发生骨髓抑制，使得机体免疫力进一步受到破坏，病毒会消耗机体骨髓，破坏淋巴组织，引起白细胞包括嗜中性粒细胞、淋巴细胞的减少。小肠隐窝细胞中病毒复制是猫瘟的标志性变化，由于免疫系统的破坏，引起小肠屏障破坏，从而促进了肠毒血症的发生。

本病的潜伏期为 2 ～ 14 d，患猫表现为发热（通常 40 ℃以上）、嗜睡、厌食、呕吐、腹泻及脱水（图 2-1）。病程的后期可出现水样腹泻，其中可能含有血液或脱落的黏膜组织（图 2-2）。患猫触诊可表现腹痛，肠道中常常存在大量的液体或气体。成年猫发病表现为非典型症状，如发

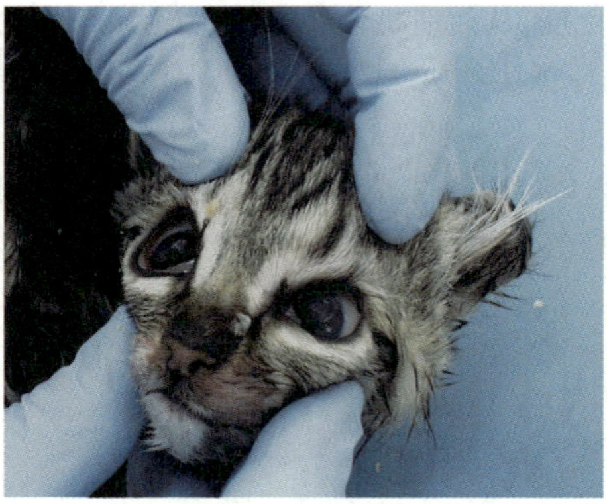

图 2-1　严重脱水引起眼球下陷

图 2-2　血便

热、精神不振、厌食等，症状较轻。

怀孕母猫感染原因包括免疫力低下、未免疫或免疫不全、孕期接种弱毒疫苗等。孕早期感染后可能导致胎儿死亡和胎儿溶解，孕中期感染可能导致流产或木乃伊胎，孕后期感染可能导致新生猫小脑发育不全。幼猫小脑发育不全主要表现为全身共济失调，头震颤，进食时呈小鸡啄米样，四肢对称性伸展过度等。

小贴士

便血是犬细小病毒感染的常见表现，而不是猫瘟常见的表现，发生便血的猫通常预后不良；

高热不退的患猫提示败血症的可能性，预后谨慎；

频繁而剧烈的呕吐，即使采用止吐剂仍无效，需要考虑功能性肠梗阻的问题。

四、诊断

（一）病史调查及临床表现

未免疫或免疫情况不详的猫出现厌食、发热、严重脱水、呕吐、腹泻及内毒素性休克等表现，就诊时应考虑本病。

（二）血液学检查

血常规检查结果包括白细胞、嗜中性粒细胞、淋巴细胞显著下降，严重脱水后的检查结果可能导致以上指标下降不明显的假象。患猫感染后数天内白细胞下降明显，甚至低于 2×10^9 个 /L [正常值(5.5～19.5)$\times10^9$ 个 /L]，有些猫还可出现血小板减少。

血液生化检查通常具有非特异性，脱水可导致氮质血症，胆红素、ALT、AST 可能轻度升高，低蛋白血症较为常见。血气检查可能出现电解质及酸碱平衡紊乱。

（三）ELISA 检查

临床中使用 ELISA 试剂盒检查 FPV 抗原非常常见，但由于质量参差不齐，有假阳性及假阴性的情况。

（四）PCR 检查

采集粪便进行 PCR 检查，可提供更为准确的诊断。

（五）其他检查

生化及电解质检查虽然不能诊断猫泛白细胞减少症，但有助于鉴别需要监测及管理的继发性疾病，如低血糖、低血钾、低蛋白血症等。

应检查粪便中是否存在寄生虫虫卵，因为寄生虫感染可能同时存在，可使得猫瘟的临床过程更为复杂。

此外，各种年龄的猫如果怀疑感染 FPV 时最好检查是否有猫白血病病毒及猫艾滋病病毒感染。

五、治疗

本病的治疗原则包括抗病毒、控制感染、维持电解质平衡、纠正脱水、维持营养等方面。

（一）液体疗法

输液是本病主要的治疗手段，通过输液可以纠正脱水、电解质紊乱、酸碱失衡及低血糖等。如果发生严重的低蛋白血症，可能需要输入胶体液、血浆或全血，严重贫血的患猫也应根据情况选择输血治疗。

（二）抗生素疗法

猫瘟最重要的治疗是控制肠毒血症，肠黏膜屏障的破坏会促进肠道菌群移位，从而导致败血症，通常需要使用广谱抗生素或联合用药进行控制。

小贴士

肠道细菌移位：肠道细菌在一定条件下穿过相对完整的黏膜上皮进入肠系膜淋巴结、其他脏器和血液，引起肠源性感染。肠内细菌向肠外组织迁移的这一现象，称为细菌移位。

（三）止吐

猫常用的止吐药包括马罗皮坦 1 mg/kg，SC，q24 h，连用 5 d，或昂丹司琼 0.5 ～ 1 mg/kg，PO，q12 ～ 24 h。若发生功能性肠梗阻，常规止吐剂通常无效，可选择胃复安（盐酸甲氧氯普胺）连续缓慢恒速静注，1 ～ 2 mg/（kg·d），通常会取得较好的治疗效果。同时，应考虑使用抑酸药物如奥美拉唑。若呕吐得到控制，应尽早恢复肠内营养，必要时使用食欲刺激剂米氮平，1.88 mg/ 猫，PO，q48 h。

小贴士

功能性肠梗阻：又称为肠麻痹、假性肠梗阻等，是指在没有机械性阻塞的情况下，由于肠道蠕动功能下降，无法及时顺利排空消化道内容物而造成的梗阻。

（四）抗病毒治疗

国内常用的抗病毒药物包括猫重组 ω 干扰素、猫瘟单克隆抗体、猫瘟抑制蛋白等。

（五）镇痛管理

布托啡诺，0.2 ～ 0.4 mg/kg 体重，IV/IM/SC，q4 ～ 12 h。

（六）治疗注意事项

1. 监测体温变化

开始时可出现持续发热，随着病情进展，有些幼猫可由于液体丧失及肠毒血症而出现低体温，因此经常监测体温的变化极为重要。

2. 监测血常规及血气指标

在治疗过程中，要密切监测白细胞、血小板、白蛋白及血钾等指标，以便调整治疗方案及判断预后。

小贴士

住院患猫应严格隔离，避免院内交叉感染问题。患猫由专门护理人员进行照护。接触患猫人员应该戴上手套，注意消毒，防止间接传播。

六、预后

预后不良的因素主要包括白细胞计数少于 2×10^9 个 /L、血小板减少症、低白蛋白血症、低钾血症、全身炎症反应综合征、持续高热不退等。若患猫进行及早干预及支持治疗，治愈率将大大提升，可获得 FPV 的终身免疫力而得到保护。

七、预防

疫苗接种是预防猫瘟最有效的方法，由于 FPV 血清型单一，通过 FPV 疫苗接种可以达到很好的保护力。但是由于母源抗体的干扰，会出现免疫失败的问题，目前推荐 6～8 周龄首次免疫，隔 3～4 周接种第二针，直至最后一针疫苗施打落在 16 周龄或 16 周龄以后，并在施打疫苗 15 d 后及时检测抗体，评估疫苗的保护力。对于免疫信息不详的猫，通常建议 4 月龄以上的猫，施打两针疫苗，或根据抗体检查结果施打疫苗。

思考与练习

1. 可用于消杀猫细小病毒的消毒剂是（　　）。（多选）
   A. 酒精　　B. 过硫酸氢钾复合盐
   C. 次氯酸盐　　D. 碘伏
2. 以下不属于猫瘟临床表现的是（　　）。
   A. 呕吐　　B. 厌食　　C. 发热
   D. 脱水　　E. 咳嗽
3. 关于猫瘟说法错误的是（　　）。
   A. FPV 不会传染给犬
   B. 宠物医院是医源性感染的主要场所
   C. 与犬细小病毒感染一样常常导致患猫血便
   D. 免疫接种是主要的预防手段
4. 成年猫与幼猫发生猫瘟后的临床表现是一致的。（　　）
   A. 正确　　B. 错误
5. 猫瘟主要的并发症包括（　　）。（多选）
   A. 胰腺炎　　B. 败血症
   C. 肺炎　　D. 低蛋白血症

6. 猫，5 月龄，食欲不振，呕吐，体温 40.5 ℃，24 h 后降至正常，经 2～3 d 再上升，同时临床症状加剧，血常规检查白细胞减少，最可能诊断是（　　）。（2009 年执业兽医资格考试真题）

A. 猫胃炎　　B. 猫瘟热

C. 猫肠炎　　D. 猫免疫缺陷病

任务 2　猫疱疹病毒感染

猫疱疹病毒感染由猫疱疹病毒 1 型（feline herpesvirus type 1，FHV-1）感染所致，也称猫传染性鼻支气管炎（猫鼻支），该病是导致猫上呼吸道感染最常见的病因。

23. 猫疱疹病毒感染

一、病原

猫疱疹病毒为双链 DNA 病毒，属于疱疹病毒科，只有一个血清型。感染初期，病毒会在结膜及上呼吸道上皮细胞内复制增殖，也会在神经元细胞内复制增殖，特别是三叉神经，感染早期即可排毒。病毒在呼吸道及结膜上皮急性复制可引起嗜中性粒细胞浸润及炎性坏死，角膜及皮肤也可受到感染。

二、流行病学

所有年龄段的猫均易感染，但该病毒对幼猫的影响最大，病毒主要通过眼睛、鼻或口腔分泌物直接接触传播。虽然打喷嚏会在空气传播该病毒，但却不是该病传播的主要途径。

感染康复后，病毒不会消失而是在三叉神经节中潜伏，潜伏期病毒处于静止状态，动物不表现症状，也不排毒，这也是 FHV 感染最主要的特点。潜伏后的病毒能够复发感染，在应激、抵抗力下降或使用免疫抑制药物治疗时可再次激活排毒。分娩及泌乳也可使潜伏感染的病毒被再次激活，随后感染给幼猫。

三、临床表现

FHV-1 感染典型症状为眼鼻分泌物增加、结膜炎、角膜炎、打喷嚏等，有时表现为慢性鼻炎、鼻窦炎、角膜腐骨、睑球粘连、新生幼猫眼炎、面部皮炎等，继发细菌感染可导致肺炎。各症状的主要临床表现见表 2-1。

表 2-1　FHV-1 感染主要临床表现

部位	症状	主要临床表现
眼部	新生幼猫眼炎	全眼球炎（图 2-3）、化脓（图 2-4）
	结膜炎	眼分泌物增加、结膜潮红（图 2-5）
	角膜炎	树枝状角膜溃疡（图 2-6）、角膜腐骨（图 2-7）
	睑球粘连	眼睑与结膜、角膜发生粘连（图 2-8）

续表 2-1

部位	症状	主要临床表现
鼻部	鼻炎	打喷嚏、流鼻液(浆液性、黏液性、脓性或血性,图 2-9)
	慢性鼻炎	慢性经过,表现为间歇性、反复性流鼻液、打喷嚏
	鼻窦炎	鼻甲骨不可逆性损伤,打喷嚏、流鼻液
面部	面部皮炎	鼻或眼睛等部位皮肤呈溃疡性表现或结痂(图 2-10)
肺部	肺炎	食欲减退、咳嗽、发热甚至死亡

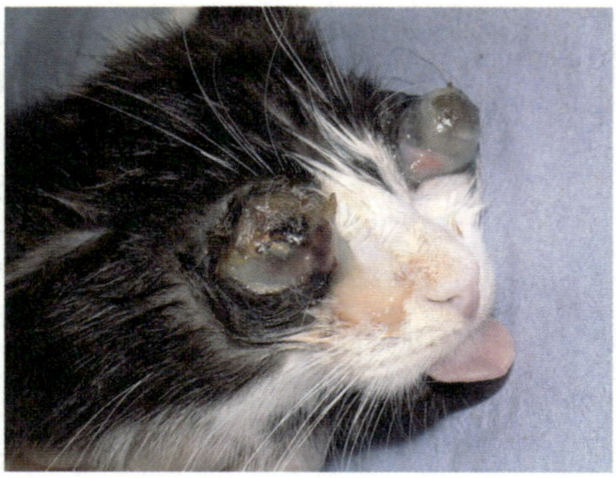

图 2-3 全眼球炎

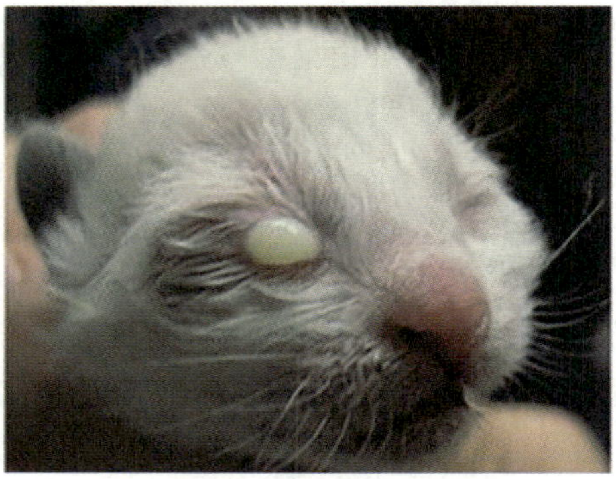

图 2-4 新生幼猫眼炎

图 2-5 结膜炎

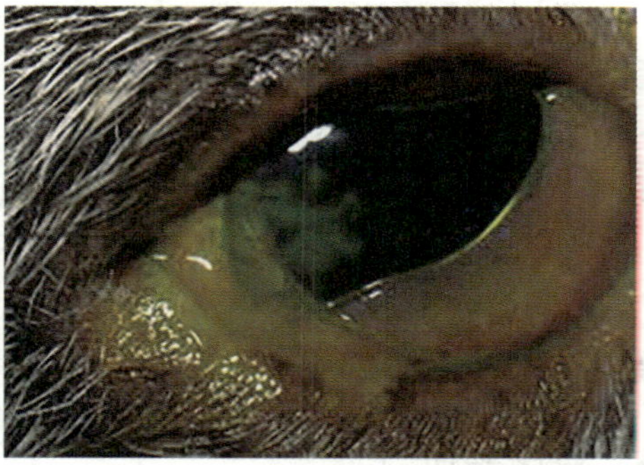

图 2-6 角膜溃疡(荧光素钠染色)

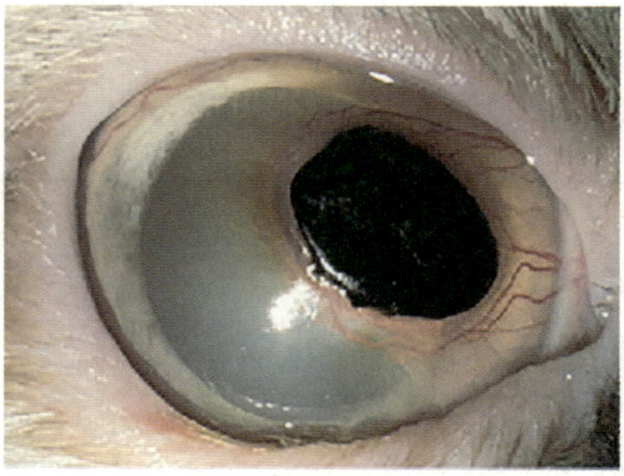

图 2-7 角膜腐骨

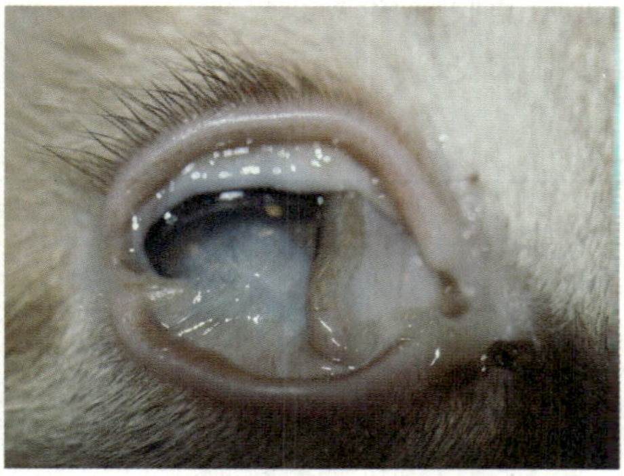

图 2-8 睑球粘连

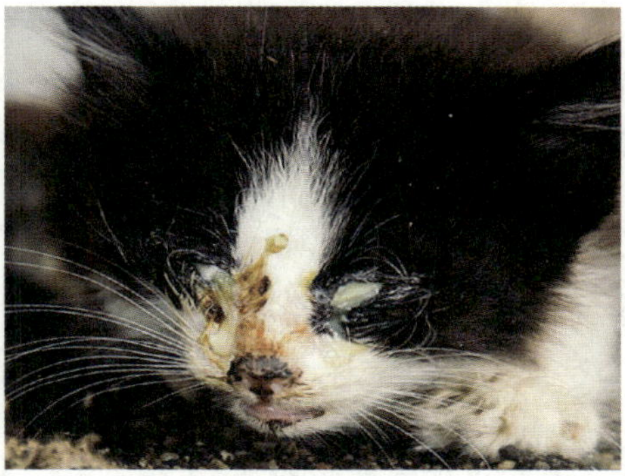

图 2-9 鼻炎，分泌物增加

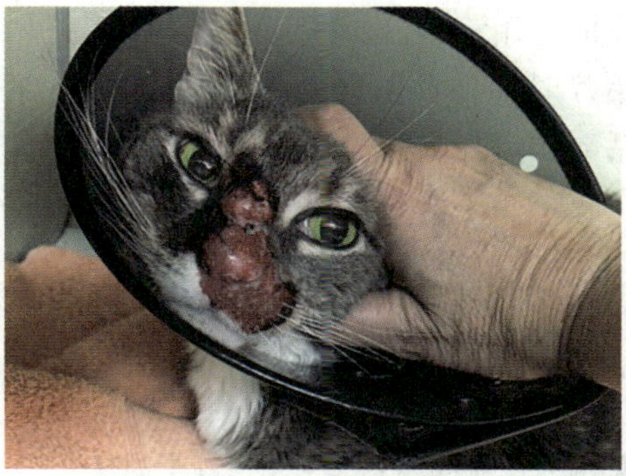

图 2-10 面部皮炎

四、诊断

（一）病史及临床表现

结合患猫年龄、饲养条件、免疫情况、临床表现等方面，应考虑 FHV 感染的可能。

（二）PCR 检查法

采集角膜、结膜、鼻黏膜、口咽样本进行 PCR 检测，是检测 FHV 较为敏感的方法，也是临床中应用最广泛的检查方法。

五、治疗

（一）全身治疗

1. 抗菌消炎

多西环素是目前针对猫上呼吸道感染常用的药物，若猫大于 2 月龄，可使用多西环素治疗，推荐使用剂量为 5 ~ 10 mg/kg，SID，PO。若猫小于 2 月龄，最好选择阿莫西林克拉维酸钾进行治疗，12.5 ~ 25 mg/kg，PO，BID。

小贴士

多西环素具有刺激性，容易黏附在食道壁导致食道损伤，严重者可出现食道穿孔，最好使用空胶囊包裹或者配合食物、水喂服。

2. 液体疗法

发生脱水时，根据情况，可对患猫应进行静脉输液或皮下补液治疗。

3. 抗病毒治疗

泛昔洛韦是目前普遍认可的用于抗 FHV 药物，剂量为 30 mg/kg，严重者 90 mg/kg，q8 ~ 12 h，PO。慢性病例可以连用 3 周，猫 2 月龄时可用。

猫 ω- 干扰素可用于辅助治疗，100 万 IU/kg，SC，q24 h，连用 5 d。也可使用生理盐水稀释进行局部点眼，缓解眼部症状。

（二）局部治疗

1. 眼部用药

推荐使用碘苷（疱疹净），4 ~ 5 次 /d，直到完全康复再持续 1 周，也可选择其他针对疱疹病毒感染的专用滴眼液。

治疗时如果发生角膜溃疡，严禁使用含有皮质类固醇激素的药物，针对角膜溃疡的常用药物包括舒酶捷疗眼膏、A-派克眼膏或其他修复角膜溃疡的药物。

严重的角膜腐骨可以考虑外科手术治疗。

2. 雾化疗法

根据患猫情况可酌情考虑雾化治疗，雾化是将药物汽化，让猫直接吸入，对呼吸道直接起作用的给药方式，使用简单。

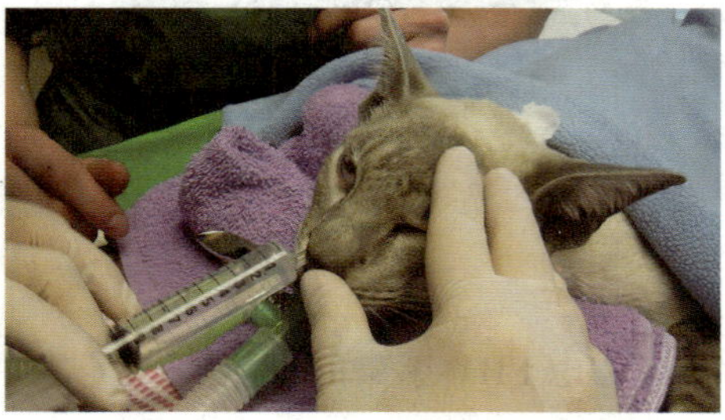

图 2-11 鼻腔冲洗

3. 冲洗鼻腔

若鼻腔因分泌物严重堵塞，可使用生理盐水大力冲洗鼻腔，以缓解患猫鼻部不适，此操作需要进行吸入麻醉，注意避免吸入性肺炎的发生（图 2-11）。

（三）营养支持

严重的 FHV 感染可引起厌食，保守治疗无效者，应尽早采用鼻饲管或食道饲管进行营养辅助疗法。推荐使用食道饲管，大部分患猫都会出现鼻部症状，不宜放置鼻饲管。

六、预防

疱疹病毒疫苗是猫的核心疫苗。建议幼猫在 6～8 周龄第一次接种疱疹病毒疫苗之后，每 3～4 周重复 1 次，直到 16 周龄及以上。第二年开始每年加强免疫 1 次。

无论是疫苗注射还是自然感染，都无法对疱疹病毒产生完整的保护力，所以无法杜绝复发和再感染的问题。

七、预后

若无严重的肺部感染及病毒血症，本病较少引起死亡，但是由于病毒引起临床表现的多样化，预后有很大差异。大多数猫在急性感染后能完全恢复，但是后期需要注意维持足够的营养支持以获得良好的免疫力，防止再次复发。

思考与练习

1. 疱疹病毒感染后的临床表现可能出现（　　）。（多选）

A. 结膜炎　　B. 角膜炎　　C. 高热　　D. 鼻分泌物增加

2. 2 月龄以下的猫感染疱疹病毒后，首选的消炎药是（　　）。

A. 多西环素　　B. 阿奇霉素　　C. 阿莫西林　　D. 恩诺沙星

3. 关于猫疱疹病毒感染说法错误的是（　　）。（多选）

A. 经过治疗，疱疹病毒可以完全清除

B. 本病具有较高的死亡率

C. 有可能出现面部皮炎表现

D. 具有一定的复发性

4. 猫疱疹病毒感染后一般不能完全清除，会终身携带。（　　）

A. 正确　　　　　　B. 错误

5. 猫疱疹病毒感染后痊愈可获得终身免疫保护。(　　)

A. 正确　　　　　　B. 错误

任务3　猫杯状病毒感染

猫杯状病毒感染是猫的一种高度接触性、传染性上呼吸道疾病，典型症状包括口腔溃疡、眼鼻症状及发热。FCV 及 FHV 感染约占所有猫上呼吸道疾病的 80% 以上。

24. 猫杯状病毒感染

一、病原

猫杯状病毒（feline calicivirus，FCV）为无囊膜单股 RNA 病毒，因球形衣壳上有多个杯状凹陷，因此得名。FCV 属于 RNA 病毒，不稳定，容易变异。FCV 在环境中抵抗力强于 FHV，湿润环境下可能存活 28 d 甚至更长时间，对常规消毒剂如新洁尔灭、洗必泰等不敏感，推荐使用过硫酸氢钾、次氯酸钠、二氧化氯等进行消毒。

二、流行病学

本病的传染源包括唾液、眼鼻分泌物以及飞沫。传播途径包括与患猫、带毒猫直接接触传播，或经由污染的环境或人员间接接触传播。任何年龄的猫都可感染 FCV，但幼猫更多发，多猫环境多发。与 FHV 感染间歇性排毒不同，FCV 感染后会持续性排毒，病毒可持续存在环境中长达 1 个月甚至更长时间，据相关研究，50% 的猫感染后 75 d 仍然排毒。

三、临床表现

本病的潜伏期为 2～14 d，由于 FCV 有多种毒株，不同毒力的毒株所引发的临床表现也有所差异。典型的临床症状包括发热、口腔溃疡、打喷嚏、眼鼻分泌物增多等（图 2-12）。发生 FCV 感染后，40 ℃以上的高热非常常见。口腔溃疡主要发生在舌尖（图 2-13）、唇边、上腭、鼻中隔（图 2-14）等处。严重的口腔溃疡导致口腔疼痛，引起厌食、流涎和脱水。FCV 感染可能引

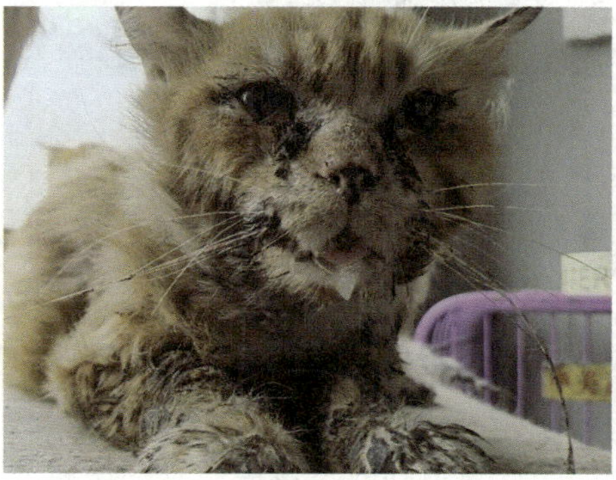

图 2-12　眼鼻分泌物增多

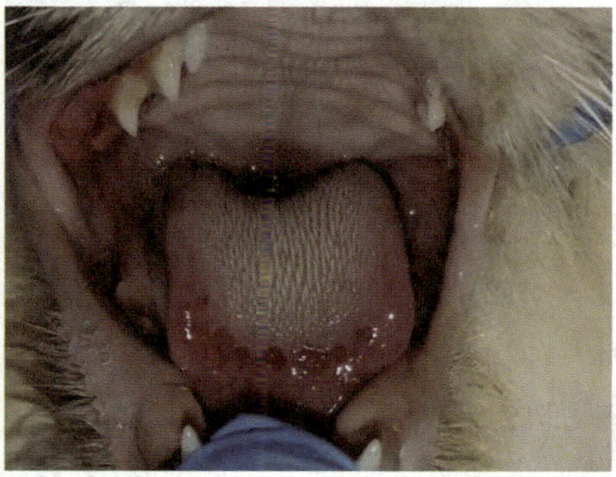

图 2-13　舌尖溃疡

发多发性关节炎，出现跛行。还可能导致间质性肺炎。研究表明，FCV 在猫慢性口炎中扮演着重要角色，很多慢性口炎病例中都分离出 FCV（图 2-15）。

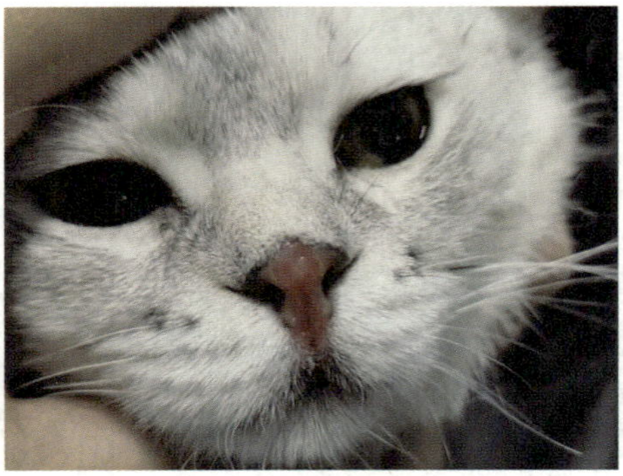

图 2-14　鼻中隔溃疡

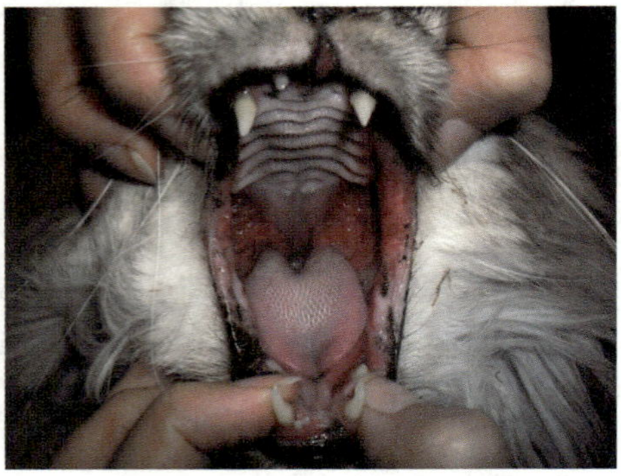

图 2-15　口炎

小贴士

FCV 与 FHV 感染症状相似，但与 FHV 感染不同，发热和舌尖溃疡是 FCV 感染的主要症状，FCV 感染也不会波及到角膜。

近年来报道了一种 FCV 强毒株，称为恶性系统性猫杯状病毒（virulent systemic strains of FCV，VS-FCV），能引起严重的临床表现，死亡率超过 40%，可引起高热，面部及足部水肿、溃疡、脱毛，以及黄疸及出血（图 2-16 至图 2-19），还包括更为典型的呼吸道症状。成年猫比幼猫更为多见，患猫可在开始出现临床症状的 24 h 内死亡。

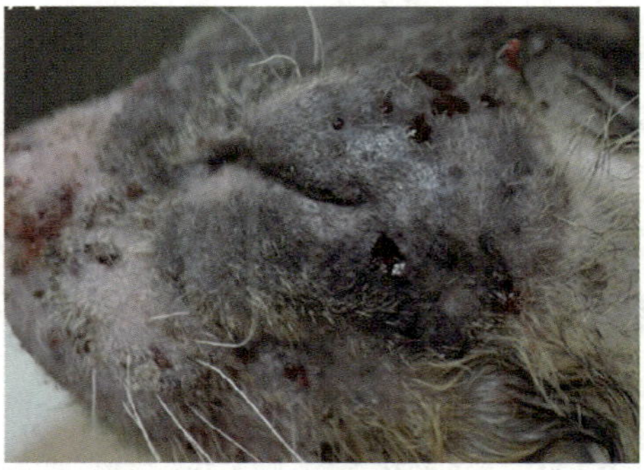

图 2-16　面部水肿

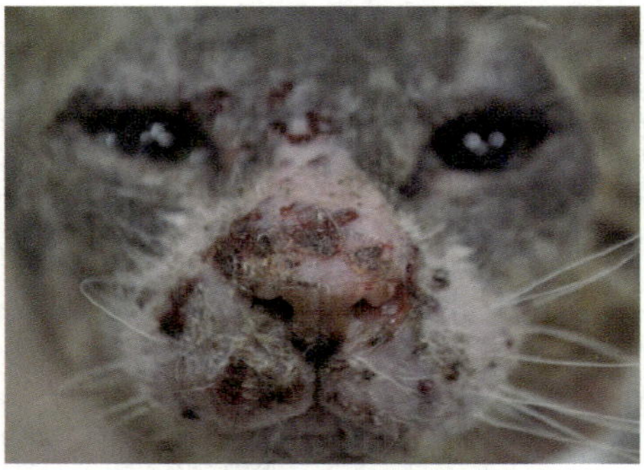

图 2-17　面部溃疡

四、诊断

（一）病史及临床表现

对于任何有上呼吸道疾病急性临床表现和 / 或有结膜炎且近期有应激史、或其他有感染风险的猫，都应怀疑上呼吸道感染的可能性。

目前，养猫数量不断增加且饲养、繁殖等不规范，导致猫上呼吸道传染病发病率越来越高。因此，当患猫出现相关的临床症状一定要首先考虑 FHV、FCV 等感染的可能性，这样才能避免

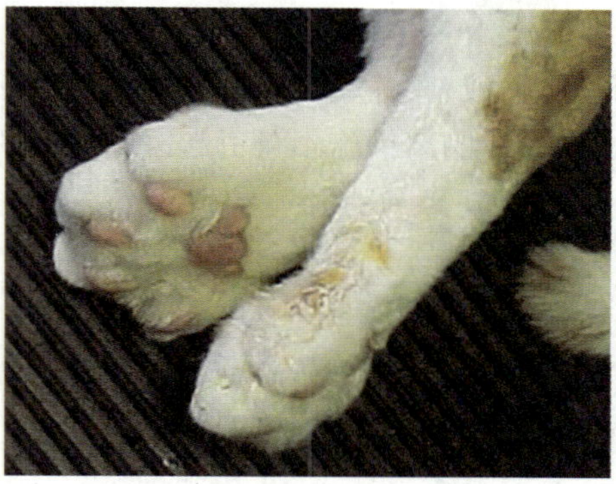

图 2-18 足部水肿

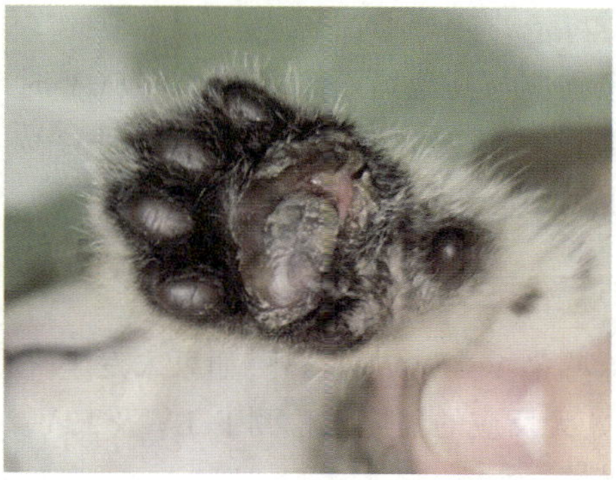

图 2-19 足垫溃疡

漏诊、误诊的发生，也避免医院或诊所的医源性污染问题。

(二) PCR 检查

目前临床上普遍采用 PCR 检查方法来诊断本病，但是 PCR 检查会出现一定的假阳性和假阴性情况。

(三) 其他检查

当患猫出现厌食、咳嗽等表现时，应进行血常规、血液生化等检查，以评估机体状况，制定相应的治疗方案。

五、治疗

(一) 全身治疗

1. 抗菌消炎

细菌感染可使 FCV 感染更为复杂。若猫大于 2 月龄，可使用多西环素治疗，用药 2 周甚至更长时间。若猫小于 2 月龄，最好选择阿莫西林或阿莫西林克拉维酸钾进行治疗。

2. 纠正脱水

严重的 FCV 感染可导致厌食，主要是由口腔溃疡及发热等引起的。猫是比较容易出现脱水的物种，因此，当猫因食欲下降、厌食而出现脱水表现时应及时补液。

3. 营养支持

厌食是上呼吸道感染最为常见的并发症，可尽早进行营养支持，必要时可考虑使用食道饲管。

4. 抗病毒治疗

与疱疹病毒感染不同，FCV 感染尚无有效的抗病毒药物，可使用猫 ω 干扰素辅助治疗。

(二) 局部治疗

局部治疗主要是针对眼鼻及口腔溃疡等临床表现进行。口鼻治疗药物及方法可参考疱疹病毒感染的治疗方案，当猫出现口腔溃疡，需要使用对应的口腔喷剂，若为严重、慢性、反复发作性口炎病例，可考虑进行全口拔牙。

(三) 其他治疗措施

有些患猫可因间质性肺炎而出现呼吸困难的表现，此时需要进行输氧治疗。

(四)治疗注意事项

患猫应与其他猫隔离,感染 VS-FCV 时应采用静脉输液、营养支持疗法进行积极治疗。国内外都有 VS-FCV 感染的病例报道,且容易因漏诊、误诊或隔离措施不当引起医院内交叉感染的严重问题。

六、预后

除感染 VS-FCV 的猫外,如果未发生厌食及脱水,对患猫积极治疗,预后一般良好。对治疗 4～6 d 无反应的猫应该检测 FeLV 及 FIV。感染 VS-FCV 的猫由于病毒的攻击能力更强,因此预后谨慎。

七、预防

FCV 疫苗属于核心疫苗,但无法产生完全的保护力,只能减弱感染后的临床症状,不能防止感染、发病及排毒。FCV 容易变异,与 FHV 疫苗相比,FCV 疫苗产生的免疫力较差,猫即使正常接种疫苗,也可能感染 FCV。

思考与练习

1. 杯状病毒感染的途径不包括(　　)。

   A. 唾液　　　　B. 粪口传播

   C. 眼鼻分泌物　　　　D. 护理人员间接传播

2. 以下不属于猫杯状病毒感染临床表现的是(　　)。

   A. 结膜炎　　B. 角膜炎　　C. 发热

   D. 舌尖溃疡　　E. 跛行

3. 关于恶性系统性猫杯状病毒感染说法错误的是(　　)。

   A. 具有一定的死亡率　　　　B. 可能导致面部及足部水肿

   C. 可能出现溃疡样病变　　　　D. 不可治愈

4. 杯状病毒感染后经过治疗可清除病原。(　　)

   A. 正确　　B. 错误

5. 杯状病毒较为稳定,一般疫苗免疫后可获得终身保护。(　　)

   A. 正确　　B. 错误

进阶任务

25. 猫传染性腹膜炎 1

任务 4　猫传染性腹膜炎

猫传染性腹膜炎(feline infectious peritonitis, FIP)是由猫传染性腹膜炎病毒(feline infectious peritonitis virus, FIPV)引起的一种免疫介导性疾病。本病在猫非常常见,通常难以诊断,几乎不可预防。

一、病原

猫冠状病毒(feline coronavirus,FCoV)属于冠状病毒科，是一类大的、球形、有囊膜的单股RNA病毒，因囊膜表面有长15～20 nm的花瓣状或梨状的突起物而得名。病毒不稳定，对外界环境抵抗力较差，对常规消毒剂敏感。猫冠状病毒有两种生物型，分别是猫肠道冠状病毒(feline enteric coronavirus,FECV)和FIPV。FECV主要在肠道上皮细胞复制，症状轻微，在猫群中广泛存在，而FIPV主要在单核细胞或巨噬细胞内复制，引起单一个体感染，具有致命性。需要注意的是，这两种生物型在血清学和形态学上无法区分。

二、流行病学

FECV的传染源是慢性病毒携带或感染的动物，主要通过粪口传播，而FIPV很少传染给其他猫，这主要是由于FIPV通过巨噬细胞携带进行体内扩散，很少发生水平传播。

多猫环境下多发本病，如多猫家庭、猫舍以及收容所。纯种猫多发，布偶猫、英国短毛猫、阿比西尼亚猫、喜马拉雅猫、缅甸猫、孟加拉豹猫有一定品种倾向性。任何年龄的猫都可发生本病，但是更多见于小于2岁的猫。未绝育的公猫发病风险较高，绝育母猫发病风险降低。具有免疫抑制疾病如FeLV感染或FIV感染的猫更易罹患本病。

三、发病机理

本病的发病机理较为复杂，目前普遍认为FIPV是由FECV变异而来的。FECV感染是猫常见的消化道传染病，FECV主要经粪口传播，感染率可达80%，属于自限性疾病。在很少情况下(<5%)，FECV会发生基因突变形成FIPV导致FIP。

FECV基因突变多发生于3C基因、S1/S2基因及7a/7b基因，突变后的FIPV在巨噬细胞、单核细胞复制，随后巨噬细胞聚集于小血管周围，导致血管炎及血管损伤，形成脓性肉芽肿或血管内液体外渗，导致一系列FIP的症状出现。

导致FECV基因突变的可能因素包括断奶、过度拥挤、手术应激、与其他猫共用猫砂盆或者其他应激。

小贴士

虽然FIP名字带有“传染性”，但患猫不会对家中其他猫造成威胁，不会传染给其他猫，病毒仅在患猫体内增殖复制。

猫冠状病毒不会传染给人和其他物种。

四、症状

根据是否有渗出液，可分为湿性(渗出型)FIP和干性(非渗出型)FIP 2种类型。

FIP的非特异性症状包括发热、嗜睡、厌食、体重下降、肌肉丢失、黄疸、贫血，有时表现为慢性间歇性腹泻或呕吐。

湿性FIP患猫常表现为发热、精神沉郁、厌食、消瘦。大量腹水可引起腹围增大(图2-20)，少量腹水时腹围增大表现不明显。也可能出现胸水、心包积液，公猫可能出现阴囊积液。少量腹水时可能触诊到腹部团块，这主要是肿大的肠系膜淋巴结（图 2-21）或肉芽肿性病变。此外，动物对抗生素治疗无反应。

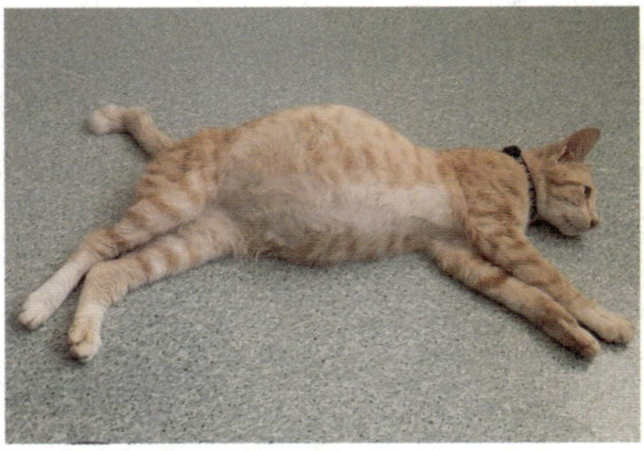

图 2-20　腹围增大

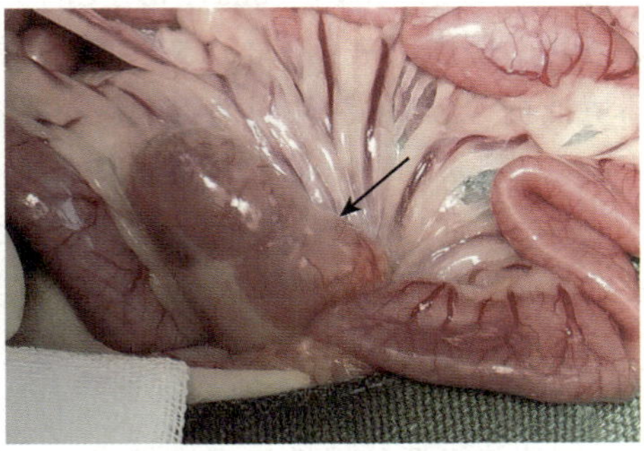

图 2-21　肠系膜淋巴结肿大

干性 FIP 主要是血管周围炎性反应引起脓性肉芽肿的一些表现。病程缓慢持久，对抗生素无反应，更明显以及更长时间的发热，后期可能出现少量的胸腹水。腹部触诊有团块样病变，可能出现肾脏及肝功能衰竭。有时出现神经症状，包括共济失调、抽搐、后肢瘫痪、瞳孔大小不一、眼球震颤、感觉过敏等。眼部症状可能是干性 FIP 的唯一症状，包括前葡萄膜炎如虹膜颜色改变、前房淤血以及角膜后沉积物（图 2-22、图 2-23）。后葡萄膜炎主要表现为视网膜出血及周围血管炎。

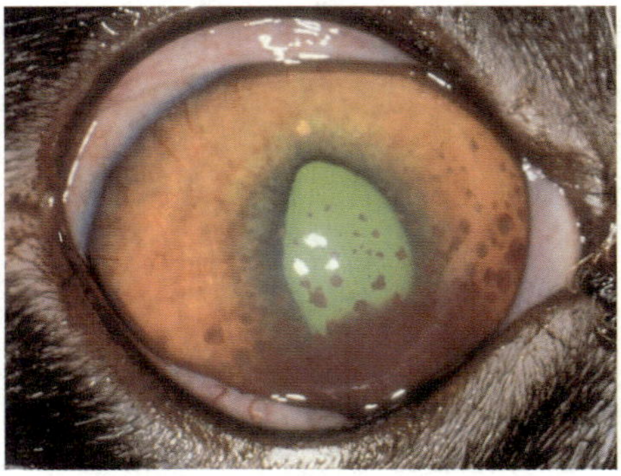

图 2-22　眼前房淤血

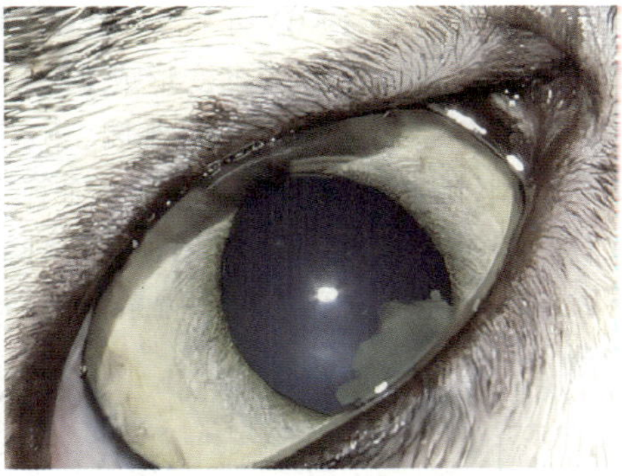

图 2-23　角膜后沉积物

FIP 病理组织学变化表现为胸腹腔多脏器弥散性肉芽肿性病变，包括肝脏、脾脏、肾脏、肠道、肺脏（图 2-24、图 2-25）。这主要是由于在疾病发展过程中，被感染的巨噬细胞从血管内向血管外游走，附着于血管周围，以巨噬细胞为中心，周围还会聚集淋巴细胞和嗜中性粒细胞，这些细胞共同形成了脓性肉芽肿，导致了脓性肉芽肿性血管炎。肉芽肿性病变在干性 FIP 和湿性 FIP 都可见到。多器官组织还可能出现纤维蛋白沉积，比如脾脏、肝脏、肠系膜、大网膜等。

小贴士

湿性 FIP 的渗出液范围包括腹部、胸部、心包、阴囊等部位。

部分干性 FIP 病例可能会转化为湿性 FIP，而少数湿性 FIP 也可能出现神经症状。

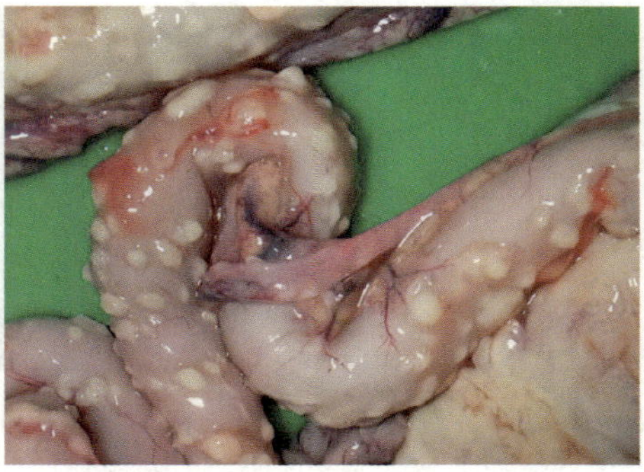

图 2-24 肠道脓性肉芽肿

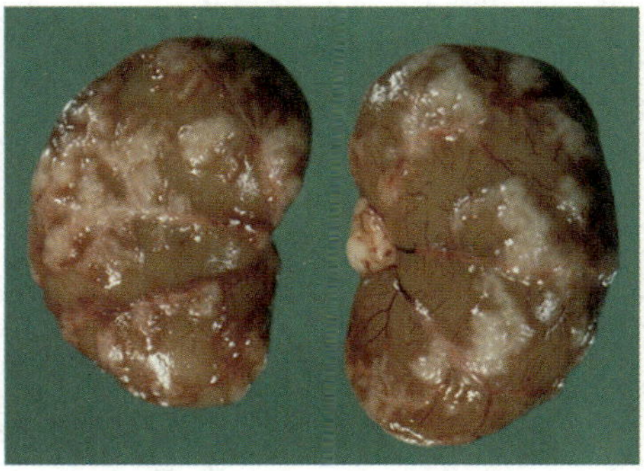

图 2-25 肾脏脓性肉芽肿

五、诊断

传染性腹膜炎的诊断比较困难，尤其是干性 FIP，一般采取多种方法进行综合诊断。

26. 猫传染性腹膜炎 2

（一）病史及临床表现

本病病史调查非常重要，问诊内容包括年龄，饲养环境、有无应激史，有无胃肠道或呼吸系统疾病病史，有无猫白血病病毒感染和猫艾滋病病毒感染的确诊史，有无厌食、体重下降、精神沉郁等非特异性症状等。

临床检查包括基本的物理学检查，如有无发热、脱水的评估、腹部的触诊、心肺听诊、可视黏膜检查及眼部和神经学检查等。腹部触诊时，干性 FIP 和渗出不多的湿性 FIP 可能触诊到可疑团块。

（二）血液学检查

血常规检查可能表现为慢性非再生性贫血、中性粒细胞总数增多、淋巴细胞总数减少。血液生化检查可能表现为高胆红素血症、高球蛋白血症、低白蛋白血症、白球比下降。

（三）渗出液检查

渗出液一般是黄色或黄绿色、透明、有黏性的澄清液体（图 2-26），蛋白浓度很高，与血清相近。通过对渗出液进行生化检查，蛋白浓度通常为 5～12 g/dL，通常大于 3.5 g/dL，白球比小于 0.45。

图 2-26 渗出液

渗出液离心后涂片染色检查，可发现巨噬细胞（图 2-27）、淋巴细胞及嗜中性粒细胞（图 2-28），大多数情况下嗜中性粒细胞占优势，但是有些猫的渗出液中以巨噬细胞为主。

李凡他试验是一种简单经济的检查方法，进行李凡他试验时，先在一试管中加入 5 mL 清水，再滴入 2 或 3 滴的冰醋酸，随后缓慢滴入 1 滴渗出液。如果渗出液没有溶解，出现水母样的外观或云絮状外观（图 2-29），缓慢下降或不下降，则为阳性，如果渗出液溶解，形成烟雾样的外观，则为阴性。李凡他试验对本病的诊断具有低特异性，高敏感性。

（四）影像学检查

影像学检查具有非特异性，通过 X 线检查可以评估腹水、胸水、心包积液情况以及肝肾大小（图 2-30、图 2-31）。B 超检查表现为肠系膜淋巴结肿大（图 2-32），一些病例还可能出现肾脏

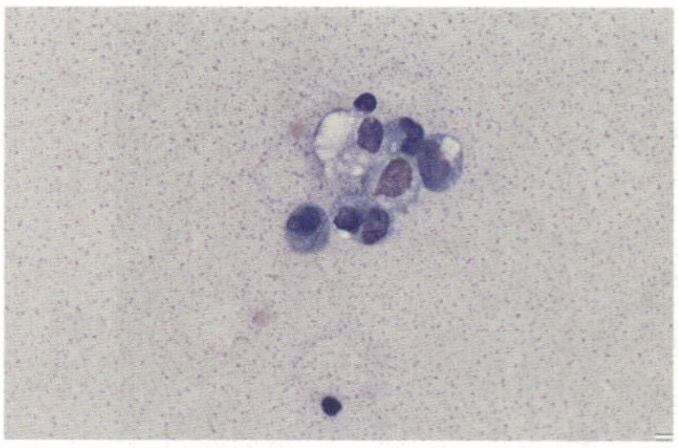

图 2-27　渗出液中巨噬细胞

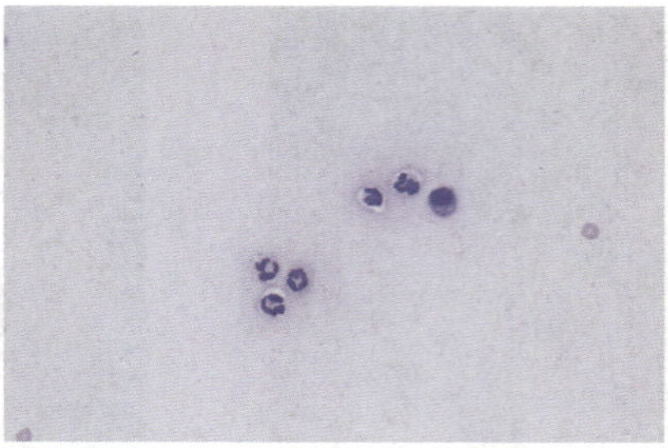

图 2-28　渗出液中嗜中性粒细胞

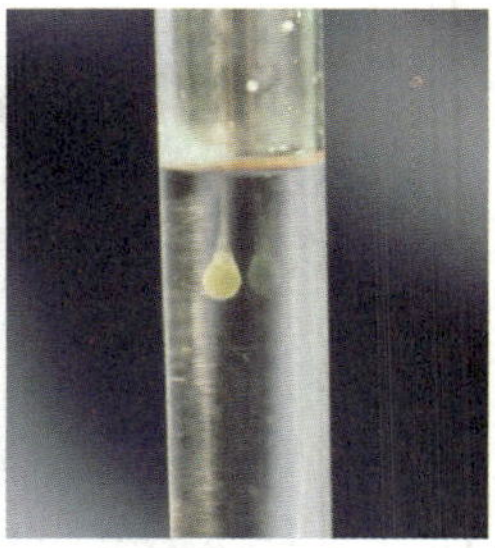

图 2-29　渗出液李凡他试验阳性

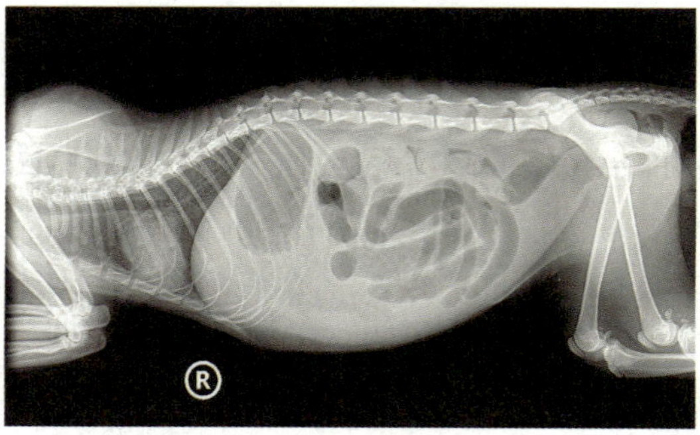

图 2-30　腹腔积液

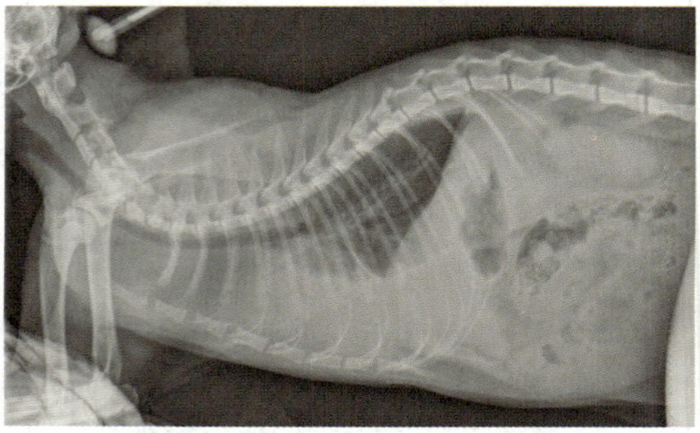

图 2-31　胸腔积液

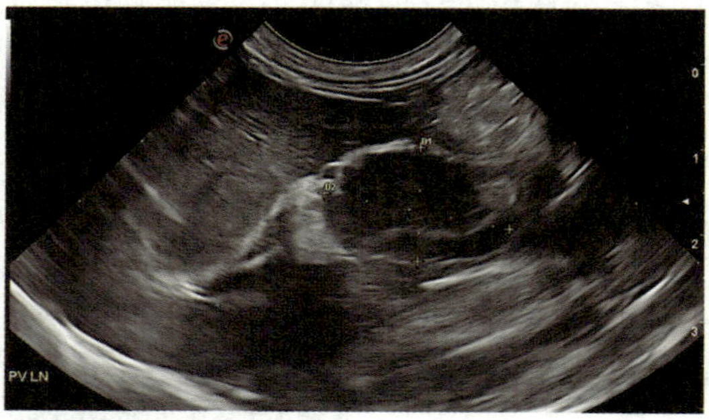

图 2-32　肠系膜淋巴结肿大

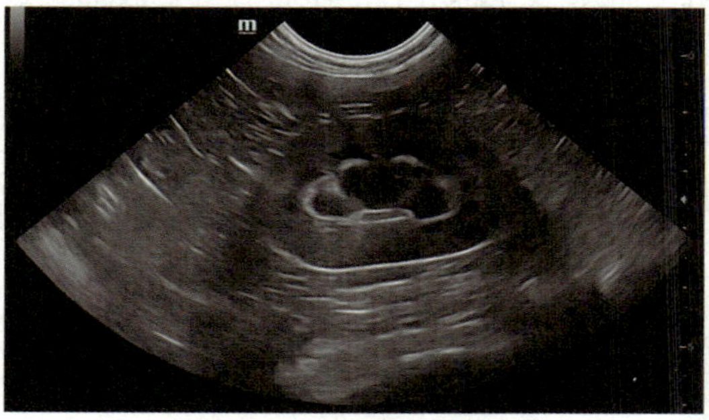

图 2-33　肾脏髓质环征

髓质环征（图 2-33）。B 超可进一步评估脏器情况以及少量的胸腹腔积液，并可在超声引导下采集腹腔或胸膜腔液体进行检查。

（五）PCR 检查

PCR 具有一定的敏感性，是临床中进行本病诊断的重要方法，但是由于 FIPV 没有独特的基因序列，所以也会有一定的假阴性结果出现。

小贴士

PCR 不能以血液或粪便为样本，而应以渗出液、感染组织为检测样本。

对于有神经症状或眼部症状的猫可采集脑脊液或前房房水进行 PCR 检查。

（六）免疫组织学检查

免疫组织化学检查被认为是FIP诊断的金标准。可采集腹腔渗出液、胸膜腔渗出液、或有神经学症状的猫的脑脊液来进行免疫组织化学检测，或者通过开腹探查采集腹腔组织如回肠、结肠、肝脏、肾脏、肠系膜淋巴结等。

六、治疗

本病的特异性治疗包括使用免疫抑制剂和免疫增强剂来改变猫对冠状病毒的免疫反应，免疫抑制剂常选择泼尼松龙。免疫增强剂可使用聚异戊二烯免疫刺激剂，这一药物是首个唯一通过美国农业部批准的用于治疗猫疱疹病毒感染的药物，该药物可增强细胞免疫，延长患猫存活时间，提高生活质量。

GC376和GS-441524由美国加州大学戴维斯分校佩德森教授团队研发，目前尚未批准上市，但是相关的研究数据已经显示出对本病有良好的治疗效果。

七、预后

FIP预后谨慎，湿性FIP患猫存活时间一般为数天至数周不等，干性FIP患猫的存活时间会更长一些，一般约为数周至数月。不过，无论哪种发病类型，猫一旦表现出神经症状，则会加速死亡。

八、预防

对于本病的预防，目前尚未有针对性疫苗来预防FIP，可以通过教育宠主进行科学饲养来预防本病。具体方法包括：

(1) 避免多猫环境，降低饲养密度。

(2) 管理好猫砂盆，猫砂盆严格分开，按照一猫一盆管理，及时清理猫砂，进行猫砂盆消毒，减少FECV的传播。

(3) 早期断奶，在5周龄前将母猫和幼猫隔离，幼猫放到无冠状病毒感染的地区饲养。

(4) 对猫群进行净化，排查冠状病毒感染者和携带者。

(5) 若有新进猫只，应先检查，隔离12周后检查正常再入群。

(6) 仔细选择繁殖群，淘汰生产过患有FIP幼猫的母猫。

(7) 减少应激，提高营养。

思政园地

从“成神”到入狱：猫版“药神”掀开了猫传腹地下药物市场的现状

2019年，猫药研发者胡某，改良了可治疗猫传腹的化合物GS-441524分子式，采取套用兽药清温败毒片批文手段，由药企为她生产非法添加GS-441524成分的传腹康片剂，用以治疗猫传腹。传腹康在宠物圈被奉为“救命药”，胡某也被患猫主人们唤作“药神”。2023年，警方判定胡某涉嫌生产、销售伪劣产品罪。一审被判处有期徒刑15年，并处罚金4 000万元。

除了对案件本身的讨论，胡某一案掀开了猫传腹地下药物市场的现状，宠物行业作为新兴产业，发展至今存在着发展迅猛、法律法规不健全，导致兽药领域混乱以及宠物药品短缺难以解

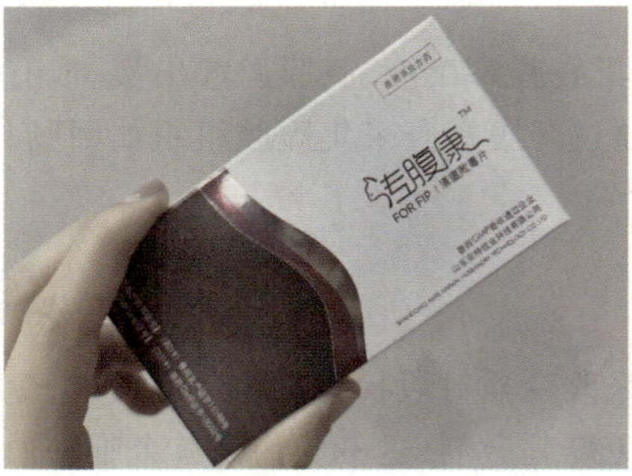

决的弊端。在市场需求主导下，猫传腹治疗药物形成了一个隐秘的地下市场：从原料药到生产厂家再到代理商，早已形成完整的产业链条。但这条产业链却存在着市场高度不透明、没有法律法规管控的弊端，导致大量药商私自制售药物，市面上流转的药品真假难辨。

★《兽药管理条例》规定，兽药所含成分的种类、名称与兽药国家标准不符合的，将被认定为假兽药；成分含量不符合兽药国家标准的但不属于假兽药的将被认定为伪劣兽药。

★ 根据《刑法》规定，"生产、销售伪劣产品罪"是指生产者、销售者在产品中掺杂、掺假，以假充真，以次充好或者以不合格产品冒充合格产品的行为，根据销售金额不同处以相应刑罚。

思考：你是否赞同司法机构对胡某的处罚？

你对国内宠物市场发展趋势有何看法？

思考与练习

1. 关于 FIP 说法不正确的是（　　）。（多选）

   A. FIPV 具有传染性

   B. 主要由应激导致基因突变所致

   C. 无有效药物治疗

   D. 分为湿性 FIP 和干性 FIP

2. 以下不属于干性 FIP 典型临床表现的是（　　）。

   A. 发热　　B. 厌食

   C. 眼部症状　　D. 胸腔积液

3. 以下不属于湿性 FIP 典型临床表现的是（　　）。

   A. 发热　　B. 厌食

   C. 腹水　　D. 神经症状

4. 关于 FIP 说法正确的是（　　）。

   A. FIPV 具有很强的传染性

   B. FIP 主要是由肠道冠状病毒变异引起的

   C. 湿性 FIP 可以转化为干性 FIP

   D. 湿性 FIP 病程明显长于干性 FIP

5. 关于 FIP 诊断说法错误的是（　　）。

   A. 血液生化检查通常表现为明显的高球蛋白血症、白球比下降

   B. PCR 检查可以 100% 确诊

   C. 湿性 FIP 进行 PCR 检查的样本最好选择胸腹水

   D. 黄金诊断方法是进行病理组织学检查

任务5 猫衣原体感染

猫衣原体(chlamydia felis)是一种胞内寄生革兰氏阴性菌,主要引起结膜炎表现,也可感染呼吸道并导致轻微的呼吸道症状。

一、病原

猫的衣原体感染主要引起结膜炎和呼吸道问题,好发于夏季。衣原体的增殖是借由细胞内包涵体分裂形成基本体后排出细胞外。猫衣原体传染性强,主要经由接触眼分泌物而传染,胎儿亦可经由母猫的产道垂直感染。5周龄至9月龄的猫发病率最高,最常见于多猫环境,特别是在卫生条件差的猫舍或猫收容所的发病率最高。

27. 猫衣原体病

衣原体在体外相对不稳定,在室温下的生存不超过48 h,脂类溶剂及洗涤剂容易使其灭活。

二、临床表现

本病的潜伏期为3～5 d,猫衣原体主要导致急性或慢性结膜炎(图2-34),还可感染呼吸道并导致轻微的呼吸道症状。猫衣原体导致的眼部症状包括结膜充血、结膜水肿(图2-35)、浆液性眼分泌物以及眼睑痉挛。结膜炎常常单侧发生,并在5～7 d发展为双侧。此外还可能出现轻微的鼻分泌物与打喷嚏表现。

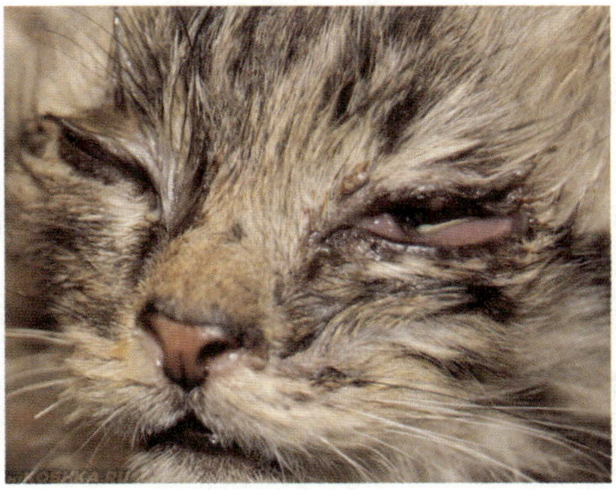

图2-34 结膜炎

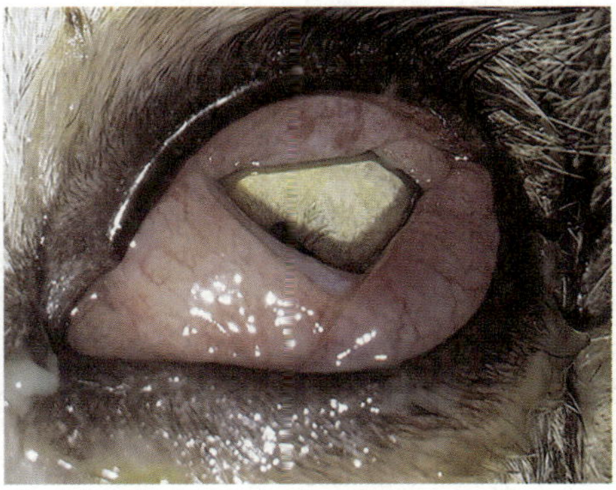

图2-35 结膜水肿

小贴士

患猫只有呼吸道症状而无眼部症状时,通常不考虑衣原体感染。

三、诊断

(一)病史及临床表现

急性结膜炎是衣原体感染最常见的症状,结合饲养管理和发病年龄,需要考虑本病。

（二）细胞学检查

结膜拭子或刮片镜检可见结膜上皮细胞内嗜碱性包涵体（图 2-36、图 2-37）。在急性感染后最初的几天内可观察到胞浆内包涵体，但在慢性病例则不易看到。细胞学诊断检出率低，主要是由采集细胞数量不足导致的。

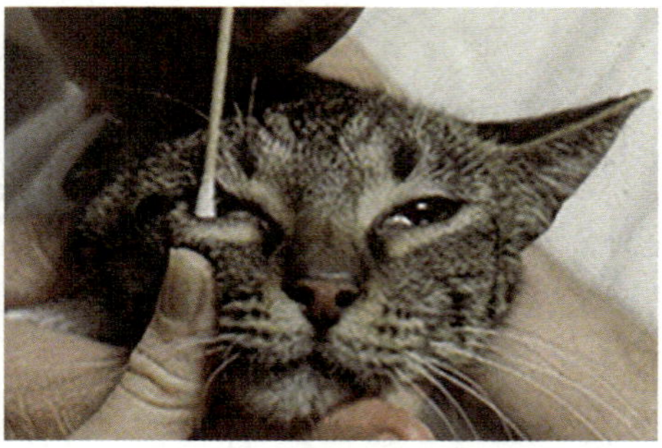

图 2-36　棉拭子刮擦结膜

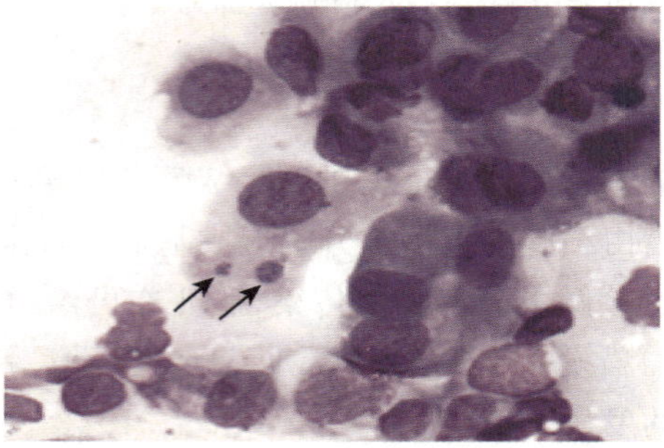

图 2-37　嗜碱性包涵体

（三）PCR 检查

PCR 检查是目前临床上最常用的诊断方法，但是注意采样的问题，需要使用无菌结膜刷或无菌棉签反复刮擦结膜，确保刮取的细胞数量足够，不能只采集眼分泌物，否则容易出现假阴性的问题。

四、治疗

（一）全身用药

（1）多西环素：猫衣原体对四环素类药物敏感性最高，大于 2 月龄的猫临床上多选择多西环素，连续治疗 4 周或临床症状消失后再使用 1 周。

（2）阿莫西林克拉维酸钾：小于 2 月龄幼猫可使用，疗程 4 周或临床症状消失后再使用 1 周。

（二）局部点眼

选择四环素类眼膏，如金霉素、土霉素、红霉素眼膏等，临床上多选择辉瑞眼膏。必要时，及时进行眼部清洁或热敷缓解眼部不适。

（三）支持疗法

针对食欲下降、发热、脱水、离子失衡等采取相应的对症治疗。

五、预防

降低饲养密度，保持环境通风，避免猫的应激。发现感染猫只，应及时隔离。患猫排菌期可达 2～8 个月不等，需要做好环境消毒。

思考与练习

1. 采用多西环素治疗衣原体感染时需要的用药时间是（　　）。

A. 1 周　　B. 2 周　　C. 3 周　　D. 4 周

2. 以下属于猫衣原体感染典型临床表现的是(　　)。(多选)

A. 流眼泪　　B. 结膜水肿　　C. 咳嗽

D. 发热　　E. 鼻分泌物增加

3. 关于衣原体感染说法错误的是(　　)。

A. 传染性较高,多猫环境下多发

B. 若无眼部症状则衣原体感染概率很小

C. 具有品种和年龄特异性

D. 通常以严重的结膜炎表现为主

任务6　猫支气管败血波氏杆菌感染

支气管败血波氏杆菌(bordetella bronchiseptica,Bb)又称鲍特氏杆菌、博德特氏杆菌,主要定植在猫、犬、兔、猪和人等哺乳动物的呼吸道,属于人兽共患病。

28. 猫博德特氏杆菌感染

一、病原

Bb是一种革兰氏阴性需氧杆菌,有周身鞭毛,能运动,不形成芽孢,多形态,由卵圆形至杆状不等,寄生于宿主呼吸道纤毛上皮,在患猫的口腔和鼻腔分泌物中脱落,Bb的毒素会损害纤毛和气管上皮组织,导致细胞损伤,也会造成其他细菌(如假单胞杆菌、巴氏杆菌等)增殖和侵入,Bb对常规消毒剂敏感。

二、流行病学

波氏杆菌主要通过气溶胶,直接或间接接触眼口鼻分泌物或接触污染物进行传播。由于Bb也是人的病原,因此Bb也可在猫和猫主之间传播,免疫机能不全的人发生动物源性感染风险最高。

三、临床表现

本病的潜伏期为2～10 d。最常见的临床表现为打喷嚏、眼鼻分泌物增加、咳嗽,患有支气管肺炎的猫可能出现嗜睡、呼吸困难、发热、厌食和体重下降。

有些猫可在急性感染后成为Bb带菌者,感染后持续排出病原菌长达数周。感染后也可不表现临床症状,长期无症状带菌的情况也有报道,带菌猫只在应激时排出病菌。

四、诊断

(一)病史及临床表现

结合猫生活环境及临床表现,尤其是当猫出现咳嗽症状的时候,要考虑本病。

(二)PCR检查

用无菌棉签从口咽部或鼻腔采样进行PCR检查,是目前宠物临床中最常用的诊断方法。

（三）细菌分离培养

从口咽部用无菌棉拭子或支气管肺泡灌洗采样，进行细菌培养。

五、治疗

多西环素是治疗本病的首选药物，小于 2 月龄幼猫可选择阿莫西林或阿莫西林克拉维酸钾，以上药物最好连续使用 4 周。阿莫西林可安全用于幼猫及妊娠母猫，但 Bb 对其敏感性不如多西环素，因此，在后期可能还需要采用多西环素进行治疗，以确保病原菌能从体内消除。治疗效果不佳的病例应进行药敏试验，选择敏感抗生素进行治疗。

具有严重症状的猫可采用支持疗法，如静脉输液以纠正脱水、电解质或酸碱失衡，呼吸困难的猫可考虑吸氧。

六、预后

对于轻微病例，本病的预后良好，但如果幼猫发生严重的肺炎，则预后不良。

七、预防

预防的重点是降低猫群饲养密度，保持环境卫生。若发生本病应及早隔离患猫，减少传播的风险。

思考与练习

1. 关于 Bb 感染说法不正确的是（　　）。

   A. Bb 对常规消毒不敏感　　B. Bb 主要附着于上呼吸道上皮

   C. 临床症状以咳嗽为主　　D. 为人兽共患病

2. 以下不属于 Bb 感染临床表现的是（　　）。

   A. 咳嗽　　B. 打喷嚏　　C. 角膜炎　　D. 眼鼻分泌物增加

任务 7　猫白血病病毒感染

29. 猫白血病病毒感染

猫白血病病毒（feline leukemia virus，FeLV）属于反转录病毒，主要导致猫免疫抑制、贫血或肿瘤。据调查，FeLV 在全世界流浪猫中的感染率高达 5%，严格家养的猫也有 1.5% 感染。

一、病原

FeLV 属于反转录病毒科，为有囊膜的单股 RNA 病毒，对环境抵抗力差，容易被常规消毒剂灭活。在热、干燥环境下不稳定，但是能在湿润室温环境下存活数天至数周。

二、流行病学

本病的传播可通过唾液、血液、眼鼻分泌物、尿液、粪便及乳汁传播，吸血昆虫可成为传播媒介，通过污染的针头、手术器械及输血等可发生医源性传播，FeLV 也可垂直传播，但通过唾液传播最为广泛。所有年龄的猫都有可能感染本病，幼猫比成年猫更易感。

本病具有物种特异性，不会感染人和犬，但是可感染野生猫科动物，包括山猫、猞猁、美洲豹等。

三、致病机理

猫一旦经口摄入病毒之后，病毒会在扁桃体和邻近的淋巴结复制。病毒通过淋巴组织中受感染的淋巴细胞和单核细胞散播到全身引发原发性病毒血症，在这一阶段，有些猫能够获得有效的免疫应答，从血液中清除病毒。但是若动物免疫系统不足以对抗病毒，病毒会在骨髓细胞中复制导致继发性病毒血症和全身感染。

在受感染细胞的细胞质中，病毒在反转录酶作用下反转录成 DNA，引发互补 DNA 即前病毒的合成，随后前病毒插入宿主细胞基因中。一旦前病毒插入宿主 DNA 中，之后分裂出的细胞就会含有病毒 DNA。

四、临床表现

FeLV 感染后的表现取决于猫的年龄、免疫状态、病毒浓度和病毒的致病性。

（一）免疫抑制

FeLV 主要攻击猫免疫系统，再给其他细菌、病毒等可乘之机。FeLV 主要引起免疫抑制，非再生性贫血、淋巴瘤、繁殖障碍等。病毒引起机体体液免疫应答延迟，导致致病菌感染，尤其是一些威胁公共卫生安全的疾病如弓形虫、隐孢子虫、沙门菌感染，以及其他病毒性疾病的发生。免疫抑制还会导致多种疾病的复杂化，如慢性鼻炎、口腔溃疡、皮下脓肿，以及慢性口炎等（图 2-38、图 2-39）。

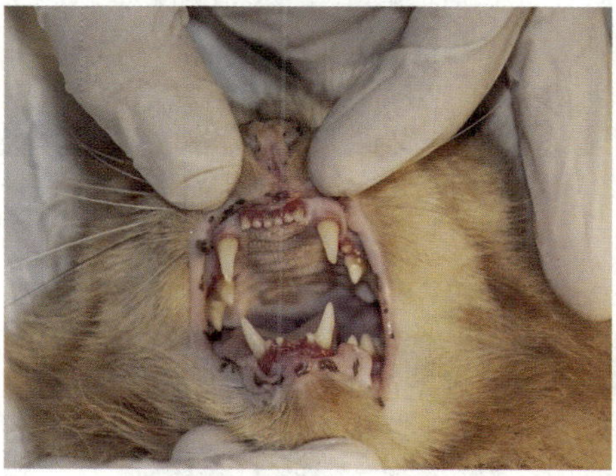

图 2-38　口炎

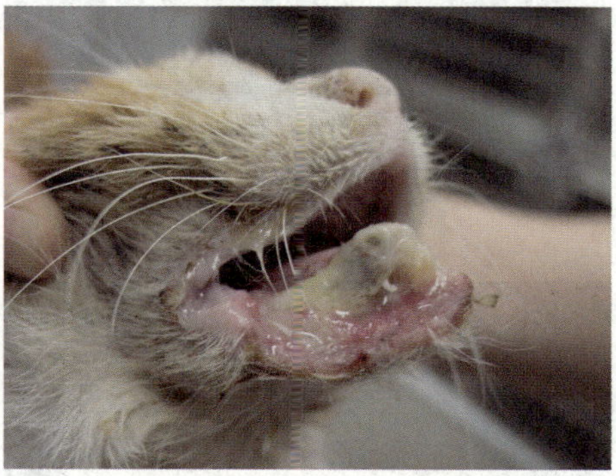

图 2-39　口腔溃疡导致下颌骨溶解

（二）贫血

患猫可出现多种类型的贫血，其中最常见的为非再生性贫血，也可能出现继发于机会性感染的再生性贫血或免疫介导性溶血（图 2-40、图 2-41）。其他还可能导致白细胞减少症、血小板减少症与中性粒细胞减少症，这是病毒作用引起的免疫介导机制以及骨髓抑制所致。

（三）肿瘤

FeLV 引发的肿瘤主要为淋巴瘤，好发部位包括纵膈、脊柱及外周。还可能引起白血病以及其他恶性非血源性肿瘤，如纤维肉瘤。

图 2-40　严重贫血导致恶病质

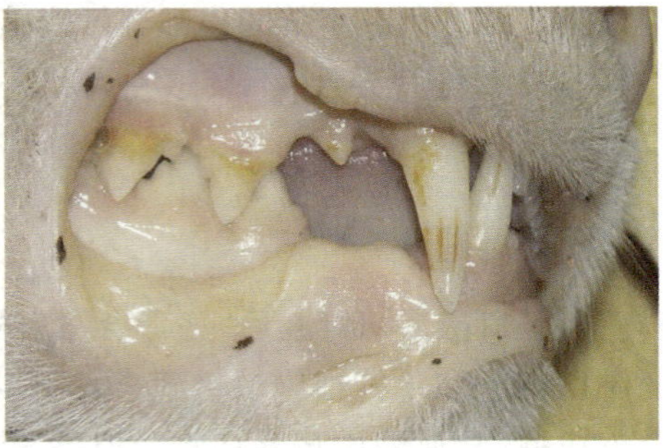

图 2-41　黏膜苍白、黄染

其他与 FeLV 感染相关的疾病包括肾小球肾炎与多发性关节炎，这两种疾病均是 Ag-Ab 免疫复合物沉积或调节性 T 细胞活性下降的结果。也有报道发现有伴随肠隐窝退化与坏死的慢性肠炎。其他与 FeLV 感染相关的疾病还包括不孕、流产、弱胎等生殖系统疾病。

FeLV 感染也可导致一些神经学症状及眼部症状，包括外周性神经病、瞳孔大小不一、瞳孔散大、霍纳综合征、尿失禁、发声异常、感觉过敏、轻瘫以及瘫痪，这些神经症状均是病毒作用的直接结果（图 2-42 至图 2-45）。

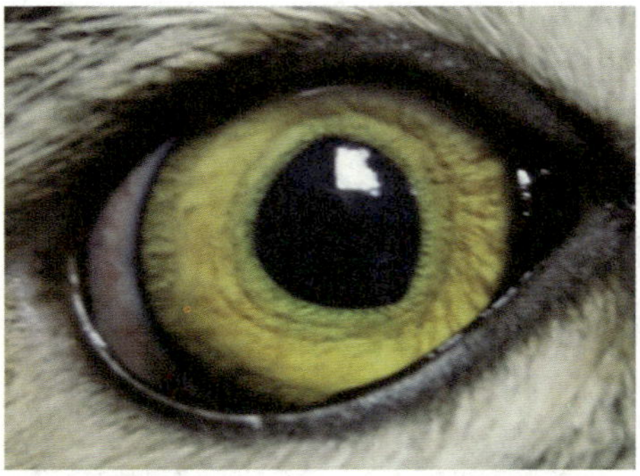

图 2-42　D 形瞳孔

图 2-43　青光眼（右眼）

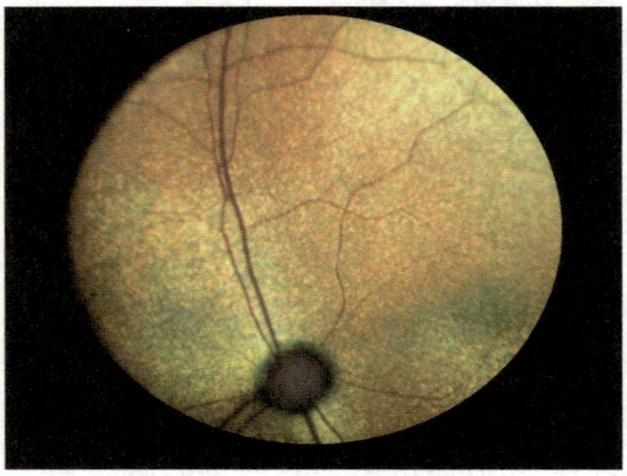

图 2-44　慢性脉络膜视网膜炎

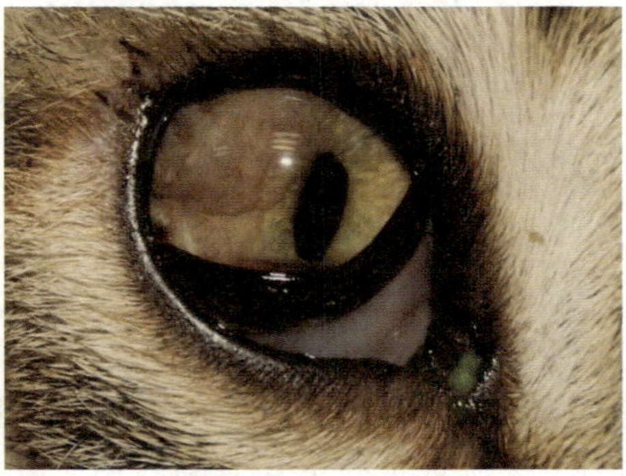

图 2-45　虹膜增厚

猫感染 FeLV 后主要有四种表现类型，即进行性感染、退行性感染、顿挫性感染和局限性感染（图 2-46）。

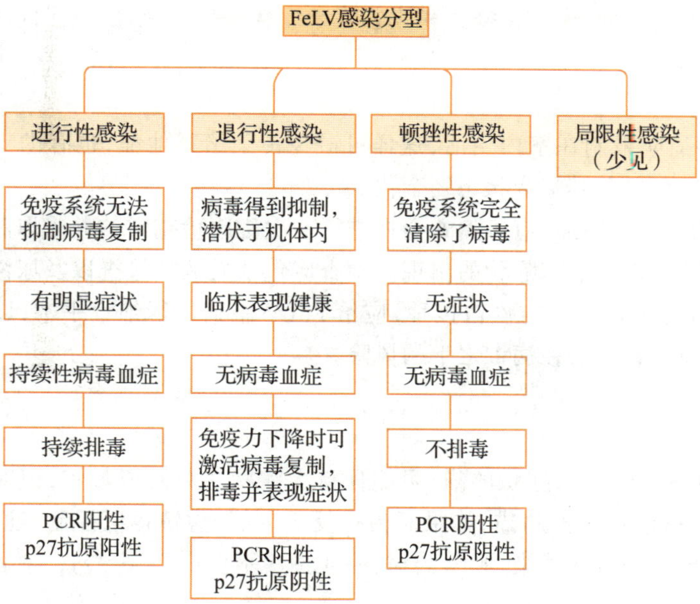

图 2-46　FeLV 感染的表现类型

五、诊断

（一）病史及临床表现

本病的临床表现差别很大，但常常包括被毛粗乱、嗜睡、厌食、失重、发热、贫血、口炎及难以愈合的皮肤炎症。还可能出现与胸腔积液相关的表现，以及淋巴结肿大、眼内异常、腹腔脏器肿大（如脾脏、肝脏和肾脏等）。

（二）血液学检查

常见结果包括非再生性贫血、白细胞减少症、血小板减少症、氮质血症及肝酶活性升高、血清胆红素升高。有些患猫的血液涂片可见到有核红细胞，这种情况下需要进行网织红细胞计数来确定贫血猫是否有再生性反应。

（三）ELISA 检查

ELISA 法用来检测外周血中的 p27 抗原，进行性感染抗原检测呈阳性，而顿挫性或退行性感染抗原检测呈阴性。

（四）PCR 检查

PCR 检查具有较高的敏感性和特异性，也是临床中常用的确诊方法，进行性感染和退行性感染 PCR 检查结果都为阳性。

六、治疗

（一）药物治疗

猫白血病病毒感染无法治愈，主要以治疗继发疾病为主，但由于患猫免疫力不全，其疾病治疗的周期会比免疫力健全的猫长，对药物的反应也更慢，所以需要更加频繁的化验监测以及用药治疗。针对猫白血病病毒，可以选择猫 ω 干扰素，来抑制病毒复制，提高患猫生活质量，延长存活时间，但不能解决病毒血症。也可选择反转录酶抑制剂齐多夫定，5～10 mg/kg，q12 h，

PO 或 SC，可以减少病毒量、提高免疫力和改善临床症状，提高生活质量。同时进行相应的对症治疗，并进行良好的护理。

（二）其他管理

患有 FeLV 的猫应限制在室内生活，这样可避免传染给其他猫，也有助于保护患猫不受其他传染性疾病的威胁，以免其临床状态复杂化。

对于无症状的 FeLV 患猫，应每隔 6 个月进行一次健康检查评估并采取相应的疾病预防措施，而不要被动地等待疾病临床症状的出现。检查应包括血液学检查以及尿液检查。

此外还应严格地进行驱虫与疫苗接种，应给 FeLV 患猫进行绝育手术，以尽可能降低其应激压力，并避免其他动物暴露在病毒之下的风险。

七、预后

感染 FeLV 但不表现临床症状的猫，可能保持无症状达数月或数年，但对其他猫具有传染性。确诊后需要进行治疗干预的猫，如果对治疗反应良好、病情得以控制，通常预后良好，且可存活 3 年以上，但出现进行性感染、肿瘤的猫，一般预后不良。

八、预防

对于本病的预防最重要的是避免健康猫接触 FeLV 阳性的猫，应积极检测、移除血清阳性的猫，多猫家庭避免使用同一个食盆、猫砂盆。如果家中有猫检测阳性，那么所有猫都要进行检测，并将阳性猫和健康猫隔离，分开饲养。引入新的猫只，应进行 FeLV 筛查。

思考与练习

1. 关于 FeLV 说法错误的是（　　）。（多选）
   A. FeLV 可通过胎盘传播　　B. FeLV 可能传染给人
   C. FeLV 容易被灭活　　D. FeLV 感染后可能被机体免疫系统消灭
2. 以下不属于 FeLV 感染的临床表现的是（　　）。
   A. 贫血　　B. 免疫抑制
   C. 淋巴瘤　　D. 溶血
3. 当 FeLV 在体内受到抑制，患猫无明显临床症状时，该猫属于（　　）。
   A. 退行性感染　　B. 顿挫性感染
   C. 进行性感染　　D. 局部感染

任务 8　猫免疫缺陷病毒感染

30. 猫艾滋病

猫免疫缺陷病毒（feline immunodeficiency virus，FIV）感染可引起猫获得性免疫缺陷综合征，即猫艾滋病，以免疫功能缺陷、继发性感染、神经系统紊乱及恶性肿瘤为特征。FIV 虽然无法清除，但是若患猫无临床症状，可以持续生活几年甚至终身不表现临床症状，FIV 阳性并不是安乐死的理由。

一、病原

FIV 属于反转录病毒科，慢病毒属，为有囊膜的单股 RNA 病毒，FIV 具有物种特异性，不会交叉感染犬及人。FIV 在环境中高度不稳定，在体外只存活数分钟，对常规消毒剂敏感。

二、流行病学

FIV 感染在全球范围内流行，发病率 1% ～ 10%。

FIV 主要通过唾液排毒，打斗、咬伤是本病的主要传播途径，性传播、垂直传播不常见，日常接触、共用食盆不会传播此病。易感动物以爱打架的猫如公猫、流浪猫多见。

三、致病机理

FIV 以 CD4+ 淋巴细胞为靶细胞，该细胞在细胞免疫与体液免疫的形成中有很重要的作用，FIV 的攻击可导致 CD4+T 淋巴细胞数量减少，从而最终导致动物形成免疫缺陷。

四、临床表现

FIV 感染分为三个阶段：急性期、无症状（或潜伏期）和免疫缺陷期。

急性感染期一般发生在感染后 1 ～ 3 个月。FIV 通过咬伤进入机体，在淋巴细胞、巨噬细胞内复制，并向全身扩散。早期出现发热、精神差、食欲不振、淋巴结肿大、白细胞减少等非特异性症状。这一阶段的感染可能非常轻微，容易被主人忽视或归因于其他发烧原因。

急性期后，患猫进入无症状期，可能持续数月至数年。在此期间，病毒在免疫系统细胞内复制非常缓慢，猫不会表现出任何症状，潜伏期时间与病毒毒株和患猫的年龄都有一定关系。临床中，很多患猫都处于无症状期，事实上许多患猫可能在发病前，就因其他疾病而死亡。猫艾滋病所出现的临床症状通常不是直接由病毒引发，而是由于免疫不全导致一些病原或微生物乘虚而入，造成严重的继发性感染。

随着病毒继续扩散，猫将进入免疫缺陷期，在此期间容易发生继发感染。免疫缺陷期常见症状包括被毛粗乱、食欲下降、消瘦、发热、慢性口炎（图 2-47）、慢性上呼吸道疾病、淋巴结肿大、慢性皮肤病、慢性腹泻和神经症状等。神经症状通常是病毒感染中枢神经所致，表现为动作和感觉异常、行为改变。患猫眼部症状以前葡萄膜炎为主（图 2-48）。由于免疫抑制，患猫

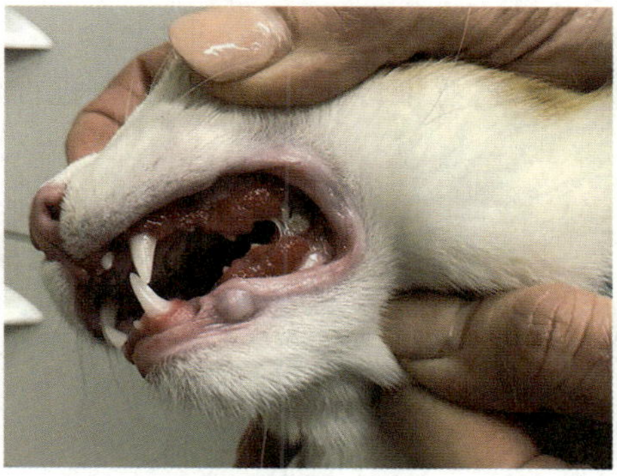

图 2-47　口炎

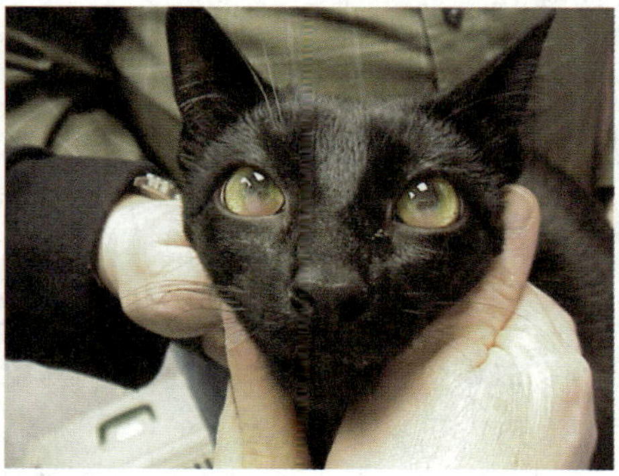

图 2-48　前葡萄膜炎

更容易罹患弓形虫、猫癣、FIP 以及其他细菌或病毒性疾病，所以患猫常表现这些疾病的症状。此外，还能出现伴有免疫介导性肾小球肾炎、各类肿瘤如鳞状上皮细胞癌与淋巴肉瘤等相关病症。

五、诊断

（一）抗体检查

抗体检测主要采取 ELISA 法。感染猫终身携带病毒，可通过检测血液中的抗体水平来诊断是否感染 FIV。但在感染早期（2～4 周），血液中没有抗体，大部分猫在感染 60 d 后才能测到 FIV 抗体阳性，少部分则到 6 个月才能检测出来。因此，若存在感染风险（如与其他 FIV 阳性猫发生过打斗），而检测结果为阴性，建议 60 d 后再测一次。幼猫能从初乳中获得 FIV 抗体，此时幼猫检测结果可能为阳性，几个月后可转为阴性，因此建议 FIV 阳性幼猫每隔 60 d 检测一次，直至 6 月龄，若最后结果仍为阳性则可确认感染。

（二）PCR 检查

PCR 是临床上非常常规的诊断手段，但是由于 FIV 具有基因型多样性，可能存在假阳性和假阴性情况，一般不作为筛查手段。

六、治疗

对于 FIV 检测阳性的猫，不建议进行安乐死，患猫也可能在生命周期结束前都不表现临床症状。

（一）对症治疗

对于出现临床症状的患猫，应积极进行支持治疗，以避免病情进一步恶化。

（二）抗病毒治疗

目前尚无针对 FIV 感染的有效治疗方法。目前临床中，可采用齐多夫定或普乐沙福（0.5 mg/kg，q12 h，SC）进行治疗，也可选择猫 ω 干扰素进行辅助治疗。

（三）其他管理

对于 FIV 患猫的护理可以从以下几方面考虑，如将患猫隔离饲养，避免感染其他猫；为减少传播的风险，对猫进行绝育，避免打斗；对患猫进行常规健康的检查护理，维持良好的营养；若猫出现继发感染，应进行更激进且长久的治疗。

七、预防

新领养的成年猫或幼猫，在入群之前要进行 FIV 筛查，感染母猫生下的小猫要进行检测，以便进行猫群净化。

思考与练习

1. 关于 FIV 说法错误的是（　　）。
   A. FIV 主要通过打斗、咬伤进行传播
   B. FIV 不会传染给人
   C. 与人艾滋病一样，FIV 可造成患猫严重问题
   D. FIV 患猫可能不会出现严重症状

2. 以下属于 FIV 感染免疫缺陷期临床表现的是(　　)。(多选)

A. 口炎　　B. 眼部症状

C. 淋巴结肿大　　D. 发热

E. 神经症状

3. FIV 感染主要诊断方法是(　　)。(多选)

A. 抗体检查　　B. 血液生化检查

C. PCR 检查　　D. 病理组织学检查

拓展任务

任务 9　猫巴尔通体感染

猫巴尔通体感染属于人兽共患病,在人医上又称为猫抓病或猫抓热,是由汉赛巴尔通体感染所致的一种自限性疾病。在猫感染汉赛巴尔通体之后,人通过被猫抓伤、咬伤或被猫舔过伤口后感染。

一、病原

巴尔通体(bartonella)为革兰氏阴性短杆菌,兼性胞内寄生,菌体有 1～10 根单端鞭毛,主要定植在红细胞、血管内皮细胞及淋巴结细胞内。目前,在猫体内鉴定到了 4 种巴尔通体,其中,只有汉赛巴尔通体和克氏巴尔通体具有临床或动物传染病意义。

二、流行病学

巴尔通体可感染人、猫、犬、兔、牛、鼠类以及野生动物如蝙蝠、美洲狮、狐狸等,家猫是汉赛巴尔通体的主要宿主。

汉赛巴尔通体一般存在于猫口咽部的唾液中,特别是幼猫。猫与猫之间不会通过直接接触传播和垂直传播,而是主要通过吸血节肢动物传播,其中栉首蚤是本病的重要传播媒介。由于栉首蚤排出巴尔通体后,病原可在其粪便中存活数天,可能会污染到猫爪,因此也可通过沾染跳蚤粪便的动物爪子抓伤所感染(图 2-49)。

三、临床表现

(一) 猫

猫一旦接触巴尔通体,病原就会进入血液,感染红细胞,引起菌血症。大部分携带巴尔通体的猫表现为亚临床症状,最常出现的症状是发热,一般持续 2～3 d,其他症状还包括嗜睡、淋巴结病、牙龈炎、口炎、结膜炎、葡萄膜炎、上呼吸道疾病、心内膜炎等相关症状(图 2-50 至图 2-52)。

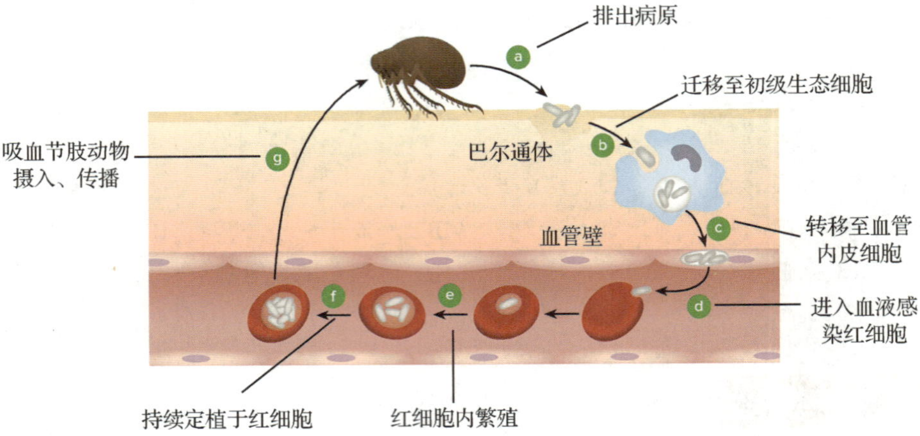

图 2-49　巴尔通体传播过程

31. 巴尔通体感染

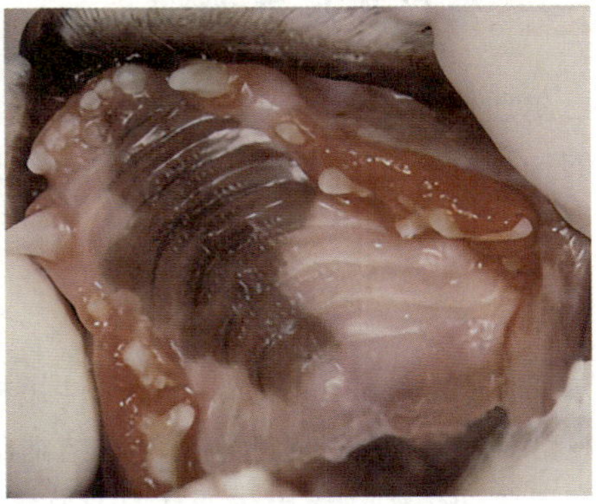

图 2-50　牙龈炎

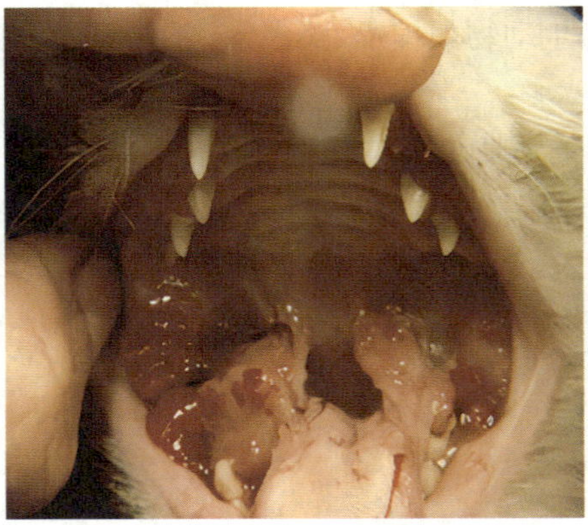

图 2-51　口炎

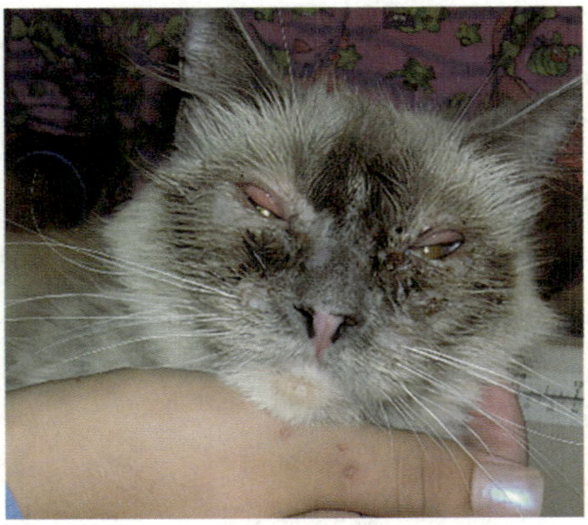

图 2-52　结膜炎

（二）人

多数健康成年人感染后无症状，儿童和免疫功能缺陷患者可出现皮肤丘疹（图 2-53），临近部位的淋巴结肿大（图 2-54），触诊淋巴结敏感，也可能有波动感。其他症状还包括发热、乏力、头痛、恶心、呕吐和厌食等。

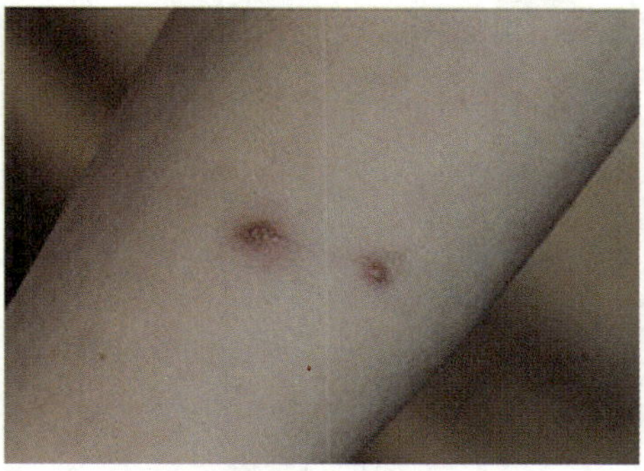

图 2-53　丘疹

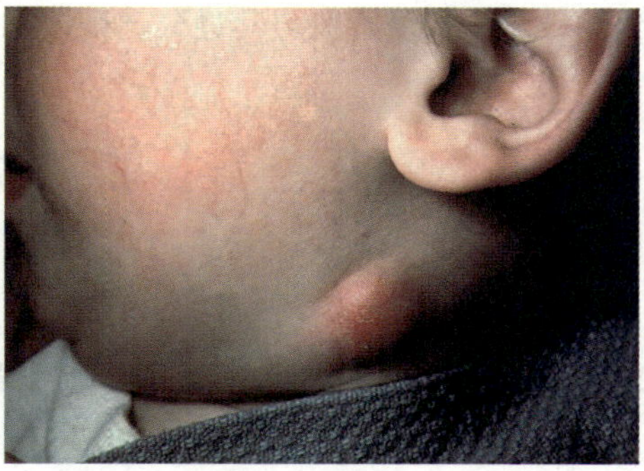

图 2-54　淋巴结肿大

四、诊断

(一) PCR 检查

采集全血、新鲜组织及冷冻组织进行 PCR 检查的灵敏度及特异性均很高，是目前临床主要的确诊方法。

(二) 血液或组织细菌培养

通过对血液或组织样品进行细菌培养，若结果阳性可进行确诊，但阴性结果不能排除本病。细菌培养时间较长，在临床应用较少。

(三) 其他检查

血常规检查、血液生化检查及尿液检查通常无明显异常，血清学检查阳性不能确定患猫正在感染或已经感染的状况。

五、治疗

目前没有一种有效的方法可以完全消除巴尔通体的感染。抗生素疗法可减少菌血症的发生，但是只有确诊感染并表现相关症状时才建议使用。通常选择的治疗药物包括阿奇霉素、多西环素、恩诺沙星（表 2-2），治疗同时需要进行体外驱虫，治疗后 3 周应进行随访检查。

表 2-2　常用治疗药物

药物	剂量 /（mg/kg）	给药方式	用药间隔时间 /h	治疗时长 / 周
阿奇霉素	10	PO	24	1
			48	2～5
多西环素	10	PO	12	2
恩诺沙星	5	PO	24	2～4

六、预防

为防止猫发生本病，可采取包括避免外出、定期驱虫、按时体检、修剪指甲等措施。

七、公共卫生预防措施

应避免被猫抓伤及咬伤，若发生抓伤、咬伤时，可局部涂擦碘伏。慢性病患与免疫力低下人员，应慎重养猫，尽量避免与其过分亲密接触，以免造成严重后果。

思考与练习

1. 猫抓热的主要病原是(　　)。
   A. 汉赛巴尔通体　　B. 嗜血支原体
   C. 巴贝斯虫　　D. 利士曼原虫
2. 以下为猫巴尔通体传播的主要途径是(　　)。
   A. 咬伤　　B. 输血
   C. 吸血节肢动物叮咬　　D. 粪口传播
3. 猫抓热的主要传播媒介是(　　)。(多选)
   A. 跳蚤　　B. 蜱虫　　C. 虱　　D. 蚊子
4. 人感染汉赛巴尔通体后的主要症状不包括(　　)。
   A. 腹泻　　B. 皮肤丘疹
   C. 局部淋巴结肿大　　D. 肌肉疼痛
5. 猫巴尔通体感染的首要诊断方法是(　　)。
   A. 临床表现　　B. 血液学检查
   C. 影像学检查　　D. PCR 检查

任务 10　猫嗜血支原体感染

猫嗜血支原体感染也称猫传染性贫血或血巴尔通体病，是导致家养猫贫血的常见原因。

一、病原

32. 嗜血支原体感染

感染猫的嗜血支原体(hemotropic mycoplasmas)主要有 3 种：俄亥俄州型(*Candidatus* M. haemofelis)，加州型(*Candidatus* M. haemominutum)和苏黎世型(*Candidatus* M. turicensis)，俄亥俄州型嗜血支原体是最具致病性的血清型。嗜血支原体是一类很小的细菌，它们无法独自复制，主要定植于红细胞表面，对红细胞具有较强的破坏性。嗜血支原体感染细胞后，主要是由于细菌复制导致细胞脆性增加引起细胞破裂，或者因为机体的免疫系统攻击感染细胞导致细胞破裂。

嗜血支原体传播途径包括社交传播(猫之间打斗、咬伤等)、节肢动物传播(跳蚤、蜱虫)、血液传播、垂直传播(少见)。

二、临床表现

本病的临床表现由疾病的发展阶段、贫血发展的快慢程度及引起发病的病原种类决定。

(一)急性型

此型表现体温正常或升高，精神沉郁、食欲废绝、消瘦、心动过速、呼吸急促、脱水等。可能出现黄疸及血红蛋白尿，严重感染的猫可在数天内死亡。

(二)慢性型

此型表现体温正常或稍低,表现为精神沉郁、消瘦、贫血等(图 2-55、图 2-56)。

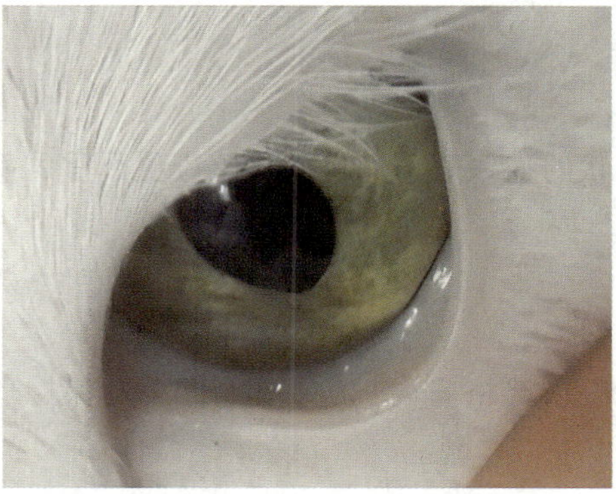

图 2-55 眼结膜苍白

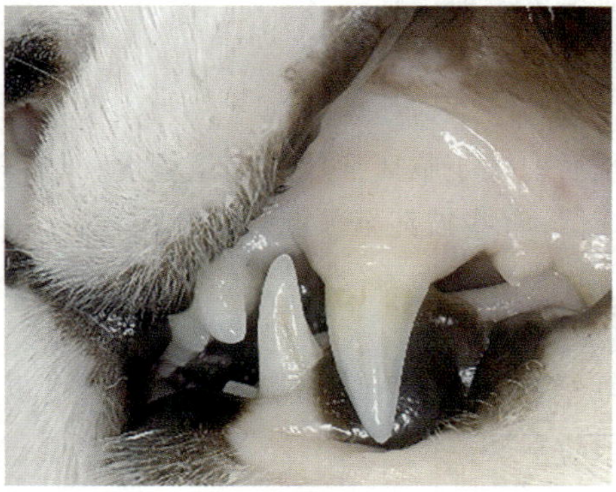

图 2-56 口腔黏膜苍白

三、诊断

(一)病史及临床表现

患猫若有打架史、外伤史,出现淋巴结肿大、黏膜苍白等,需要考虑本病。

(二)血液学检查

血常规检查常表现为再生性贫血,红细胞下降但网织红细胞升高,此外红细胞压积、血红蛋白也出现不同程度下降。血液生化检查可能出现 ALT、AST 升高,总胆红素升高,也可能有氮质血症。

血涂片检查可能发现寄生于红细胞内的菌体,瑞氏染色的血涂片中可见红细胞上出现球形、杆状或环形的嗜碱性物质(图 2-57),也可能看到红细胞多染、红细胞大小不等、豪杰氏小体等。需要特别注意的是,使用 EDTA 抗凝后,病原常会从红细胞上脱落,因此用于制片的血液最好为非抗凝血。

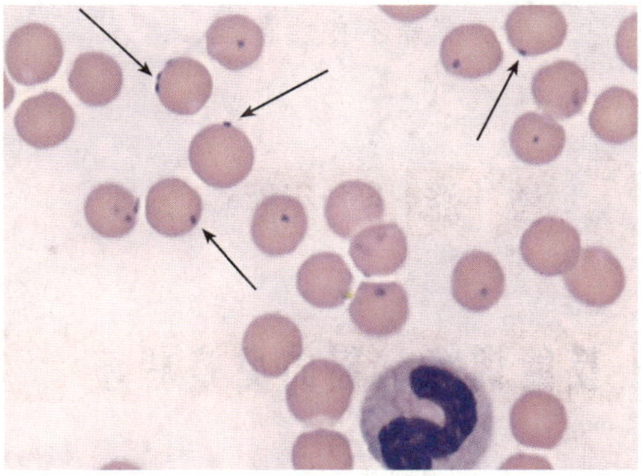

图 2-57 嗜血支原体位于红细胞表面(瑞氏染色,100×)

(三)影像学检查

B 超检查可能出现脾肿大、淋巴结肿大。

(四)PCR 检查

由于该病原周期性出现于血液中,而一般镜检仅对于急性发病期有效。因此,采集血液进行 PCR 检查是目前最有效的确诊方法。

四、治疗

(一)抗生素治疗

常用抗生素包括多西环素及普多沙星。不同的嗜血支原体对抗生素的反应可能会有所不同,若继发了免疫介导性溶血,则需要使用皮质类固醇激素治疗,但是大多数猫不需要使用就能恢复。

(二)对症治疗

根据需要进行对症治疗，如纠正脱水，对存在呼吸困难的患猫进行输氧治疗，贫血严重的患猫应考虑输血治疗。

五、预后

预后取决于临床症状的严重程度，只有轻度症状的猫一般预后良好。感染更严重的病例则预后谨慎，有些猫甚至可能会因此死亡。

六、预防

虽然目前没有相关疫苗，但可以通过定期驱跳蚤，严格室内饲养，减少打斗及保持环境卫生等预防本病。

思考与练习

1. 嗜血支原体主要定植位置在(　　)。

A. 红细胞表面　　B. 白细胞表面

C. 巨噬细胞　　D. 上皮细胞

2. 嗜血支原体感染主要导致的贫血类型是(　　)。

A. 非再生性贫血　　B. 再生性贫血

C. 营养不良性贫血　　D. 缺铁性贫血

技能强化

技能训练　猫的免疫程序

33. 猫的免疫程序

一、疫苗分类

猫的疫苗分为核心疫苗和非核心疫苗，核心疫苗指的是对猫有高度危险性的病原体的相应疫苗，而非核心疫苗指的是较低危险性病原体的疫苗。

(一)核心疫苗

核心疫苗适用于所有免疫史未知的猫，其针对的疾病发病率和死亡率很高，并且分布广泛。WSAVA 和美国猫科医师协会(american association of feline practitioners，AAFP)专家组推荐将针对 FHV-1、FCV、FPV、狂犬病毒的疫苗作为核心疫苗。

(二)非核心疫苗

非核心疫苗是根据暴露风险考虑的可选择性接种的疫苗，猫的可选非核心疫苗包括 FeLV、衣原体和支气管败血波氏杆菌疫苗等。

二、免疫程序

新理念——猫疫苗免疫程序及部位

WSAVA 疫苗接种指南小组(vaccination guidelines group,VGG)在 2016 年提出了猫免疫指南,对猫免疫程序及免疫部位提出了新的建议,即幼猫在 6～8 周龄进行第一次免疫,然后每隔 3～4 周加强免疫,直至最后一次免疫时间在 16 周龄及以后,以此减少母源抗体对疫苗免疫的干扰。

此外,为降低注射部位肉瘤的发生及发生后治疗的成功率,VGG 建议将含有佐剂的狂犬疫苗及 FeLV 疫苗注射在后肢远端。

(一)幼猫免疫程序

幼猫在 6～8 周龄进行第一次免疫,然后每隔 3～4 周加强免疫,最后一次免疫在 16 周龄及以后。如果第一针在 4 月龄以后免疫,那么隔 3～4 周再免疫 1 次。半岁到 1 岁之间再免疫 1 次,之后每 3 年免疫 1 次。若有外出或暴露感染风险的猫,应每年免疫。

(二)免疫史未知的成年猫免疫程序

第一次体检确认 FIV/FeLV 阴性,免疫核心疫苗,3～4 周后第二次免疫。

(三)注射位置

疫苗类型	注射部位(图 2-58)
猫三联(FPV+FHV+FCV)	右前肢肘关节以下
狂犬疫苗	右后肢膝关节以下
FeLV 疫苗	左后肢膝关节以下

注:FeLV 疫苗尚未在国内使用

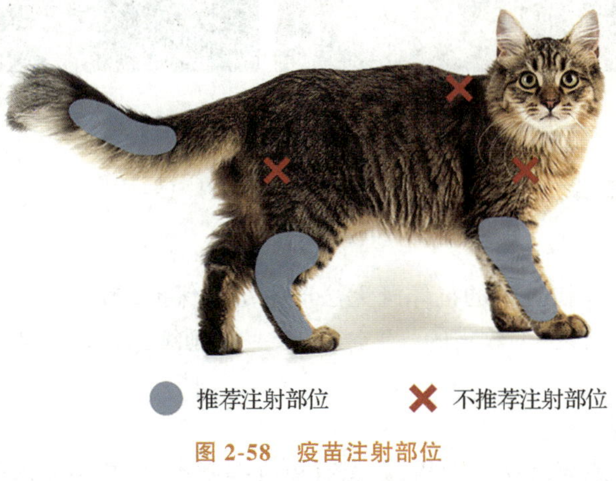

图 2-58 疫苗注射部位

(四)注意事项

(1)幼猫核心疫苗的免疫次数由首免时间、免疫间隔时长和最终的抗体结果决定。

(2)免疫后 15 d 进行抗体检测,评估免疫效果,确定是否需要补打。

(3)不建议对怀孕的母猫或4周龄以下幼猫、感染FeLV及FIV的患猫注射猫三联。

(4)为了降低疫苗引起的肿瘤问题,应避免在以前注射过疫苗的部位进行加强免疫,应详细记录每次免疫注射的时间、部位、注射疫苗种类、疫苗厂家及疫苗序列号或批号,以便在日后发生肿瘤时,可追溯为何种药物导致的何种肿瘤。

小贴士

猫免疫失败的案例屡见不鲜,只有正确施打疫苗,才能刺激机体产生足够的抗体,保护猫免受传染病感染的风险。

三、疫苗副反应

(一)疫苗反应

常见的疫苗反应通常表现为发热、行动迟缓、食欲不振、嗜睡、呕吐、腹泻、注射部位红肿等,常为一过性,1～2 d后会逐渐消退。

(二)过敏反应

疫苗中的某些物质(如疫苗佐剂成分)会引发部分猫出现过敏现象,如颜面水肿、呼吸急促、心率加快、呼吸困难、癫痫发作或昏迷等,应及时脱敏治疗。

(三)注射部位肉瘤

含佐剂的狂犬疫苗或FeLV疫苗的注射可能引起猫注射部位肉瘤(图2-59)。

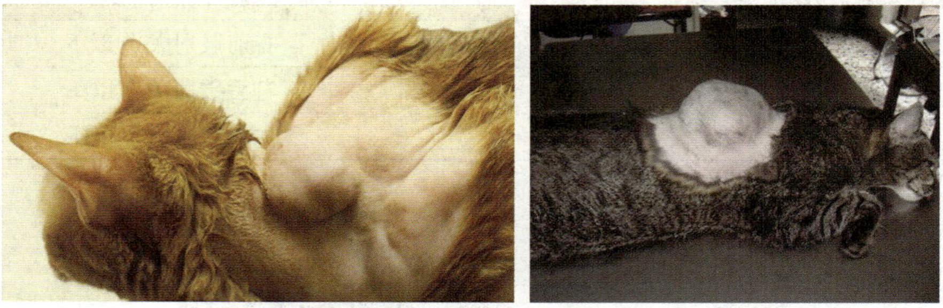

图2-59　疫苗注射部位肉瘤

四、免疫失败原因

(一)母源抗体干扰

免疫真空期是指母猫初乳中的抗体既无法产生足够保护,却又干扰疫苗免疫效力的时期。多数猫的真空期3个月结束,少数猫的“真空期”会一直延续到4月龄甚至更大月龄,在此之前打的疫苗效力不可靠。

(二)非健康状态接种

处于免疫抑制状态或应激状态的猫,如患有免疫抑制疾病、感染体内外寄生虫、使用免疫抑制药物等,都可导致免疫失败。接受免疫抑制治疗的个体应在治疗结束至少两周后进行疫苗注射。

(三)感染潜伏期

疫苗注射后,产生保护力前感染,仍可能导致疾病暴发。

（四）疫苗的免疫原性

疫苗本身的原因。

（五）接种动物为无反应者

先天性无免疫识别反应，这是由基因控制的，且存在一定的品种倾向。

练一练

请你分别为6周龄、8周龄及12周龄的幼猫制定疫苗免疫程序，免疫间隔时间按3周计算。

思政园地

打破进口垄断：国产猫用疫苗实现“零的突破”

宠物疫苗的研发起步相对较晚，国内宠物疫苗市场长时间由进口产品所主导，其中猫三联疫苗尤以硕腾旗下的妙三多占据主导。妙三多早在2011年通过农业部审批注册并进入中国市场，是2024年之前国内唯一获得农业农村部正式批文的猫三联疫苗。也正是由于妙三多一家独大，疫情期间，“妙三多”缺货潮席卷全国，不少猫陷入无疫苗可打的困境，仅存的妙三多疫苗也被抬高身价，市场陷入一针难求的局面，甚至有不少假疫苗横行于市。

2024年，瑞普生物、博莱得利、怡安生物三家企业研发的猫三联灭活疫苗获得中华人民共和国农业农村部批准文号批件，并正式上市。国产猫用疫苗的上市，打破了进口垄断，对促进我国宠物猫产业的健康发展具有重要意义。

思考：对于国产猫疫苗的上市，你的看法如何？

思维提升

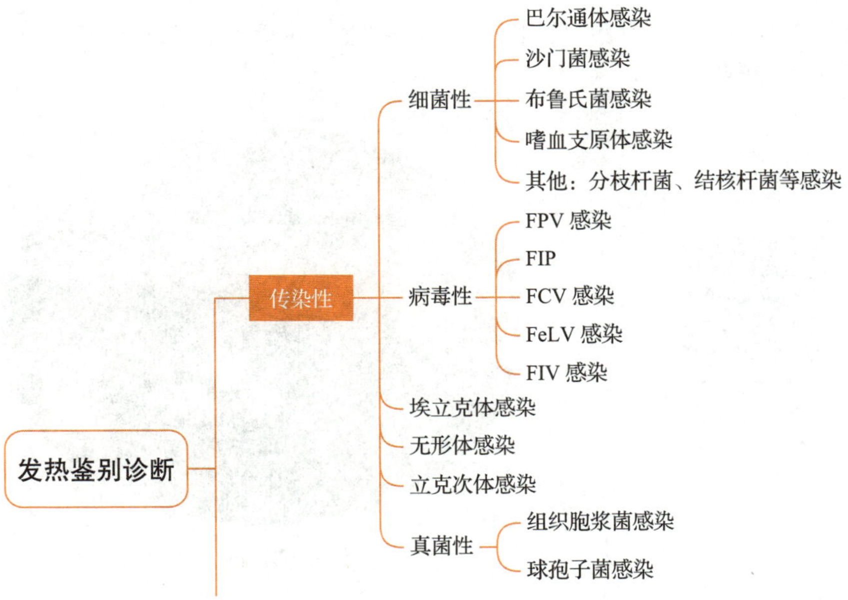

- 发热鉴别诊断
  - 免疫介导性
    - 溶血性贫血
    - 血小板减少症
    - 多发性关节炎
  - 肿瘤
    - 急慢性白血病
    - 淋巴瘤
    - 多发性骨髓瘤
  - 寄生虫病
    - 弓形虫感染
    - 巴贝斯虫感染
    - 胞簇虫感染
  - 其他感染
    - 外伤感染
    - 脓胸
    - 肺炎
    - 急性胰腺炎
    - 腹膜炎
    - 肾盂肾炎
    - 急性胆管肝炎
    - 肾脓肿
    - 败血症等

病例分析

混血短毛猫(图 2-60),7 月龄,母,1.1 kg,免疫齐全。主诉该猫最近 2 周没精神,食欲下降,大小便正常,呼吸急促。

34. 患猫呼吸急促(项目二病例)

图 2-60　混血短毛患猫

体格检查

该猫明显脱水，脱水程度 8% 左右，BCS 评分 3/9，呼吸急促且浅表，体温 40.6 ℃，呼吸次数 72 次 /min，心率 184 次 /min。

血液学检查见表 2-3 至表 2-5。

表 2-3 血常规检查结果

项目	测量值	参考范围
嗜中性粒细胞（NEU）	1.43 ↓	$(2.3 \sim 10.29) \times 10^9$/L
淋巴细胞（LYM）	7.53 ↑	$(0.92 \sim 6.88) \times 10^9$/L
单核细胞（MON）	0.76 ↑	$(0.05 \sim 0.67) \times 10^9$/L
红细胞（RBC）	4.33 ↓	$(6.54 \sim 12.2) \times 10^{12}$/L
红细胞比容（HCT）	14.4 ↓	30.3% ～ 52.3%
血红蛋白（HGB）	5.1 ↓	9.8 ～ 16.2 g/dL
平均红细胞体积（MCV）	33.3 ↓	35.9 ～ 53.1 fL
平均红细胞分布宽度（RDW）	34.1 ↑	15% ～ 27%
血小板（PLT）	75 ↓	$(151 \sim 600) \times 10^9$/L

表 2-4 血清淀粉样蛋白 A 检查结果

项目	测量值	参考范围
血清淀粉样蛋白（A/SAA）	48.09 ↑	0 ～ 2 mg/L

表 2-5 血液生化检查结果

项目	测量值	参考范围
葡萄糖（GLU）	176 ↑	77 ～ 153 mg/dL
尿素氮（BUN）	21	0 ～ 100 mg/L
肌酐（CREA）	0.6	0.6 ～ 1.6 mg/dL
总蛋白（TP）	9.8 ↑	5.2 ～ 8.2 g/dL
白蛋白（ALB）	2.1 ↓	2.2 ～ 3.9 g/dL
球蛋白（GLOB）	7.7 ↑	2.8 ～ 4.8 g/dL
胆红素（TBIL）	0.6	0 ～ 0.9 mg/dL

血液学检查结果有什么问题？

X 线检查结果见图 2-61 和图 2-62。

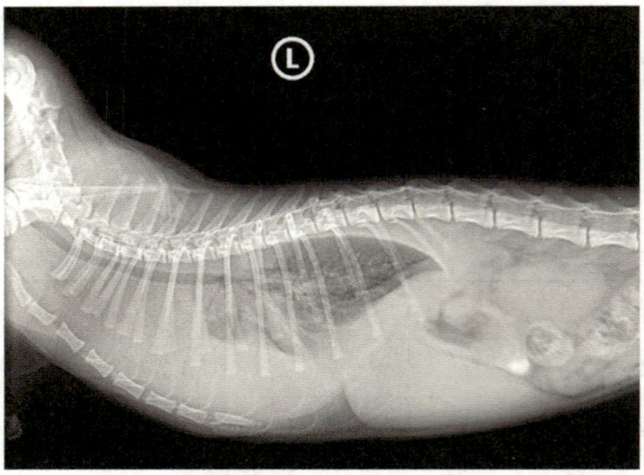

图 2-61　胸部 X 线侧位片

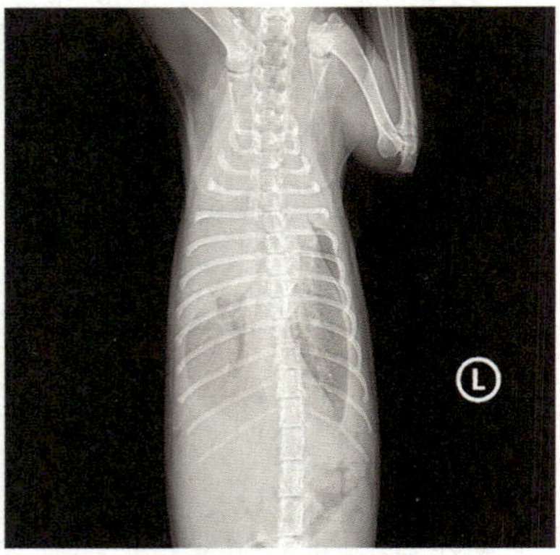

图 2-62　胸部 X 线正位片

影像学检查你发现了什么？

胸腔积液检查见图 2-63 和图 2-64。

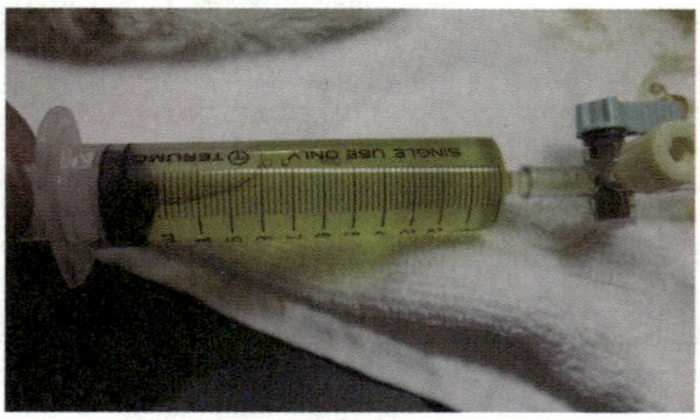

图 2-63　胸水

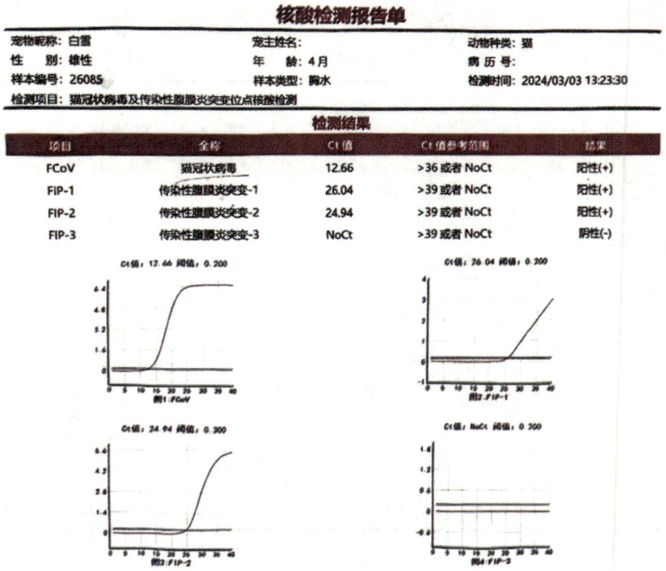

核酸检测报告单

宠物昵称：白雪　　宠主姓名：　　动物种类：猫
性　　别：雄性　　年　　龄：4月　　病 历 号：
样本编号：26085　　样本类型：胸水　　检测时间：2024/03/03 13:23:30
检测项目：猫冠状病毒及传染性腹膜炎突变位点核酸检测

检测结果

项目	全称	Ct 值	Ct 值参考范围	结果
FCoV	猫冠状病毒	12.66	>36 或者 NoCt	阳性(+)
FIP-1	传染性腹膜炎突变-1	26.04	>39 或者 NoCt	阳性(+)
FIP-2	传染性腹膜炎突变-2	24.94	>39 或者 NoCt	阳性(+)
FIP-3	传染性腹膜炎突变-3	NoCt	>39 或者 NoCt	阴性(-)

图 2-64　胸水核酸检测结果

你的诊断结果是什么？

你的治疗方案是什么？

项目三

猫常见消化系统疾病防治

学习目标

【知识目标】

★ 掌握猫口炎、呕吐、腹泻、便秘、胰腺炎、炎性肠病、三体炎、肝脂质沉积综合征等的诊治；

★ 熟悉猫常用消化系统疾病治疗药物。

【能力目标】

★ 能规范进行猫口腔、胃肠等消化系统器官检查操作；

★ 能描述猫鼻饲管与食道饲管放置的操作流程；

【素养目标】

★ 通过学习，培养刻苦钻研、勇攀高峰的职业精神，树立技能报国的远大理想；

★ 树立循证医学理念，培养鉴别诊断思维。

温故知新

★ 猫消化系统局部解剖

猫的消化系统（图 3-1）由消化道和消化腺两大部分组成。消化道包括口腔、咽、食管、胃、小肠、大肠和肛门。消化腺包括五对唾液腺、肝脏、胰腺、胃腺、肠腺。成年猫牙齿一般为 30 颗，

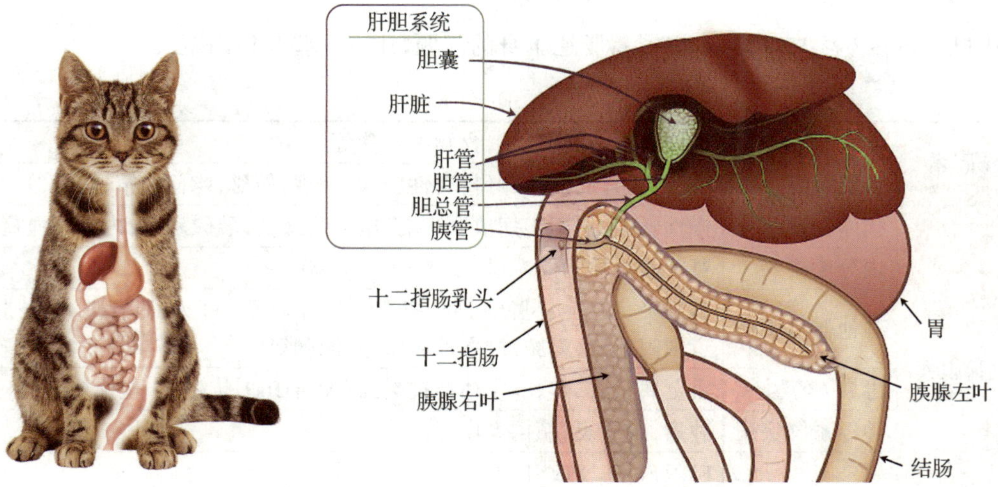

图 3-1　消化系统局部解剖

幼猫有乳齿 26 颗。猫牙齿齿冠边缘很尖锐，特别是前臼齿，能将猎物的皮肉撕裂，故称为裂齿。猫舌头表面有黏膜，黏膜表层形成许多粗糙的乳头，猫可用它舔食附在骨头上的肉。

猫食管前 2/3 为骨骼肌，后 1/3 为平滑肌，平滑肌蠕动较骨骼肌收缩缓慢，这就导致食物或药物经口到胃的时间延长。猫胃容量小，肠道较短，其长度是猫身体长的 3 倍左右。猫肠管的这种短、宽、厚的特点，具有明显的食肉动物特征，食物在肠道停留时间明显少于犬，可在 24 h 内完全消化食物。

此外，猫的胆总管与胰管在进入十二指肠之前已经汇合成一条管道，再开口于十二指肠，这种特殊结构与犬不同，也预示着猫的肝胆与胰腺、十二指肠之间关系十分紧密。

基础任务 〉〉〉

任务 1 呕吐

呕吐（vomiting）是由于胃肠道肌肉的收缩动作，将十二指肠及胃肠道内容物，逆行经由口腔反射性排出的动作。呕吐是一种保护机制，也是一种复杂的中枢介导的反射。呕吐有前躯反应和动作，包括恶心（即流涎、吞咽性恶心、沉郁、不安及舔唇等）、腹壁肌肉收缩，随后发生呕吐。

35. 呕吐

一、呕吐机制

呕吐中枢是中枢神经系统控制呕吐反射的区域，它位于延髓外侧网状结构的背外侧缘。呕吐是一种复杂的反射性活动，机械和化学的刺激都有可能引起呕吐。引起呕吐的刺激主要来自消化系统，对舌根、咽部、胃、肠、总胆管的刺激都是造成呕吐的原因。除了消化系统的感受器之外，其他系统感受器受到的刺激也有可能引发呕吐反射，这些刺激有可能来自泌尿生殖系统器官、视觉、味觉、嗅觉、内耳前庭位置感受器等。上述感受器所受到的刺激会经由迷走神经、交感神经、舌咽神经等传入，将神经冲动传导至位于延髓部位的呕吐中枢。

二、原因

呕吐的原因（表 3-1）很多，除了胃肠道本身的问题，还有一些其他因素。

表 3-1 呕吐的原因

胃肠因素	饮食原因	饮食不当，食物过敏，食物不耐受等
	胃肠疾病	胃肠炎，胃肠蠕动障碍，炎性肠病，肿瘤，便秘，幽门狭窄，感染等
非胃肠因素	代谢性疾病	慢性肾病，肝胆疾病或肝衰竭，电解质紊乱，酸碱紊乱，内毒素血症等
	内分泌疾病	肾上腺皮质功能减退，甲亢
	其他器官疾病	胰腺炎，腹膜炎，肿瘤（肝、脾、胰腺、肾脏等），肝炎，胆管炎，脂肪肝，尿道梗阻，子宫蓄脓，肥厚性心肌病、脓胸等
	毒素 / 药物	重金属，乙二醇，非甾体类抗炎药（NSAIDs），抗生素，化疗药物等
	神经系统疾病	肿瘤，脑膜炎，颅内高压等
	感染	FIP、FeLV、FIV、FCV、弓形虫等
	其他因素	季节性变化、应激等

三、诊断(图 3-2)

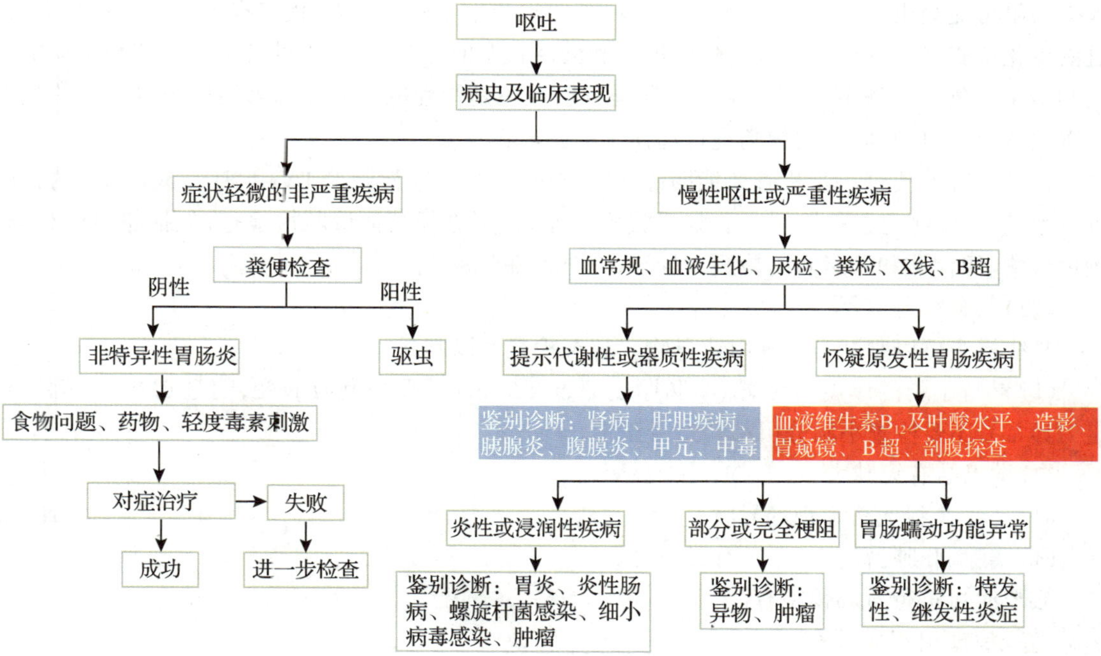

图 3-2 呕吐诊断流程

(一)病史调查

(1)年龄:年轻猫可能是寄生虫或异物,老年猫可能是肠胃道慢性疾病或肿瘤。

(2)食物:干粮还是湿粮,品牌是什么,蛋白质来源或饲喂的次数等。要注意鱼或海鲜会引起过敏现象(食物过敏蛋白质来源的排名依次是海鲜、牛肉、乳制品)。

(3)免疫及驱虫情况:考虑猫瘟及肠道寄生虫感染的可能性。

(4)呕吐表现:其呕吐物是什么,是毛球、胆汁、食物还是血液?呕吐的时间及频率,是吐完还会吃东西或者从幼年期肠道就敏感。

(5)鉴别呕吐、反流还是咳嗽:通过有无呕吐前的症状,如舔嘴唇、流口水等,也可以查看宠主拍下的照片或视频进行鉴别。

(6)粪便:有无腹泻、体重减轻的情况。

(7)其他:是否可能接触毒素,是否与其他动物接触,是否外出过等。

(二)物理学检查

(1)口腔检查:可能会发现与尿毒症或摄入毒素有关的溃疡,或舌根处的线性异物。

(2)可视黏膜检查:黏膜黄染提示肝胆疾病。

(3)听诊:心律不齐可能提示代谢紊乱或摄入毒素。

(4)触诊:腹部检查疼痛(胰腺炎、梗阻)、积液(腹膜炎)、气胀(阻塞、胃扭转)或器官肿大(如甲状腺)。

(5)直肠检查:可能会发现黑便、便秘或与摄入异物相符的物质。

(6)脱水情况检查:检查机体水合状态,评估脱水情况。

(三)实验室检查

对于持续呕吐的猫应进行完整的血液学和生化检查。在大多数非胃肠疾病的病例中,生化检查结果可能会出现明显异常。而正常的血液常规和生化检查结果,更多提示原发性胃肠疾病。血液生化检查和血气检查可以评估电解质和酸碱状态的异常,长期慢性的呕吐可能会出现电解质和酸碱失衡。尿液分析可以帮助判断是肾前性还是肾性氮质血症。粪便检查可以评估是否有寄生虫,对急性呕吐的动物则进行选择性细菌培养及分析。

慢性呕吐需要进一步检查才能明确治疗方法。此外,应检测 FeLV 和 FIV,5 岁以上的猫应进行血清总 T_4 测定以排除甲亢。如果找不到原因,则进行其他诊断性检查,包括超声检查、心丝虫检测、胆汁酸和胰脂肪酶检测,以及 ACTH 刺激试验。

(四)影像学检查

X 线检查可以判断有无梗阻或异物。超声检查可以判断:

(1)胃与小肠的厚度与位置(小肠厚度超过 2.5 mm 就要怀疑有病变,超过 3.2 mm 就能确定为异常),还要检查小肠分层结构是否正常;

(2)淋巴结有无肿大;

(3)一些 X 线无法显现的异物;

(4)胰腺、肝脏、肾脏等器官有无异常。

必要时可进行胃肠镜检查。

(五)病理组织学检查

若怀疑炎性肠病、胰腺炎、三体炎等可以考虑进行病理组织学检查,可通过超声引导下采样,必要时可选择开腹探查及采样。

四、治疗

(一)止吐及抑制胃酸

止吐药物首选马罗匹坦,也可选择昂丹司琼、多拉司琼等;抑制胃酸药物可选择法莫替丁、雷尼替丁、奥美拉唑等;黏膜保护剂可选择硫糖铝。

(二)营养支持

呕吐停止后,可少量饮水,12～24 h 后少食多餐,以易消化、低脂食物为主,也可选择水解蛋白或单一蛋白质的食物。

(三)液体疗法

根据检查情况进行补液治疗,包括纠正脱水,纠正电解质紊乱,纠正酸碱失衡等。

(四)其他治疗

最好给予镇痛管理,可选择布托啡诺。

益生菌与维生素也可给予,尤其是怀疑小肠问题时,需要补充维生素 B_{12}。

(五)治疗原发病

找到原发病进行治疗非常关键,如慢性肾病、胃肠异物、炎性肠病、寄生虫等。

(六)食物问题

对于因食物不适、食物过敏等导致的呕吐,可选择停喂引起呕吐的食物。建议保持食物结构的相对稳定,不要频繁更换食物。

思考与练习

1. 猫发生呕吐通常仅指示胃肠疾病。(　　)

A. 正确　　B. 错误

2. 猫呕吐时要严格禁食。(　　)

A. 正确　　B. 错误

3. 以下不属于非胃肠因素引起猫呕吐的原因是(　　)

A. 胰腺炎　　B. 脂肪肝　　C. 急性肾损伤　　D. 肠道异物

4. 以下不会导致猫呕吐的疾病是(　　)

A. 食道炎　　B. 胃炎　　C. 肠炎　　D. 胰腺炎

5. 猫最常用的止吐药物是(　　)

A. 甲氧氯普胺/胃复安　　B. 马罗匹坦　　C. 昂丹司琼　　D. 奥美拉唑

任务2　腹泻

腹泻(diarrhea)是由肠道吸收减少和/或分泌增多导致粪便中水分过多所致。

36. 腹泻

一、病理生理学

腹泻依照病理生理学可以分为以下4种形式:渗透性、分泌性、通透性改变及蠕动改变。确认引发腹泻的病理生理、致病机理有助于选择正确的治疗方案。

渗透性腹泻是因为胃肠道内含有太多无法吸收的溶液而导致粪便含水过多,或者肠道黏膜无法消化吸收导致渗透压过高。原因有消化、吸收不良,食物过敏或不耐受,使用乳果糖或盐类泻药。粪便中通常含有未消化或未吸收的食物残渣。

分泌性腹泻是由过多的分泌液进入胃肠道所致,如细菌内毒素、激素、药物、炎性介质刺激等。粪便呈水样、量大,一般无腹痛、黏液或血液。

肠道黏膜通透性的改变是由于疾病的过程造成胃肠黏膜的伤害或破坏,而导致水、电解质、蛋白、红细胞、血浆漏出至胃肠道中,造成腹泻,是最常见的腹泻类型。通透性的改变也可能是由溃疡或糜烂、黏膜发炎、黏膜浸润所致,粪便可能含有黏液、血液等。

肠道蠕动改变会减少肠道吸收上皮与肠道内容物的接触时间,使得肠道内容物内的水分没有足够的时间让肠道吸收,因而引发腹泻。如肠梗阻、肠应激综合征、吸收不良导致的肠道扩张、甲亢等,大多是伴随着其他腹泻致病机理而引发的腹泻。

二、病因(表3-2)

临床上根据发病的急慢性、严重性及解剖位置对腹泻进行分类,有助于确认疾病的特殊病因、选择最适当的检验项目及初步的治疗处理。临床中常将腹泻分为急性腹泻及慢性腹泻、严重腹泻及轻度腹泻、大肠性腹泻及小肠性腹泻。

急性腹泻:腹泻持续时间不会超过2周。急性腹泻的猫可能无生命危险,或者出现严重腹

表 3-2　引起腹泻的常见原因

胃肠因素	非胃肠因素
食物过敏	胰腺炎
食物不耐受	肝功能不全
传染性疾病（细菌、病毒、寄生虫）	甲亢
炎性肠病	慢性肾病
蠕动障碍	全身性或系统性疾病（白血病病毒感染、艾滋病）
肿瘤	
毒素	

泻危及生命（如出血性胃肠炎，传染性、发热性胃肠炎如细小病毒病）。大多数出现急性、无生命危险腹泻的动物经过对症治疗后能自行恢复（如驱虫、改变饮食）。

慢性腹泻：腹泻在 14 d 内未见明显好转或腹泻时间超过 3～4 周可视为慢性腹泻。慢性腹泻需要进一步明确腹泻部位，即是大肠性还是小肠性腹泻，其鉴别诊断见表 3-3。

表 3-3　小肠性腹泻与大肠性腹泻鉴别诊断

症状	小肠性腹泻	大肠性腹泻
体重减轻	常见	少见
排便次数	正常—增加，2～3 倍	明显增加，5 倍以上
粪便量	增加	频繁少量
肠鸣音	常见	少见
口臭	常见	少见
里急后重	无	有
形状	水样或不成形软便	条状、糊状、不成形
粪便有黏液 / 胶冻物	几乎没有	可能出现
粪便带鲜血	无	可能有
粪便有已消化的血（黑便）	有时会有	无
脂肪痢	有时会有	无
腹胀气	有时会有	少见
呕吐	有时会有	少见

严重腹泻：腹泻时体重若降低超过 10%、脱水超过 5% 或更多、有明显的危及肠黏膜征兆（如出血性腹泻）、严重的电解质失衡及发烧超过 40 ℃，都应归类为严重腹泻。

除胃肠道疾病，很多其他系统的疾病也可能会引发腹泻的症状，如许多的代谢性疾病、肿瘤、传染病或炎症性疾病等。

三、诊断

腹泻是猫科动物临床诊疗上常见病症，病因很多，需要进行全面的检查，才能找到病因，进行对因治疗。

（一）病史及临床表现

了解猫的发病时间、发病进程、腹泻次数，观察粪便的性状、颜色、pH、粪便中的混杂物等。

（二）实验室检查

包括血常规检查、血清生化检查、尿液分析、猫胰脂肪酶免疫反应性（fPLI）检查，评估肝脏疾病、肾脏疾病及淋巴瘤等。粪便检查包括观察粪便的形态，检查粪便是否带血、黏液、未消化的食物、寄生虫或其他异物，必要时可进行病原微生物的培养。粪便检查应首先排除肠道寄生虫感染，结果阴性并不代表无寄生虫感染，如果未见寄生虫，应结合驱虫情况进行驱虫治疗。粪便直接涂片检查或粪便抹片染色检查需同时进行。

甲状腺功能检查用来诊断甲状腺功能亢进，超过 10 岁以上的老年猫腹泻时，都应进行此项筛检。

如果怀疑腹泻病因属于继发性时，必须进一步筛查 FeLV 和 FIV。

怀疑胰腺外分泌液不足时，需进行猫胰蛋白酶样免疫活性（feline specific trypsin-like immunoreactivity，fTLI）检查。

测定某些猫的血清钴胺素和叶酸浓度有助于诊断，低钴胺素血症的动物同时出现体重减轻但无腹泻，通常提示小肠性疾病。

（三）影像学检查

腹部 X 线检查通常不能发现有价值的信息，除非能看见不透射线的异物。腹部超声能够检查局灶性胃肠病灶，超声检查对于胃肠病灶具有特异性，但敏感性差，未发现超声形态改变并不能排除严重的胃肠疾病。

（四）病理组织学检查

肠道活检属于侵入性检查，当上述检查无法确诊时可考虑进行病理组织学检查。肠道的活检采样可以经由消化道内窥镜或开腹探查，如炎性肠病、淋巴瘤或其他的肿瘤等均需通过病理组织学检查确诊。

（五）饮食试验

活检仍没有答案，可进行饮食试验，选择高度易消化的单一水解蛋白质，减少肠壁中抗原 - 抗体复合物形成，试验期间不饲喂其他食物，如果发生改善则继续。

四、治疗

（一）对因治疗

首先应查明和去除病因，再针对病因实施治疗。对继发性胃肠疾病，只要原发病得到治愈便可迎刃而解。

（二）饮食疗法

如果食物有改变，就暂时换回原食物、停掉乳制品和新食物，如果食物没有改变，可以先少量喂一些清淡的低脂低敏食物，随着腹泻的恢复，再慢慢（2 ~ 3 d）换回正常食物。轻微腹泻没有呕吐症状的猫，不需要禁食。若为小肠性腹泻，可以使用低残留易消化处方粮或单一水解蛋白质，若为大肠性腹泻，可以使用低残留易消化的处方粮，无效时可添加车前子纤维。

（三）对症治疗

1. 抗菌消炎

对胃肠疾病，尤其是胃肠炎症，应及时选用抗菌消炎药物。

2. 液体疗法

避免内毒素中毒与脱水，胃肠道发生炎症时，在机体脱水的同时，可能由于肠道内革兰氏阴性菌内毒素被大量吸收而发生中毒。同时要补充有效血液循环量，解除微循环障碍，调节电解质及酸碱平衡。

3. 糖皮质激素疗法

若为淋巴细胞浆细胞性肠炎，可以考虑使用糖皮质激素或免疫抑制剂。

4. 抑制胃肠蠕动

对于胃肠蠕动异常的腹泻，考虑使用洛哌丁胺，0.1～0.2 mg/kg，PO，q8 h。

5. 补充益生菌及维生素 B_{12}

补充益生菌调节胃肠紊乱，若为小肠性腹泻考虑补充维生素 B_{12}。

6. 镇痛管理

镇痛可以使用布托啡诺。

五、预后

预后情况取决于腹泻的严重程度、病因、宠物主人的配合程度和猫对治疗的反应。大多数简单腹泻病例可完全康复，而患有慢性腹泻的猫可能需要长期的饮食管理或药物来控制病情。猫的轻度至中度腹泻的急性发病通常在几天到1周内痊愈。然而，一些严重的腹泻，或慢性腹泻，可能持续数周至数月，有些则需要进行终身管理。

思考与练习

1. 肠道通透性变大是猫腹泻最常见的致病机理。（　　）

   A. 正确　　B. 错误

2. 猫的粪便成形，呈条状，但稀软，也可认为是正常的粪便。（　　）

   A. 正确　　B. 错误

3. 小肠性腹泻不会导致体重下降。（　　）

   A. 正确　　B. 错误

4. 大肠性腹泻可能出现红色血便。（　　）

   A. 正确　　B. 错误

5. 引起猫腹泻的原因很多，往往无从查据，首先应考虑对症治疗。（　　）

   A. 正确　　B. 错误

任务3　便秘

便秘（constipation）是指排便次数减少、排便量减少或排便困难。正常情况下猫的粪便可以在结肠中保留几天而没有任何不良影响，但随着滞留时间的延长，结肠的吸收作用使粪便中水分进一步被吸收，粪便固化最终形成粪石，又硬又大的粪石难以通过骨盆，造成猫排便困难和排便疼痛，导致便秘。

37. 便秘

一、病因

有很多因素可以导致粪便在肠道内移动困难、移动缓慢或根本不动，其中最常见的就是慢性便秘（粪便嵌塞）和巨结肠症。阻塞性便秘、肠道狭窄以及肠腔内损伤等较少见，通常结肠肿瘤会随着病程推移而引发阻塞性便秘。肥胖、运动不足或缺乏膳食纤维，都是便秘的易发因素。脱水和低血钾也常伴发便秘（表 3-4）。

表 3-4　猫便秘和排便困难常见原因

饮食及营养	内分泌系统疾病	结肠内梗阻
• 缺乏膳食纤维 • 饮水不足 • 肥胖 • 误食猫砂等	• 甲状腺功能减退 • 营养性甲状旁腺功能亢进等	• 结肠肿瘤 • 直肠穿孔 • 会阴疝（罕见） • 直肠憩室（罕见） • 异物（毛球 / 线性异物） • 直肠脱垂 • 盲肠嵌塞 • 直肠狭窄等
环境诱发	**神经系统疾病**	**结肠外梗阻**
• 住院 • 应激 • 猫砂盆太脏 • 不爱运动 • 生活习惯改变等	• 遗传性自主神经异常 • 腰骶病变（创伤、肿瘤、退化） • 马尾综合征 • 甲状腺机能减退 • 原发性巨结肠症等	• 骨盆狭窄 • 骨折 • 尾腹部淋巴结肿大 • 子宫肿瘤等
医源性原因	**排便疼痛**	**代谢性疾病**
• 药物诱导（少见）：阿片类药物、抗胆碱能药物、地西泮类药物、吩噻嗪类药物、利尿药物、抗组胺类药物、硫酸钡等	• 肛门或肛周疼痛 • 肛门囊炎 • 直肠炎 • 局部损伤或脓肿 • 退行性关节病等	• 脱水 • 低钾血症 • 慢性肾病 • 高钙血症等

二、临床表现

便秘症状主要表现为猫排便减少，可能在猫砂盆中发现干硬的粪便。猫反复出入猫砂盆，触诊猫后腹部，可摸到坚硬的管状结构（肠道中积便）。

根据不同的致病原因，也会表现出一些其他临床症状，包括虚脱、体重下降（持续的厌食或阻塞性肿瘤)、脱水、厌食、呕吐、里急后重、焦虑、腹部疼痛、行为异常、腹胀以及肛门收缩乏力。

三、诊断

(一)病史调查

病史调查可以用来筛查诱发因素,比如是否吃了骨头,有无骨盆手术的既往史,日粮类型,行为有无改变,食欲有无下降以及运动有无障碍。另外环境因素(例如群居猫,或突然引进陌生猫等导致的应激)也能诱发便秘。主人通常会描述为看到猫试图去排便,但就是排不出任何东西,或者猫由于便秘导致的行为改变而在猫砂盆外排便。

(二)物理学检查

对患猫进行必要的腹部触诊,但是对于肥胖猫通常较难评估其内脏器官。肛门周围也要仔细检查,触诊结肠尤其重要,但患猫常常表现抗拒。

对甲状腺进行触诊检查,尤其是对于 8 岁以上的老年猫。检查肛门腺是否增厚,有无脓肿,或有无异常分泌等。检查结束后还要采集粪样,仔细检查有无血液及黏膜组织。神经学和骨科检查可以筛选出表 3-4 中列出的一些导致便秘发生的特异性因素。

(三)实验室检查

对患有反复性或严重便秘的猫应进行血液常规、血液生化、电解质、尿液检查,排查代谢异常造成便秘的可能,也可为治疗提供依据。猫出现便秘或巨结肠症时,通常都会出现食欲障碍、脱水以及血液尿素氮水平升高。

(四)影像学检查

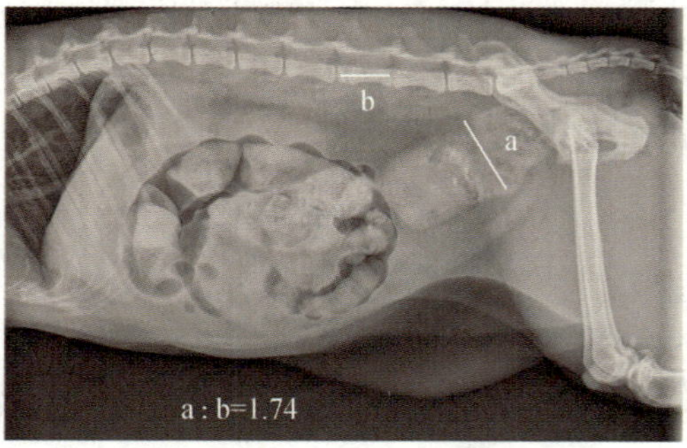

a. 结肠最粗处直径, b. 第 5 腰椎长度

图 3-3　巨结肠症

X 线片有助于判断骨盆腔的直径和骨盆腔异常,包括陈旧性骨折及新的骨折情况等。同时粪便物质密度是否异常,结肠有无偏移或扩张,结肠里是否有大量的粪便,有无积压或能否看到异物,便秘的严重程度等都可以评估。采取针对性的治疗措施,并同时提供准确的预后,做好巨结肠症的鉴别诊断尤其重要。巨结肠症是结肠功能障碍的末期,正常情况下结肠最粗处直径和第 5 腰椎长度的比值应小于 1.28,若该比值大于 1.48,提示巨结肠症(图 3-3),比值在 1.28～1.48,则提示便秘。

(五)结肠镜检查

结肠镜检查,可以直观地看到结肠的表面,如果怀疑有结肠腔内损伤,那么结肠镜是最直观的检查方法。对于猫来说,可以在麻醉状态下使用温水灌肠,冲洗出粪便,再做检查。肠壁病变可通过内窥镜下多处取样做组织学检查,这可以提供精确的预后以及制订针对性的治疗方案。结肠镜检发现的宏观异常还包括肠壁增厚,或肠壁黏膜颜色改变,结肠腔内有无增生或损伤等混合外观,甚至是腔体的狭窄等。

四、治疗

(一)饮食管理

补充纤维是轻度便秘常用的处理方案,选择不可溶、不可发酵的纤维块,通过扩张结肠壁来改善结肠蠕动,从而刺激收缩,如洋车前子粉。另一种营养策略是喂食高度易消化、低残留的肠道饮食,以减少到达结肠的食物的量。

(二)药物治疗

首先确定致病诱因,然后依据病因来采取相应的治疗措施,如更换高纤维日粮、纠正水盐平衡、改善卫生状况、停用某些可诱发医源性便秘的药物等,以及针对原发疾病治疗。

1. 液体疗法

液体疗法对软化猫脱水时的粪便是必要的,静脉注射及皮下注射效果比口服水化治疗效果更好。

2. 灌肠通便

通便剂可以根据作用机制的不同进行分类,包括渗透剂、填充剂、粪便软化剂等。在采用药物疗法或更换新型日粮之前,灌肠通便可以彻底清除结肠内的粪便,而且也有利于做下一步的结肠镜检查。灌肠通便使用的温水不添加任何药物,否则会刺激已经发炎了的结肠黏膜。患猫通便应该由有操作经验的人员来做,一般应该使用较软的橡胶管,最好对猫进行吸入麻醉。

乳果糖及聚乙二醇 3350 属于渗透性泻药,可结合水分子以减少水分从结肠中流失,从而达到软化和增大粪便体积的作用,聚乙二醇 3350 比乳果糖更有效且耐受性更好。

3. 促进胃肠蠕动药物

促胃肠动力的药物能够刺激结肠平滑肌蠕动,但是对于肠道已经丧失动力的病例无效,而且严禁用于已经发生部分肠道阻塞的病例,若情况允许,可选择西沙必利,0.1 ~ 1 mg/kg,PO,q8 ~ 12 h。

(三)手术治疗

当保守治疗无效时,需要考虑结肠切除手术。结肠次全切除术适用于肠腔内有肿块和巨结肠症病患,手术注意要保留回盲连接处。

手术后抗生素的选择通常是联合用药,如甲硝唑和头孢氨苄,并更换便秘处方日粮。

手术是最后的选择,如果原发病因是骨盆骨骨折,且骨连接不正,可考虑做耻骨联合截骨术。

五、预防

少食多餐,切忌暴饮暴食;鼓励多饮水,在房间不同位置摆放水盆,勤换水;每日观察猫的排便情况、排便量、勤清理猫砂;勤梳理猫的被毛,适当给予化毛食物等。

思考与练习

1. 猫便秘发病率较低。(　　)

   A. 正确　　　　B. 错误

2. 猫便秘首先应恢复动物水合状态,再移除肠道内粪便。(　　)

   A. 正确　　　　B. 错误

3. 巨结肠可能是反复性便秘所致，在临床中较为常见。(　　)

A. 正确　　　　B. 错误

4. 通便剂对猫无伤害，可放心使用。(　　)

A. 正确　　　　B. 错误

5. 结肠部分切除术是猫反复性便秘的首选治疗方案。(　　)

A. 正确　　　　B. 错误

进阶任务

任务4　口炎

38. 猫口炎

口炎(stomatitis)是指口腔内任何部位的黏膜炎症，临床上常指广泛性、慢性、进行性的口腔黏膜炎症，并且可能波及黏膜下组织，典型病变是溃疡性和/或增生性炎症。

一、病因

口炎的病理过程是一种复杂、慢性且极具破坏力的增生性或溃疡性炎症过程。口炎的发病机制尚不明晰，部分研究人员认为该病可能是对慢性口腔抗原等刺激产生异常免疫反应的表现。而猫杯状病毒、细菌及牙菌斑已经明确与口炎有一定关系。

二、临床表现

了解口腔局部解剖及口腔黏膜分界，可有助于进行口炎诊断，以及口炎与牙龈炎及牙周炎的鉴别诊断(图3-4、图3-5)。口炎可分为前口炎及尾口炎，区分二者的是口腔后部黏膜是否发炎、增生。如果口腔后部黏膜发炎、增生，不管牙龈情况如何，皆被称为尾口炎(图3-6)；而前口炎则是口腔后部黏膜健康，但牙龈与齿槽黏膜甚至唇黏膜存在明显炎症。发生口炎时，患猫理毛行为减少、口腔疼痛、有异味、流涎、进食时容易掉落食物或哀嚎，甚至出现厌食及体重下降等。

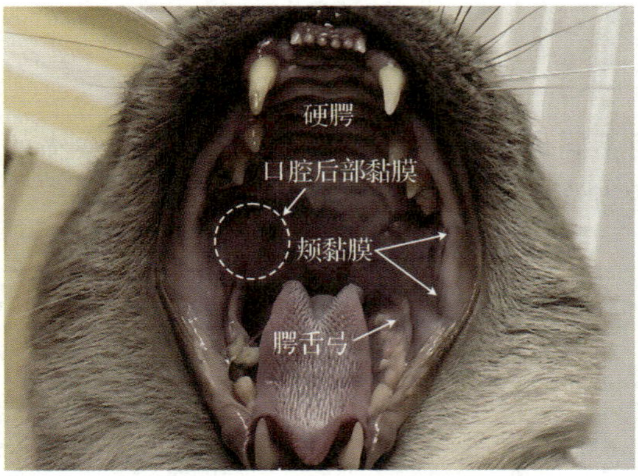

图3-4　口腔局部解剖

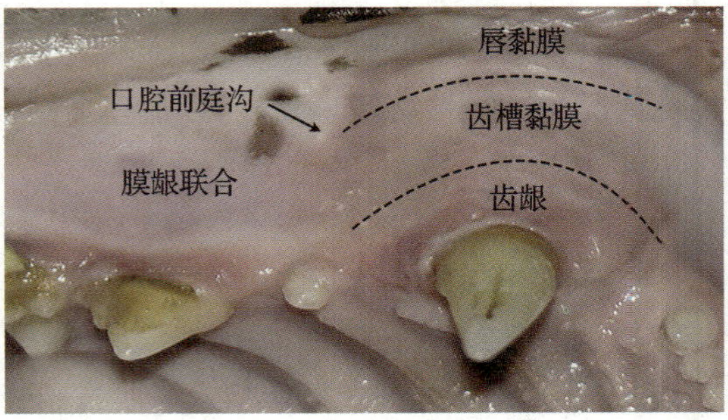

图3-5　口腔黏膜分界

口炎不等于牙龈炎、牙周炎（表 3-5），约 96% 的猫存在牙龈炎（图 3-7），牙龈炎可终身稳定存在，也可能进一步发展为牙周炎。牙周炎是牙龈、牙周韧带、牙骨质及牙槽骨的炎症，会导致牙周袋形成、牙龈萎缩以及牙槽骨的丢失（图 3-8）。发生在 1～2 岁以下猫的牙龈炎称为青春期牙龈炎或增生性牙龈炎（图 3-9），典型表现为发生在出牙时（4～6 月龄），常由细菌性牙菌斑引发，这种炎症通常只限于前臼齿和臼齿附近的颊部和舌齿龈结合部。

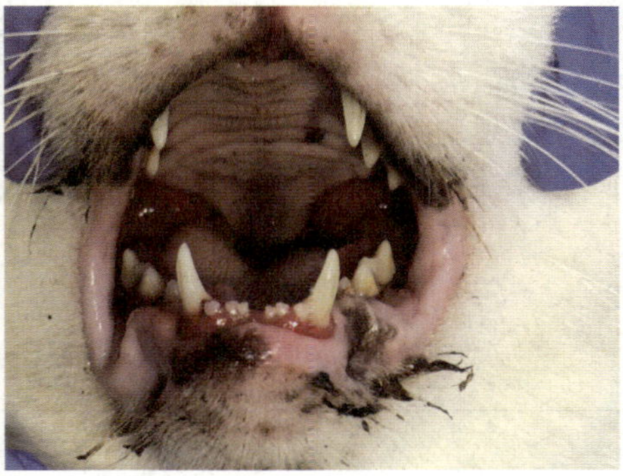

图 3-6　尾口炎

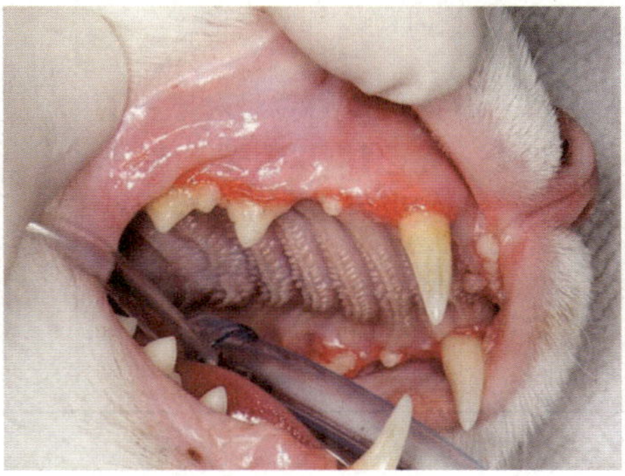

图 3-7　牙龈炎

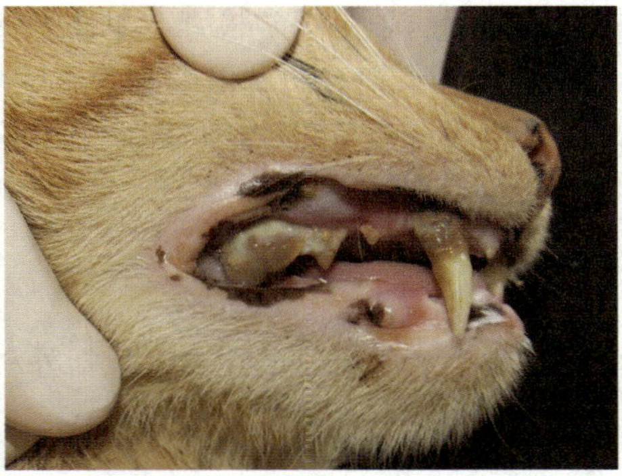

图 3-8　牙周炎

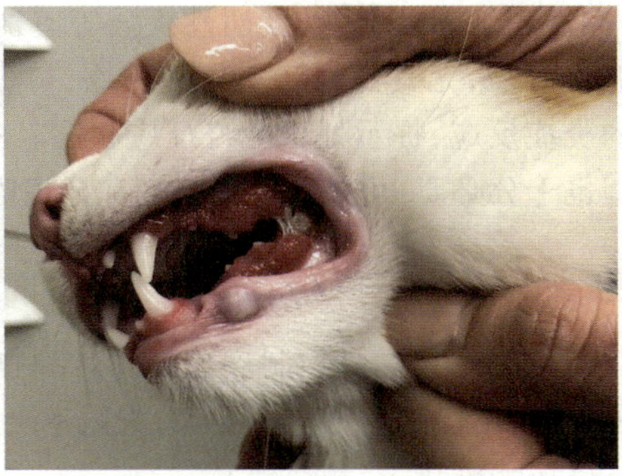

图 3-9　青年猫增生性牙龈炎

表 3-5　口炎鉴别诊断

分类	发病位置	临床表现	示意图
牙龈炎≠口炎	牙龈	牙齿与牙龈交界处形成红线	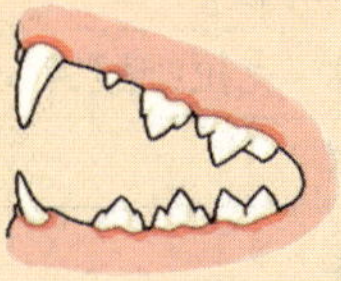
牙周炎≠口炎	牙龈、牙周韧带、牙槽骨、牙骨质	牙龈炎恶化的结果，牙周严重发炎红肿，牙龈萎缩	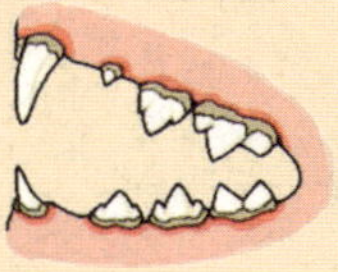

续表 3-5

分类		发病位置	临床表现	示意图
口炎	前口炎	超出齿龈，扩散至齿槽黏膜甚至唇黏膜		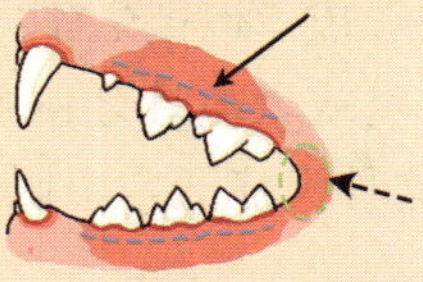 实线箭头：齿龈与齿槽黏膜分界线，超过这一分界线即为口炎。 虚线箭头：超过绿线即为尾口炎 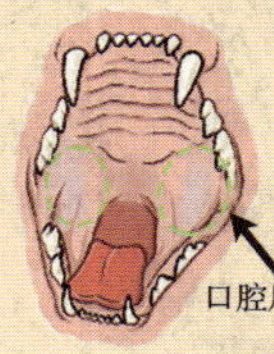
	尾口炎	内侧以腭舌弓和喉头为界，背侧以上腭为界，头侧以齿槽和颊黏膜为界	齿龈、腭舌弓、舌部、唇部、颊黏膜和/或硬腭可见红斑、溃疡、增生性病变	

三、诊断

结合病史及临床表现通常可以诊断口炎。口炎必须与牙龈炎、牙周炎、口腔鳞状上皮细胞癌、嗜酸性粒细胞复合物、代谢性疾病等鉴别，必要时，应进行病理组织学检查。单侧病变需要排除恶性肿瘤，尤其是鳞状上皮细胞癌，口炎病理检查可见以浆细胞和淋巴细胞为主的表皮-真皮的炎症反应，提示处于免疫反应状态。FIV 或 FeLV 检测可能呈阳性。口腔放射学检查牙根病理也十分必要，可检查牙周疾病和牙根吸收情况。

四、治疗

口炎的治疗目标是控制疾病复发，控制疼痛，提高患猫生活质量。治疗方案包括外科和内科两种方案，尾口炎治疗难度更大，失败率更高。

（一）药物管理

相比于激进的激素治疗，抗生素并不是口炎治疗的首选药物，急性病例可通过免疫抑制剂或免疫调节以及对症治疗控制炎症（表 3-6）。此外，考虑给予一些镇痛药物，来缓解动物不适。

表 3-6　口炎治疗药物

药物	用法及剂量
阿莫西林-克拉维酸钾	12.75～25 mg/kg，PO，BID
克林霉素	5～10 mg/kg，PO，BID
泼尼松龙	3～4 mg/kg，PO，SID，持续 3～4 周，建议逐渐减小剂量，以最低剂量控制炎症
环孢素	7.5～10 mg/kg，PO，SID
ω 干扰素	拔牙术后病灶注射及冲洗治疗 尾口炎治疗中，后部口腔黏膜发炎处作病灶注射，各 250 万 U，总计 500 万 U 取 500 万 U 与生理盐水混合，稀释为 100 mL，将 100 mL 稀释液分装至 10 个 10 mL 针筒中，保持 1 个冷藏，其余冷冻。每日 1 mL 单侧冲洗，次日换另一侧，总计使用 100 d

(二)镇痛管理

非甾体抗炎药(NSAIDs)和阿片类药物常用来控制口腔疼痛,以改善临床症状并增进食欲。由于猫对 NSAIDs 敏感,容易造成肠胃道出血等不良反应,所以在使用上多有限制,美洛昔康和吡罗昔康是较常选用的 NSAIDs,阿片类药物可选择布托啡诺等。

(三)拔牙术

长期使用激素类药物可能出现一定的副作用,如糖尿病问题,因此不能将其作为控制口炎的主要方式,更推荐拔牙治疗(图 3-10、图 3-11)。拔牙是为了减少抗原刺激,抑制或限制免疫反应,大部分病例需要进行全口拔牙,治愈率可达 80%。拔牙后很多患猫都因为疼痛而无法进食,造成负氮平衡,建议放置饲管提供营养支持直到正常采食。

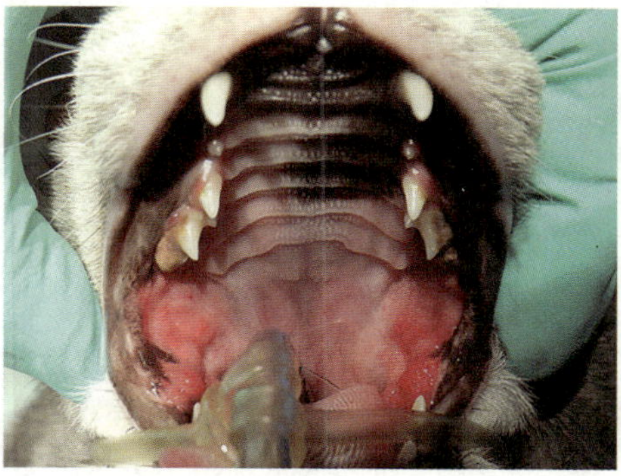

图 3-10　拔牙前

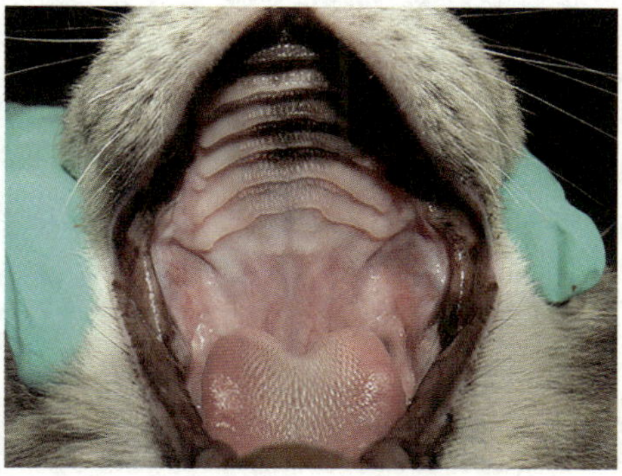

图 3-11　拔牙后

小贴士

拔牙后务必拍摄牙科 X 线片,确保无牙根残留。
拔牙后还需使用皮质类固醇药物进行短暂治疗。
拔牙后尽量喂流质食物,慢慢再过渡到半流质食物,最后恢复正常饮食。

(四) CO_2 激光消融术

激光消融可作为一种辅助治疗方法,通常用于拔牙后,处理尾口炎难以愈合的后部口腔黏膜,并可能需要多次使用。治疗目的是去除部分增生组织及细菌,促进疤痕组织形成,减轻炎症反应。临床上,激光疗法可增加患猫的舒适感,迅速恢复食欲。

(五)营养支持

营养支持对于脱水及体重减轻的慢性病例非常重要,此外,最好选择湿粮而非干粮饲喂。

(六)干细胞疗法

间充质干细胞与再生能力有关,可以调节先天性及获得性免疫反应。研究证实采用脂肪源性间充质干细胞对口炎治疗效果显著,未来干细胞疗法将成为口炎治疗的新趋势。

五、预后

大部分病例经过全口拔牙后可在数月内痊愈,但是,病程发展和预后也取决于并发疾病,如并发 FIV、FeLV、糖尿病等,则预后谨慎。

六、预防

维持口腔健康和预防病毒感染，在一定程度上可预防口炎发生。

思考与练习

1. 以下不属于猫口炎病因的是(　　)。
   A. 细菌　　B. FCV　　C. 牙菌斑　　D. 品种
2. 牙龈炎和牙周炎也属于口炎的一种类型。(　　)
   A. 正确　　B. 错误
3. 尾口炎相对于前口炎更加难以治疗。(　　)
   A. 正确　　B. 错误
4. 口炎可能导致猫厌食、流涎。(　　)
   A. 正确　　B. 错误
5. 顽固性口炎最佳治疗方案是全口拔牙。(　　)
   A. 正确　　B. 错误

任务 5　胰腺炎

39. 胰腺炎

猫的胰腺炎分为急性胰腺炎(acute pancreatitis,AP)与慢性胰腺炎(chronic pancreatitis,CP),急性胰腺炎的特征是炎症在消除诱发因素后完全可逆,而慢性胰腺炎会引起不可逆的组织病理学变化。AP 和 CP 不一定有临床表现上的差异,主要是组织病理学上的区别。因此,从临床上不能区分慢性胰腺炎恶化与急性胰腺炎发作。胰腺炎症可能扩展到胰腺内分泌组织,导致胰岛破坏和β细胞功能受损。糖尿病和胰腺外分泌功能不全都可能与胰腺炎有关。

一、病理生理学

猫急性胰腺炎的发病机理主要是腺泡细胞内胰腺消化酶的过早活化,从而激活其他酶原,导致胰腺自身消化,其组织病理学特征是嗜中性粒细胞炎症、腺泡细胞数量增加和胰腺周围脂肪变性坏死。在过去的 30 年中,研究得出结论,胰腺内胰蛋白酶原的激活是急性胰腺炎的起因。然而,关于这种诱因如何发生目前尚无共识。灌注不足和血栓形成也可能是胰腺周围坏死的诱因。

约 2/3 的猫胰腺炎属于 CP,CP 常见的组织病理学特征是单核细胞性炎症或单核与粒细胞混合性炎症,以及胰腺纤维化和腺泡萎缩。CP 与酶原活化无相关性,主要是由于氧化应激、持续的炎症刺激引起的。

二、病因

大多数猫胰腺炎病例具体原因未知,属于特发性。美国兽医内科学会(American College of Veterinary Internal Medicine,ACVIM)指出,猫胰腺炎没有年龄、性别和品种差异,也尚未发现体况评分与胰腺炎的相关性。胰腺炎发病可覆盖幼猫到老年猫不同年龄阶段，其中7岁以上猫更常见。急性胰腺炎的风险因子包括创伤、感染（如弓形虫感染、肝吸虫感染、传染性腹膜炎等）、低血压、局部灌注不良，尤其后两者应值得重视。高脂饮食可能导致犬急性胰腺炎，但是对猫而言尚未得到证实。

猫胰腺炎与多种并存疾病相关，包括糖尿病、炎性肠病、脂肪肝、胆管炎、肾炎和免疫介导性溶血性贫血，这些状况是否导致胰腺炎（或是引起胰腺炎的危险因素）尚未明确。

三、临床表现

猫胰腺炎无特异性的临床症状，可能会出现嗜睡、食欲下降或厌食、体重下降、脱水、腹泻、低体温、呕吐、发热、黄疸等。与犬不同，猫胰腺炎不常表现腹痛症状，但这可能与猫擅于隐藏疼痛难以评估有关。

四、诊断

胰腺炎需要综合多种方法进行诊断，任何原因不明的嗜睡、食欲不振、呕吐、腹泻与体重下降，都建议排查胰腺炎的问题。

（一）血液学检查

血液学检查对于诊断猫的急性或慢性胰腺炎没有特异性，但这些检查有助于排除其他疾病并评估患猫有无其他并发疾病。胰脂肪酶和淀粉酶可用于犬胰腺炎的诊断，但对猫胰腺炎无诊断意义。血液生化检查结果差异性较大，经常观察到肝酶指标、胆红素、胆固醇、血糖升高，以及低钾血症和低钙血症的出现，血钙浓度过低（<1 mmol/L）通常提示预后不良。

（二）影像学检查

超声检查对诊断胰腺炎有一定帮助，急性胰腺炎的超声可能出现胰腺肿大，回声下降，胰腺边缘不规则，胰周脂肪回声增强，胰周游离液体，前腹部团块效应，胰管扩张等；慢性胰腺炎的超声可能表现为胰腺回声增强。但胰腺炎也可能表现为正常的超声影像（图3-12）。

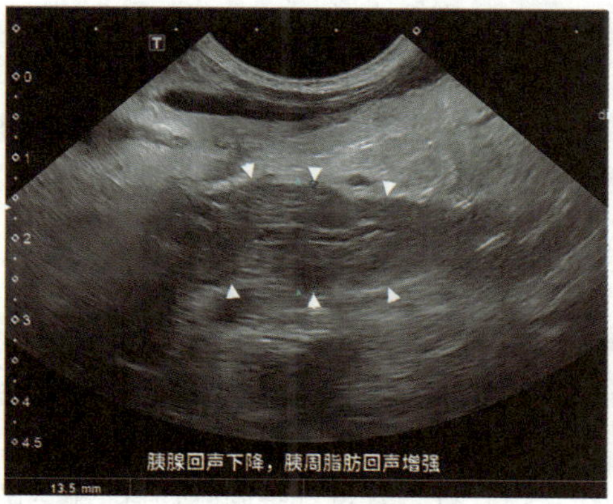

图3-12　猫严重胰腺炎超声影像

（三）猫血清胰脂肪酶免疫活性检查

猫血清胰脂肪酶免疫活性（feline pancreatic lipase immunoreactivity，fPLI）检查被认为是诊断猫胰腺炎有效的实验室检查手段，数据表明fPLI对胰腺炎的诊断具有较高的敏感性和特异性，该指标针对中、重度胰腺炎的敏感性高于轻症病例。

（四）病理学检查

病理学检查是确诊胰腺炎的黄金标准，通常选择超声引导下细针抽吸技术进行采样。对于急性胰腺炎，胰腺抽吸物通常细胞量较大，其特征是以炎性细胞为主。在慢性胰腺炎中，胰腺抽吸物的细胞量通常较少，由于存在纤维化，偶尔会形成1个或多个肿块样病变。间质细胞通常会很少脱落，常存在数量不定的混合性炎性细胞，包括淋巴细胞和浆细胞，偶见中性粒细胞。

(五)其他检查

由于胰腺炎常常并发肠道疾病，因此检测血液中钴胺素及叶酸水平也是非常必要的。出现低钴胺素血症，被认为是受到并发的肠道疾病影响，而不是因为胰外分泌功能不足。

小贴士

超声检查不能鉴别急性胰腺炎和慢性胰腺炎，且胰腺超声正常不代表没有胰腺炎。

确诊胰腺炎的黄金标准是病理组织学检查，但是通过细针抽吸也可能不能采集到病变组织，造成漏诊，而通过手术采集组织样本检查更为准确。

五、治疗

(一)液体疗法

病情可能会迅速恶化，监控任何病情恶化的症状并限制猫的身体活动是恢复健康的关键。补液底液首选乳酸林格氏液和0.9%NaCl注射液，根据需要补充钾和葡萄糖。出现低蛋白血症或休克时，治疗可用血浆或胶体溶液。对于由于低血钙引起惊厥抽搐的患猫，可缓慢静脉注射葡萄糖酸钙，并监测血钙的水平。

(二)镇痛

疼痛管理是疾病治疗过程中的一个重要部分，可选择布托啡诺，此外止吐药马罗皮坦对内脏疼痛也有一定的镇痛作用。

(三)止吐

止吐药可选择马罗皮坦、昂丹司琼，配合使用抑制胃酸的药物，如奥美拉唑或法莫替丁。

(四)营养支持

若呕吐得以控制，应鼓励猫早期进食，可选择使用低脂易消化食物，但是研究证明高脂食物与猫胰腺炎无相关性，因此控制脂肪对治疗没有影响。若厌食超过3 d，应考虑使用鼻饲管或食道饲管。

(五)食欲刺激剂

米氮平，1.88 mg/猫，PO，q48 h。

(六)抗生素

胰腺炎在大多数情况下是非感染性的，所以对于是否采用抗生素治疗胰腺炎一直存在争议。若有明确指征为化脓性胰腺炎或有其他并发的感染性疾病需使用抗生素，否则抗生素可不作考虑。抗生素可选择阿莫西林、氟喹诺酮类或头孢类药物。

(七)激素疗法

若诊断为淋巴细胞浆细胞性胰腺炎，根据患猫情况可以考虑使用泼尼松龙，环孢素或苯丁酸氮芥。

六、预后

急性胰腺炎的预后取决于疾病严重程度及是否发生胰腺和全身性并发症。慢性胰腺炎为进展缓慢的疾病，最后可能会导致胰外分泌不足及糖尿病，但许多猫在出现上述并发症前多因自然原因而死亡。

七、预防

胰腺炎的具体预防措施因猫而异。提供高质量饮食不仅可以帮助预防胰腺炎，还可以帮助预防许多其他疾病。此外，定期到医院体检可以帮助筛查胰腺炎。

思考与练习

1. 以下关于猫胰腺炎说法正确的是(　　)。

A. 病因容易明确　　B. 病因难以明确

C. 猫胰腺炎发病率低　　D. 猫胰腺炎死亡率高

2. 以下关于猫急性胰腺炎与慢性胰腺炎说法正确的是(　　)(多选)

A. 猫急性胰腺炎更多见　　B. 猫急性胰腺炎死亡率更高

C. 猫慢性胰腺炎更多见　　D. 猫慢性胰腺炎死亡率更高

3. 关于猫胰腺炎临床症状说法正确的是(　　)。

A. 猫急性胰腺炎临床症状更加显著

B. 猫慢性胰腺炎临床症状更加显著

C. 猫胰腺炎常常无特异性临床症状

D. 厌食、嗜睡、脱水、体重下降较为常见

4. 确诊猫胰腺炎最有效方法是(　　)。

A. 血液生化检查　　B. B超检查

C. fPLI　　D. 病理组织学检查

5. 关于猫胰腺炎治疗说法错误的是(　　)。

A. 液体疗法有助于改善脱水

B. 疼痛管理非常重要

C. 必须要使用抗生素

D. 慢性胰腺炎需要考虑使用皮质类固醇激素

任务6　线性异物

线性异物(linear foreign body)是指胃肠道内形状呈线状的异物，这类异物常见于缝合线、毛线、鱼线及其他各种线性物体等。

40. 线性异物

一、病因

线性异物是猫较为常见消化系统疾病。猫的好奇天性促使其在玩耍时吞咬物品和玩具，而线性物体对猫似乎有着独特的吸引力，而猫舌头上特有的倒刺结构又使猫不易吐出这种线性物体。

二、临床表现

猫线性异物典型症状为呕吐，其他还包括厌食、流涎、精神沉郁、体重逐渐减轻、腹部疼痛或触诊到团块样物体等，出现肠穿孔引起腹腔感染后还可导致发热。

线性异物最常发生在口腔、食道、胃、肠道，有些甚至会随着消化道的蠕动而穿出消化道，严重时会发展成细菌性腹膜炎。

线性异物造成严重临床症状的原因包括以下两点。

第一是线本身或者其附着物被卡住，如针或纽扣卡在食道或幽门、线缠绕于舌下、缝衣针刺入组织内或大的线团卡在小肠前段。

第二是线的游离端很长，因为小肠不是直线型走向，而是围绕着肠系膜淋巴结呈螺旋式走向，所以当线的头侧端被固定住而游离端随着消化道蠕动时，小肠被拉扯成褶皱状，线紧贴小肠肠系膜侧的黏膜，严重时会切割黏膜而深陷黏膜下层，甚至将整个肠壁切割开而造成腹膜炎。因此，当发现线性异物在舌下缠绕或者线端出现于肛门外时，强行拔出可能会造成肠道严重的切割损伤。

三、诊断

（一）病史及临床表现

根据动物临床表现及舔舐异物病史，应怀疑线性异物问题。有些线性异物，特别是缝合线，可缠绕到舌下，不能忽视对口腔、颈部、腹部、肛门附近的物理学检查。

（二）血液学检查

患猫因厌食、呕吐或肠道穿孔等问题，通常会出现脱水、炎症、电解质和酸碱失衡等，有必要进行血常规、血液生化检查及血气分析。

（三）影像学检查

影像学是本病诊断的关键，腹部超声检查最敏感，异物所在肠道常呈现褶皱状、波浪状、螺旋样，肠腔内可见高回声线状物（图 3-13）。

X 线检查发现，异物所在肠道因折叠呈团块状、串状或束状（图 3-14），肠道内通常存在一定的气体，气体可能呈现圆形、锥形、三角形、短管状、新月形、逗点或水滴形状。若进行造影检查，如疑有肠穿孔，应禁用钡制剂，可选择碘海醇。

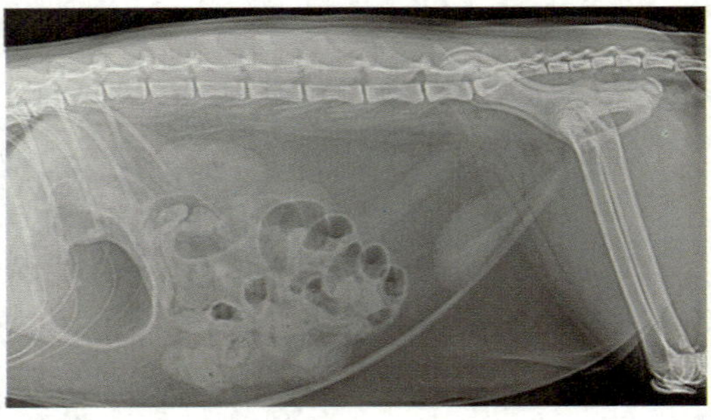

图 3-13　X 线检查异物所在肠道呈团块状

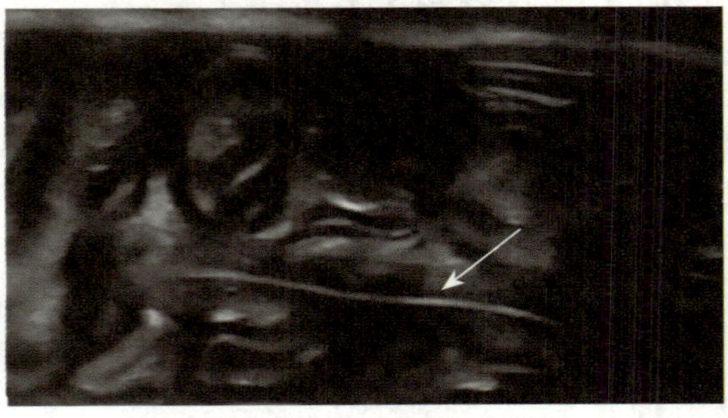

图 3-14　B 超检查肠道内线性异物呈高回声

四、治疗

（一）牵拉和／或内镜检查

（1）线性异物在舌基部：水平切断缝线，可通过牵拉两端去除，若牵拉时患猫抗力较大，则应采用内镜尝试从胃中除去异物。操作前，应评估异物长度，过长的异物在牵拉过程中会损伤消化道，需慎重操作。

（2）线性异物在胃中：可通过胃窥镜除去异物，尤其当异物缠绕着舌头，但长度不足以进入小肠时。如果仍有阻力，特别是发现缝线进入小肠，则应立即实施手术。

（二）手术治疗

手术时可能需要施行胃切开术及多处肠切开术，应避免过度牵拉异物，导致肠道穿孔。若因肠道穿孔发展为腹膜炎，除手术取出异物外，还必须针对腹膜炎进行腹腔冲洗和积极的抗感染治疗。如因梗阻时间过长导致肠道坏死，应进行肠道部分切除和断端吻合术。

（三）注意事项

早期诊断并及时取出异物的病例预后良好，尤其是在发生细菌性腹膜炎之前实施手术。如果不幸发展为细菌性腹膜炎，则预后慎重。

五、预防

加强饲养管理，移走或谨慎存放环境中可能会被误吞的物体，谨防猫误食或者偷食异物。定期驱虫，注意营养与微量元素的补充，降低由于异食癖导致误食异物发生的风险。如果宠主在家发现猫吞下异物或者有线性异物排出时，不可尝试私自强拉线性异物，必须及时送医治疗，以免对猫造成更严重的损伤。

思考与练习

1. 猫线性异物会导致严重的厌食、呕吐及腹泻。（　　）

   A. 正确　　　B. 错误

2. 当发现口腔或肛门附近有线状异物时可直接牵拉出来。（　　）

   A. 正确　　　B. 错误

3. 线性异物的 X 片检查通常发现肠道呈团块状并有各种异常的气体形状。（　　）

   A. 正确　　　B. 错误

4. B 超检查线性异物通常呈低回声。（　　）

   A. 正确　　　B. 错误

5. 若不及时治疗，肠道线性异物可能会导致严重的腹膜炎。（　　）

   A. 正确　　　B. 错误

任务 7　毛球症

41. 毛球症

毛球症（trichobezoars/hairballs）是指被猫吞食的被毛不能及时从胃中进入十二指肠，随粪便排出体外，从而在猫体内蓄积结团，形成毛球，并且滞留在消化道内。

一、病因

(一)生理因素

根本原因是舔毛行为,猫舌面的倒刺会导致大约2/3的脱落毛发进入消化道,但其中大多数随粪便一起排出或吐出。长毛猫平均吞入毛发量是短毛猫的2～3倍,短毛猫患毛球症的概率要低许多。

(二)病理因素

消化道疾病、炎症造成的胃肠蠕动力下降,皮肤病、精神压力或疼痛造成的过度舔毛,异食癖、喜欢舔毛织品和吃毛团、与长毛猫同住,以及其他导致舔毛次数增加的情况,都是本病的诱因。

二、临床表现

临床表现因毛球症严重程度不同而异,主要包括干呕、吐出毛球、食欲下降、精神不振、便秘、大便有毛发等。完全梗阻可表现更加频繁而剧烈的呕吐,甚至还会导致肠道坏死等。毛球通常为紧密或松散的管状毛发,呈条状或香肠状(图3-15、图3-16)。

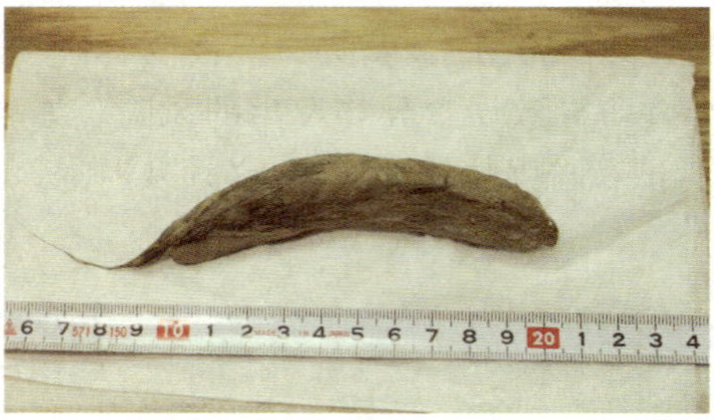

图3-15　条状毛发

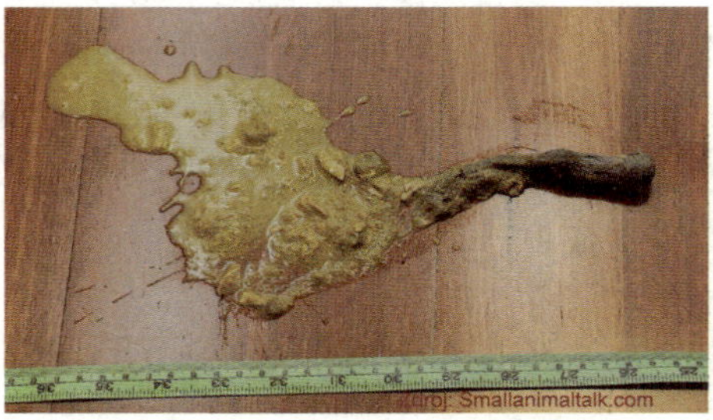

图3-16　混有消化物的毛球

三、诊断

(一)病史及临床表现

一般情况下,猫梳毛行为正常,偶尔呕吐出毛球可视为正常现象,但是频繁地吐毛球,则提示疾病问题。

小贴士

吐毛球在家猫中很常见,通常是摄入过多被毛或胃肠动力功能不足所致。若长毛猫呕吐毛球的频率每月超过2次,短毛猫呕吐毛球的频率每月超过1次,应予以重视。

(二)影像学检查

毛球症可通过X线检查,造影技术常用于本病诊断,毛球可吸收钡餐,钡餐通过毛球位置会形成一充满钡的团块。B超检查毛球通常表现为高回声界面伴后方不洁声影(图3-17、图3-18)。

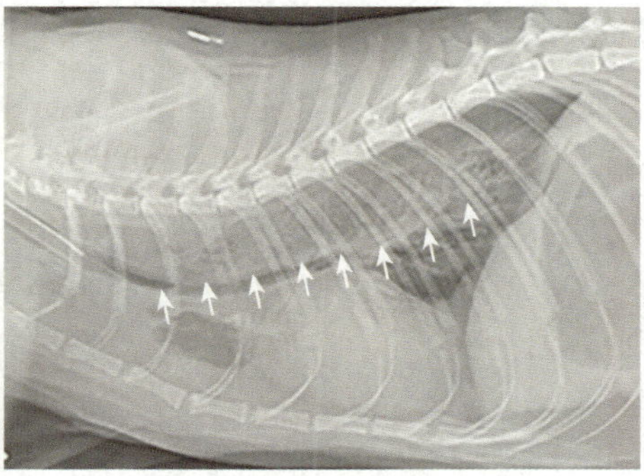

图 3-17　X 线检查（食道内有毛球并有伴有扩张）

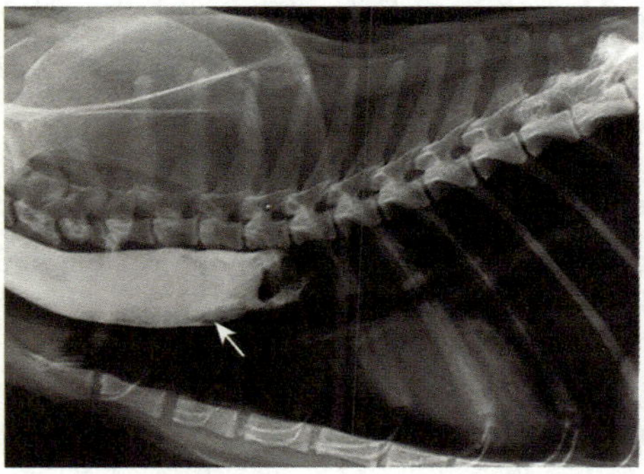

图 3-18　钡餐造影显示食道内含有钡餐的毛球

（三）鉴别诊断

引起猫呕吐的原因很多，需要将毛球症与其他疾病进行鉴别诊断，因此除了以上检查外，还需根据个体情况进行必要的物理学检查、血液检查、粪便检查、皮肤检查等。

四、治疗

（一）保守疗法

适用于症状轻微或无梗阻问题的猫，通过预防毛球产生、改变饮食结构、定期梳毛、药物治疗等方面进行管理。

（1）梳毛：经常性甚至每天进行梳理毛发，可防止猫摄入大量的毛发。

（2）膳食纤维：车前草补充剂特别有助于长毛猫通过粪便排出毛发，罐装南瓜在许多猫中也有同样的效果。

（3）毛球饮食：有许多商用的宠物日粮专门设计用于促进毛球通过，这些日粮中含有不同水平的酶类和纤维。此外，有棱角、更大的猫粮也可促进毛和其他难以消化的物质通过胃肠道。

（4）药物治疗：因胃肠动力不足导致的毛球症可选择促进胃肠蠕动的药物，如西沙必利、甲氧氯普胺或雷尼替丁等。

（5）其他方法：可选择化毛膏润滑肠道，促进毛球排出。喂食猫草，除了可刺激猫吐出毛球外，还有助于肠道蠕动，有利于排出毛球。对长毛的猫进行修毛或理毛，也可以减少毛发的摄入。

（二）手术疗法

对于造成完全梗阻、已经出现剧烈而频繁呕吐的病例，需要立即实施手术治疗，若存在肠道坏死，还需进行坏死肠道切除及断端吻合术。

（三）治疗原发病

对于其他疾病继发的毛球症，应针对原发病进行治疗，如胃肠道疾病、应激因素、皮肤病问题、疼痛性疾病以及其他器质性疾病等。

五、预防

毛球症预防大于治疗，预防方法包括勤梳毛，增加膳食纤维，喂食猫草、化毛膏等，同时也要改善猫生活环境，减少应激，可避免因应激导致的各种猫病发生。

思考与练习

1. 猫吐毛球是正常的，可以不用处置。(　　)
   A. 正确　　B. 错误
2. 短毛猫和长毛猫吐毛球频率一致。(　　)
   A. 正确　　B. 错误
3. 当猫应激时也可能吐毛球。(　　)
   A. 正确　　B. 错误
4. 当猫疼痛时也可能吐毛球。(　　)
   A. 正确　　B. 错误
5. 猫吐毛球主要是由胃肠道疾病所致。(　　)
   A. 正确　　B. 错误

任务 8　炎性肠病

42. 炎性肠病

炎性肠病(inflammatory bowel disease，IBD)是以肠道黏膜炎症为特点的慢性疾病，是由对胃或肠慢性刺激的特定反应引起的，通常多见于中老年猫，无品种和性别特异性。随着特定类型的炎性细胞侵入胃或者肠壁，胃或肠黏膜的完整性受到破坏，并导致肠腔对毒素通透性增加和细菌移位，胃肠道的内壁变厚，从而使猫难以吸收营养，导致一系列症状出现。

WSAVA 将炎性肠病定义为：胃肠道临床症状持续超过 3 周，对食物调节及肠道驱虫药物、抗生素无反应，活检时可发现黏膜炎性反应的组织病变，对免疫调节治疗具有临床反应。

炎性肠病包括淋巴细胞 - 浆细胞性炎性肠病、嗜酸性炎性肠病、肉芽肿性炎性肠病、化脓性炎性肠病、组织细胞性肠胃炎或结肠炎。其中最常见的是淋巴细胞 - 浆细胞性炎性肠病和嗜酸性炎性肠病。

一、病因

引发猫 IBD 的原因迄今为止尚不明确，但可能包含很多因素，包括饮食、肠道菌群不平衡、免疫系统的失调和其他环境因素等。单一因素或多重因素之间相互作用，都可能导致 IBD 的发生。

(一)食物过敏

过敏源可能包括肉类蛋白、食品添加剂、人工色素、防腐剂、牛奶蛋白和麸质(小麦)。不适宜的食物，能够使肠壁丧失完整性，从而诱发 IBD。

(二)细菌或寄生虫感染

如猫感染沙门菌或大肠杆菌，其肠黏膜可能会受到刺激。一些猫常见的寄生虫(如三毛滴虫)侵入胃肠道，也会造成胃肠道负担，就可能引起 IBD。

(三)遗传因素

IBD 是一种与遗传因素有关的疾病，有这种遗传倾向性的动物个体在其发育过程中胃肠黏膜功能会发生紊乱。

（四）其他疾病

猫处于生病状态时，也可能会使肠道免疫系统降低，增加 IBD 发病的风险。

（五）外界压力

压力会对 IBD 产生间接的影响，猫容易受到外界压力的威胁，产生应激反应，影响饮食状况（如消化不良等），从而降低抗病能力，最终导致 IBD 的发生。

二、临床表现

IBD 可累及胃肠道的任何部位，IBD 会有不同的表现形式，和胃肠受侵害的区域以及侵入的炎症细胞类型有关，简单来说，临床症状取决于胃肠道的哪些部位受到影响。

患猫可以表现出各种临床症状，最常见的是间歇性呕吐、腹泻、厌食及体重减轻，腹泻可能为小肠性腹泻或大肠性腹泻，粪便可能带血或黏液。

组织病理学变化包括炎症细胞浸润，绒毛萎缩，隐窝分离，黏膜纤维化或坏死，上皮变平以及乳糜管扩张。

三、诊断

（一）病史调查

病史主要调查饮食状况，驱虫情况，呕吐内容物（毛球、胆汁、食物、血），呕吐频率，是否同时伴有软便、腹泻，体重减轻的病史，是否有慢性呕吐或吐毛球的情况。

（二）物理学检查

检查舌下（线性异物），触诊甲状腺、肾脏，触诊是否疼痛、是否有异物，腹部是否有肿块、疼痛，是否异常心音，以及进行可视黏膜检查，脱水情况评估。

（三）实验室检查

实验室检查虽然对 IBD 诊断无临床意义，但可以排除与 IBD 相似症状的疾病，以及有无其他并发疾病的问题。

一些患猫身上，可能出现贫血和白细胞数量异常升高，也可能发现高球蛋白血症和肝酶水平异常。

血清叶酸和钴胺素水平评估，可用于辅助诊断。叶酸水平降低可能与近端小肠吸收异常相关，而钴胺素水平降低可能与回肠吸收功能异常和胰腺功能不足相关，并评估叶酸和钴胺素补充的必要性。

（四）影像学检查

腹部超声可以测量胃和肠壁的厚度，患猫胃壁或肠壁可能增厚或胃肠壁分层不明显，同时可以评估肠系膜淋巴结的大小（图 3-19、图 3-20）。每月呕吐 2 次及以上且体重下降的猫应进行 B 超检查，以排除 IBD 的问题。

（五）组织病理学检查

组织病理学检查是确诊 IBD 的唯一方法，也可评估 IBD 类型和疾病严重程度。

胃肠镜或腹腔镜采样对猫侵入性比较小，但是有一定的局限性。开腹探查手术，可以采集较为全面的样本，但风险也会增加。

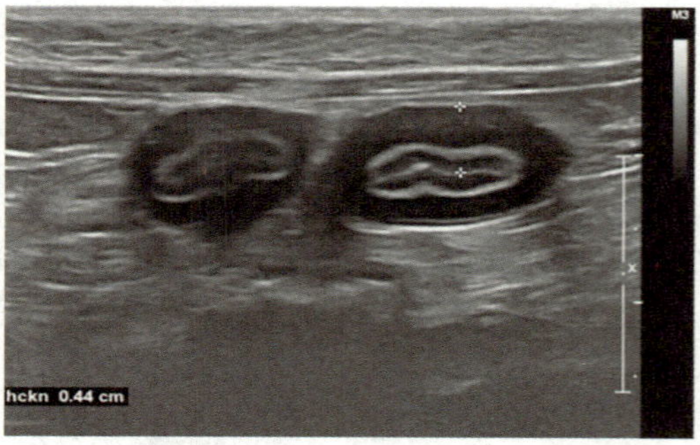

图 3-19　IBD 猫肠壁厚度为 0.44 cm（横断面）

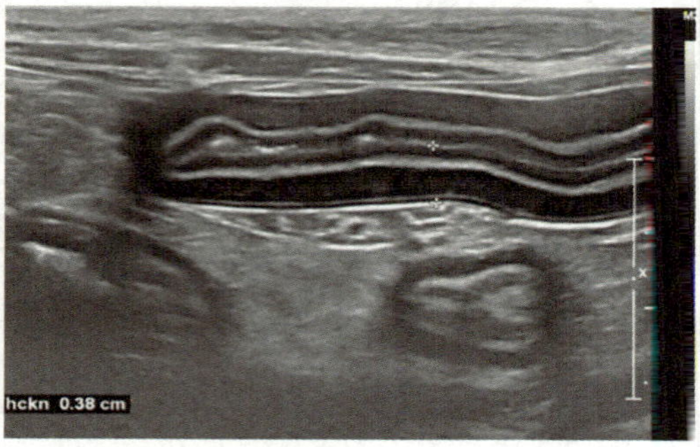

图 3-20　IBD 猫肠壁厚度为 0.38 cm（纵切面）

（六）其他检查

对于以腹泻为主的患猫，还应进行传染病、寄生虫感染、细菌感染的筛查。以大肠性腹泻为特征的病例还应进行结肠镜检查。

四、治疗

在大多数猫，IBD 不能“治愈”，但可以做到成功地管理。然而，即使在完全康复后，复发也很常见。

治疗的主要目标是稳定体重，缓解胃肠道症状，降低免疫系统的反应。饮食试验、免疫抑制药物和抗生素是治疗猫 IBD 的主要方案。此外，一些病例还需要给予维生素 B_{12}，以解决维生素缺乏的问题。

（一）饮食疗法

食物管理是治疗 IBD 的一个重要组成部分，推荐使用低过敏性或单一水解蛋白质食物。通常需要 2 ~ 4 周的时间来观察猫对这种食物是否有反应。如果无效，尝试高纤维饮食。尝试几种不同食物类型并不少见，所以可能需要几个月的时间来观察食物是否有效。

小贴士

饮食试验中，只喂食在计划中的食物，避免给猫喂零食、冻干，或任何有添加剂的食物，包括药物。

（二）药物治疗

1. 激素疗法

病理组织学诊断为淋巴细胞浆细胞浸润时需使用皮质类固醇激素，泼尼松龙，1 ~ 2 mg/kg，q24 h，PO，持续 2 ~ 3 周，然后每 2 ~ 4 周逐渐减少 25% ~ 50% 的剂量，直到达到可控制症状的最低有效剂量为止，之后定期复诊。泼尼松龙效果不佳时可选择苯丁酸氮芥（2 mg/ 猫，PO，q48-72 h）或环孢素（5 mg/kg，q24 h，PO）。

2. 抗生素

甲硝唑，10 ~ 20 mg/kg，q12 h，PO，连续使用 2 ~ 4 周。但其神经毒性是最主要的不良反应，这些不良反应通常在停药后得到缓解。

3. 其他疗法

可以补充钴胺素及益生菌，必要时进行营养支持。

新技术

粪便移植

粪便移植又称粪便微生物移植(FMT)，是将健康粪便连同肠道菌群一起注射到患有慢性腹泻、肠炎或其他疾病的病患肠道中的治疗方法，目的是改变患者肠道内的细菌菌群，平衡并改善生态失调。2017 年，以色列 Medi-Vet 兽医医院报道了一例 IBD 患猫进行粪便移植的病例。一只 10 岁的阿比西尼亚猫患有溃疡性结肠炎，在 11 个月内尝试各种针对 IBD 治疗的方案均无效，而且大便中不断有血丝和黏液，最后通过粪便移植得以控制。

干细胞疗法

科罗拉多州立大学医学学院的一个研究小组通过注射脂肪细胞来源的间充质干细胞治疗 IBD 患猫。在治疗组中观察到粪便质量显著改善，研究小组得出结论，间充质干细胞注射疗法对患有慢性肠道疾病的猫非常有效，而且不会引起严重的副作用。

五、预后

大多数 IBD 病例的短期预后良好，有些患猫只用饮食疗法就可控制良好，而并发肝胆或胰腺疾病的病例预后谨慎。

思考与练习

1. 关于猫炎性肠病描述错误的是(　　)。
   A. 是以肠道黏膜炎症为特点的慢性疾病
   B. 对食物调节及肠道驱虫药物、抗生素及免疫调节治疗无临床反应
   C. 多发于中老年猫
   D. 低过敏性或单一水解蛋白质食物有利于 IBD 的治疗
2. 以下不属于猫炎性肠病病因的是(　　)。
   A. 细菌因素　　B. 寄生虫因素
   C. 饮食因素　　D. 疫苗免疫因素
3. 以下可能是猫炎性肠病临床表现的是(　　)。(多选)
   A. 呕吐　　B. 腹泻
   C. 食欲下降　　D. 体重下降
4. 以下关于猫炎性肠病诊断说法错误的是(　　)。
   A. 腹部超声检查可以确诊 IBD
   B. 病理组织学检查可以确诊 IBD
   C. 腹部超声检查可能出现胃肠壁增厚或分层不明显
   D. 血液学检查通常无特异性

5. 以下关于猫炎性肠病治疗说法错误的是(　　)。

A. 饮食疗法通常无效

B. 饮食疗法需要选择低敏处方粮或单一水解蛋白

C. 抗生素通常治疗无效

D. 确诊淋巴细胞 - 浆细胞性 IBD 时最好采用激素治疗

任务 9　肝脂质沉积综合征

43. 猫肝脂质沉积综合征

猫肝脂质沉积综合征(feline hepatic lipidosis,FHL)也称猫脂肪肝,是由于肝脏细胞中沉积大量甘油三酯,导致肝脏细胞功能受损的疾病。本病是猫最常见的肝脏疾病,也是一种常见的、致死性的胆汁淤积综合征。

一、发病机理

当猫由于应激或疾病等因素导致厌食时,促进机体脂肪动员,脂肪分解产生大量脂肪酸,脂肪酸随着血液循环进入肝脏。一方面,脂肪酸在肝细胞线粒体中,在左旋肉碱协助下进行 β- 氧化,分解产生乙酰辅酶 A,乙酰辅酶 A 可以进行三羧酸循环,产生能量供机体利用,也可生成酮体;另一方面,脂肪酸在肝细胞中合成甘油三酯,正常情况下,甘油三酯与载脂蛋白结合形成极低密度脂蛋白后,进入血液循环,被机体利用。但是猫由于厌食造成左旋肉碱或载脂蛋白供应不足时,甘油三酯会大量堆积于肝细胞中,造成肝细胞肿大,一方面,肿大的肝细胞压迫胆管,造成胆汁淤积,引起黄疸;另一方面,肿大的肝细胞也会压迫肝窦状隙,造成肝细胞缺血性坏死,进一步加重了黄疸的表现,最终导致脂肪肝(图 3-21)。

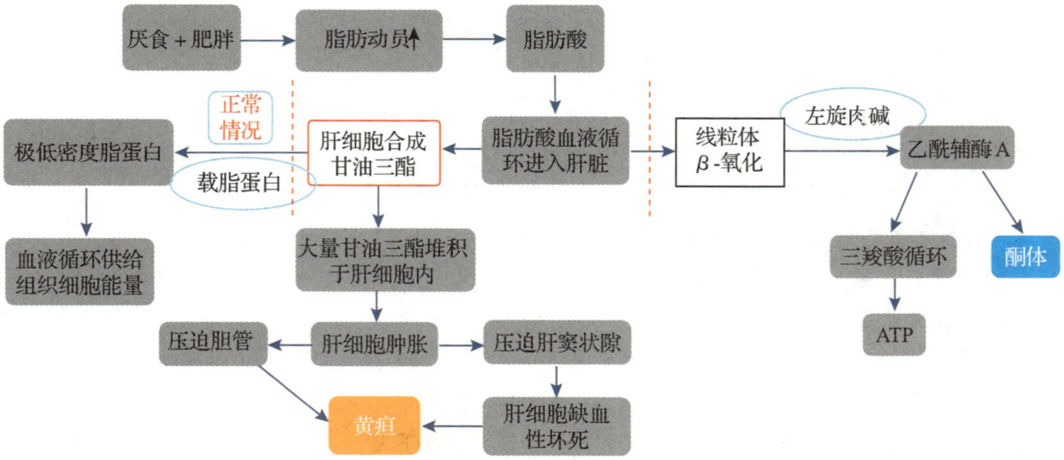

图 3-21　脂肪肝发病机理

二、病因

FHL 常发于中年猫,一般平均发病年龄在 7 岁左右,无品种和性别倾向性。肥胖是 FHL 发生的风险因素。FHL 可分为原发性脂肪肝和继发性脂肪肝 2 种类型。原发性脂肪肝发病机制尚不明晰，主要考虑营养平衡失调导致，如蛋白质、牛磺酸、蛋氨酸、精氨酸的缺乏。原发性脂肪肝好发于厌食的肥胖猫，应激是最主要的厌食诱因。继发性脂肪肝常常继发于任何引起猫厌食的疾病，如糖尿病、胰腺炎、肿瘤、神经性疾病、胃肠道疾病、FIP、慢性肾脏疾病等。

三、临床表现

FHL 患猫初期主要表现为精神沉郁、厌食、渐进性消瘦、肌肉萎缩、脱水、间歇性呕吐、便秘或腹泻，发病后期可见黏膜、皮肤、耳廓内侧、硬腭黄染（图 3-22），少数患猫表现为肝性脑病的症状，出现嗜睡、流涎，甚至昏迷等（图 3-23）。凝血不良的患猫可能出现皮下出血点或瘀斑。

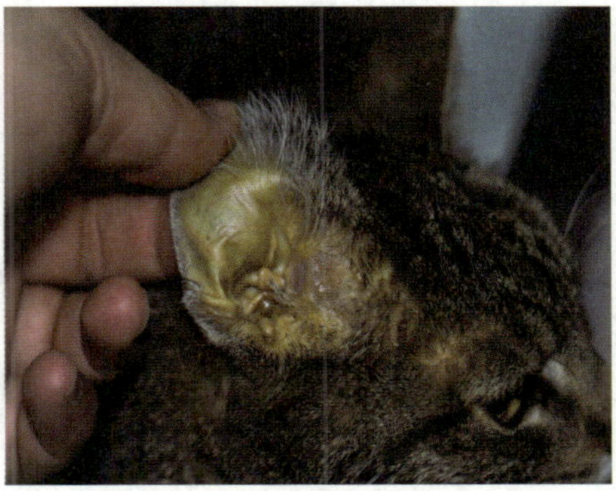

图 3-22　全身皮肤黄染

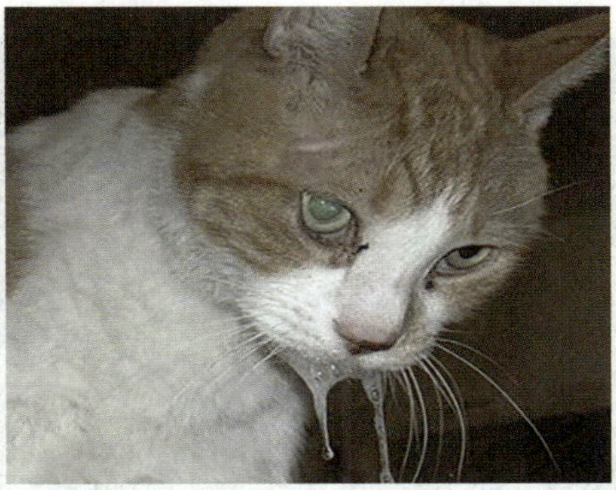

图 3-23　流涎

对死亡动物进行剖检，可见肝脏呈黄白色、质脆、多脂，肝脏体积增大，边缘钝厚。

四、诊断

（一）病史及临床表现

患猫常伴有进食量减少和体重减轻的病史，如果发生黄疸及肥胖的猫厌食长达 1 周则可怀疑发生了脂肪肝。

（二）实验室检查

1. 血常规检查

血常规检查结果通常正常，可能会出现贫血（血涂片中可见海因茨小体），可见轻度白细胞升高，血小板减少并不常见。

2. 血液生化检查

血液生化检查主要特点为 ALT、TBIL 升高，ALP 升高，GGT 一般正常或轻度升高（原发性 FHL），如 GGT 明显升高，则应考虑并发其他疾病。

3. 凝血功能检查

45%～73% 的 FHL 患猫出现凝血异常，主要表现为凝血因子异常，不常见血小板减少及临床出血倾向。

4. 尿液检查

尿检结果会显示尿酮体上升，脂肪肝和糖尿病都引起尿酮升高，注意鉴别诊断。

(三)影像学检查

X 线检查可见肝肿大，但这种情况不是所有患猫都会出现，而且也不具有特异性。超声检查可见，弥漫性肝实质回声增强以及肝肿大，在无法进行病理组织学检查的情况下，可将超声检查作为重要的诊断方法(图 3-24)。

(四)细胞学检查

肝脏活检需要全身麻醉，操作前需要评估凝血功能，通常不作首选操作。在初步治疗无效或怀疑有其他并发疾病时，考虑进行活检，临床常常采用超声引导下细针抽吸采样。活检前应连续 3 d 给予维生素 K_1，以减少医源性出血，若已出现凝血不良，此项操作要慎重。肝组织染色后可见肝细胞肿胀、空泡化，小胆管内胆汁淤积(图 3-25)。

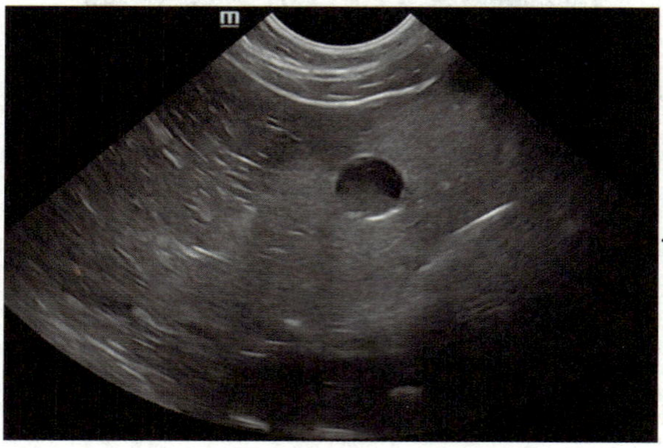

图 3-24　弥漫性肝实质回声增强

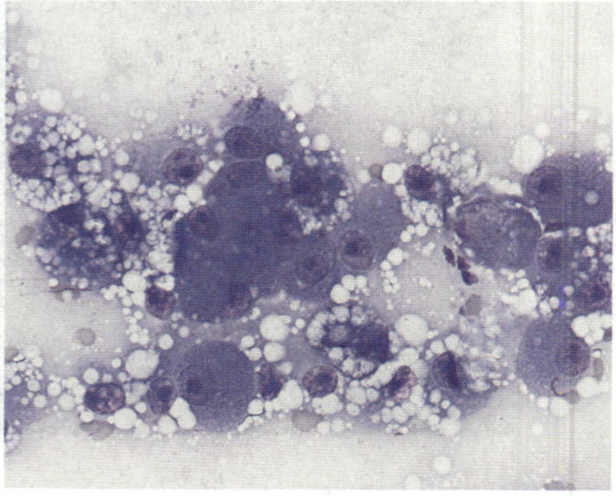

图 3-25　肝细胞内外有大量脂滴

五、治疗

(一)营养支持

营养治疗时，满足机体所需能量，脂肪分解停止，同时脂肪酸代谢中需要的载脂蛋白、胆固醇、左旋肉碱也可由食物获得，因此，在猫脂肪肝的治疗过程中，营养治疗非常重要。推荐使用鼻饲管、食道饲管，优先选择食道饲管。

理想饮食结构为高蛋白质、中量脂肪和低碳水化合物。初期给予 1 个静息能(RER)即可满足动物的能量需求。使用超过 1 个静息能的饲喂量会导致进食过量，并与高血糖、胃肠功能障碍及肝功能障碍有关。

$$RER=30*\text{体重}/kg+70$$

$$\text{患病动物 } IER=RER\times 1.3$$

通常情况下，建议 3 d 内给予 1 个 RER，步骤为第 1 天提供 1/3RER，第 2 天给予 2/3RER，第 3 天给予 1 个 RER。根据动物情况，可延长时间。缓慢增加饲喂量会降低再喂综合征的发生风险。每日所需食物总量，可分为 6 ~ 8 次给予。

小贴士

肠内营养优于肠外营养，有助于维持肠道结构和功能。不推荐肠外营养，当出现顽固性呕吐或对肠内提供营养的耐受性差时再考虑肠外提供营养。

（二）止吐及抑制胃酸

当患猫出现恶心和呕吐时应考虑采用止吐药和胃肠道保护剂。止吐药物可选择马罗皮坦、昂丹司琼，抑制胃酸药物可选择奥美拉唑或法莫替丁。

（三）液体疗法

纠正脱水和调节酸碱平衡，输液底液禁止使用乳酸林格及葡萄糖注射液，因为乳酸需要经肝脏代谢，加重肝脏负担，而葡萄糖会减少脂肪酸的β- 氧化，也会因渗透性利尿作用导致进一步的离子紊乱。对于低血钾患猫应进行补钾，补钾量可参考表 3-7。

表 3-7 猫补钾量

血清钾浓度 mmol/L	100 mL 溶液加入 10%KCl 量 /mL	最大输液速度 mL/（kg·h）
<2	8	6
2.1 ~ 2.5	6	8
2.6 ~ 3	4	12
3.1 ~ 3.5	3	17
3.5 ~ 4.0	2	25

（四）抗菌消炎

为了预防继发性感染，或是控制已经存在的感染，通常使用阿莫西林、甲硝唑。

（五）肝脏补充剂

S- 腺苷甲硫氨酸，20 mg/kg，PO，q24 h，饭前服用，或水飞蓟素，10 mg/ 猫，PO，q24 h。

（六）其他对症治疗

补充多种维生素及营养物质，包括维生素 B_{12}、牛磺酸、左旋肉碱等。维生素 B_{12} 除可刺激食欲外，同时参与载脂蛋白的合成，还能刺激内源性 S- 腺苷甲硫氨酸的生成，补充左旋肉碱和牛磺酸可刺激脂肪氧化分解，加速脂肪肝的恢复。

凝血异常的 FHL 患猫应在初期使用维生素 K_1，0.5 ~ 1.5 mg/kg，SC，q12 h，使用 3 ~ 4 次即可。

对于疑似肝性脑病的动物要及早检测血氨，确诊为肝性脑病的猫可口服乳果糖治疗，严重者可进行灌肠治疗。

六、预后

脂肪肝未及时治疗死亡率高达 90% 以上，若快速有效饲喂，则预后良好。患猫需要 3 ~ 6 周甚至更长时间才能最终康复，如果脂肪肝是由其他疾病导致，并且原发病不能得到有效治疗，则患猫通常预后不良，严重时可导致死亡。当猫出现重症肝性脑病时，往往预后不良。

七、预防

控制猫的体重，防止肥胖；减少猫的应激，避免猫长时间饥饿或厌食，若出现厌食应及时就医。

思考与练习

1. 猫脂肪肝是由于肝脏细胞中沉积大量(　　)，导致肝脏细胞功能受损的疾病。
   A. 脂肪酸　　B. 甘油三酯
   C. 低密度脂蛋白　　D. 脂肪
2. 猫脂肪肝发生的本质是(　　)
   A. 因肥胖导致　　B. 因厌食导致　　C. 因脱水导致　　D. 因感染导致
3. 以下不属于猫脂肪肝诊断的方法是(　　)
   A. 血液学检查　　B. 肝脏影像学检查
   C. 肝脏细胞学检查　　D. 胆汁化验
4. 猫脂肪肝治疗关键是(　　)
   A. 营养供给　　B. 消炎　　C. 镇痛　　D. 补液
5. 治疗猫脂肪肝综合征的处方日粮特点是(　　)(2010 年执业兽医资格考试真题)
   A. 低蛋白低脂肪　　B. 高脂肪低蛋白
   C. 高脂肪高蛋白　　D. 高蛋白低脂肪

拓展任务

任务 10　胆管炎

胆管炎(cholangitis)指的是以胆管为中心的组织病理学变化，以及继发的肝实质异常(胆管肝炎，cholangiohepatitis)，目前很多专家认为使用胆管炎综合征(cholangitis syndrome)这一命名更加合适。WSAVA 将猫胆管炎分为 3 种类型：嗜中性粒细胞性胆管炎(neutrophilic cholangitis)、淋巴细胞性胆管炎(lymphocytic cholangitis)和慢性胆管炎(chronic cholangitis)。

一、嗜中性粒细胞性胆管炎

嗜中性粒细胞胆管炎也称化脓性胆管炎、急性胆管炎等。

(一)病因

该病被认为和小肠细菌经胆道上行感染有关，最常见的病原微生物是大肠杆菌、链球菌、产气荚膜梭菌、沙门菌等，由于猫的特殊解剖结构，本病常常并发胰腺炎和肠道疾病。各年龄段猫均可发生，但以青年猫和中年猫多见。

(二)临床表现

该病常呈急性发作，但也可能持续更长时间。患猫通常表现为呕吐、嗜睡、脱水、发热、腹痛、黄疸等症状，继发肝性脑病时可出现流涎。

（三）诊断

1. 血液学检查

血常规检查通常表现为白细胞增多，嗜中性粒细胞增多，但肝酶却并不会总是升高（图 3-26）。凝血时间可能延长，在进行侵入性检查前必须检查凝血功能。肝功能障碍会导致高胆红素血症、高血氨，麻醉前需要评估肝功能。餐前和餐后血清胆汁酸水平可能异常。

2. 超声检查

腹部超声检查可出现肝肿大，广泛性肝实质回声增强，慢性病例可能存在总胆管扩张，胆囊内容物回声增强，胆囊扩张等。并发胰腺炎和 IBD 时也可出现相关超声征象。

3. 胆汁培养

一般情况下，正常猫的胆汁应是无菌的或者有一过性肠道细菌感染。怀疑嗜中性粒细胞性胆管炎时，可采用超声引导下胆囊穿刺术获取细菌培养的样本。细菌培养同时应做细胞学涂片，可指导临床用药和支持细菌培养结果。

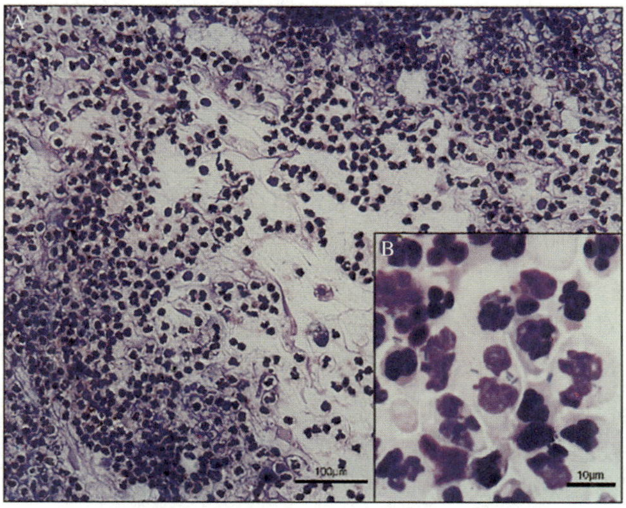

图 3-26　胆汁中大量嗜中性粒细胞（A 图），以及退行性粒细胞吞噬细菌（B 图）

（四）治疗

1. 抗菌消炎

根据细菌培养和药敏试验结果选择合适的抗生素，治疗周期 4～6 周。药敏结果出来前可经验性选择阿莫西林进行治疗。

2. 肝脏用药

S- 腺苷甲硫氨酸、水飞蓟素以及熊去氧胆酸对嗜中性粒细胞性胆管炎可能有益。

3. 对症治疗

静脉输液治疗用于恢复动物水合并纠正电解质失衡。注意鉴别并治疗低钾血症。使用阿片类药物提供安全的疼痛管理。对于脱水、食欲不振、呕吐以及腹泻的猫，由于发生不良反应（如肾毒性、胃肠道溃疡）的风险较高，禁用非甾体类抗炎药。有时还需要应用止吐药和食欲刺激剂。

一些病例中可出现维生素 K_1 缺乏，导致凝血异常，在进行肝脏活检前必须先评估患猫的凝血功能和 / 或补充维生素 K_1。使用熊去氧胆酸时需要额外补充牛磺酸，还可补充维生素 E。厌食的猫还可使用鼻饲管或食道饲管进行营养支持。

二、淋巴细胞性胆管炎

（一）病因

具体病因尚不明晰。淋巴细胞性胆管炎是一种慢性进行性疾病，特征为肝脏门脉区出现小淋巴细胞浸润，偶见浆细胞和嗜酸性粒细胞。

淋巴细胞性胆管炎相对少见，且存在显著的地区性差异，任何年龄、品种或性别的猫都可能发生，但多发于年轻至中年猫。

（二）临床表现

患猫病史较长（数月至数年），病症时好时坏。很多猫有黄疸症状，体重下降，间歇性厌食和嗜睡。与嗜中性粒细胞性胆管炎相比，患猫很少发热。可出现腹水，腹水中一般会含有比较高的蛋白，常见较多量的小淋巴细胞、非退行性中性粒细胞和其他炎性细胞，需与 FIP 进行鉴别诊断。

（三）诊断

1. 血液学检查

血常规检查可能提示轻度的非再生性贫血，肝酶水平轻至中度升高，球蛋白升高。胆汁酸和血氨水平可升高（肝性脑病），一些患猫的凝血时间可能延长。

2. 影像学检查

X 线检查可能出现肝肿大和 / 或腹水。腹部超声可表现为胆管扩张，胆总管通常呈扩张状态，胆囊也扩张，且其内有胆泥淤积。

3. 病理组织学检查

肝脏活组织检查对肝脏疾病诊断非常重要，通过细针抽吸穿刺组织前应评估凝血情况，穿刺前也应注射维生素 K，预防出血。

确诊本病需要进行肝脏组织病理学检查，组织学主要表现为门静脉周围淋巴细胞浸润，同时可能出现胆管增生及胆管周围纤维化。

（四）治疗

治疗包括抗生素治疗及激素治疗，激素治疗目前仍存在争议，若使用通常选择泼尼松龙。其他治疗包括液体治疗及营养支持，针对肝脏治疗药物包括熊去氧胆酸、S- 腺苷甲硫氨酸等。

（五）预后

该病预后较差，病程较长，即使治疗，病情也起伏不定。不过，很少病例会死于淋巴细胞性胆管炎本身，死亡病例多同时伴发胰腺和肠道疾病。

三、慢性胆管炎

慢性胆管炎和肝吸虫感染相关，通常是由于生食受到感染的淡水鱼、淡水虾等引起的。肝吸虫主要寄生于猫的肝脏、胆囊及胆管内，常见的吸虫包括华支睾吸虫、猫后睾吸虫、优美平体吸虫等。

（一）临床表现

当猫猎食携带肝吸虫的中间宿主（如鱼、虾、螺蛳、蜗牛及蜥蜴等）便会感染，此时虫体会从肠道经由胆管移行至肝脏，引起慢性胆管炎及胆汁淤积。轻度感染时无明显症状，严重感染时，动物出现嗜睡、体重减轻、食欲降低、腹泻、腹痛及呕吐，若肝吸虫数量过多则会引起阻塞性黄疸。部分吸虫偶尔寄生于胰腺及小肠位置，引起相应炎症。

(二)诊断

通过病史和临床表现，如进食中间宿主的情况及出现黄疸等，应考虑本病。

血常规检查可表现轻度非再生性贫血，出现中性粒细胞增多、淋巴细胞增多或嗜酸性粒细胞增多。血液生化检查可出现 ALT、AST、ALP、TBIL 升高等。

腹部 X 线检查会表现非特异性的肝脏轻度肿大。B 超检查可见胆管扩张及纤维化，此影像与淋巴细胞性胆管炎类似，可通过血常规指标进行鉴别诊断。胆囊中沉积有吸虫，B 超检查表现为椭圆形的中央高回声，外周低回声结构；胆囊、胆管或肝管扩张；胆囊壁中度增厚，呈双层外观；肝脏整体回声下降，但门脉区呈现高回声影像(图 3-27、图 3-28)。

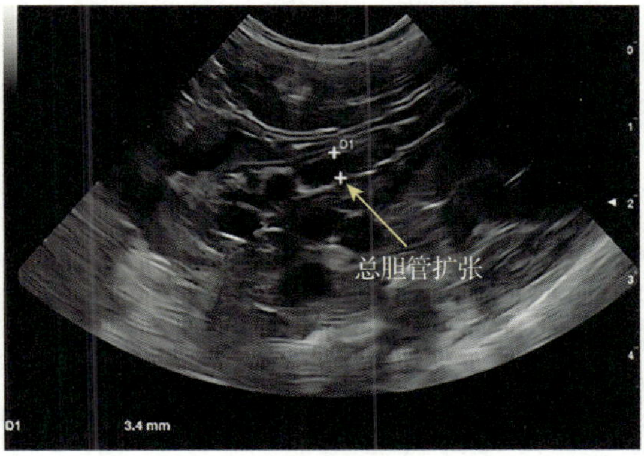

图 3-27　总胆管弯曲扩张

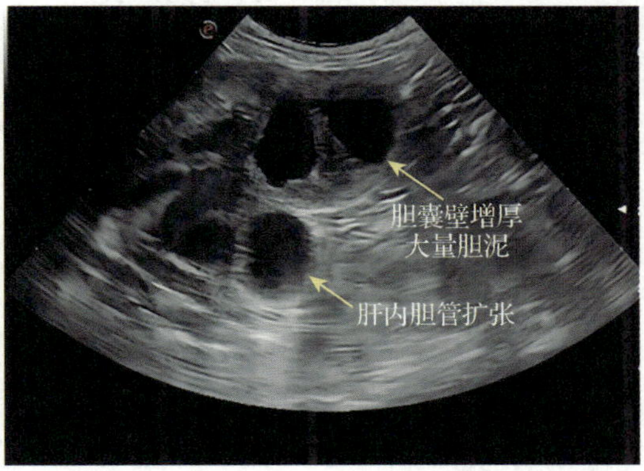

图 3-28　胆囊壁增厚及肝内胆管增厚

肝脏活检采样、胆汁采样或粪便检查中发现肝吸虫卵可对本病进行确诊，肝脏组织病理学检查则可见门脉区有嗜酸性炎症反应(图 3-29、图 3-30)。

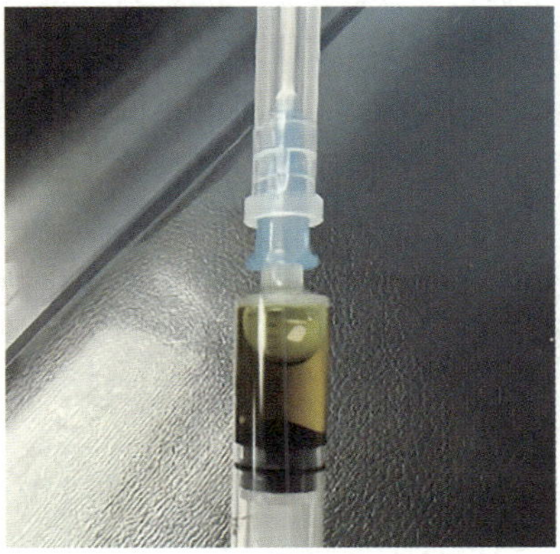

图 3-29　穿刺出的胆汁

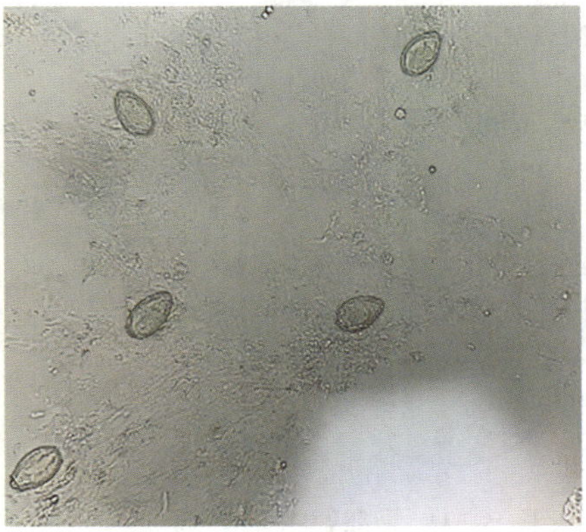

图 3-30　胆汁镜检发现的吸虫虫卵

小贴士

相比粪便检查吸虫虫卵，采集胆汁检测虫卵更为可靠，可在 B 超引导下完成胆囊穿刺，注意需要将全部胆汁吸出，防止胆汁漏至腹腔。

(三)治疗

吡喹酮,20 mg/kg,q24 h,连续用药 3 ~ 5 d。根据情况,合理选择相应的支持疗法,如针对厌食、呕吐、脱水的治疗,也可选择阿莫西林、甲硝唑进行抗炎治疗,此外酌情选择 S- 腺苷甲硫氨酸、熊去氧胆酸进行治疗。若病理组织学检查确诊为嗜酸性粒细胞性胆管炎时,需选择皮质类固醇激素治疗。

(四)预后

早发现、早治疗则预后良好,若患猫出现胆管纤维化、胆管堵死、肝硬化或严重胰腺炎等则预后慎重。

(五)预防

(1)尽量不到水边活动,避免捡食。

(2)尽量避免生食淡水鱼虾。

(3)位于吸虫流行区或热带地区的动物,可每 3 个月使用 1 次吡喹酮进行预防。

(4)感染动物的粪便进行无害化处理。

任务 11　三体炎

44. 猫三体炎

三体炎(triaditis)是指猫炎性肠病、胆管肝炎以及胰腺炎 3 种疾病共同组成的一种临床病症。在人和其他动物上少见这种疾病的报道,在猫上却比较常见。

一、病因

猫三体炎的病因尚不明确。

猫的小肠长度较犬的短,十二指肠中细菌浓度较高,胰管在进入十二指肠乳头前先与总胆总管汇合(图 3-31)。猫的十二指肠、胰腺及肝胆联系紧密,胆囊、胆道、胰腺或小肠的炎症有可能会互相影响,很多学者认为胰腺及胆道的发炎很多是由小肠细菌逆行性感染所致,而猫的炎性肠病所引发的肠道慢性炎症及慢性呕吐被认为是三体炎的主要原因。

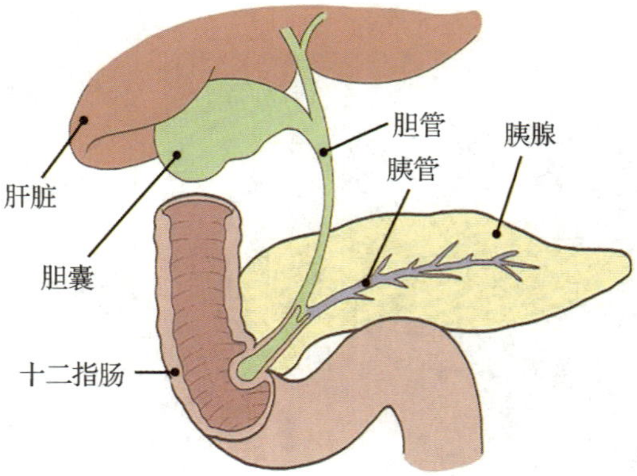

图 3-31　局部解剖

小贴士

三体炎是一种综合征,受累器官、临床症状的类型、严重程度和持续时间,以及炎性浸润类型都有差异,所以每只猫可能有不同的机制。

二、临床表现

猫三体炎的临床症状不明确且非特异性(表 3-8),最常见的临床表现是厌食和嗜睡,此外还可能出现体重减轻、脱水、苍白和黄疸等。与犬相比,猫胰腺炎少见发热。在一项研究中,仅 25% 的胰腺炎患猫表现出发热,而近 50% 的病例发现低体温。

表 3-8 三体炎的临床表现

表现	胰腺炎	胆管炎	炎性肠病
组织缺氧 / 厌食	√ *	√ *	√ *
多食	—	√	—
呕吐	√ *	√ *	√ *
腹泻	√	√	√ *
体重下降	√	√ *	√ *
精神沉郁	√ *	√ *	—
脱水	√ *	√ *	—
黄疸	√ *	√ *	—
发热	√	√	—
低体温	√	—	—
腹部疼痛	√	√	√

* 常见临床表现

三、诊断

三体炎的确诊需要综合病史、物理学检查、实验室检查、影像学检查和病理组织学检查进行确诊。

(一) 血液学检查

血液学检查差异性较大,如果存在感染性甚至化脓性炎症时,可出现中性粒细胞升高,核左移以及中毒性变化。血液生化检查则会表现出 ALT,ALP 不同程度的升高,总胆红素也可能升高,发生胰腺炎时可能出现低钙血症。

(二) 超声检查

发生肝脏及胆囊疾病时,腹部超声可见胆囊壁增厚,胆泥增加及总胆管扩张甚至出现肝脏回声增高。至于胰腺,轻微胰腺炎可能胰腺无特征性影像表现,除非有比较严重的病变出现时可见到胰腺水肿,形状不规则等变化。十二指肠超声可见肠壁增厚,肠系膜淋巴结肿大等表现。此外,超声引导下的肝脏及胆汁采样检查也是诊断的一项重要内容。

(三) 组织病理学检查

组织病理学检查是三体炎确诊的金标准,可借助超声引导下细针抽吸采样,但这种采样方法的准确性非常有限。剖腹探查采样或腹腔镜采样可获取肝脏、胰腺、小肠等器官组织进行检查,但有很多猫因为病情严重而无法接受麻醉及剖腹术的高风险。

（四）胆汁培养及药敏试验

怀疑感染性因素存在时，尤其是怀疑感染引起胆管肝炎时，可采集胆汁样品进行细菌培养，并进行药敏试验。

（五）其他检查

商品化的猫胰腺炎诊断试剂盒也可以帮助诊断胰腺炎，但是需要结合临床症状鉴别诊断。当患猫存在胰腺炎或/和炎性肠病时，血清钴胺素水平会降低，需要给予补充。此外，当肝脏出现损伤后，也会导致凝血异常，需要进行凝血试验。

四、治疗

三体炎的治疗基于患猫的整体健康状况、各器官的疾病类型和严重程度。

（一）抗菌消炎

当存在化脓性胆管炎及胆管肝炎时，需要根据细菌培养及药敏实验结果指导用药。若无条件进行药敏实验时则可经验性采用多种抗生素联合使用来控制感染。常用组合为阿莫西林克拉维酸钾与恩诺沙星联合，也可采用恩诺沙星配合甲硝唑以增加抗厌氧菌能力。

（二）治疗炎性肠病

若为淋巴细胞性胆管炎/胆管肝炎或淋巴细胞浆细胞性炎性肠病，一般给予泼尼松龙等激素类药物。

（三）治疗胆管肝炎

熊去氧胆酸可抑制肝脏炎症，促进胆汁流动，但胆道阻塞时禁用，S-腺苷甲硫氨酸具有抗氧化及抗炎作用。

（四）止吐及抑制胃酸

持续呕吐应给予马罗匹坦，胃酸分泌过多应给予抑酸剂如法莫替丁或奥美拉唑。

（五）液体疗法

液体治疗可保证患猫水合良好，保证器官（如胰腺）灌注充足。若存在酸碱和电解质异常，应同时进行纠正。

（六）营养支持

营养支持对治疗三体炎至关重要。由于禁食可能使肠道黏膜萎缩，且因肠道细菌转移增加感染并发症的风险，故已不建议胰腺炎患病动物在治疗期间禁食。食欲下降或厌食动物给予食欲刺激剂如米氮平，必要时考虑放置饲管。肠内营养可稳定胃肠道屏障，改善肠上皮细胞的健康状况和免疫功能，促进胃肠道蠕动，防止分解代谢，并降低发病率和死亡率。伴有顽固性呕吐或严重吸收不良的严重病例应考虑肠外营养。

IBD 最常见的形式为淋巴细胞-浆细胞性肠炎，因为肠道免疫系统会将食物成分视为外源性抗原，建议通过肠道低敏处方粮或单一水解蛋白进行饮食调节。

（七）镇痛管理

应给予镇痛药物，如布托啡诺等。

（八）其他辅助治疗

血清钴胺素水平过低时给予维生素 B_{12}，250 μg/猫，2 次/周，连用 4～6 周。

患猫肝脏病变严重并影响凝血功能时给予维生素 K_1，1 mg/kg，SC，SID，连用 2～3 d。

补充益生菌，可调理因炎性肠病导致的胃肠菌群紊乱。

五、预后

本病的预后取决于疾病的严重程度，症状较轻的患猫预后良好，但症状严重的患猫，尤其伴有全身性并发症（全身性低血压、肝性脑病、凝血不良、血管炎、弥漫性血管内凝血等）的猫，预后不良，并且需要更积极的治疗。

思考与练习

1. 猫三体炎是（　　）、胆管肝炎、胰腺炎三种疾病的综合。

   A. 胃炎　　B. 十二指肠炎　　C. 结肠炎　　D. 直肠炎

2. 猫三体炎最佳确诊方法是（　　）

   A. 血液学检查　　B. 影像学检查

   C. 细菌培养　　D. 病理组织学检查

3. 猫三体炎症状通常是非特异性的。（　　）

   A. 正确　　B. 错误

4. 猫三体炎治疗通常是综合炎性肠病、胰腺炎、胆管炎治疗方案。（　　）

   A. 正确　　B. 错误

5. 所有三体炎病例都需要使用皮质类固醇激素进行治疗。（　　）

   A. 正确　　B. 错误

技能强化 〉〉〉

技能训练 1　鼻饲管放置技术

45. 猫鼻饲管放置技术

适用范围

- 长期厌食或绝食患猫的营养支持。
- 对胃弛缓、胃扭转患猫实施胃内减压。
- 连续的药物灌入。

材料准备

鼻饲管、利多卡因注射液、利多卡因凝胶、剪刀、缝合线、持针钳、注射器、生理盐水等。

操作流程

➢ 选择合适的鼻饲管。猫的鼻饲管选择一般根据猫的体型、年龄、品种等因素选择 3.5～5 Fr 鼻饲管。

➢ 保定。猫俯卧保定，特殊的保定根据其个性情况使用大毛巾、保定袋，必要情况下可使用镇静麻醉。

➢ 测量。放置前先用鼻饲管在猫体外测量长度，即从患猫鼻孔至第 7 至第 9 肋间的距离，并做好相应刻度标记（图 3-32、图 3-33）。

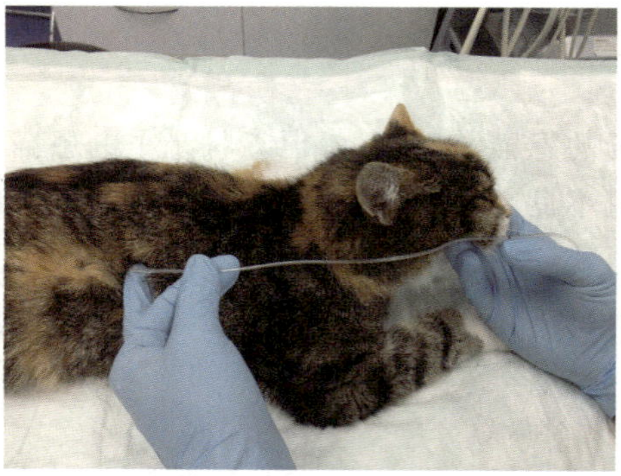

图 3-32　体外测量鼻饲管应插入的长度

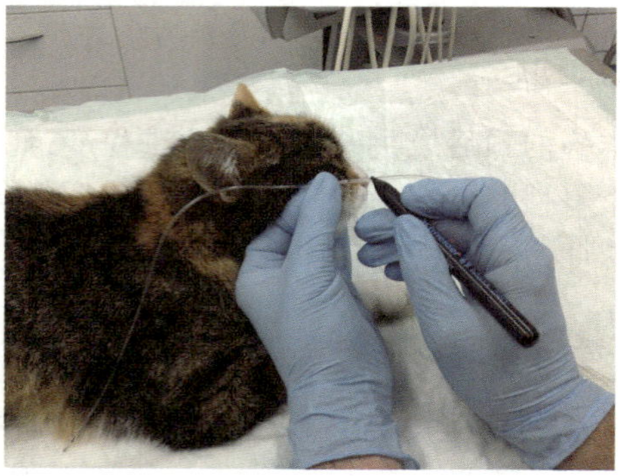

图 3-33　记号笔标记

➢ 局部麻醉。为减少放置鼻饲管过程中所带来的不适，将患猫头部轻抬，对将要放置鼻饲管的一侧滴 2～3 滴利多卡因溶液，待 1～2 min 药物起效后再进行置管（图 3-34）。

➢ 放置鼻饲管。用利多卡因凝胶润滑鼻饲管的前端。操作者一只手固定患猫的头部，另一只手向表面麻醉侧的鼻孔插入鼻饲管。进入鼻腔后较顺畅，阻力较小，以每次 1～2 cm 的长度，匀速将导管向前插入，直到抵达预先测量的刻度处（图 3-35）。

➢ 评估鼻饲管的位置

（1）通过拍摄 X 光片检查确定鼻饲管放置在食道远端，且没有发生折转。

（2）用空注射器在导管末端进行抽吸。由于食道被覆扁平，导管在食道时抽吸会有阻力，若没有阻力则可能在气管内。

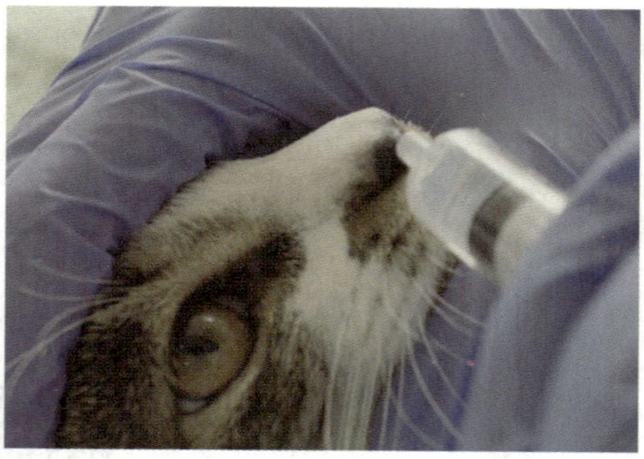

图 3-34　利多卡因表面麻醉

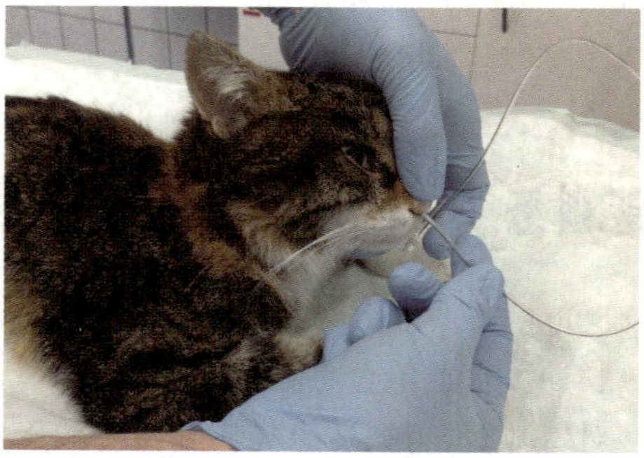

图 3-35　插入鼻饲管

（3）用灭菌注射器向导管内注入 1 mL 的生理盐水，观察动物是否发生咳嗽反射，如果发生咳嗽反射则可能在气管内。

➢ 固定。将导管通过缝合线固定于猫颊部皮肤，最后用弹力绷带固定好导管末端，患猫佩戴伊丽莎白项圈，防止患猫破坏导管（图 3-36）。

注意事项

➢ 饲喂时注意速度。应匀速饲喂，速度过快，容易引起反射性呕吐。

➢ 定期检测和护理。每天需检查 2～3 次饲管处的鼻孔，观察有无分泌物或出血，清洁鼻孔周围。每次饲喂结束后，需要用温水将导管冲洗一下，避免食物留在管内，造成导管的阻塞。

➢ 食物要加热至正常体温。

➢ 使用时间不宜过长。一般放置 3 d，最多不超过 6 d。

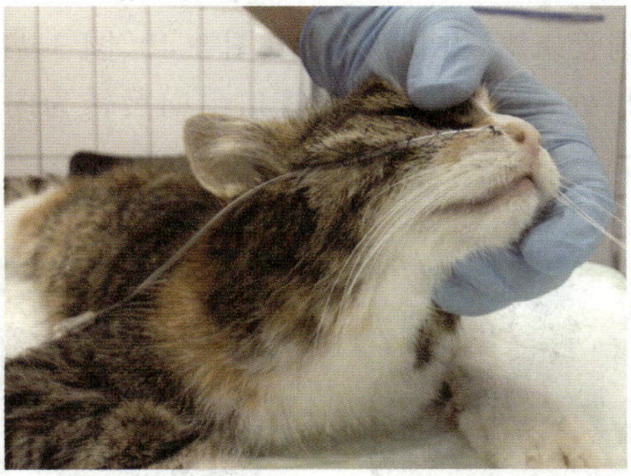

图 3-36 固定鼻饲管

技能训练 2 食道饲管放置技术

46. 猫食道饲管放置技术

适用范围

➢ 肠道功能正常但厌食或预期会厌食的患猫。

➢ 有脂肪肝疾病的患猫；不适用于鼻饲管的患猫，如患有下颌骨骨折、口炎、巨食道症等口腔或咽部疾病的猫。

材料准备

麻醉设备、食道饲管（10-14Fr）、缝合线、手术刀片、长弯止血钳、消毒棉球、电剪等。

操作流程

➢ 麻醉及保定。动物需要进行全身麻醉，最好在吸入麻醉状态下进行，可防止误插入气管，动物采用右侧卧保定。

➢ 剃毛及消毒。左侧颈部背侧至腹侧方向，以及从下颌角到肩部的皮肤都需要广泛性剃毛、消毒。

➢ 测量。轻微伸展颈部，测量颈部中段至第 7 至第 8 肋间的距离，做好标记（图 3-37）。

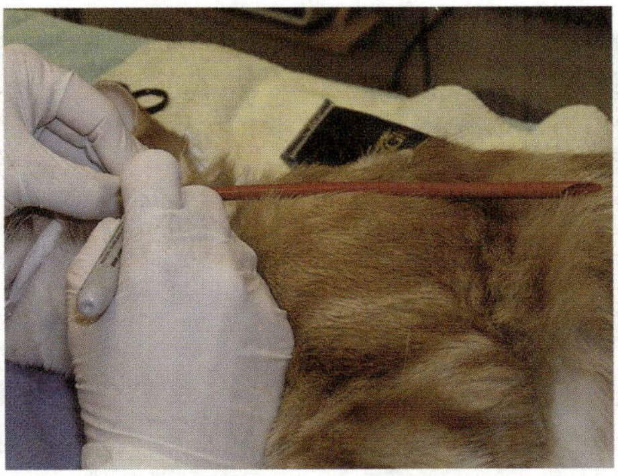

图 3-37 体外测量插入长度并标记

➢ 放置饲管。将长弯止血钳经口进入食道至颈部中段，将止血钳弯头向皮肤外侧顶起，使皮肤隆起（图 3-38）。在凸起处用手术刀片做一个直径 1 mm 左右大小的切口（图 3-39），并将止血钳顶出体外，止血钳夹住饲管末端，并拉出口腔（图 3-40、图 3-41）。松开止血钳，将饲管末端反折重新送入食道，直至切口处饲管发生翻转（管口由向后转为向前），将饲管末端放到指定位置（图 3-42、图 3-43）。

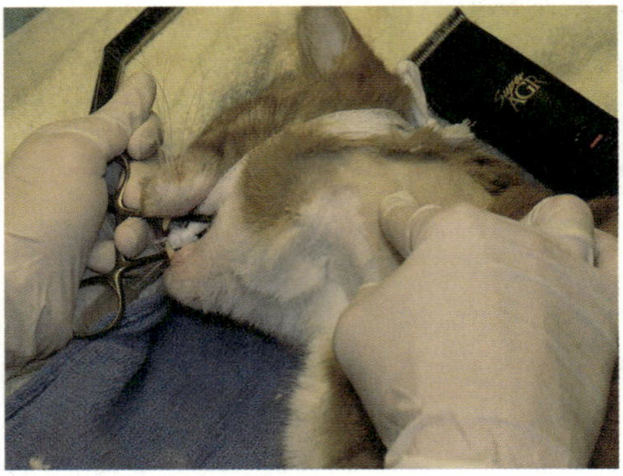

图 3-38　弯止血钳经口插入至颈部食道中部

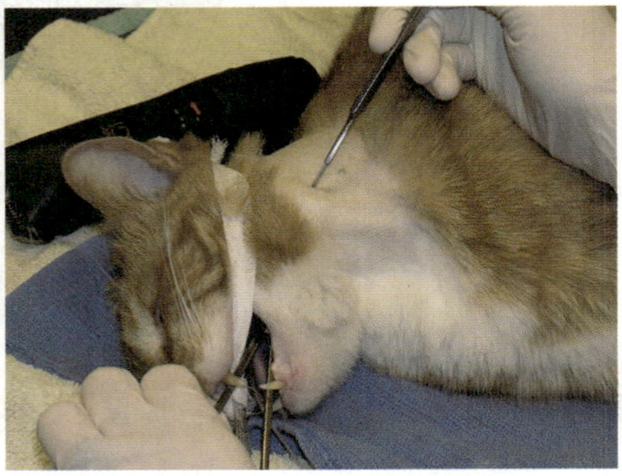

图 3-39　手术刀片在止血钳凸起位置切开皮肤

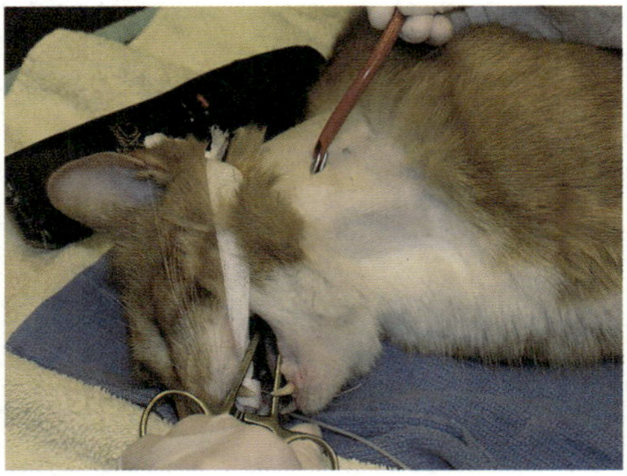

图 3-40　止血钳夹住饲管末端

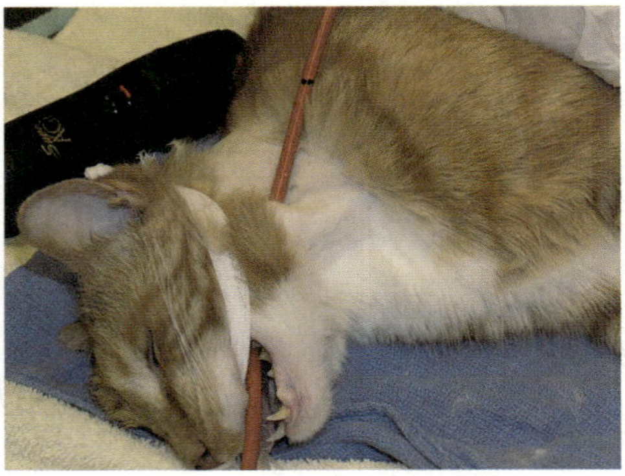

图 3-41　止血钳将饲管拉出口腔

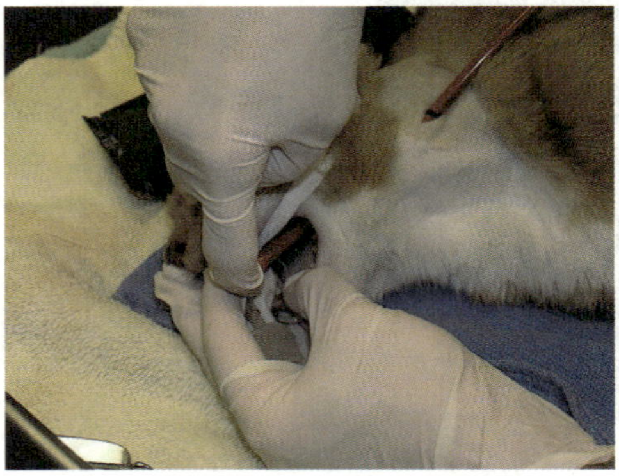

图 3-42　饲管反向插入食道

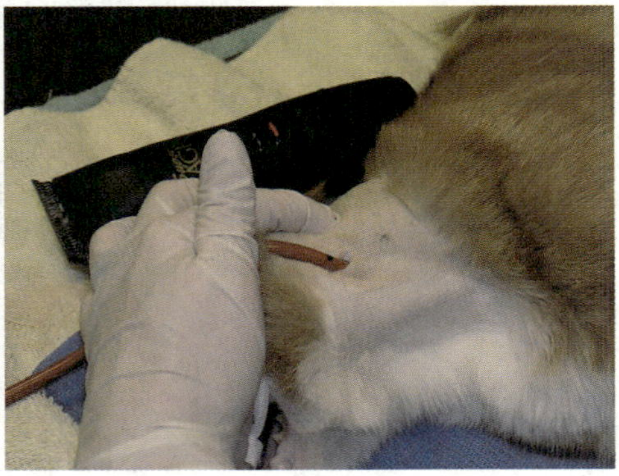

图 3-43　饲管送至食道指定位置

➢ 评估饲管位置。X 线检查以验证饲管是否放置正确(图 3-44)。

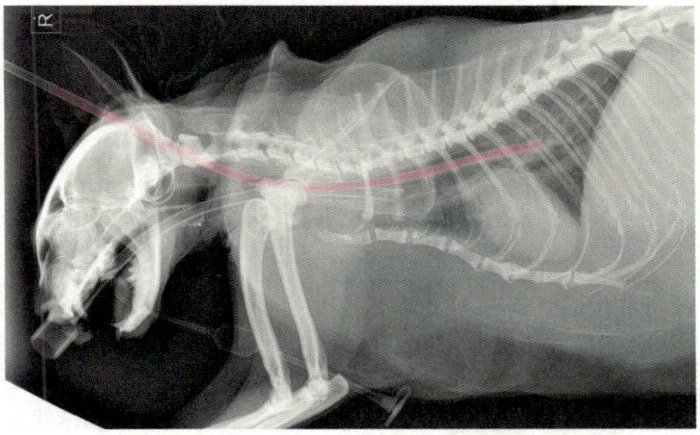

图 3-44　X 线确认插入位置正确

➢ 固定。结节缝合皮肤切口,将饲管固定于皮肤。以指套缝合将饲管固定好,盖好饲管塞(图 3-45)。使用抗生素软膏或碘伏处理伤口,并用纱布绷带包扎以保护饲管(图 3-46)。

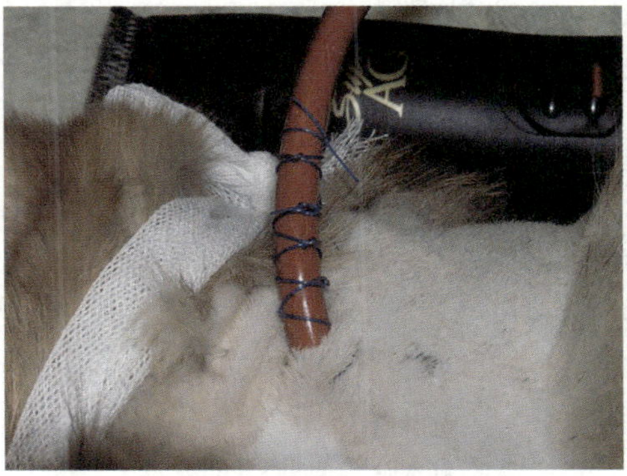

图 3-45　指套缝合固定饲管

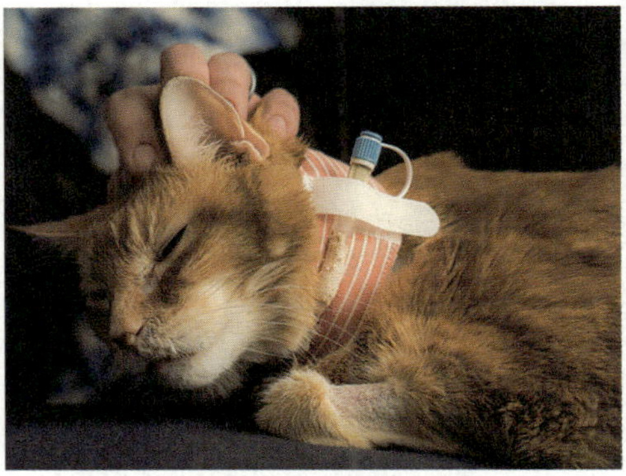

图 3-46　包扎保护饲管

注意事项

➢ 熟悉局部解剖,防止损伤大血管。

➢ 定期检测和护理:每天需定时检查 2~3 次饲管出入的颈部,观察有无渗出液或伤口感染;每次使用前后需用温水冲洗管道,若阻塞可使用碳酸饮料如可乐冲洗管道。

➢ 食物需要加热至体温并在大约 5 min 内注入。

➢ 防止术后并发症,包括发炎、术部蜂窝织炎等。

思维提升

- 呕吐鉴别诊断
  - 饮食
    - 食物过敏
    - 过食
    - 突然换粮
  - 胃肠因素
    - 排出受阻
      - 机械性梗阻
        - 异物
        - 肿瘤
        - 肠套叠、肠扭转
        - 幽门狭窄
        - 便秘
      - 功能性梗阻
    - 炎症
      - 感染
        - 细菌性　沙门菌感染
        - 病毒性　猫瘟、猫传染性腹膜炎
        - 真菌性
      - 非感染性　IBD
    - 寄生虫　蛔虫、球虫、三毛滴虫、贾第虫等
  - 胃肠外因素
    - 肾脏问题
      - 急性肾损伤
      - 慢性肾病
    - 胰腺炎
    - 三体炎
    - 肝胆疾病
      - 脂肪肝
      - 胆管炎/胆管肝炎
      - 肿瘤
      - 肝囊炎
    - 子宫蓄脓
    - 腹膜炎
    - 脾脏肿瘤
    - 败血症
  - 呕吐中枢受刺激
    - 颅内压增高
      - 脑肿瘤
      - 脑水肿
      - 脑积水
      - 脑膜炎
    - 前庭器官疾病
      - 中耳炎
      - 晕车
  - 化学感受器受刺激
    - 甲亢
    - 高钙血症
    - 糖尿病酮症酸中毒
    - 尿毒症
    - 败血症
    - 肝衰竭
  - 应激
  - 毒物刺激
  - 药物
    - 麻醉药物
    - 化疗药物
  - 季节变化

病例分析

狸花猫，2 岁，公，体重 6.2 kg，已去势，免疫驱虫正常，室内饲养。最近搬到新家一周，发现精神变差，不吃食，能少量饮水，呕吐 3 ～ 4 次 /d，呕吐物为黄色液体，不爱动，最近 3 d 经常“母鸡蹲”（图 3-47）。

体况评分 6/9，脱水评估 5%，体温 37.5 ℃，心率 156 次 /min，血压 148 mmHg，CRT<2 s，可视黏膜及皮肤轻度黄染（图 3-48）。触诊腹部紧张敏感，体表淋巴结未见明显异常。

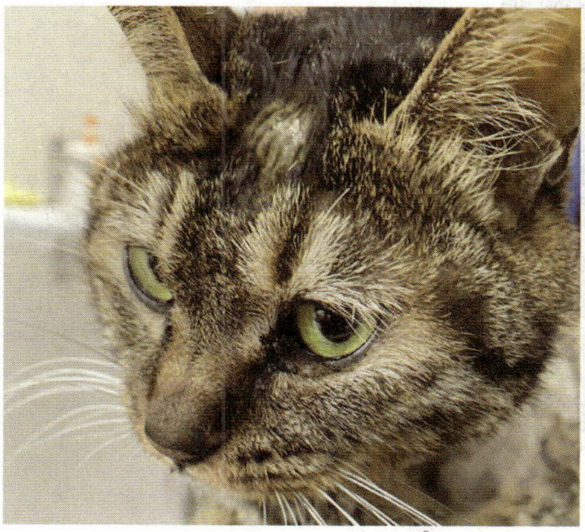
图 3-47　狸花猫患猫

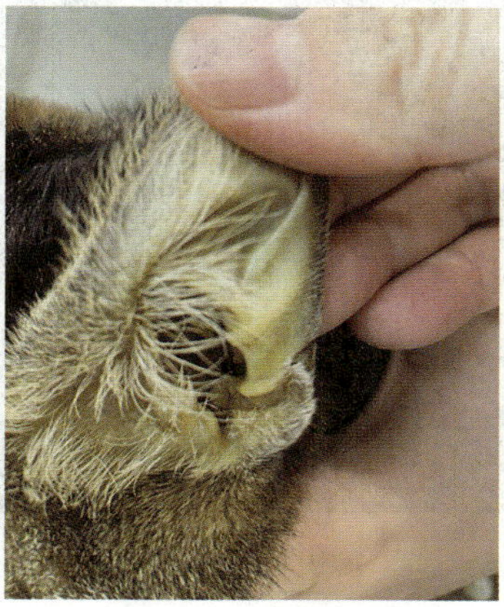
图 3-48　皮肤黄染

血液学检查：结果见表 3-9 至表 3-11。

表 3-9　血常规检查结果

项目	测量值	参考范围
嗜中性粒细胞（NEU）	11.61 ↑	2.3 ～ 10.29 K/μL

表 3-10　血液生化检查结果

项目	测量值	参考范围
葡萄糖（GLU）	11.94 ↑	4.11 ～ 8.84 mmol/L
球蛋白（GLB）	51	28 ～ 51 g/L
谷氨酸氨基转移酶（ALT）	445 ↑	12 ～ 130 U/L
碱性磷酸酶（ALKP）	556 ↑	14 ～ 111 U/L
γ- 谷氨酰转移酶（GGT）	17 ↑	0 ～ 11 U/L
胆红素（TBIL）	5.26	0 ～ 15 μ mol/L

表 3-11　血气分析结果

项目	测量值	参考范围
离子钠（Na^+）	145 ↓	147 ～ 162 mmol/L
酸碱度（pH）	7.42 ↑	7.25-7.4

血液学检查结果有什么问题？

影像学检查结果：见图 3-49。

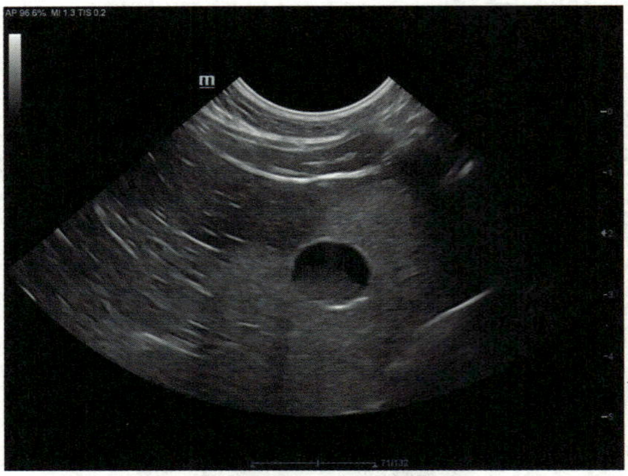

图 3-49　肝胆 B 超影像

影像学检查你发现了什么？

你的初步诊断结果是什么？

你的下一步诊断方案是什么？

你的治疗方案是什么？

项目四

猫常见泌尿系统疾病防治

学习目标

【知识目标】

★ 掌握猫特发性膀胱炎、急性肾损伤及慢性肾病的诊治；

★ 了解急性肾损伤及慢性肾病的分期相关知识。

【能力目标】

★ 能规范进行膀胱穿刺、公猫导尿及皮下输液操作；

★ 熟悉公猫尿道造口术的操作流程。

【素养目标】

★ 通过泌尿系统实操训练，培养任劳任怨、吃苦耐劳的劳动精神；

★ 通过复杂疾病的诊治，培养科学严谨、追求卓越的创新精神。

温故知新

肾脏相关指标及术语

★ 氮质血症：血液中非蛋白类含氮物质（肌酐、尿素氮）浓度升高。

★ 尿毒症：尿毒症不是一个独立的疾病，而是各种晚期的肾病共有的临床综合征，是慢性肾功能衰竭进入终末阶段时出现的一系列临床表现所组成的综合征。

★ 肾小球滤过率（GFR）：单位时间内（每分钟）两侧肾生成的超滤液量或指单位时间内经肾小球滤过的血浆量，是反应肾小球滤过功能的重要指标。

★ 尿素氮（BUN）：血浆中一种含氮化合物，由肝脏合成，主要通过肾小球滤过而排出体外。

★ 肌酐（CREA）：由肌肉中肌酸和磷酸肌酸分解产生的一种小分子代谢物，分内源性和外源性 2 种，在血浆中半衰期为 3 h，主要通过肾小球滤过作用排出体外。

★ 对称二甲基精氨酸（SDMA）：是精氨酸的甲基化形式，存在于有核细胞中，参与多项细胞功能，在细胞内蛋白质降解后进入血液循环，经由肾脏排出，与肾小球滤过率（GFR）高度相关，不受肌肉质量的影响，不会被肾小管重吸收，能更早期发现和诊断肾脏疾病。

★ 尿蛋白肌酐比（UP/C）：即尿液中的蛋白质和肌酐的比值，用于尿液内蛋白质含量的定量检测，进行早期肾脏疾病检测及监控肾脏疾病的发展。

基础任务

任务1　特发性膀胱炎

47. 猫特发性膀胱炎

猫特发性膀胱炎或猫自发性膀胱炎(feline idiopathic cystitis,FIC),为猫下泌尿道疾病的一种,FIC是一种慢性、非感染性的炎性过程,属于无菌性炎症。

一、流行病学

猫特发性膀胱炎占猫泌尿道疾病的50%～60%,年轻猫更多见,很多情况下容易复发。本病发生无性别差异,公猫、母猫都可发生,但是在临床中更多看到公猫的病例,主要考虑公猫尿道细长,尤其是尿道球腺后方尿道更狭窄,很多情况下发生阻塞的位置都在这个部位,而母猫尿道较粗短,不容易尿闭,但可能会有尿频、尿痛等情况。FIC属于自限性疾病,部分病例不进行治疗,5～7 d也会自愈,但复发概率大。

二、病因

FIC病因尚不明确,但普遍认为与猫应激有关。猫的急性应激因素包括搬家、外出、新成员、装修甚至洗澡、就诊等,慢性应激因素包括多猫环境、猫砂盆过小、猫砂盆数量不够或摆放位置不妥等(图4-1)。

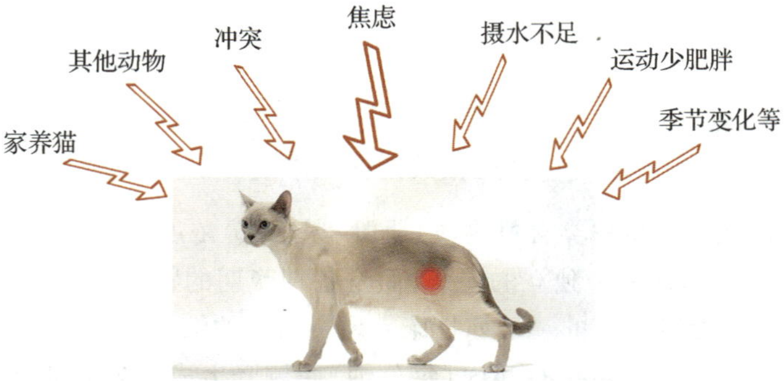

图4-1　FIC与应激息息相关

FIC的风险因素包括肥胖、不爱运动、纯种猫、室内猫、摄水不足或只吃干粮的猫。

特发性膀胱炎的发病机理目前尚不明晰,主要考虑以下2方面:一方面,由于膀胱组织学变化,导致膀胱上皮细胞通透性增加,或者糖胺聚糖分泌减少,而糖胺聚糖是膀胱黏膜的保护层,可抑制细菌黏附,保护膀胱上皮细胞免受尿液刺激;另一方面,猫由于应激、疼痛等刺激,导致体内酪氨酸羟化酶分泌增加,而这一物质是儿茶酚胺的限速酶,直接会导致去甲肾上腺素、肾上腺素、多巴胺等儿茶酚胺类激素分泌增加,这些激素分泌增加会导致膀胱上皮细胞通透性增加,使尿液更容易刺激到膀胱感觉神经元,从而引起膀胱疼痛及炎症。

三、临床表现

FIC 的主要症状包括频尿、血尿(图 4-2)、排尿痛苦、排尿行为改变,如不在猫砂盆小便等,也可能出现频繁舔舐尿道口或膀胱区被毛,引起膀胱区脱毛(图 4-3)。

FIC 主要分阻塞性和非阻塞性 2 种类型。阻塞性 FIC 临床表现更为严重,患猫会表现为厌食、脱水、呕吐,触诊膀胱大而坚硬,敏感性增加,甚至发生破溃导致腹膜炎,严重可致死。如果 24 ~ 48 h 内尿闭,会导致肾脏的急性损伤,出现氮质血症、酸中毒、高钾血症等,甚至死亡。尿路阻塞可能的原因包括尿道炎性肿胀、尿道肌肉痉挛、反射系统失调、脱落组织和结晶引发尿路栓塞等。非阻塞性 FIC 的症状较为缓和,动物食欲、精神可能无明显异常,膀胱触诊较为正常。非阻塞性 FIC 通常持续病程较长,也会因为主人疏忽而耽误病情。

图 4-2 反复性 FIC 引发血尿

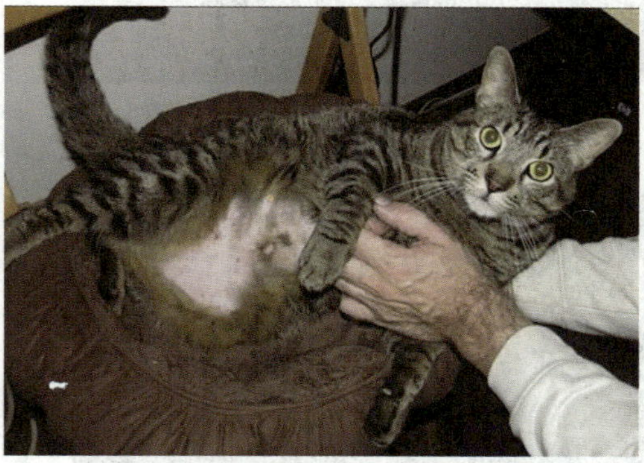

图 4-3 膀胱区脱毛

四、诊断

FIC 的诊断主要采用排除法进行诊断,需要做全面的检查。

(一) 病史及临床表现

病史调查包括了解食物结构、饲养方式、运动情况等,有无尿频、尿痛、血尿或者乱尿等异常行为,也需关注尿团大小及数量,重点了解近期有无应激的问题。

物理学检查主要是进行膀胱区视诊及触诊、脱水、可视黏膜检查等,严重尿闭的患猫膀胱触诊表现为坚如硬石。

(二) 血液学检查

FIC 的两种类型在血液学检查上有一定差别,阻塞性 FIC 症状严重,血液学检查可发现脱水、肾后性氮质血症、代谢性酸中毒、高血钾等。而非阻塞性 FIC 血液学检查一般正常,需要注意的是由于 FIC 属于无菌性炎症,所以炎性指标如白细胞、嗜中性粒细胞、SAA 等指标基本正常。

(三) 尿液检查

尿液检查包括尿比重检查、尿液化学检查及尿沉渣检查,通过尿液检查可以排除结晶及细菌感染的问题。怀疑有细菌感染应进行尿液细菌培养和药敏试验可避免复发性及抗药性的产生。

（四）影像学检查

X 线检查可发现膀胱因尿液无法排出，体积增大（图 4-4），也可排除结石问题，膀胱双重造影检查可能见到膀胱结构异常，如膀胱壁增厚（图 4-5）、膀胱憩室等问题。B 超检查可见膀胱壁增厚（图 4-6），或有泥沙状结晶（图 4-7）、血凝块等。

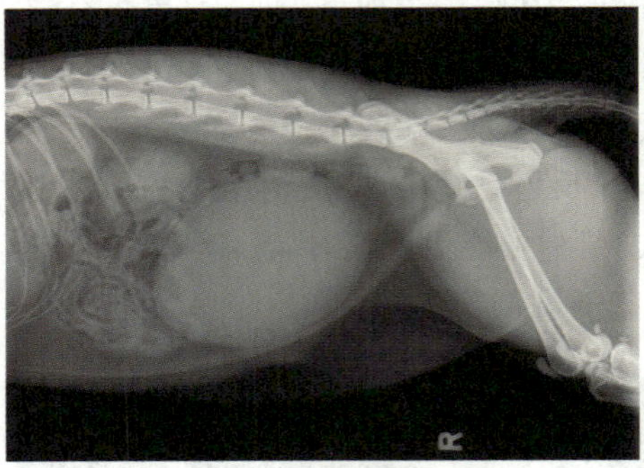

图 4-4　膀胱体积增大

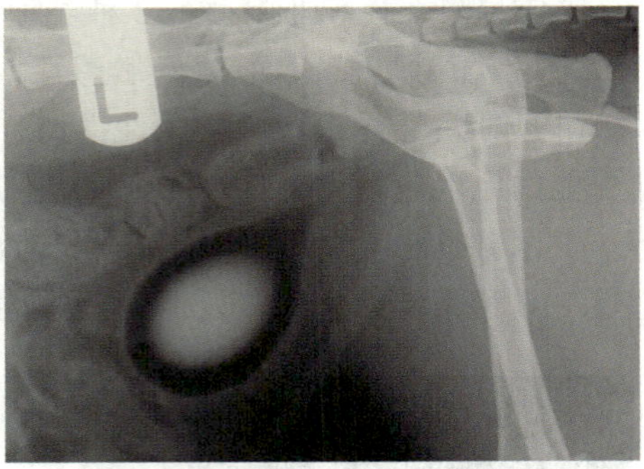

图 4-5　膀胱双重造影显示膀胱壁增厚

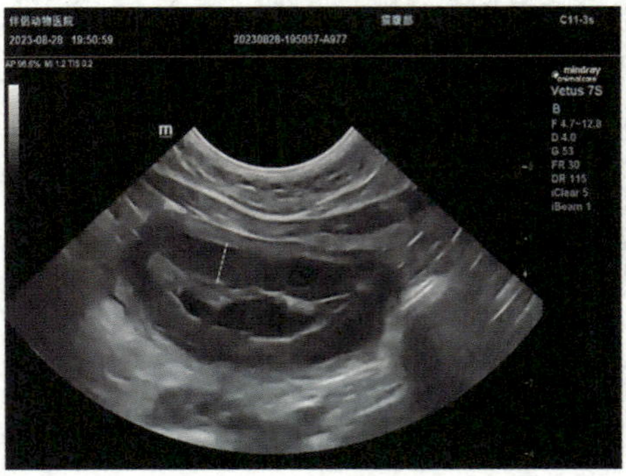

图 4-6　B 超显示膀胱壁明显增厚（虚线所示）

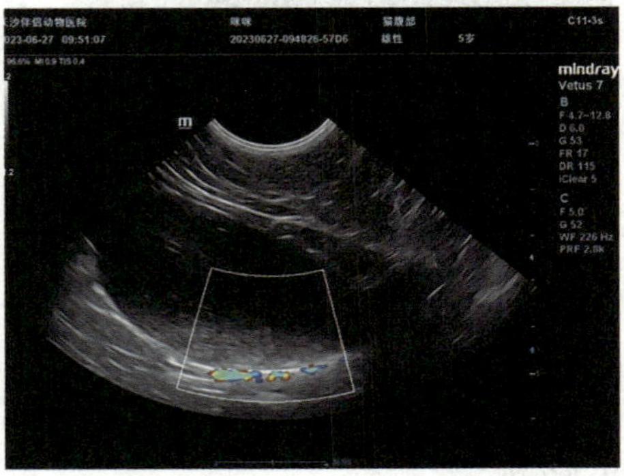

图 4-7　膀胱内有大量泥沙状结晶

（五）膀胱内窥镜检查

膀胱内窥镜检查可直接检查尿道和膀胱的内壁的情况，对本病有一定的确诊意义，但是使用有一定的局限性。

五、治疗

（一）非阻塞性 FIC 治疗

1. 多模式环境改变

减少应激，改善生活环境，实行多模式环境改变。多模式环境改变（MEMO）的目标是改善猫砂盆、饮食、休息及娱乐等室内生活环境，以减少猫的焦虑、紧张（图 4-8）。对于应激、焦虑的猫可以选择费洛蒙，舒缓猫的紧张情绪。

2. 饮水与营养

治疗时应增加饮水，维持营养。猫长时间处于尿浓缩、排尿困难的情况下，会增大肾脏负担，尿液中毒素对膀胱黏膜的刺激也会加重膀胱疼痛，建议饲喂泌尿道处方粮，或其他可以鼓励猫多饮水的方法。若反复发作，建议长期以湿粮为主，或通过采取增加饮水量以稀释尿液及增加尿量的方式来改善病情（图 4-9、图 4-10）。

图 4-8 从多方面进行环境丰容以舒缓猫的紧张情绪

图 4-9 鼓励猫多饮水

图 4-10 湿粮可减少 FIC 发生的概率

3. 药物治疗

对猫进行疼痛管理对本病治疗有重要意义。临床中一般选择布托啡诺进行镇痛。

解痉药可以选择酚苄明(2.5 mg/ 猫,PO,q12 ～ 24 h)、哌唑嗪(0.5 ～ 1 mg/ 猫,PO,q12 ～ 24 h,7 ～ 14 d)或丹曲洛林(0.5 ～ 2 mg/kg,PO,q12 h),减轻尿道肌肉痉挛。

三环类抗抑郁药阿米替林可以缓解猫应激、紧张及疼痛,可用于复发性 FIC 或慢性 FIC,但需长期用药,剂量为 2.5 ～ 5 mg/ 猫,PO,q24 h。也可以选择氯米帕明、氟西汀、丁螺环酮,用药期间要监测血液学指标。

糖胺聚糖及类似物可以修复膀胱及尿道黏膜,降低通透性,可作为辅助治疗药物,临床中常用商品化产品包括咪尿通、立尿通、泌尿益等。

(二)阻塞性 FIC 治疗

首先要通过导尿以缓解膀胱压力,在操作时要注意无菌操作,使用一次性无菌润滑剂,并且以水为工具进行阻塞物的疏通,也要注意插管的力度,防止损伤脆弱的尿道。导尿管一般留置时间不超过 3 d,若病情较为严重,需要进行治疗时可留置 7 d 以上,猫排尿正常后拆除导尿管。如果猫状况不适宜插管或插管困难,可以先进行膀胱穿刺缓解膀胱压力。放置尿管后需要使用抗生素,常用药为阿莫西林。

根据需要进行对症治疗,阻塞性 FIC 也需要使用一些解痉药、肌松药以及镇痛药进行治疗。

对于反复发作的特发性膀胱炎、尿道狭窄、尿道结石或后段尿道损伤的病例,可以考虑进行尿道造口术,但是尿道造口术不是本病治疗的首选方案,也存在一定的复发概率。

小贴士

FIC 通常是无菌性炎症过程，细菌较少参与，因此抗菌消炎不是本病治疗的首选方案，在血液检查明确存在感染或患猫实施导尿操作时则需采取抗生素治疗。

减少应激及镇痛管理是 FIC 治疗首先要考虑的问题。

六、预后

非阻塞性 FIC 预后良好，阻塞性 FIC 若不及时治疗，会有一定的死亡率。

七、预防

预防主要是要减少猫的应激，改善猫的生活环境，同时要鼓励猫多喝水，不爱喝水的猫考虑以湿主粮代替干粮。

思考与练习

1. 阻塞性 FIC 的物理学检查可能出现（　　）。（多选）
   A. 触诊膀胱区敏感　　B. 膀胱区被毛稀疏
   C. 患猫精神及食欲正常　　D. 触诊膀胱柔软
2. 关于 FIC 说法正确的是（　　）。（多选）
   A. 公猫发病率高于母猫
   B. 发病率高且容易复发
   C. 属于感染性疾病
   D. 与猫的应激密切相关
3. 关于 FIC 的诊断说法错误的是（　　）。（多选）
   A. 无明确的确诊方法
   B. X 光检查可以确诊
   C. 血液学检查可以确诊
   D. B 超检查可以确诊
4. 阻塞性 FIC 实验室检查一般不会发生的是（　　）。（多选）
   A. 白细胞及嗜中性粒细胞水平升高
   B. 血清淀粉样蛋白水平升高
   C. B 超检查膀胱壁增厚，内有泥沙状沉积物
   D. 尿素氮、肌酐水平升高
5. 关于 FIC 治疗说法错误的是（　　）。
   A. 镇痛管理非常重要
   B. 去除应激因素，舒缓患猫情绪
   C. 必须使用抗生素治疗
   D. 阻塞性 FIC 需要进行导尿处理，以缓解膀胱压力

进阶任务 >>>

任务2 急性肾损伤

急性肾损伤(acute kidney injury,AKI),是由各种致病原因引起的肾脏泌尿功能在短期内急剧降低,以致机体内环境的稳定性受到破坏,从而出现水、电解质、酸碱平衡紊乱以及代谢产物蓄积的综合征。若未及时治疗,AKI进一步发展,可导致肾脏衰竭,引起死亡。

48. 急性肾损伤 1

一、病因

AKI的病因通常包括肾前性、肾性和肾后性,在临床中可能是单独发生,也可能是合并发生,其临床症状视病因、损伤范围以及病程时间而定。

(一)肾前性AKI

肾脏血流量占心输出量的20%～25%,而其中的90%需要通过皮质部,所以肾脏皮质对于缺血以及有毒物质刺激尤为敏感。由于功能性肾单位的灌注不足导致肾脏清除溶质和尿毒素物质能力下降。体液流失、低血容量、低血压、有效循环血量减少、麻醉、创伤、休克、低蛋白血症、药物等原因都可能减少肾脏血流量,从而导致肾脏损伤。

肾前性AKI的特征是当潜在病因得到纠正时,氮质血症将会迅速逆转,若不能及时纠正,则可能进一步导致肾实质性损伤。

(二)肾性AKI

肾性AKI主要分为肾小球、肾小管、间质或血管的损伤,其中肾小管的缺血性坏死(急性损伤)在临床中最常见。

(1)急性肾小管损伤:通常是由于局部缺血或中毒导致。

(2)感染:包括肾小球肾炎或间质性肾炎、肾盂肾炎以及传染性腹膜炎等。

(3)肾毒素:肾毒素引起的AKI在宠物临床中较为常见,包括药物、化学物质及植物等因素,如肌红蛋白血症、血红蛋白血症、氨基糖苷类药物、非甾体类抗炎药、百合科植物、乙二醇、高钙血症等。

(三)肾后性AKI

肾后性AKI通常由泌尿系统阻塞造成,常见的原因有结石、结晶导致尿道阻塞,泌尿道破裂导致尿液流入腹腔内引起的尿腹症,输尿管狭窄、膀胱肿瘤、输尿管内有血块、尿道畸形、手术失误造成输尿管结扎,这些都可能导致代谢废物停留在肾脏内,造成AKI。

二、AKI分期

国际肾病研究协会(international renal interest society,IRIS)对猫AKI进行了分期,分期标准依据患猫血中肌酐的浓度、尿量以及肾脏是否需要替代疗法来评定,将急性肾损伤分为5期(表4-1)。

对患猫急性肾损伤的分级有助于治疗方案的制定,与慢性肾病不同,AKI分期无需动物体况达到稳定状态。

表 4-1　AKI 分期

分期	血中肌酐浓度	损伤情况	说明
Ⅰ	<1.6 mg/dL <140 μmol/L	非氮质血症 AKI	a. 通过病史、临床表现、检查数值或影像学检查确认存在急性肾损伤：出现少尿 / 无尿；对输液治疗有反应 b. 血中肌酐浓度在 48 h 内的上升幅度超过 0.3 mg/dL（或 26.4 μmol/L） c. 少尿（尿量 <1 mL/kg·h）或无尿持续时间超过 6 h
Ⅱ	1.7 ~ 2.5 mg/dL 141 ~ 220 μmol/L	轻度 AKI	a. 确认急性肾损伤且呈现稳定或进行性氮质血症 b. 血中肌酐浓度在 48 h 内的上升幅度大于 0.3 mg/dL（或 26.4 μmol/L），或对输液治疗有反应 c. 少尿（尿量 <1 mL/kg·h）或无尿持续时间超过 6 h
Ⅲ	2.6 ~ 5.0 mg/dL 221 ~ 439 μmol/L	中度至重度 AKI	氮质血症及肾功能损伤严重程度进行性恶化
Ⅳ	5.1 ~ 10.0 mg/dL 440 ~ 880 μmol/L		
Ⅴ	>10.0 mg/dL >880 μmol/L		

三、临床表现

常见的临床表现包括嗜睡、呕吐、腹泻和厌食，但这些症状不具有特异性。患猫也可能出现少尿、无尿或多尿，当患猫多尿时，还可能发生代偿性多饮。严重时，患猫还可能出现抽搐、晕厥及呼吸困难，这些可能会掩盖更典型的 AKI 症状。

四、诊断

由于大多数猫 AKI 病例表现为肾排泄功能严重下降，可通过单次或连续评估血液中肌酐和 / 或尿素氮浓度来诊断。

（一）病史及理学检查

病史调查包括既往病史、现病史、毒物接触史等，是否近期使用过麻醉剂并列出所有使用过的药物，患猫临床症状出现时间、精神状态、饮食欲及排尿情况。

理学检查关键是要获得准确的基础体重及确定水合状态，通过触诊评估肾脏大小及敏感性，评估膀胱充盈程度等。

（二）实验室检查

实验室检查内容包括必要的血常规检查、血液生化检查、血气分析、尿液检查等（表 4-2）。

表 4-2 AKI 实验室检查

检查项目	指标	可能指标变化
血常规检查	红细胞指标、血红蛋白指标、血小板指标、血小板形态等	无特异性变化
血液生化检查	SDMA、UPC、总蛋白、白蛋白、肌酐、尿素氮、血磷、血钙、血钾、血糖等	SDMA、UPC、肌酐、尿素氮等升高
血气分析	pH、钾、钠、碳酸氢根、二氧化碳分压等	代谢性酸中毒、血钾、血磷升高
尿液检查	★ 物理学检查：尿量、尿色、尿比重 ★ 化学检查：pH、尿蛋白、尿糖、酮体等 ★ 尿沉渣检查：细胞、细菌、管型等 ★ 尿液培养	等渗尿或低渗尿（USG<1.035）、尿沉渣中可能出现血细胞、细菌、结晶及管型

（三）影像学检查

通过 X 线或超声检查发现以下任何一种情况，常提示存在肾损伤，如肾脏体积增大、肾脏和 / 或输尿管结石或梗阻、肾盂或输尿管扩张、肾脏皮质回声增强、肾周积液等。

腹腔 X 线检查有助于确定尿结石，评估膀胱及肾脏的大小，X 线检查比超声检查更能可靠地发现输尿管结石。

（四）其他检查

眼底检查：可发现视网膜出血或脱落，由此表明可能存在高血压的情况。

血压测定：平均动脉压降低到 70 mmHg 以下，则肾脏灌注呈线性下降，而有些患有肾病的猫可出现高血压。

肾脏活检：不一定能确定 AKI 的原因，但对评估预后极为重要。如果基膜及肾小管完整，则说明病情可以恢复，但进行这种检查时必须要考虑麻醉的风险及获得的信息的可能价值，临床实际应用较少。

五、治疗

AKI 治疗的主要目标包括去除潜在病因及对症治疗以降低尿毒症后遗症。

49. 急性肾损伤 2

（一）对因治疗

若明确 AKI 病因，应及时进行对因治疗，如中毒可进行催吐或洗胃，若因输尿管梗阻所致的 AKI，可通过人工输尿管旁路手术进行治疗，这也是治疗输尿管梗阻的最新技术。

新技术

皮下输尿管绕道手术

输尿管梗阻的治疗方案包括药物治疗、输尿管切开术（传统手术）、输尿管支架置入术和皮下输尿管绕道手术（subcutaneous ureteral bypass，SUB）。SUB 装置是基于人类使用的旁路装置开发而成的，是一种永久固定装置，可称为人工输尿管。与输尿管支架相比，猫的治疗结果得到了改善，并发症更少（图 4-11 至图 4-14）。

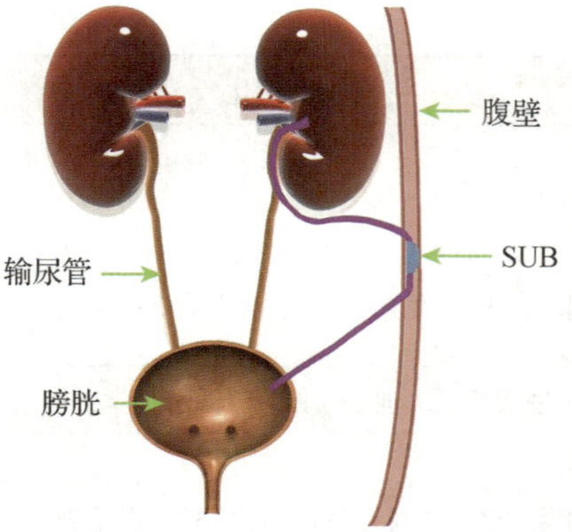

图 4-11　SUB 示意图

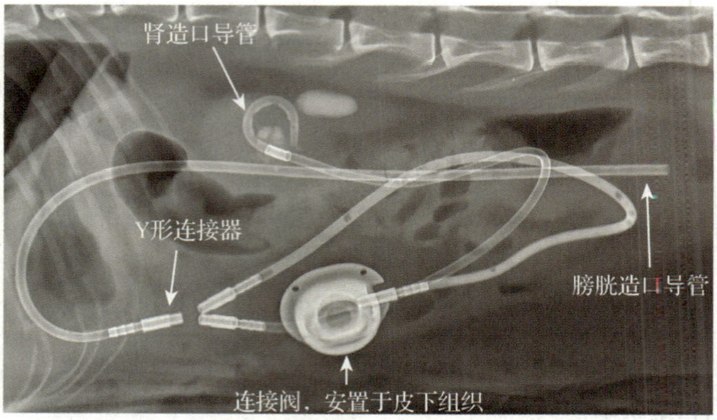

图 4-12　SUB 主要构造

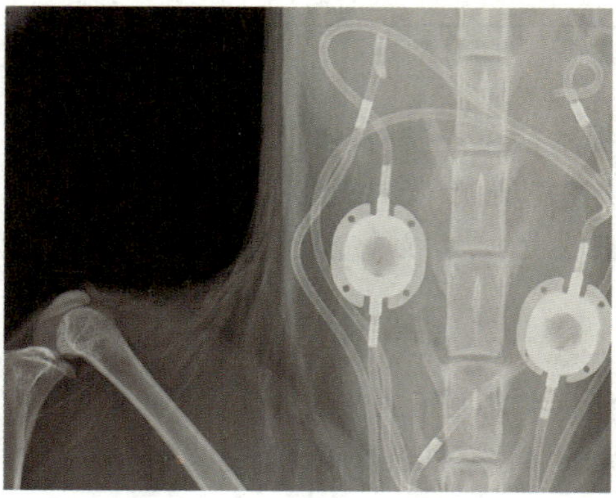

图 4-13　双侧 SUB

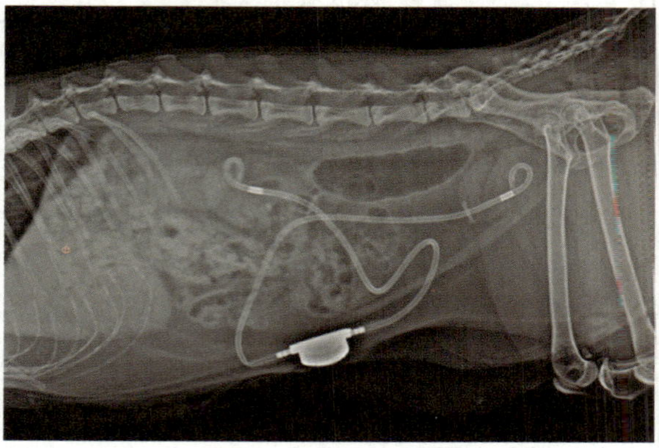

图 4-14　单侧 SUB

（二）液体疗法

用于纠正脱水，纠正电解质及酸碱失衡，补充体液，促进尿液产生。如果猫少尿或无尿，则必须要注意避免水合过度。输液过程中，尿液量是非常重要的监测指标。应经常检查猫的肺脏是否负荷过重，特别是当尿液量没有按预期增加时更应如此。

AKI 时电解质异常包括高钾血症或低钾血症、高磷血症、低钙血症或高钙血症。在进行液体治疗期间应经常性地监测电解质水平。AKI 时常发生代谢性酸中毒，可采用乳酸林格氏液缓冲，以及采用液体利尿，通常可改进或纠正酸中毒。

（三）诱导利尿

如果猫已经表现多尿，可继续采用积极的液体疗法，同时监测电解质和脱水状态。如果脱水已得到纠正，而且补液充分，但尿液产生仍然每小时少于 1～2 mL/kg，应考虑利尿。如果不能建立利尿，最好选择肾脏替代疗法。

（四）抗生素疗法

如果怀疑发生细菌感染，应进行尿液细菌培养并进一步进行药敏试验，经验性使用广谱抗生素治疗应在采集尿液培养之后进行。

（五）对症治疗

如果持续呕吐而发生尿毒症并发症时，可采用马罗皮坦、昂丹司琼、奥美拉唑、法莫替丁等药物进行治疗。如果在就诊前摄入毒性物质,可通过催吐、洗胃或活性炭治疗。

(六)营养支持疗法

损伤的肾脏组织修复需要蛋白质和能量,可采用注射器饲喂,必要时可放置饲管饲喂。

(七)替代疗法

在发生 AKI 而且不能对积极的药物治疗发生反应时,可采用腹膜透析或血液透析。

小贴士

AKI 具有可逆性,但是必须在一定的时间内得到有效的治疗以使患猫症状得到缓解,否则可能会导致猫肾功能进一步损伤,甚至死亡。数据统计,AKI 平均死亡率在 40%～60%,而 50%～60% 的 AKI 病例可能发展为慢性肾病。

六、预后

毒素引起的 AKI 预后好于缺血引起的 AKI,主要是因为肾小管基膜在中毒时更有可能得到保护。对利尿治疗有反应或很快到达第三阶段的患猫通常预后良好,但如果少尿 / 无尿持续存在,患猫可能死亡,治疗过程中一旦出现低体温、高钾血症、低蛋白血症和严重的代谢性酸中毒等,都会增加 AKI 的死亡风险。AKI 成功治疗后通常可引起肾功能不全,需要引起重视。

思考与练习

1. 猫急性肾损伤肾前性因素包括(　　)。(多选)
   A. 休克
   B. 严重贫血
   C. 充血性心衰
   D. 严重脱水
2. 以下关于猫 AKI 说法错误的是(　　)。
   A. 急性肾损伤具有不可逆性
   B. 肾前性 AKI 主要是血液灌注不良所致
   C. 肾性 AKI 主要是肾小球、肾小管、间质或血管的损伤所致
   D. 肾后性 AKI 主要由于尿路阻塞导致尿液排出受阻所致
3. 以下关于猫 AKI 说法错误的是(　　)。
   A. 处于 IRIS 分期 CKD Ⅱ期的动物,48 h 内其肌酐浓度上升 0.4 mg/dL,则该动物也处于 IRIS 分期 AKI 的Ⅱ级
   B. 肾前性 AKI 的特征是当潜在病因及时纠正后,氮质血症将会迅速逆转
   C. 与 CKD 一样,AKI 分期说明疾病处于稳定状态
   D. 服用氨基糖苷类药物可能会导致 AKI

思政园地

宠物医疗纠纷如何解决：加强医患沟通　呼吁第三方鉴定

市民杨先生的宠物猫因子宫蓄脓在某宠物医院进行手术治疗，手术后，动物医院表示手术成功，当天杨先生将小猫带回了家。手术后，杨先生发现小猫无法排尿，带至原手术医院治疗未见好转，转至其他医院。但 4 d 后，小猫经抢救无效死亡，诊断为急性肾损伤伴随输尿管梗阻、酸中毒及高钾血症。

杨先生认为，正是医院的手术失误，才导致小猫无法正常排尿，最终造成小猫死亡。宠物医院只是对小猫的死一再表示歉意，但坚决不承认手术过程中存在过错。杨先生准备起诉动物医院，同时准备找鉴定机构对小猫的死因进行鉴定。业内人士表示，目前国内鉴定机构无法对动物死亡原因进行鉴定。

当事人欲通过申请司法鉴定查明小猫的死亡原因，但目前国内对于动物医疗纠纷案件暂无专门的鉴定机构，对于宠物伤残也没有明确具体的鉴定和赔偿标准。因此，对于宠物死亡损害结果的发生很难判定过错。

思考：作为一名宠物医生，请你思考一下如何避免医疗纠纷的出现？

50. 猫慢性肾病 1

任务 3　慢性肾病

慢性肾病(chronic kidney disease，CKD)，是指任何肾脏结构和功能的慢性病变，病程一般超过 3 个月。CKD 是一种渐进性、不可逆的疾病过程。

一、流行病学

任何年龄的猫均可发生 CKD，但 7 岁以上的猫患病风险会加倍。CKD 无性别差异，具有一定的品种特异性，缅因猫、暹罗猫、波斯猫、阿比西尼亚猫、缅甸猫、俄罗斯蓝猫多发。CKD 整体发病率在 1% ～ 3%，而老年猫发病率显著升高，15 岁以上的猫发病率可达 30%，甚至更高。

CKD 的病因包括先天性和后天性 2 种情况，先天性因素包括肾脏发育不良，如布偶猫单侧肾发育不全，早期通常无任何异常表现，往往是通过绝育手术或常规体检发现。肾脏淀粉样变在阿比西尼亚猫、东方短毛猫、暹罗猫上比较多见。多囊肾在波斯猫、喜马拉雅猫、金吉拉上比较多见。

后天性因素有很多，但是很多情况下是无法确定 CKD 的具体病因。少数情况可以明确病因，如肿瘤、多囊肾、肾脏淀粉样病变、高钙血症性肾病等。

二、CKD 分期

国际肾病研究协会（IRIS）制定了猫慢性肾病分期，主要基于血清肌酐（CREA）、对称性二甲基精氨酸（SDMA）、尿蛋白肌酐比（UP/C）和血压（BP）检测结果（表 4-3 至表 4-5）。通过分期可有助于监测 CKD 发展，选择个性化的治疗方案，也有助于评估动物预后情况。

51. 慢性肾病分期

CKD 分期应在动物水合状态良好且肾功能稳定的情况下进行两次评估，首先根据空腹血清 CREA 或空腹血液 SDMA 浓度或两者的浓度进行分期，然后根据尿蛋白肌酐比和血压进行亚分期。SDMA 是比 CREA 更准确的肾功能指标，且 SDMA 不受身体肌肉量、年龄、饮食、疾病状况的影响。

表 4-3 IRIS 慢性肾病分期

指标	单位	Ⅰ期	Ⅱ期	Ⅲ期	Ⅳ期
肌酐 CREA	mg/dL	<1.6	1.6 ～ 2.8	2.9 ～ 5.0	>5.0
	μ mol/L	<140	140 ～ 250	251 ～ 440	>440
对称性二甲基精氨酸 SDMA	μ g/dL	<18	18 ～ 35	36 ～ 54	>54

肾性蛋白尿是 CKD 严重程度的标志，具有预后意义，也可能是肾损伤的原因之一，确定有无肾性蛋白尿对 CKD 的管理非常重要。通过尿蛋白进行 CKD 的亚分期可以确定肾性蛋白尿，排除肾前性和肾后性蛋白尿情况，便于治疗和评估预后。

蛋白尿结果以尿蛋白肌酐比（UP/C）为准，理想情况下，亚分期应基于至少间隔 2 周的两次尿液样本的检测结果进行，处于蛋白尿临界值的动物应在 2 个月内重新评估并分期。

表 4-4 基于尿蛋白肌酐比进行亚分期

尿蛋白肌酐比（UP/C）	亚分期
<0.2	无蛋白尿
0.2 ～ 0.4	蛋白尿临界区
>0.4	蛋白尿

根据靶器官损伤的风险以及是否存在靶器官损伤或并发症的证据，根据收缩压对患病动物进行亚分期。高血压可导致心、脑、眼、肾等靶器官损伤，IRIS 推荐对 CKD 患猫监测血压，并评估是否出现靶器官损伤。血压值都是以收缩压为主，且在临床中推荐使用多普勒血压计进行血压的测量。

表 4-5　基于血压进行亚分期

收缩压（mmHg）	血压亚分期	将来靶器官损伤的风险
<150	正常血压	最小
150 ～ 159	临界高血压	低
160 ～ 179	高血压	中
≥ 180	严重高血压	高

CKD 分期不是一成不变的，随着 CKD 的治疗，患猫的各项指标会出现变化，在治疗过程中要监测以上分期指标并进行分期和亚分期的调整。

三、临床表现

CKD 早期没有明显表现，可能出现多饮多尿的情况，比如喝水增加，尿量增加，但是容易被主人忽视。更多的症状是在Ⅲ期或Ⅳ期出现，主要为尿毒症相关症状如呕吐、厌食、黑便等，还可能出现体重减轻、嗜睡、高血压、行为改变等非特异性症状。

CKD 病理组织学上多表现为慢性间质性肾炎，肾间质纤维化是最常见的病理变化，主要见于Ⅲ期及Ⅳ期。

四、诊断

CKD 需要通过多种检查进行综合诊断，但是早期 CKD 无明显临床表现，容易出现漏诊。

（一）病史及体格检查

病史调查包括一系列非特异性症状如慢性的多饮多尿、精神沉郁、食欲下降、体重下降、呕吐等，病程较长，一般超过 3 个月。体格检查包括整体状态、水合状态、体况评分及肾脏触诊。患猫可能出现被毛粗乱，无光泽，明显的脱水，体况评分下降，肌肉丢失，肾脏触诊可能出现形态异常或肾脏大小变化。

（二）血液学检查

血液学检查包括血常规、血液生化、SDMA 等，患猫可能出现非再生性贫血，低钾血症、代谢性酸中毒以及生化指标异常。

小贴士

SDMA 相较于肌酐更具诊断意义，当肾功能下降 25% 时，SDMA 就会升高，而肾功能下降 75% 时肌酐才会升高，因此 SDMA 可用于早期 CKD 的筛查。

(三)尿液检查

当肾脏功能丢失2/3时,尿液浓缩能力下降,尿比重会下降,出现等渗尿。也要评估有无细菌感染、蛋白尿、糖尿等情况,尿蛋白试纸容易出现假阳性,推荐使用尿蛋白肌酐比评估蛋白尿的情况,但要排除肾前性和肾后性蛋白尿的情况。

(四)影像学检查

X线检查可鉴别尿结石,评估肾脏大小。但是X线的诊断意义不如B超,肾脏X线影像正常不能排除CKD。B超检查可以评估肾脏的形态大小,一般情况下,患猫肾脏会变小,髓质回声增强,皮质与髓质分界不清晰(图4-15、图4-16)。不同的病因可能出现不同的影像,B超影像正常也不能排除CKD。

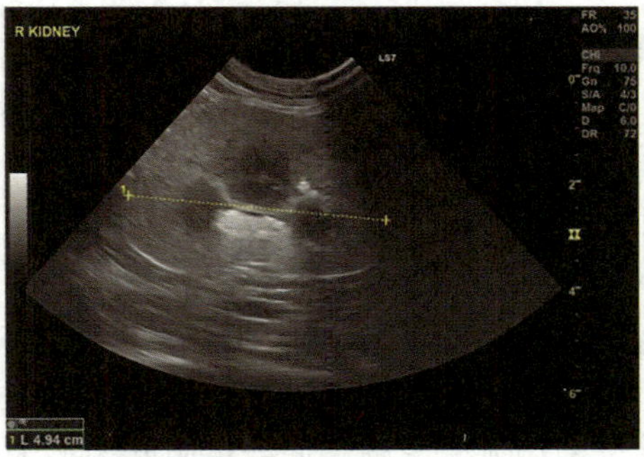

图4-15 正常肾脏,长轴长度4.94 cm

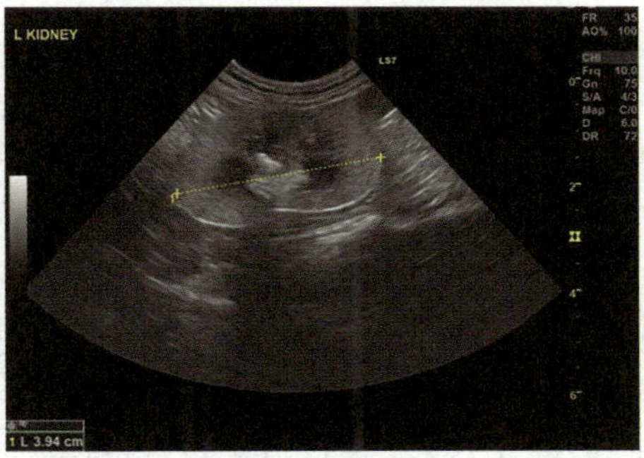

图4-16 CKD肾脏,长轴长度3.94 cm

(五)血压检查

肾脏的功能之一是调节血压,由于肾脏损伤时,其分泌的肾素减少,抑制了肾素-血管紧张素-醛固酮系统,出现高血压,因此血压也是评估CKD的指标之一。20%左右的CKD患猫确诊时会出现高血压。在怀疑高血压时,要对猫进行眼部检查,评估靶器官损伤。

(六)其他检查

肾脏活组织检查使用较少,容易造成猫出血、肾功能下降、水肾、肾脏梗死以及死亡。若活组织检查对治疗方案有改变,可进行,如肾淋巴瘤,若对治疗方案无改变,则不建议使用。

五、治疗管理

CKD无法治愈,但可通过及早诊断和健康管理来减缓肾病发展,延缓尿毒症的发生,提升生活质量,延长存活时间。CKD末期是尿毒症,尿毒症治疗包括频繁输液、透析、肾移植,代价巨大且预后差,因此要预防CKD向尿毒症发展。

52. 猫慢性肾病2

(一)饮食管理

研究证明肾脏处方粮可以延长患猫存活时间,肾脏处方粮磷、钠含量低,钾含量高,富含碱化剂、不饱和脂肪酸、抗氧化剂、B族维生素、高能量、高可溶性纤维等,并适度限制蛋白质,建议Ⅱ期至Ⅳ期使用。

(二)控制高磷血症

由于磷会导致肾脏持续损伤和继发性肾甲状旁腺机能亢进,因此控制高血磷非常重要。控制血磷可保护肾单位,也能减少甲状旁腺功能亢进的风险,建议Ⅱ期时开始限制磷的摄入,即使磷含量仍在参考范围内(表4-6)。

表 4-6　CKD 血磷控制目标

IRIS 分期	血磷参考范围 /(mmol/L)	IRIS 分期	血磷参考范围 /(mmol/L)
Ⅱ期	0.81～1.50	Ⅳ期	0.81～1.90
Ⅲ期	0.81～1.60		

控制血磷可先采用肾脏处方粮或自制限磷食物，调整饮食 4 周后评估结果，若效果不佳，应联合使用肠道磷结合剂，包括铝制剂、钙制剂、碳酸镧、司维拉姆、柠檬酸铁等。服用磷结合剂 4 周后应再次评估血磷水平，根据血磷水平调整剂量；服用钙制剂，要监测血钙，防止发生高钙血症。

（三）控制高血压

大约 20% 患猫伴发高血压，且高血压可发生于 CKD 任何分期。高血压可能加速肾小球损伤，当收缩压 >160 mmHg 时应进行治疗，首选钙离子通道阻断剂氨氯地平，开始剂量 0.625 mg/ 猫，q24 h，PO，3～5 d 后再次评估病情，如果血压仍然超过 160 mmHg，则加大剂量 0.5mg/(kg·d)。也可使用血管紧张素转化酶抑制剂贝那普利或血管紧张素Ⅱ受体阻断剂替米沙坦，若氨氯地平无效可将氨氯地平与贝那普利或替米沙坦联合使用。

（四）控制蛋白尿

蛋白尿的存在与更短的存活时间显著相关，并与较差的预后相关，因为蛋白尿可能会加重肾小管间质损伤，因此，如果确定存在蛋白尿，应进行控制。可使用血管紧张素转换酶抑制剂贝那普利，剂量 0.25～0.5 mg/kg，PO，q24 h。也可联合使用血管紧张素Ⅱ受体阻断剂替米沙坦，剂量 0.5～1.0 mg/kg，PO，q24 h。

（五）治疗原发病

若能明确 CKD 的病因，且有有效治疗方法的可以减轻原发性肾损伤，避免 CKD 发展，但是很多情况下，CKD 的病因难以明确。

（六）对症治疗

CKD 的症状复杂，必要时应进行积极的对症治疗（表 4-7）。

表 4-7　CKD 患猫对症治疗方案

临床表现	对症措施	备注
脱水	促进饮水	CKD 病程长，宠主在家可完成皮下补液
	湿粮	
	皮下补液：乳酸林格氏液	
厌食	食欲刺激剂：米氮平	—
	食道饲管	
代谢性酸中毒	口服碱化剂：柠檬酸钾	—
	输液：碳酸氢钠	
低血钾	口服葡萄糖酸钾或柠檬酸钾	—
	静脉补钾	
呕吐	止吐剂：马罗皮坦、米氮平、昂丹司琼	—
	抑制胃酸：H_2 受体拮抗剂（如奥美拉唑）或质子泵抑制剂（如雷尼替丁、法莫替丁）	

续表 4-7

临床表现	对症措施	备注
贫血	促红细胞生成素	PCV 小于 20% 时需要治疗贫血，在使用以上药物时同时补充铁制剂，治疗两周后检查 PCV，评估治疗结果
	α- 达贝泊汀	
	铁制剂	
	输血	
尿路感染	经验性用药：阿莫西林	若尿液分析检测到脓尿，则需进行尿液培养来确诊并通过药敏试验筛选有效的抗生素
便秘	灌肠、口服乳果糖或皮下补液等，便秘长期管理包括吃湿粮、皮下补液、针对低血钾、高血钙等进行治疗、使用聚乙二醇或洋车前子粉等	便秘的原因包括脱水、低血钾、高血钙、肠道磷结合剂使用等。

六、定期监测

确诊 CKD 后患猫应定期评估，包括全面的物理学检查、血检、尿检、尿液培养、血压检查、影像学检查等，评估患病动物的食欲、渴感、行为表现、体重和体况评分。

患猫监测频率取决于 CKD 分期和患病动物的稳定性。对于病情稳定的 Ⅰ 期和 Ⅱ 期可以 1 年评估 1 次，对于 Ⅲ 期患猫即使看起来健康，也应 6 个月评估 1 次，但是对于 Ⅲ 期晚期及 Ⅳ 期的患猫应每 1～3 个月评估 1 次。

七、预防

CKD 随时间推移而发展，发病进程不可逆，无有效的预防方法，理想的管理办法是对猫进行定期体检，早发现，早治疗，从而延缓肾病发展进程，提高动物生活质量。

思考与练习

1. 关于猫 CKD 说法正确的是（　　）。
   A. 病程具有可逆性　　B. 无品种差异
   C. 无性别差异　　D. 无年龄差异
2. 关于猫 CKD 分期说法错误的是（　　）。
   A. 根据发病年龄进行分期　　B. 根据血清 CREA 及 SDMA 进行分期
   C. 用于评估预后　　D. 用于监测疾病发展
3. 关于猫 CKD 诊断说法错误的是（　　）。
   A. 临床症状无特异性　　B. 可能出现非再生性贫血
   C. 需要进行综合诊断　　D. B 超检查可以确诊
4. 关于猫 CKD 治疗说法错误的是（　　）。
   A. 需要进行综合治疗　　B. 高血磷及高血钙对疾病有明显影响
   C. 对症支持治疗必不可少　　D. 饮食不需改善

5. 关于猫 CKD 治疗方法主要包括（　　）。（多选）

A. 饮食管理　　B. 控制血磷

C. 治疗蛋白尿　　D. 对症支持治疗

拓展任务 〉〉〉

任务4　多囊肾

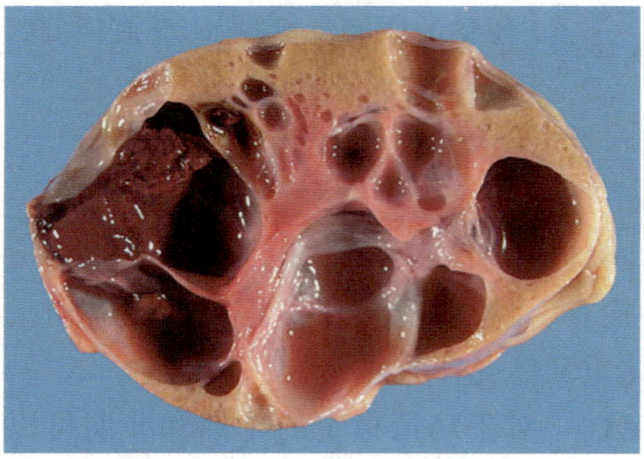

图 4-17　多囊肾剖检图

多囊肾（polycystic kidney disease，PKD）是一种常染色体显性遗传病，以肾脏实质内逐渐遍布囊肿为特征，是猫最常见的遗传疾病之一，无性别差异（图 4-17）。全球范围内，40%～48% 的波斯猫携带 PKD 突变，而非波斯猫品种的猫的 PKD 发病率为 9%～14%。

一、流行病学

高风险品种为波斯猫及波斯猫相关的品种，如喜马拉雅猫、异国短毛猫（加菲猫）、英国短毛猫、金吉拉猫等，布偶猫（存疑）、伯曼猫等为中风险品种。

二、临床表现

有多囊肾基因的猫 10 岁前肯定会出现肾脏功能下降，最早可至 3 岁。出现肾脏功能下降的平均年龄是 7 岁。PKD 的最终结局是慢性肾病。

临床症状的发生是不定的，许多受影响的猫可能表观健康生活多年（仅为偶然发现）。早期无任何异样，可能出现口渴、血尿、肾肿大，需要一段时间（可能数年）才会引起肾脏指标异常。可能出现高血压，多见心脏杂音，易得下泌尿道疾病、肾脏感染，晚期多囊肾会伴随剧痛。

三、诊断

（一）实验室检查

依据肾病的发展阶段，可能出现 BUN、CREA 水平的升高、尿比重降低、电解质变化以及可能出现贫血。

（二）影像学检查

X 线检查对 PKD 早期不敏感，可能发现肾脏肿大、轮廓不规则，同时可伴随营养不良性矿化。超声检查对 PKD 较为敏感，可重复操作以监测疾病的发展进程。B 超通常可检测到直径 >2 mm 的肾脏囊肿，囊肿可呈圆形或不规则形状的无回声结构伴有后方回声增强，囊肿可位于肾脏皮质或髓质中（图 4-18）。

（三）基因检测

检测 PKD 基因，对于具有潜在风险的品种幼猫早期诊断有优势。

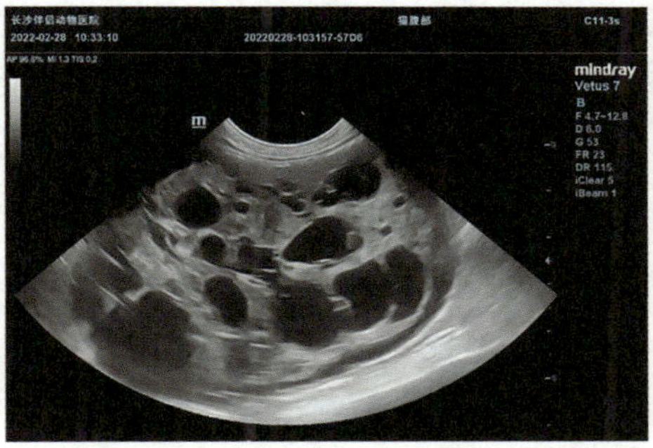

图 4-18　B 超显示肾脏有多个囊肿

四、治疗

PKD 无明确治疗方法，为遗传性疾病。该病是不断发展且不可逆转的，若发展为慢性肾病后，则依据疾病的发展进程进行慢性肾病的管理。

技能强化 〉〉〉

技能训练 1　膀胱穿刺技术

膀胱穿刺技术是通过注射器经由腹壁进入膀胱获取尿液，用于化验及治疗的操作技术，可直接穿刺或在超声引导下穿刺。

适用范围

- 用于尿检化验、尿液培养和药敏试验的尿样采集。
- 膀胱减压治疗。

材料准备

注射器、电剪、酒精棉球、碘伏棉球、无菌手套等。

操作流程

- 患猫仰卧或侧卧保定。膀胱穿刺通常在动物清醒的状态下进行操作，但暴躁或不配合的动物应进行镇静。
- 触诊膀胱。评估膀胱充盈程度及位置，膀胱区剃毛、消毒。
- 一只手定位并固定膀胱，切勿用力挤压膀胱（图 4-19）。另一只手将针头斜面向上以 45°角穿透腹壁朝向膀胱尾背侧，刺入膀胱中部（图 4-20）。这样当膀胱收缩时，可以使针头保持于膀胱腔内，将尿液抽出。
- 采集 5～10 mL 尿样为宜，穿刺结束后，将针头拔出，消毒穿刺部位。

图 4-19　一只手固定膀胱

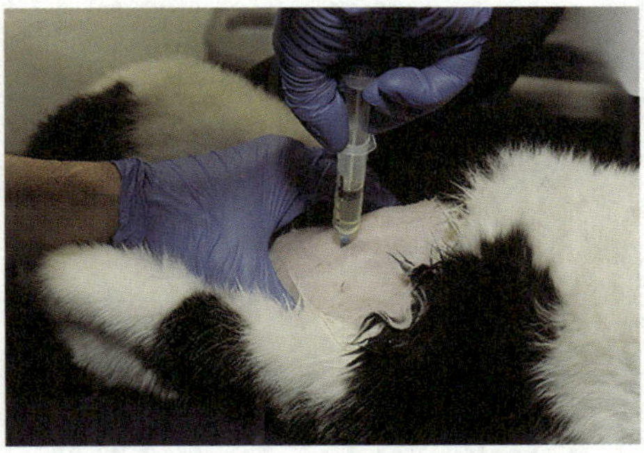
图 4-20　一只手持注射器向尾背侧穿刺膀胱

注意事项

- 膀胱穿刺最好在超声引导下进行。
- 若进行膀胱减压时，尿液量抽取宜多。

53. 猫膀胱穿刺技术

技能训练 2 公猫导尿技术

适用范围

- 采集尿样进行尿液分析。
- 监测尿量。
- X 线检查时注入造影剂。
- 评估尿道结石、肿块或狭窄。
- 怀疑膀胱肿瘤时，采集尿样进行细胞学评估。
- 缓解结构性或功能性尿道阻塞。

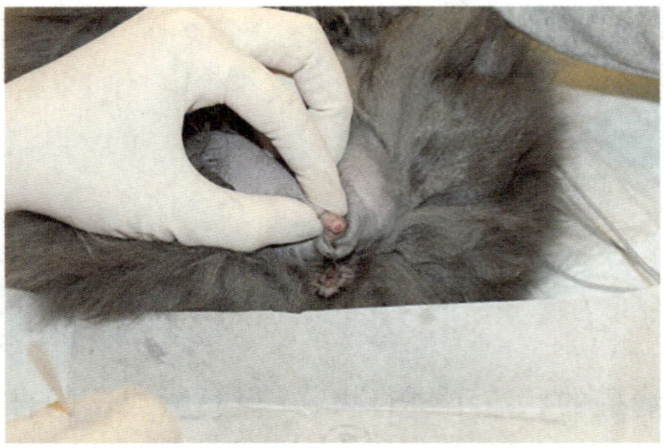

图 4-21 暴露尿道口

材料准备

纱布、灭菌乳胶检查手套、一次性无菌导尿管、电剪、注射器、0.5% 利多卡因溶液、利多卡因凝胶、无菌生理盐水、乳胶手套、缝合材料等。

操作流程

- 动物镇静或麻醉后，侧卧或仰卧保定。
- 包皮及阴囊周围大范围剃毛，冲洗包皮内侧并消毒尿道周围，无菌创巾隔离。
- 一只手食指和拇指放在包皮两侧，拇指和食指顺着头侧方向施压包皮，将阴茎、龟头显露，暴露尿道口（图 4-21）。
- 导尿管末端连接装有生理盐水的注射器，头端涂抹无菌利多卡因凝胶，将导尿管缓慢插入尿道（图 4-22），用生理盐水轻轻冲洗前段尿道，有时会将尿道口附近栓子或结晶冲出尿道外。若尿道严重水肿或栓子结晶严重阻塞尿道，可使用猫用平口导尿管或 24G 留置针进行导尿，需要边注射生理盐水边推进尿管（图 4-23）。尿道疏通后，再重新插入留置用导尿管，固

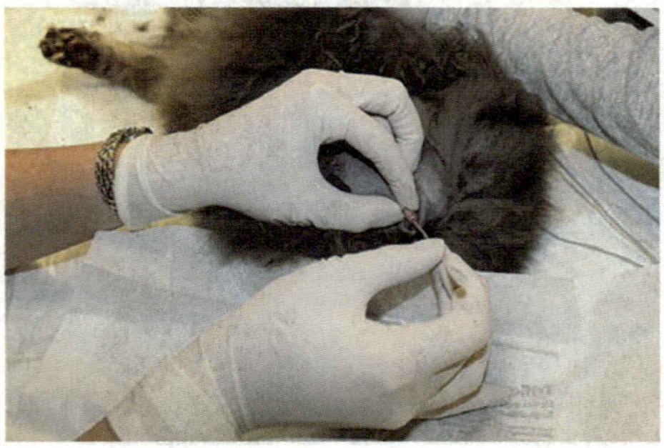

图 4-22 导尿管缓慢插入尿道

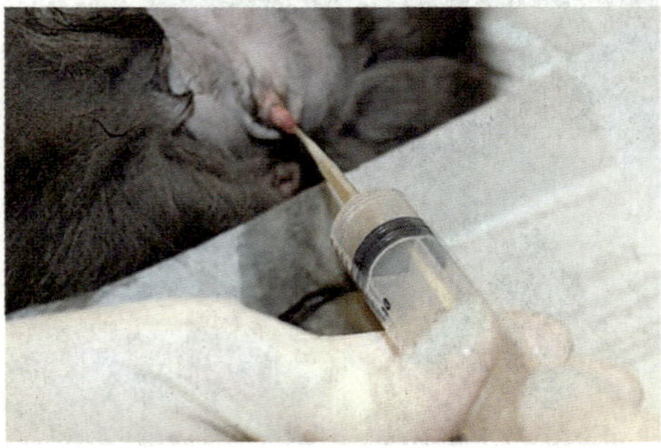

图 4-23 边注射生理盐水边推进尿管

定并连接尿袋(图 4-24、图 4-25)。

➢ 根据病情留置或拔除导尿管。拔除导尿管时,待尿液全部流出,将导尿管缓慢拔除,同时使用注射器从底部推入少量无菌生理盐水,直至导尿管全部拔出;留置导尿管的猫需通过缝合包皮的皮肤固定导尿管,最后连接尿袋,形成封闭式排尿系统。

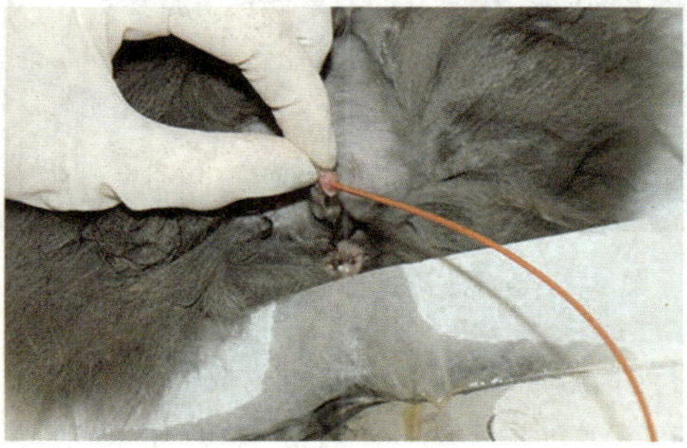

图 4-24 插入留置导尿管

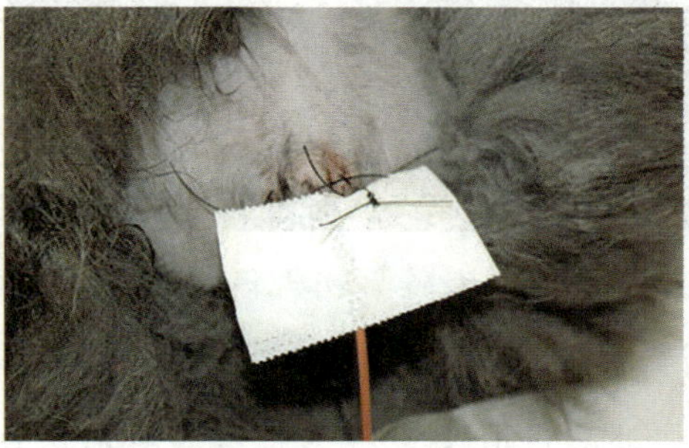

图 4-25 固定导尿管

注意事项

➢ 根据需要选择导尿管。留置时首选侧面开口的导尿管,导尿时选用顶端开口的导尿管。末端开口的公猫导尿管,通常是 3.5F 聚丙烯导尿管,可用于解除尿道阻塞,不宜留置;解除尿道阻塞后,最常使用聚乙烯导尿管或橡胶导尿管。

54. 公猫导尿管放置技术

➢ 在放置导尿管之前,建议对阴茎进行温和的按摩,因为栓子或小的尿道结石通常会从尿道中按摩出来,从而缓解梗阻,使导尿管放置更容易。

➢ 插入时应操作轻柔,避免反复插管造成尿道口水肿及尿道黏膜损伤。

技能训练 3 皮下补液技术

适用范围

➢ 轻度脱水的病例,如因呕吐、腹泻引起的轻度脱水。

➢ 慢性肾病猫只的长期在家照护,以及厌食导致的脱水。

材料准备

毛巾或伊丽莎白项圈、酒精棉球、补液用液体、输液器或注射器、三通阀、头皮针等。

55. 猫皮下补液技术

操作流程

➢ 连接输液装置。在连接过程中注意无菌操作,不触碰无菌的针头,注意排出多余的空气。

➢ 将输液瓶悬挂高处,便于输注液体。

➢ 将动物进行适当保定,可使其俯卧在毛巾上,不配合的猫可适当佩戴项圈,或者将猫放入猫包、猫窝等比较局限的空间中,增加其安全感。大多数猫都能很好地耐受皮下补液,可以实施最小化的保定(图 4-26)。

➢ 选择注射部位。左手大拇指、食指、中指将注射部位皮肤提起呈帐篷形状皱褶,右手持头皮针,斜面向上,在皮肤皱褶基底部以较小角度进针(图 4-27)。

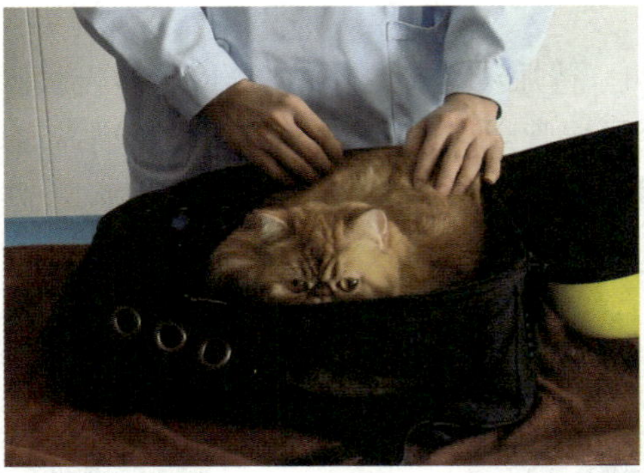

图 4-26 最小化保定

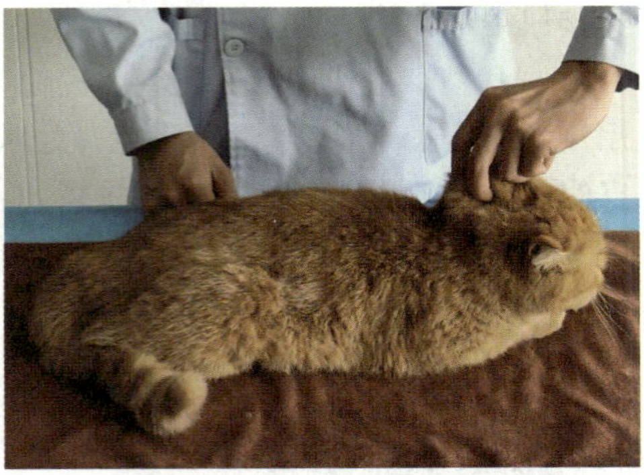

图 4-27 将注射部位皮肤提起成帐篷形状

➢ 确定位置正确后，将流量调节器完全打开进行补液。一般补液时间为 2～5 min。

➢ 补液量取决于脱水程度及补液频率，一般每次 10～20 mL/kg，注射量也取决于个体差异，若注射部位皮肤绷紧或病患不舒服，可分几个点注射，每个注射部位注射量不超过 100 mL。

➢ 在补液过程中可以使用食物转移患猫注意力，以便于补液的顺利完成。注射结束后，对注射部位再次消毒，此时注射部位会形成一个鼓包，一般 4～8 h 后就会被机体吸收。

注意事项

➢ 无菌操作，避免污染注射针头。

➢ 补液前对液体加温处理，让溶液接近动物的体温，可以减轻猫的不适。

➢ 可以选择 60 mL 大注射器连接头皮针进行补液，也可通过食物或玩具转移猫的注意力，便于补液顺利进行(图 4-28)。

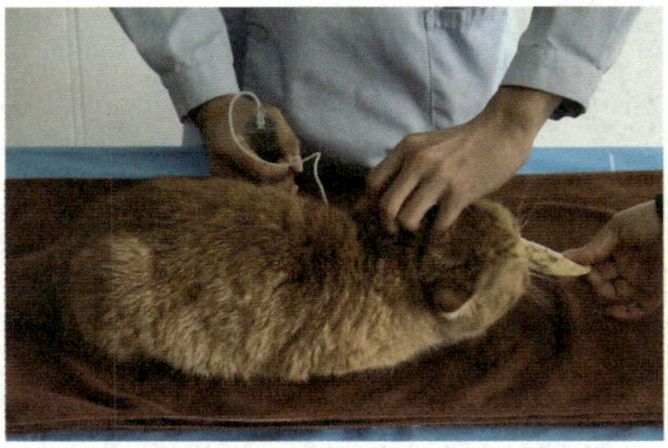

图 4-28 大注射器补液并通过食物转移猫注意力

技能训练 4 公猫尿道造口手术

56. 公猫尿道造口手术

适用范围

➢ 反复出现尿道梗阻的猫。

➢ 因尿道周边囊肿、瘢痕增生、各种原因导致不可修复尿道狭窄的猫。

➢ 无法进行放置导尿管的猫。

➢ 尿道严重损伤、无法修复的猫。

材料准备

常规手术器械及物品、猫用双腔导尿管等。

操作流程

➢ 全身麻醉，俯卧保定，尾巴用绷带向着头侧在猫的背部包扎。围绕肛门进行荷包缝合，会阴部剃毛、消毒、隔离（图 4-29）。

➢ 将导尿管插入尿道，便于鉴别尿道，围绕阴囊作一椭圆形皮肤切口，将包皮和阴囊切开，未去势的猫需同时进行去势手术（图 4-30）。

➢ 将阴茎与周围脂肪组织分离并切开。

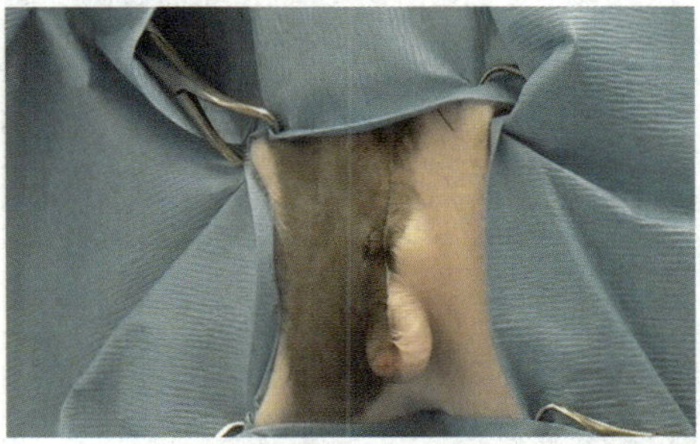

图 4-29 俯卧保定

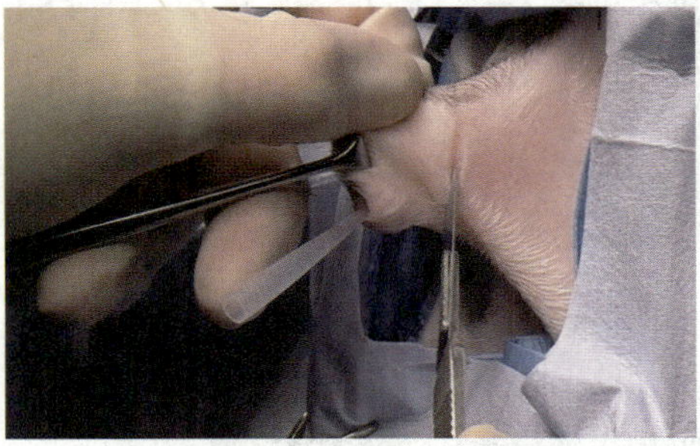

图 4-30 在阴囊和包皮周围做一个椭圆形切口

➢ 将坐骨海绵体肌及坐骨尿道肌向两侧钝性分离，在坐骨附着处附近横断（图 4-31）。将阴茎向背侧牵拉，用剪刀横断纤维性腹侧韧带。

➢ 将阴茎退缩肌从尿道背侧一直分离到尿道球腺水平位置，暴露下方尿道（图 4-32 至图 4-34）。

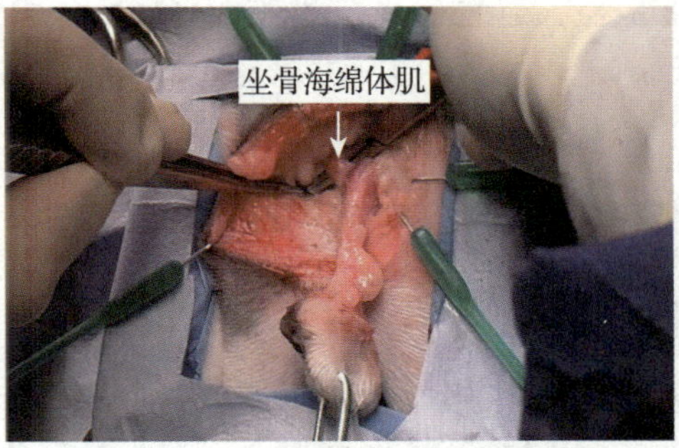

图 4-31 分离坐骨海绵体肌并横断

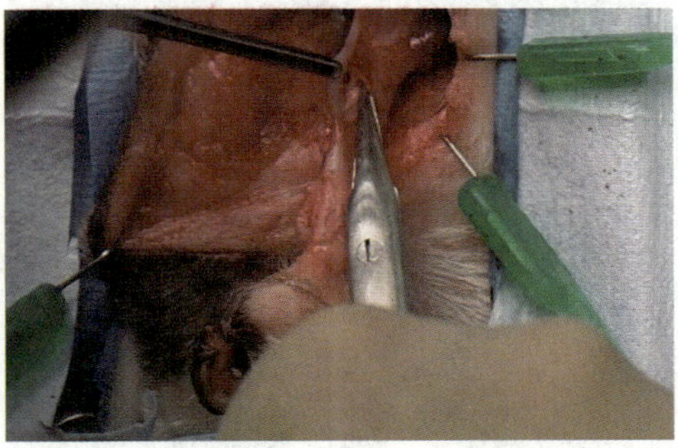

图 4-32 分离阴茎退缩肌

➢ 手术刀横向切开尿道远端，重新插入导尿管后，用眼科手术剪或手术刀以反挑式切开尿道直至尿道球腺水平位置，去除导尿管，使用蚊式止血钳确认尿道宽度（图 4-35 至图 4-38）。

➢ 将阴茎远端截断，已经去势的猫尿道球腺萎缩，尿道球腺位于坐骨海绵体肌附着点之前。

➢ 采用 4-0 或 5-0 单股缝线结节缝合 12 点、11 点、1 点钟方向的尿道黏膜和皮肤，不需缝合肌肉。将其余尿道黏膜与皮肤进行结节缝合（图 4-39、图 4-40）。

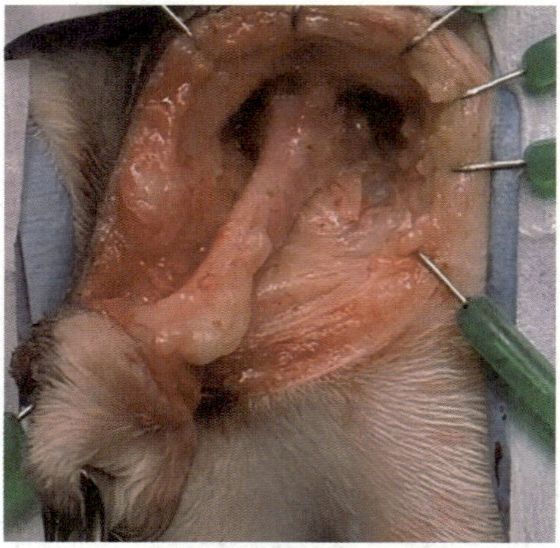

图 4-33　暴露尿道

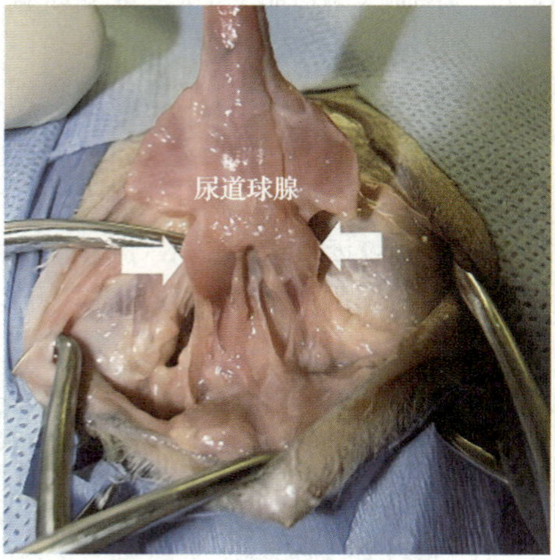

图 4-34　尿道球腺所在位置

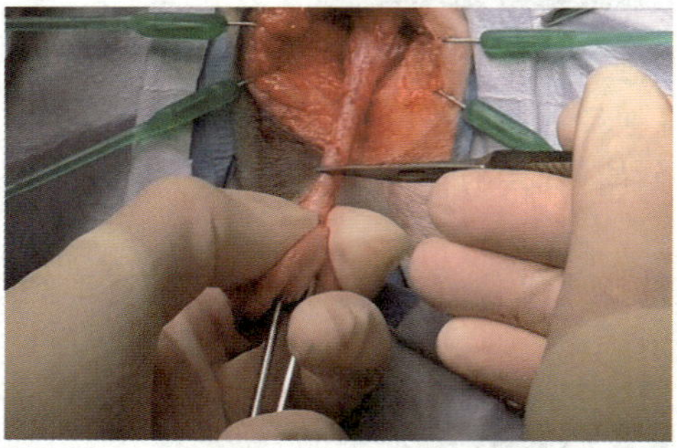

图 4-35　手术刀横向切开尿道

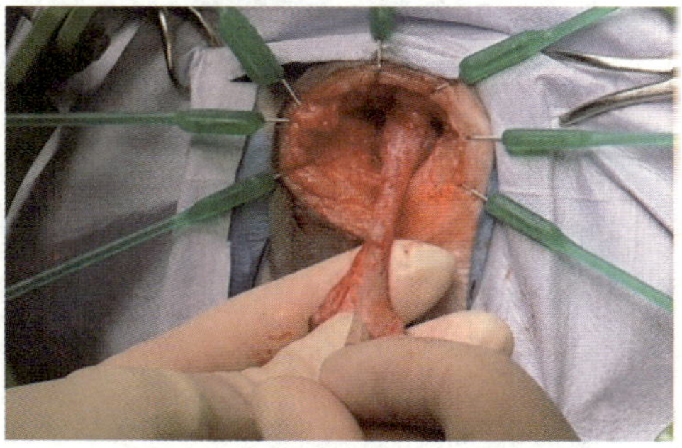

图 4-36　从切口插入导尿管

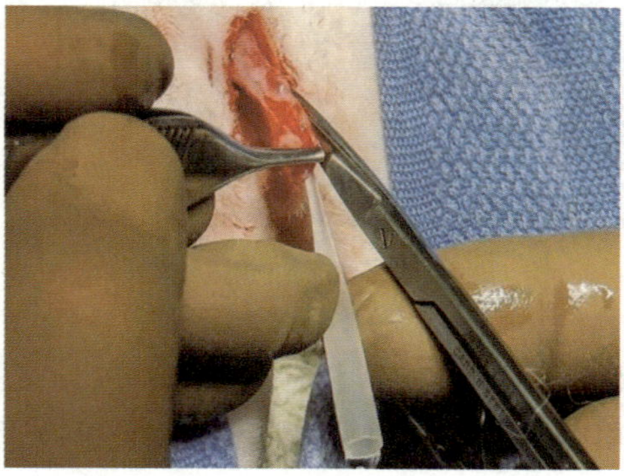

图 4-37　手术剪切开尿道

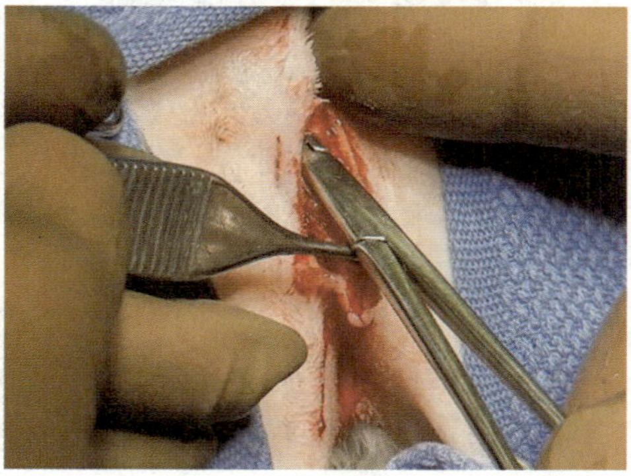

图 4-38　通过蚊式止血钳检查尿道开口

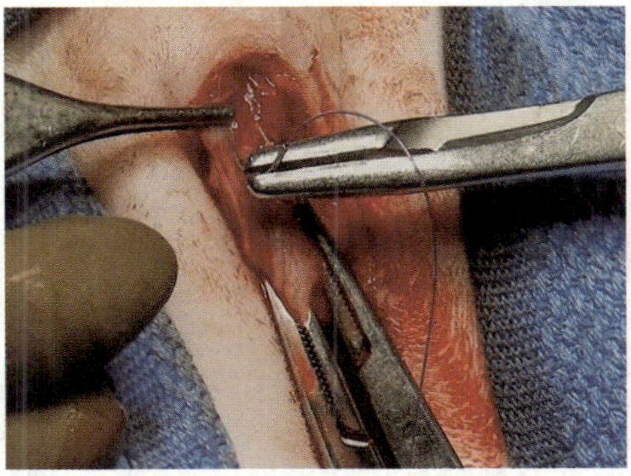

图 4-39 12 点方向结节缝合

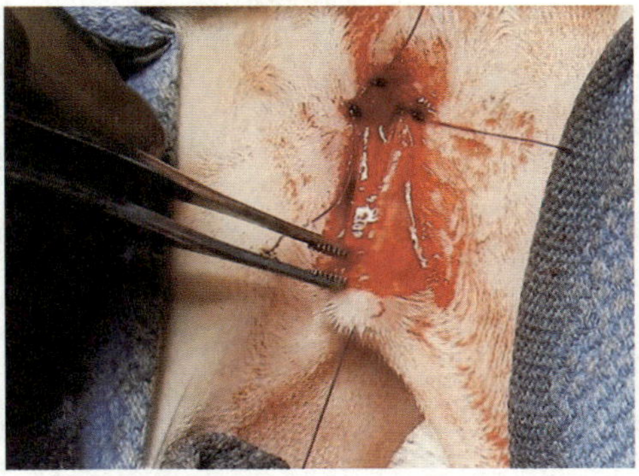

图 4-40 11 点和 1 点方向结节缝合

➢ 拆除肛门处的荷包缝合，术后放置双腔导尿管（图 4-41）。

➢ 术后 10 d 左右拆线（图 4-42），考虑进行适当的饮食管理，如吃泌尿道处方粮、湿粮等，避免复发。

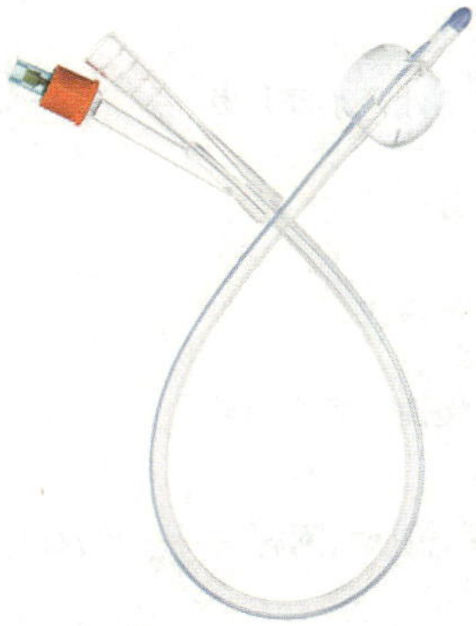

图 4-41 双腔导尿管

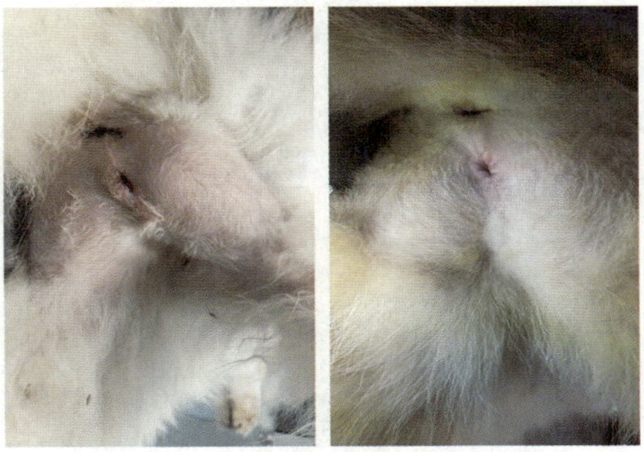

图 4-42 愈合后效果

注意事项

➢ 猫发生尿毒症时不应实施这种手术，在实施手术之前应进行静脉输液以纠正酸碱及电解质平衡紊乱。但是在猫发生难以救治的尿道阻塞时则是例外（施行本手术也无效）。

➢ 必须在手术过程中将导尿管插入尿道，以便能鉴别尿道腔。

➢ 尿道前端切开不够远会限制尿道造口部位的大小，并增加狭窄的风险。

➢ 如果由于阻塞而无法在术前放置导尿管，则应在尿道切口后放置导管。

➢ 每隔 6-12 个月检查病猫是否有尿路感染或结石形成。

57. 公猫尿道造口手术（动画）

术后并发症

➢ 术后有一定的复发率。

➢ 尿道缩短后更容易出现尿道感染的问题。

思维提升

- 少尿或无尿的鉴别诊断
  - 神经系统问题
  - 肾前性少尿或无尿
    - 血容量不足
    - 脱水
    - 大出血
    - 败血症
    - 心输出量减少
    - 血管扩张剂
    - 肝衰竭
  - 肾性少尿或无尿
    - 急性肾小球肾炎
    - 肾脏缺血
    - 肾毒性
    - 慢性肾病晚期
  - 肾后性少尿或无尿
    - 输尿管问题
      - 结石
    - 膀胱问题
      - 膀胱破裂
      - 特发性膀胱炎
      - 膀胱结石
      - 膀胱肿瘤
      - 细菌感染
      - 膀胱括约肌麻痹
    - 尿道问题
      - 肿瘤、结石、痉挛
  - 前列腺问题
    - 肿瘤、炎症、增生
  - 会阴疝

病例分析

图 4-43 银渐层患猫

银渐层，8 月龄，公，已去势，免疫驱虫正常，室内饲养，食物以猫粮为主(图 4-43)。主诉该猫平时饮水量较少，最近精神萎靡，频繁进猫砂盆但少见尿团，频繁舔生殖器，近 2 d 在猫砂盆外小便，但量很少，更出现尿血现象，呕吐一次未消化的猫粮，24 h 未见吃喝。

体格检查：触诊腹部敏感，膀胱充盈，坚硬紧实。心率 106 次 /min，呼吸频率 21 次 /min，体温 38.2 ℃。

血液学检查：结果见表 4-8 和表 4-9。

表 4-8 血常规检查结果

项目	测量值	参考范围
红细胞(RBC)	13.49 ↑	(4.60 ~ 10.0) × 10^{12}/L
血红蛋白(HGB)	191 ↑	93 ~ 163 g/L
红细胞比容(HCT)	52.4 ↑	28.0% ~ 49.0%
白细胞(WBC)	19 ↑	(6 ~ 17) × 10^{9}/L
嗜中性粒细胞(NEU)	12 ↑	(4 ~ 10.8) × 10^{9}/L

表 4-9 血液生化检查结果

项目	测量值	参考范围
尿素氮(BUN)	51.2 ↑	3.6 ~ 10.7 mmol/L
肌酐(CREA)	958 ↑	27 ~ 186 μmol/L
钾离子(K^+)	6.5 ↑	3.5 ~ 5.5 mmol/L
钠离子(Na^+)	158 ↑	135 ~ 145 mmol/L
氯离子(Cl^-)	114 ↑	97 ~ 107 mmol/L

尿液检查：结果见图 4-44。

血液学检查结果有什么问题？

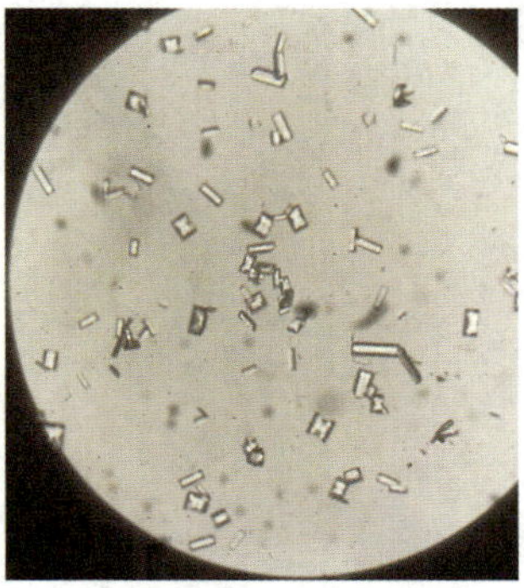

图 4-44 尿沉渣检查结果

影像学检查：结果见图 4-45。

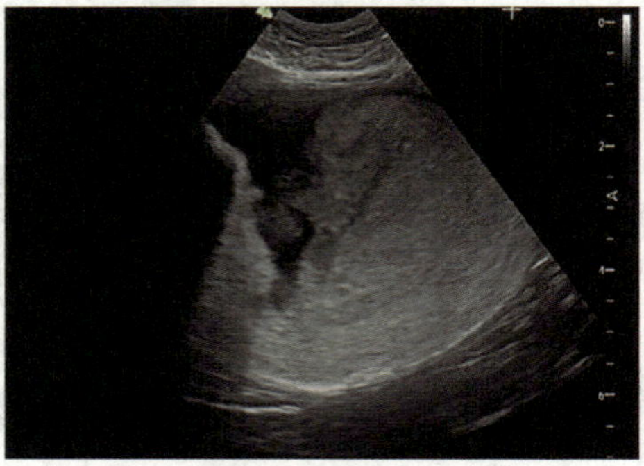

图 4-45　膀胱 B 超检查结果

影像学检查你发现了什么？

你的诊断结果是什么？

你的治疗方案是什么？

项目五

猫常见呼吸系统疾病防治

学习目标

【知识目标】

★ 掌握猫哮喘、脓胸的诊治方法；

★ 了解猫哮喘、脓胸的原因。

【能力目标】

★ 能规范进行猫呼吸系统物理学检查及呼吸音听诊操作；

★ 熟悉猫胸腔穿刺和胸导管放置的操作流程。

【素养目标】

★ 通过猫咳嗽的鉴别诊断，提升思辨能力，培养思辨精神；

★ 通过精细化实操训练，培养规范操作、精益求精的工匠精神。

温故知新

猫呼吸系统由鼻、咽、喉、气管、各级支气管和肺泡组成，胸膜腔、横膈、胸廓、肋间外肌与肋间内肌等辅助参与呼吸运动（图 5-1）。肺泡是进行气体交换的主要场所，进入肺泡的氧气通过肺泡和肺泡周围的毛细血管与体内的二氧化碳进行交换，从而维持机体对氧气的需要（图 5-2）。

基础任务

任务 1 猫哮喘

猫哮喘（asthma）也称猫过敏性支气管炎、猫特发性支气管炎，是猫的一种常见的下呼吸道疾病。哮喘的发病率为 1% ～ 5%，多发生于中青年猫，无性别差异。尚不清楚是否存在品种倾向，但暹罗猫更多见。

58. 猫哮喘

一、病理生理学

猫哮喘被归类为一种过敏性疾病，是对特定空气过敏原的 Ⅰ 型超敏反应的结果。这种免疫

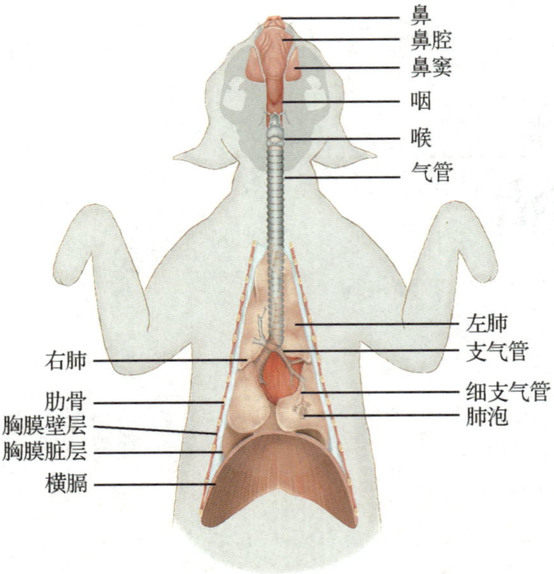

图 5-1　呼吸系统局部解剖

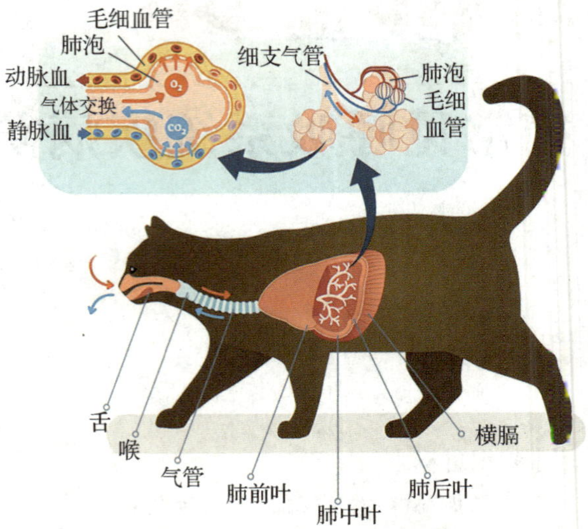

图 5-2　肺泡换气示意图

59. 猫哮喘的发生(动画)

反应导致细胞因子释放和分化，最终导致呼吸道病理性变化。典型病理特征包括支气管狭窄、呼吸道水肿、呼吸道嗜酸性粒细胞增多和黏液分泌过多等，最终导致小气道梗阻（图 5-3、图 5-4）。

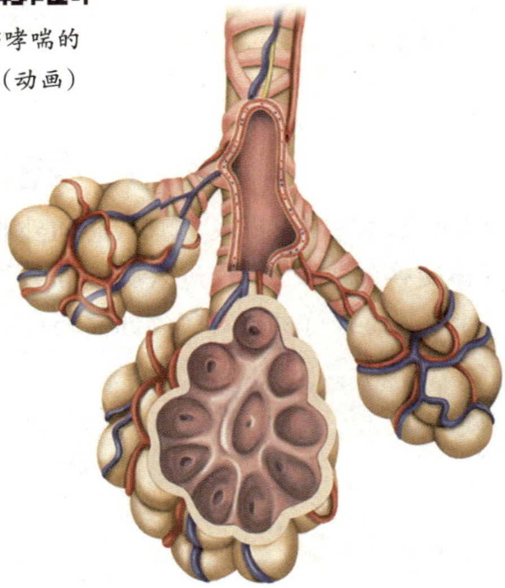

图 5-3　健康猫的肺泡

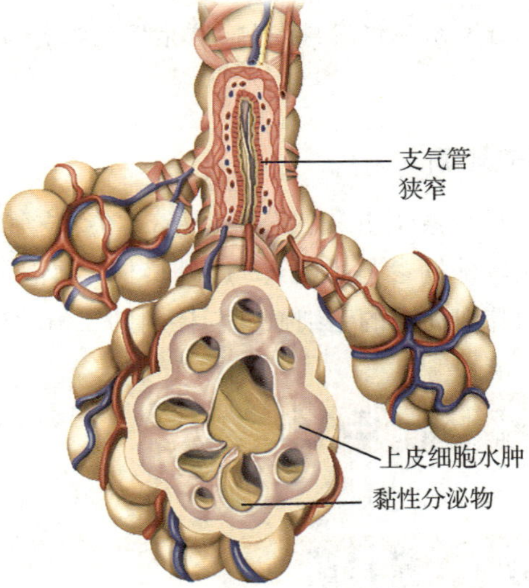

图 5-4　哮喘患猫的肺泡

二、病因

导致猫哮喘的过敏原有很多，但一般情况下过敏原无法确定，导致猫哮喘常见的过敏原见表 5-1。

表 5-1 导致猫哮喘常见的过敏原

过敏原	种类
烟雾	吸烟、焚香、开放式壁炉等
粉尘	灰尘、起尘的猫砂、尘螨等
化学物质	油漆、家具涂料等
喷雾剂	杀虫剂、香水、除臭剂等
环境因素	花粉、霉菌、热风采暖等
其他	食物、寄生虫(心丝虫、肺线虫)、肺炎、肥胖、病毒性呼吸道疾病等

三、临床表现

猫哮喘最常见症状为咳嗽,患猫表现为母鸡蹲,头颈伸直贴着地面,出现喘气或咳嗽(图5-5、图5-6)。严重者出现呼吸困难、呼吸急促、张口呼吸。患猫通常表现为呼气性呼吸困难,如呼气时间延长和呼气费力,还可能出现食欲下降、发热、嗜睡、体重下降等。哮喘发生时轻重有别,轻者表现间歇性发病,对日常生活无明显影响,重者表现为每日发病,影响日常生活,严重者出现呼吸困难,可能威胁生命。

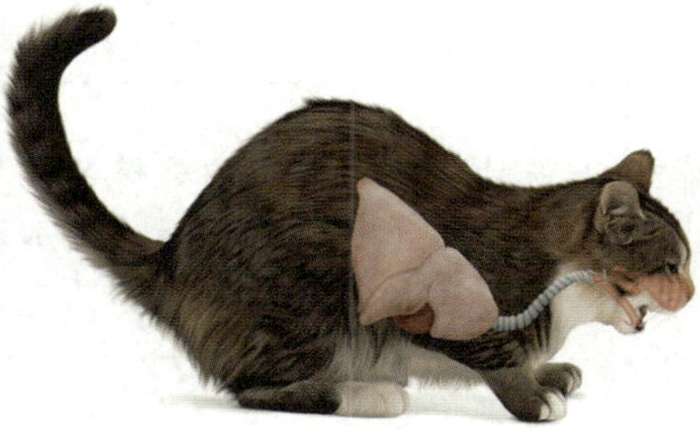

图 5-5 哮喘患猫咳嗽时的典型表现

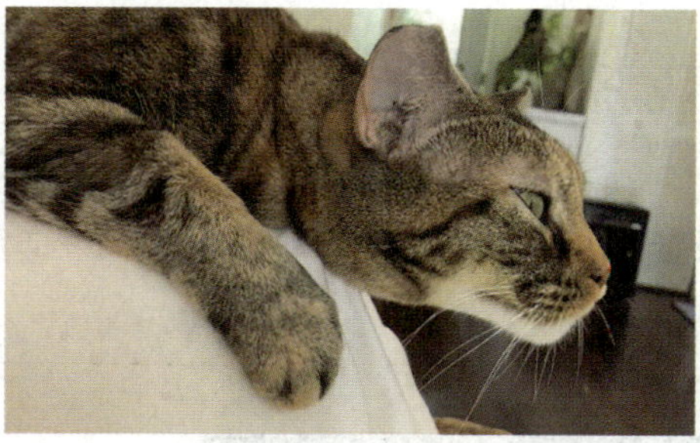

图 5-6 哮喘患猫咳嗽时头颈伸直

四、诊断

猫哮喘的临床特征与各种其他心肺疾病类似,包括慢性支气管炎、心丝虫病、肺线虫病等,很难对猫哮喘做出明确诊断,通常进行排查性诊断。

(一)病史及体格检查

病史调查主要是基于主人对动物发病情况的描述,这对哮喘的诊断非常重要。哮喘的猫通常不发热、有活力和警觉性。患猫在发病间期,体格检查也可能无明显异常。

(二)实验室检查

血液学检查通常作为筛查诊断项目,一部分哮喘病例显示外周血嗜酸性粒细胞增多,但是这一结果并不特异也不敏感。血液生化检查可以排查潜在的全身性疾病,此外,粪便检查、心丝虫抗原和抗体检查等有助于排查肺线虫病、心丝虫病。

(三)影像学检查

1. X 线检查

X 线检查是诊断猫哮喘的重要手段,哮喘的典型 X 线片通常为支气管型,表现为双轨征或甜甜圈征，还可能出现间质型及肺泡型征象（图 5-7、图 5-8）。可能伴有肺过度充气、肺叶塌陷，尤其是右肺中叶，这是由于黏液阻塞引发肺不张所致。需要注意的是，除了哮喘外，慢性支气管炎、心丝虫病、肺线虫病等也可出现类似肺部征象，因此仅通过体格检查和 X 线检查很难将这些疾病与哮喘区分开。

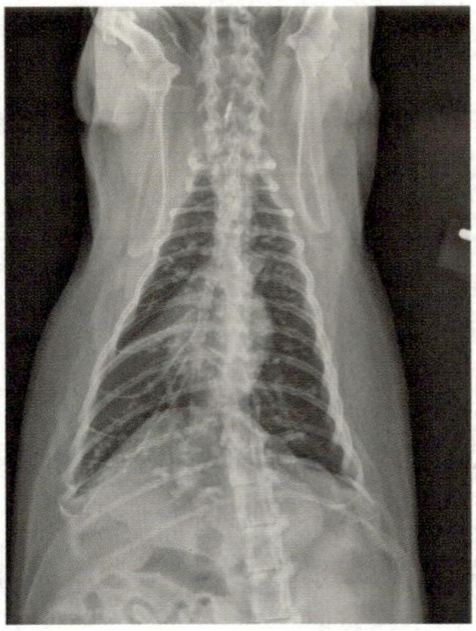

图 5-7　双轨征与甜甜圈征

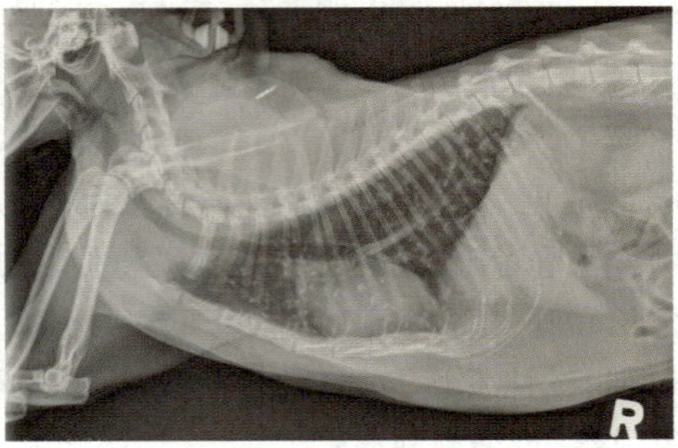

图 5-8　支气管 - 间质型

小贴士

即使 X 线片检查结果正常也不能完全排除哮喘，据统计有 20% 左右的患猫 X 线片检查是正常的，所以对于任何胸部 X 线片正常但是呼吸困难的猫，哮喘都应该放在鉴别诊断列表上。

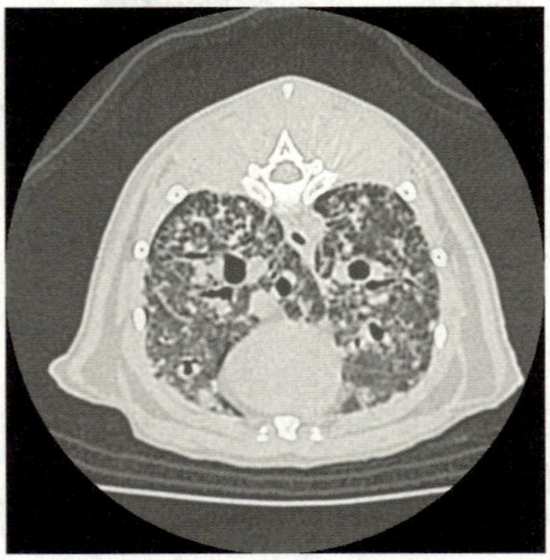

图 5-9　弥漫性支气管间质性变化，支气管扩张

2. CT 检查

CT 检查也可用于评估下呼吸道疾病，胸部 CT 可识别异常，如支气管壁增厚、斑驳状肺泡型变化以及支气管扩张（图 5-9）。但是，这些症状并非哮喘独有，不能将哮喘与其他下呼吸道疾病区分开。

3. 超声检查

胸部超声和心脏超声检查有助于排查其他心肺疾病，如胸腔积液、肺脓肿、心肌病、心丝虫病等。

（四）支气管镜检查

支气管镜检查可用于评估呼吸道结构，气道可视病变包括黏液积聚、黏膜充血、上皮不规则、气道塌陷、狭窄以及支气管扩张等，然而这些异常无法区分哮喘和其他下呼吸道疾病。

（五）细胞学检查

对哮喘猫进行支气管肺泡灌洗（图 5-10），收集灌洗液（bronchoalveolar lavage fluid，BALF），可以进行细胞学检查，检查结果主要以嗜酸性粒细胞增多为主（图 5-11），一般认为嗜酸

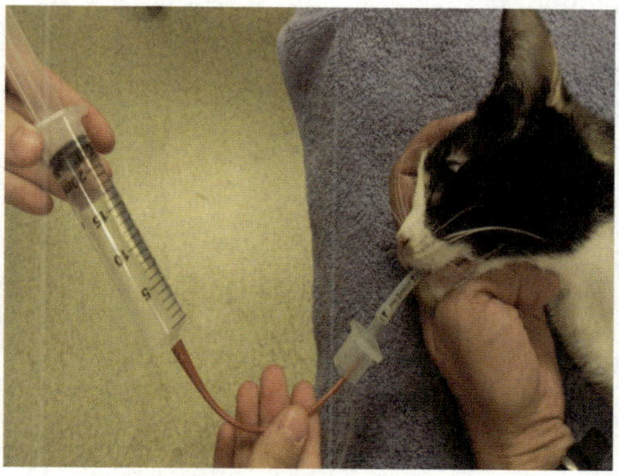

图 5-10 支气管肺泡冲洗操作

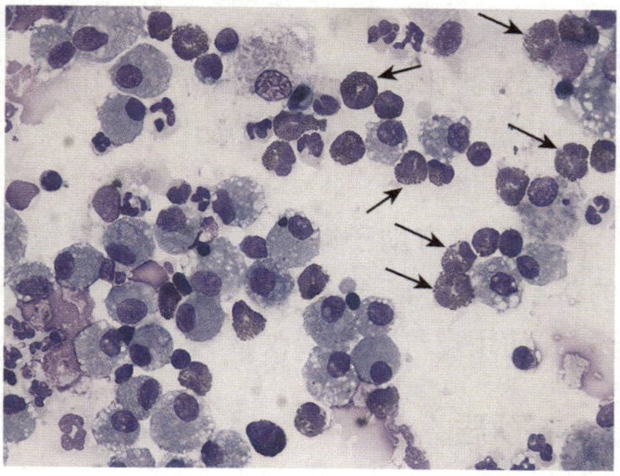

图 5-11 BALF 检查可见大量嗜酸性粒细胞，箭头所示（瑞氏 - 吉姆萨染色，50×）

性粒细胞数量超过 5% 是异常的，但不能以此作为哮喘的确诊指标。除了评估有无嗜酸性粒细胞增多，支气管肺泡灌洗液还需进行细菌、真菌培养以排除感染。另外，由于支原体是下呼吸道疾病中较常见的机会病原体之一，需要进行支原体的 PCR 检测。

五、治疗管理

（一）紧急处置

对于急性呼吸困难的猫在诊断检查之前应先稳定病情，包括吸氧、减少应激和最小化操作，以及使用速效糖皮质激素和支气管扩张剂。速效糖皮质激素可以选择泼尼松龙琥珀酸钠（10 mg/kg，IV，IM），还可以给予地塞米松（0.2 ～ 0.5 mg/kg，IV）。支气管扩张剂可选择吸入沙丁胺醇，或皮下注射特布他林（0.01mg/kg，IM，SC）。

（二）长期管理

1. 糖皮质激素

大多数哮喘患猫都需要使用糖皮质激素治疗，效果明显。泼尼松龙是首选的糖皮质激素药物。根据临床反应，剂量可逐渐减少，目标是将药物减少至最低有效剂量。此外，也可同时使用吸入性糖皮质激素（氟替卡松，220 μg/ 猫，BID，雾化给药）进行治疗。病情稳定后，患猫可仅用氟替卡松控制病情。氟替卡松可通过定量吸入器（MDI）给予，或使用宠物专用的 Areokat 吸入装置效果更好（图 5-12）。若猫同时患有全身性糖皮质激素禁忌症（如糖尿病），可考虑使用吸入性糖皮质激素配合环孢素进行治疗，可改善气道超敏反应和细胞炎性反应，但应进行药物浓度监测，并根据需要调整剂量。

图 5-12 Areokat 吸入装置

2. 支气管扩张剂

支气管扩张剂可减少急性哮喘发作时的支气管收缩，一般用于急性期治疗。常用药物包括特布他林、沙丁胺醇、茶碱缓释片等。

(三)环境管理

改变环境有助于减少诱发哮喘的过敏原。减少环境过敏原的最佳方法是减少与已知过敏原的接触，如粉尘、气雾剂、香烟、花香、蜡烛、香水等，清洁猫经常接触的床上用品和其他家具表面，并使用空气过滤器改善空气质量。

六、预后

通过及时诊断和适当管理，本病预后通常良好。然而，持续性哮喘是一种潜在地威胁生命的表现，特别是在紧急情况下没有被识别并进行妥善治疗时，可能会致命。

七、预防

预防具有一定的挑战性，因为通常不可能完全预防哮喘等过敏性疾病的发作。预防和/或减少本病的临床症状可以通过避免接触已知的空气过敏原来实现。

思考与练习

1. 猫哮喘的原因主要是(　　)。
   A. 感染　B. 过敏　C. 遗传因素　D. 多猫环境
2. 哮喘可能导致的病理变化一般不包括(　　)。
   A. 支气管狭窄　B. 呼吸道黏液分泌增加
   C. 呼吸道水肿　D. 呼吸道嗜中性粒细胞增多
3. 猫哮喘典型的临床表现是(　　)。
   A. 咳嗽　B. 呼吸困难　C. 张口呼吸　D. 呼吸次数增加
4. 猫哮喘的诊断方法不包括(　　)。
   A. X线检查　B. B超检查
   C. 支气管肺泡灌洗检查　D. 支气管镜检查
5. 对猫哮喘治疗有效的药物是(　　)。
   A. 糖皮质激素　B. 抗生素　C. 化痰药物　D. 化疗药物

进阶任务

任务2　猫脓胸

猫脓胸(pyothorax)是指败血性、脓性液体在胸膜腔内蓄积的疾病。胸膜腔是壁层胸膜与脏层胸膜之间的腔隙，正常时含有少量液体，起到润滑肺脏、减少呼吸运动中摩擦的作用。

一、病因

猫脓胸的可能原因包括胸部创伤、细菌性肺炎的扩散、食道穿孔、异物移行、血源性和医源性胸腔穿刺或胸切开术等。据统计，脓胸的细菌分离结果通常为多种细菌混合感染，如拟杆菌、梭状芽孢杆菌、链球菌、支原体、巴氏杆菌等口咽部菌群，此外，还包括放线菌、诺卡氏菌、大肠杆菌等。

60. 猫脓胸

二、临床表现

本病发生无品种和性别差异，多猫家庭中的年轻猫有较高的发病风险，平均发病年龄4～6岁。

猫脓胸的发展较为隐蔽，出现临床症状前可能已经持续数周至数月。由于呼吸系统有一定的代偿作用，所以早期症状不明显，易被主人忽视。患猫通常表现为呼吸困难，主要特点为呼吸频率加快、呼吸费力以及呼吸浅表等。肺部听诊患区表现为肺呼吸音减弱。同时，伴有食欲不振、发热、嗜睡、体重减轻等。严重感染者表现为休克、全身炎症反应综合征。其他症状还可能包括流涎、脱水、疼痛及眼鼻分泌物增加等。

三、诊断

脓胸的诊断主要基于胸部X线检查、胸腔积液细胞学检查及细菌分离培养。

(一)血液学检查

血液学检查有助于评估疾病严重程度及选择合理的治疗方案。血常规检查通常表现为白细胞增加、核左移，严重感染者表现为退行性核左移或白细胞减少。血液生化检查表现为低白蛋白血症、低钙血症、低钠血症、低氯血症、高胆红素血症等。

(二)影像学检查

1. X线检查

胸部X线检查用于确诊有无胸腔积液以及确定患病部位是局部、单侧还是双侧。急诊病例应该先进行治疗性的胸腔穿刺，等体况稳定后再进行胸部X线检查。出现脓胸的典型X线征象包括肺叶回缩、肺不张、叶间裂隙线可见等(图5-13)。

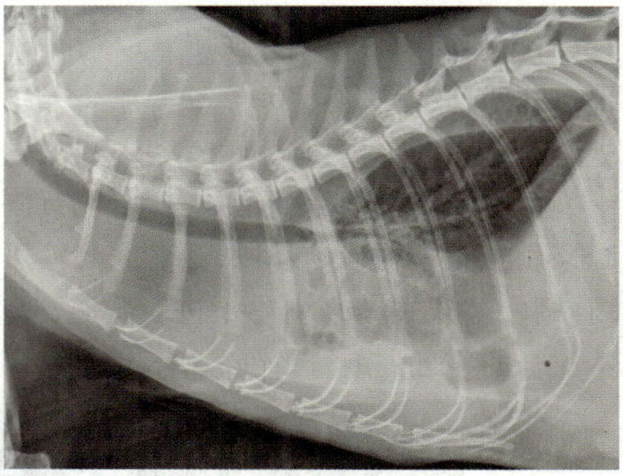

图5-13 脓胸X线片

2. 超声检查

借助超声可以识别胸腔积液、液性囊腔，并进行引导穿刺。

3. CT检查

CT扫描的敏感性优于X线，可识别脓肿和肿块、广泛性肺不张、肺叶塌陷、液性囊腔等，可为胸部疾病的范围和性质提供更多的信息。

(三)液体分析

使用抗生素之前最好先分析胸腔液的性质，胸腔穿刺的液体通常为脓性、血色并有难闻的气味(图5-14)。细胞学检查可看到细菌及退行性中性粒细胞，细胞中出现胞内菌是诊断败血性渗出的金标准(图5-15、图5-16)。还可将积液进行生化分析，并对其进行细菌分离培养及药敏

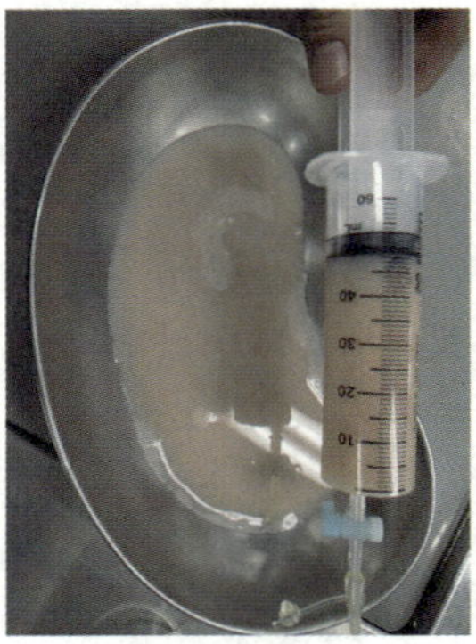

图 5-14　穿刺出的脓性、血色液体

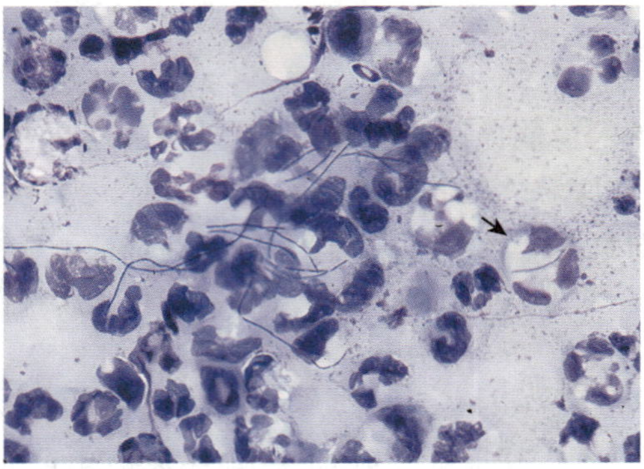

图 5-15　放线菌感染及退行性中性粒细胞，箭头所示（Diff-quick 染色）

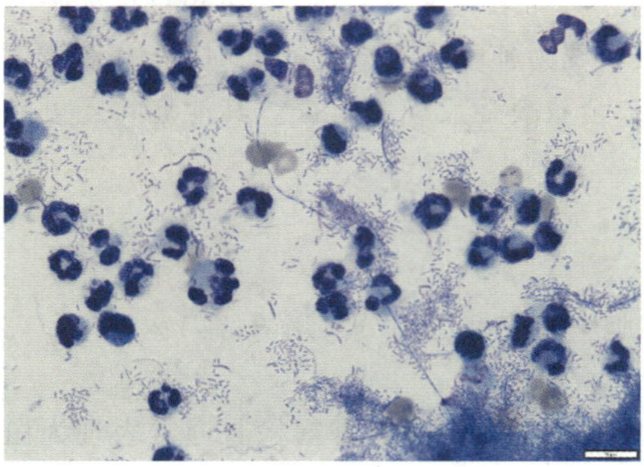

图 5-16　短杆菌及放线菌混合感染及大量嗜中性粒细胞（Diff-quick 染色）

试验，最终根据这些结果指导治疗方案的制订。

四、治疗

（一）紧急处置

当患猫出现严重呼吸困难时的紧急处置包括输氧治疗、胸腔穿刺、纠正体液及电解质平衡、抗生素治疗等。

（二）抗生素治疗

由于引起猫脓胸的病原较多，一般建议早期使用广谱抗生素治疗，待得到细菌培养及药敏结果后，再针对性用药。经验性用药包括青霉素及其衍生物，如青霉素 G 钾 / 钠、氨苄西林、阿莫西林等，单独或联合甲硝唑使用，推荐静脉注射。病情得到缓解后，可转为口服阿莫西林克拉维酸钾，给药时间需要 4 ～ 6 周。

（三）胸腔穿刺

动物就诊时如果病情危重，可先行胸腔穿刺，治疗休克，稳定病情，然后再放置胸导管。胸腔穿刺也是一种诊断手段，穿刺收集液可用于细胞学和细菌分离培养及药敏试验，以便快速诊断脓胸，建议在超声引导下进行胸腔穿刺。多数猫可以耐受胸腔穿刺操作（图 5-17、图 5-18），不配合的猫可先进行镇静。

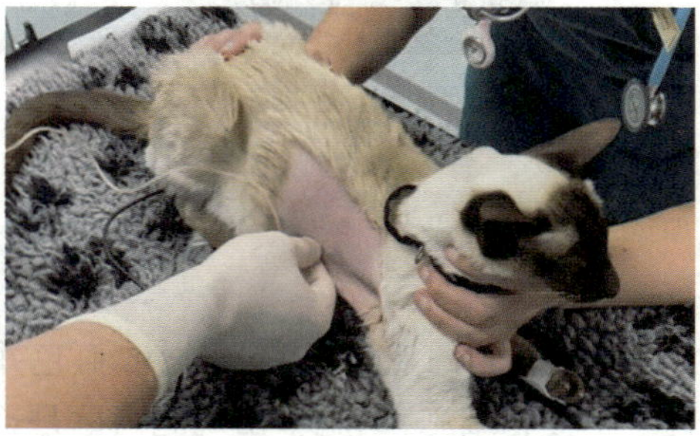

图 5-17　胸腔穿刺时俯卧保定

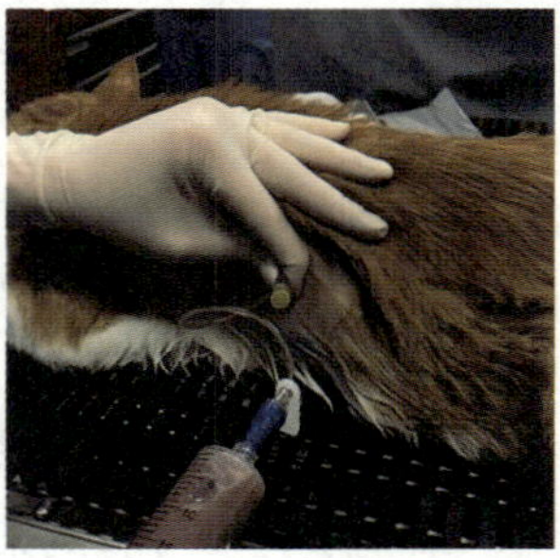

图 5-18　穿刺液为血色脓性液体

小贴士

间断性胸腔穿刺对动物胸膜腔引流效果差，不推荐用于治疗。

（四）胸导管放置

留置胸导管是脓胸的标准治疗方案，也是最关键、最有效的治疗措施。若为双侧胸腔积液，应放置双侧胸导管。患猫应进行吸入麻醉，放置前后拍摄 X 线片，评估放置情况。

新技术

胸导管放置技术

胸导管放置技术(chest tube placement)是将胸导管留置于胸膜腔内可以重复利用，随时抽出胸膜腔内的液体，有利于连接外在装置(如负压收集袋，图 5-19)并且进行有效的胸腔冲洗。宠物常用的胸导管放置方法包括 trochar 法及 seldinger 法两种，与大口径导管相比，seldinger 法并发症更少，目前猫脓胸治疗最常选择用 MILA 套组进行胸导管的放置(图 5-20)。

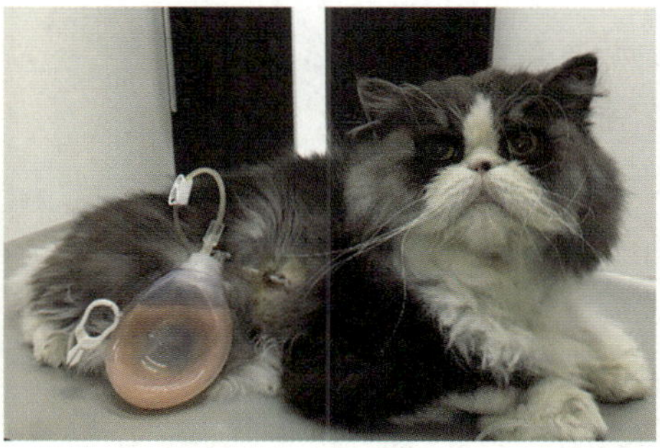

图 5-19　胸导管放置后外接负压收集袋

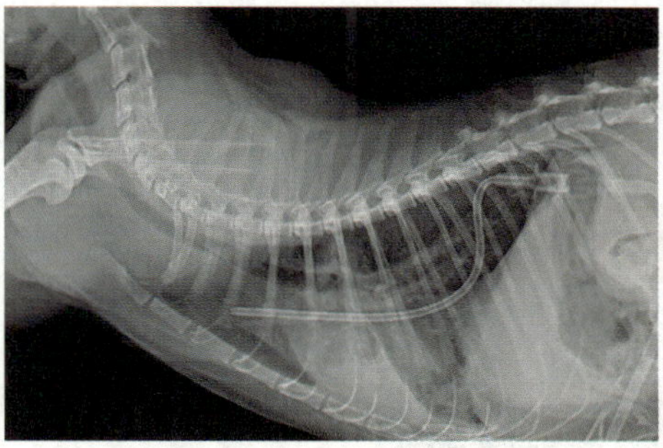

图 5-20　胸导管放置后的 X 光片

（五）支持治疗

根据临床病例的特定需求制定的个性化支持治疗方案有助于改善动物预后，必要时可以借助饲管为患猫补充营养。

（六）手术治疗

当胸导管引流无效或超过 1 周药物治疗失败、超声发现胸内肿块或肺叶脓肿时应进行手术治疗。手术治疗的优势是可以全面探查胸腔并对胸腔进行清创，但也必须充分考虑到手术及麻醉带来的风险。

五、预后

脓胸属于急重症，严重者可致死，如果能及早确诊并积极治疗，通常预后良好。

六、预防

预防可从以下几方面考虑，如避免动物打斗，当发现胸壁有伤口时应及时就医，避免饲喂骨头或其他坚硬的食物，防止食道划伤，注意观察宠物有无呼吸困难等情况，发现异常应及早就医。

思考与练习

1. 脓胸典型的临床表现是（　　）。

   A. 发热　　B. 呼吸困难

   C. 食欲下降　　D. 精神沉郁

2. 脓胸常用的诊断方法不包括（　　）。

   A. X 线检查　　B. B 超检查

   C. 胸腔穿刺液检查　　D. 胸部叩诊

3. 脓胸的血液学检查通常表现为（　　）。

   A. 白细胞升高，核左移　　B. 白细胞下降，核左移

   C. 白细胞升高，核右移　　D. 白细胞下降，核右移

4. 脓胸患猫的胸腔穿刺液检查内容，一般不包括（　　）。

   A. 涂片染色检查　　B. 细菌培养

   C. 物理性状检查　　D. 生化分析

5. 脓胸患猫的标准化治疗方案是（　　）。

   A. 胸腔穿刺　　B. 放置胸导管

   C. 输液疗法　　D. 手术治疗

拓展任务

任务 3　乳糜胸

61. 乳糜胸

乳糜胸（chylothorax）是指乳糜液在胸腔间隙内病理性聚积。本病无明显年龄和性别倾向，但东方短毛猫可能有品种倾向。

一、发病机理

乳糜液是来自胸导管（胸腔内的淋巴管）的富含甘油三酯的液体，其中还含有淋巴细胞、蛋白质和脂溶性维生素，呈乳白色或粉红色。正常情况下，乳糜通过淋巴系统转运到乳糜池，再通过胸导管转运，终止于淋巴静脉连接部，然后进入血液循环。当胸导管内压力增大或通透性增加、或下游静脉阻塞、淋巴管扩张时，则可能出现胸导管破裂或渗漏，引发乳糜胸。

二、病因

大多数乳糜胸为特发性，无法明确病因，其他可继发乳糜胸的情况如下：

（1）当静脉压升高时，淋巴循环受阻所致，如心肌病、心丝虫病、纵膈肿瘤、前腔静脉血栓、胸腺瘤、肺肿瘤、纵膈肉芽肿等。

（2）先天性胸导管异常所致，如胸导管扩张阻碍淋巴循环。

(3)外伤或手术,导致胸导管破裂所致。

三、临床表现

患猫多表现为呼吸困难、呼吸浅表及呼吸急促,也会出现嗜睡、厌食、咳嗽、体重减轻、运动不耐受、呕吐等,严重时可危及生命。

四、诊断

(一)病史及临床表现

具有呼吸困难及咳嗽的患猫,应将乳糜胸纳入到鉴别诊断中。

(二)影像学检查

通过 X 线检查确定猫是否存在胸腔积液。

(三)胸腔穿刺液检查

穿刺液为乳白色、不透明液体,混有血液时呈粉红色(图 5-21、图 5-22)。对积液检查发现,有核细胞通常小于 10 000 个 /mL,以小淋巴细胞为主,也可能混有嗜中性粒细胞或巨噬细胞(图 5-23)。乳糜液中甘油三酯水平高于血清,而胆固醇水平低于血清。

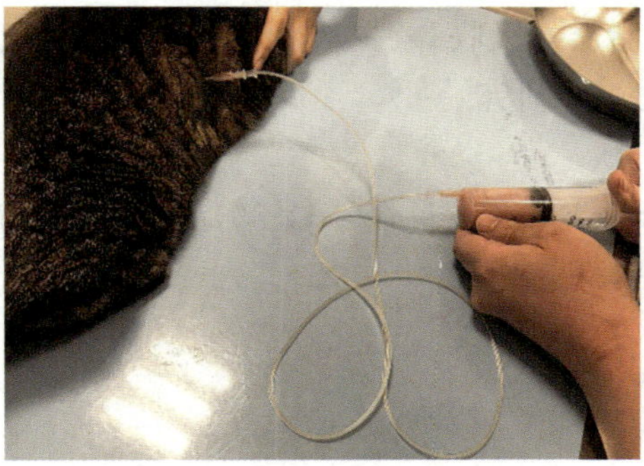

图 5-21　胸腔穿刺操作

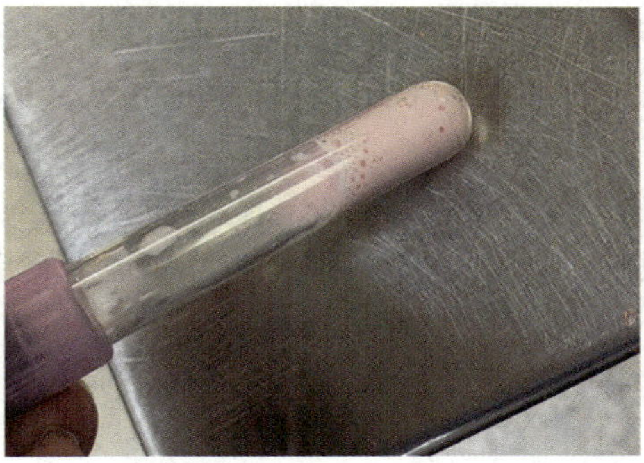

图 5-22　粉色不透明乳糜液

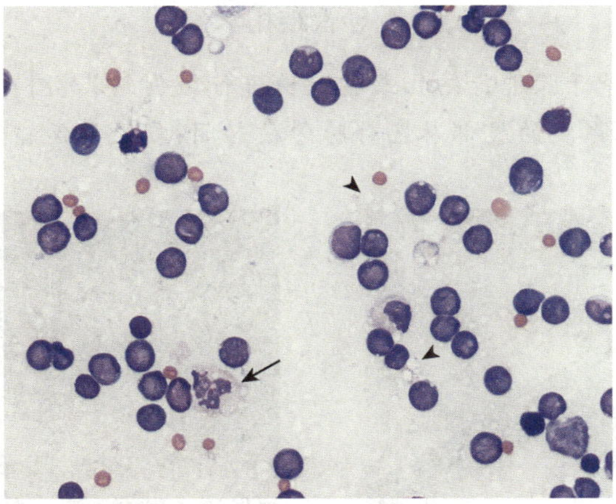

图 5-23　小淋巴细胞为主及大量脂滴(短箭头)和嗜中性粒细胞(长箭头)(瑞氏染色,100×)

小贴士

导致猫胸腔积液的常见疾病包括传染性腹膜炎、肿瘤、心脏病、乳糜胸、脓胸等，需要结合病史及胸腔积液分析进行鉴别诊断。

（四）其他检查

其他检查包括血常规检查、血清生化检查、尿液检查及心脏超声检查，可用于判断其他并发疾病。

五、治疗

（一）胸腔穿刺术

通过胸腔穿刺术抽吸出胸腔内的乳糜液，以减轻液体对心肺的压力及改善呼吸困难状况，初期可能要 5～15 d 进行 1 次。

（二）液体治疗

患猫可能因为食欲差、呼吸急促表现出电解质紊乱，液体治疗有利于稳定患猫病情。

（三）药物治疗

芦丁（或称芸香苷）被认为能增加巨噬细胞对脂质的吸收，减少从血管和淋巴管渗出的液体量，推荐剂量 50 mg/kg，PO，q8h，但效果还有待进一步研究。

（四）饮食控制

选择低脂饮食可减少乳糜的脂质含量，但无法减少乳糜液量，注意食物疗法不可能治愈本病，只是低脂肪的乳糜从胸膜腔中可能更容易被重吸收。

（五）手术疗法

胸导管结扎是治疗乳糜胸的首选方案。

新技术

胸导管结扎术

胸导管结扎术可选择开胸进行结扎或胸腔镜进行微创结扎（图 5-24、图 5-25）。胸导管结扎后，运输乳糜进入静脉系统的腹部淋巴静脉管被封闭，乳糜的运输避开了胸导管，积液不增

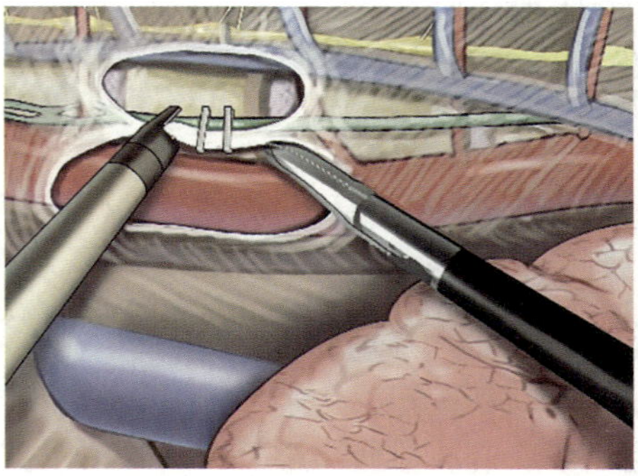

图 5-24　胸导管微创结扎示意图

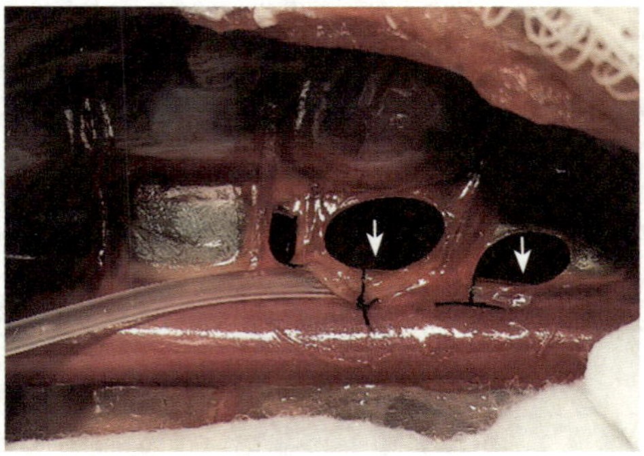

图 5-25　胸导管结扎手术

加，可自行吸收，术后 5～14 d 新的淋巴导管形成。本操作需要在术前与术后进行淋巴管造影从而确认手术部位及手术效果，造影剂可选择新亚甲蓝，注入位置为肠系膜淋巴结。

心包切除术

由于乳糜液的慢性刺激，有些患猫会出现心包膜增厚，心包膜增厚会引发全身静脉压增高，从而阻碍乳糜液进入前腔静脉。心包切除术可以有效降低右心静脉压，有利于乳糜通过淋巴管 - 静脉连接处。心包切除术可以单独进行，也可以结合胸导管结扎术进行。

其他治疗还包括乳糜池消融术，可减轻胸导管压力。此外，放置胸水引流端口可用于长期治疗。

六、预后

特发性乳糜胸手术治疗一般预后良好，继发性乳糜胸预后谨慎，需结合原发疾病评估。未经治疗的或慢性乳糜胸可引发严重的纤维素性胸膜炎，致肺功能不能完全恢复，预后差。

思考与练习

1. 以下不属于乳糜胸原因的是（　　）。
   A. 外伤　　B. 特发性因素
   C. 胸导管机械性阻塞　　D. 品种与性别因素
2. 乳糜胸的临床表现一般不包括（　　）。
   A. 呼吸困难　　B. 发热
   C. 厌食　　D. 呼吸急促或浅表
3. 以下不属于乳糜胸穿刺液特点的是（　　）。
   A. 液体呈乳白色或淡粉红色　　B. 有核细胞数量多，通常高于 10 000 个 /mL
   C. 细胞以小淋巴细胞为主　　D. 甘油三酯含量高于血清
4. 以下不用于乳糜胸治疗的是（　　）。
   A. 胸导管结扎手术　　B. 心包切除术
   C. 饮食疗法　　D. 抗菌消炎

技能强化

技能训练 1　胸腔穿刺技术

胸腔穿刺技术指从胸膜腔中抽出液体或空气的诊疗方法，最常用于诊断，也具有治疗作用。

62. 胸腔穿刺技术

适应症

各种胸腔积液如胸水、血胸、脓胸、乳糜胸等样本采集及治疗性穿刺。

材料准备

电剪、无菌手套、碘伏消毒棉球、穿刺针（22G 或 24G）或头皮针、三通阀、生理盐水、注射器、0.7 m 延长管、1.4 m 延长管、收集液体容器等。

操作流程

➢ 动物俯卧保定，若存在呼吸困难，应同时吸氧，必要时进行镇静处理。

➢ 患侧胸部剃毛、消毒。

➢ 连接注射器、延长管、三通阀及针头（图 5-26）。

➢ 穿刺部位在第 7～8 肋间，肩关节下 1～2 cm 处肋骨前缘进针。

➢ 将皮肤推向头侧并定位穿刺位置，针头垂直刺入皮肤和肋间肌，此时可用手抵住胸壁，避免针头随呼吸摆动，针头斜面朝向头侧。

➢ 缓慢抽吸注射器观察有无液体流出（图 5-27）。

➢ 当注射器抽吸液体后，将针头向斜后方刺入，使针头贴着胸膜壁层，针尖斜面朝向胸内，避免抽吸时损伤肺脏。

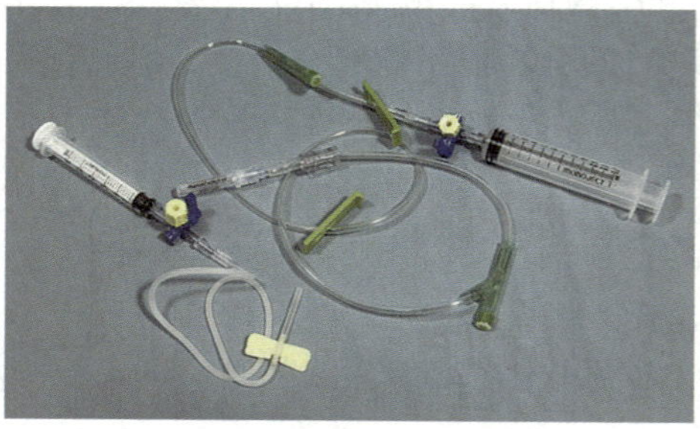

图 5-26　连接穿刺器械

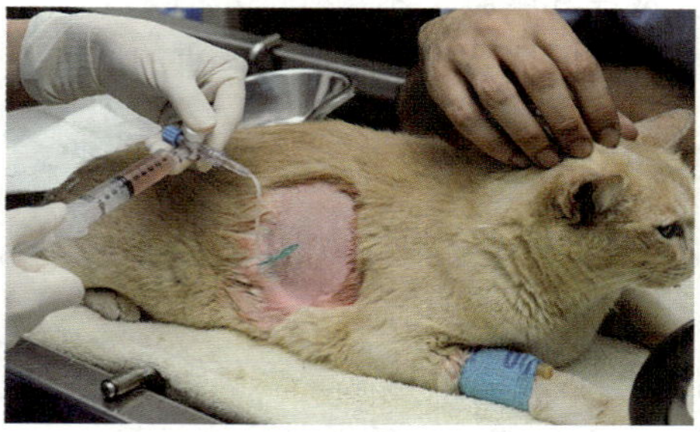

图 5-27　回抽胸腔积液

63. 胸腔穿刺（动画）

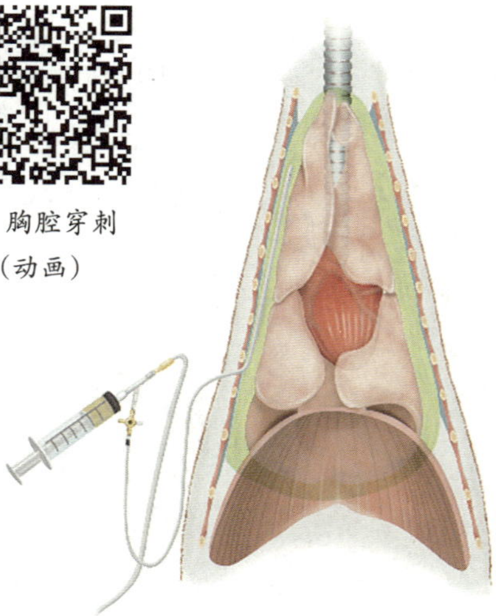

图 5-28　通过三通阀进行胸腔灌洗

➢ 将带针头一端的 0.7 m 延长管连接三通阀一侧，三通阀另外一侧连接 1.4 m 延长管进行排液及胸腔灌洗（图 5-28）。

注意事项

➢ 穿刺位置根据胸腔内液体的量和位置而定，通常在第 7～8 肋间，可根据 X 线片判断单侧 / 双侧胸膜腔积液，确定穿刺部位。

➢ 应在安静环境下操作。

➢ 操作时应监测动物呼吸情况，黏膜颜色。

➢ 如操作时间长可注射利多卡因进行局部浸润麻醉。

➢ 在胸腔肿瘤、积液量较少等特殊情况下，为确保安全，宜在 B 超介导下穿刺。

➢ 根据疾病治疗需要，可配合胸腔冲洗操作。

并发症

医源性气胸、肋间出血、胸腔出血。

技能训练 2 胸导管放置技术

胸导管适用于需要反复引流胸腔内液体或空气的患猫，也是治疗脓胸、血胸、乳糜胸的常用方法。

适应症

脓胸、血胸、乳糜胸的治疗。

材料准备

胸导管套装（MILER，图 5-29）、无菌外科手术器械（包括刀片、刀柄、手术剪、持针钳、创巾、缝合线）等。

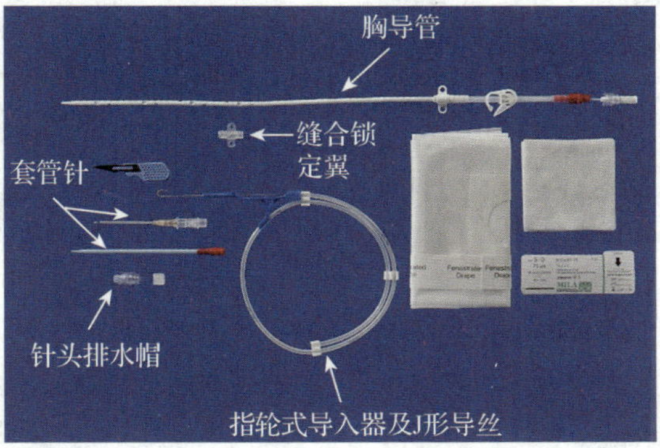

图 5-29 胸导管套装（MILER）

操作流程（seldinger 法）

- 全身麻醉或镇静，可配合局部麻醉。
- 侧卧保定，患侧在上，胸廓大范围剃毛消毒。
- 将第 7 或第 8 肋间上 1/3 处皮肤向头侧推送，用 18G 套管针经第 8 肋骨前缘刺入胸腔，之后撤除针芯，并迅速堵住管口，减少气胸的发生（图 5-30）。
- 通过导入器将 J 形导丝送入套管，并进一步将其送入胸腔（图 5-31）。

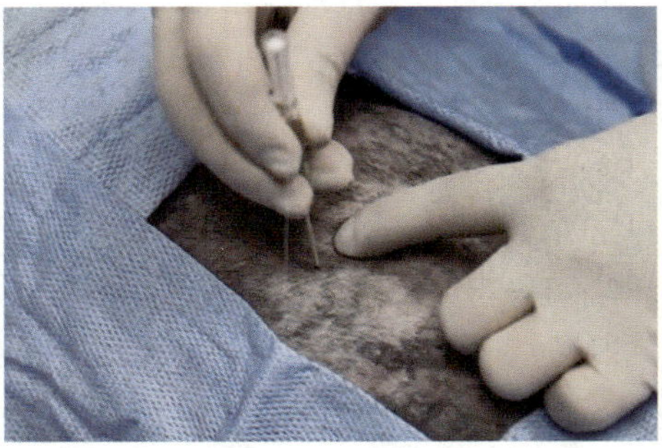

图 5-30 套管针沿第 8 肋骨前缘刺入胸腔

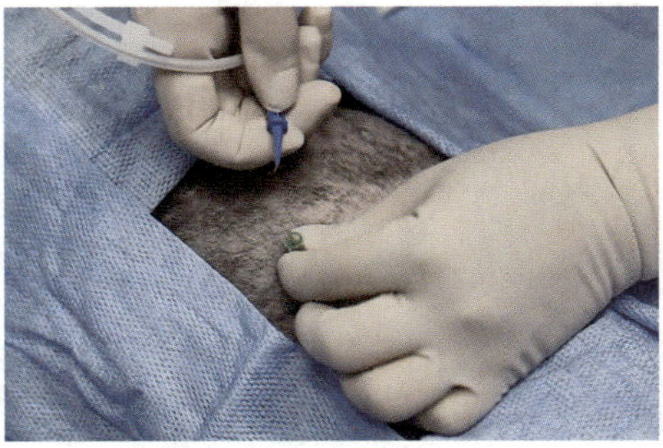

图 5-31 导入器辅助导丝经套管送入胸腔

- 撤除导入器，避免导丝滑动，用手术刀片扩大皮肤切口（图 5-32），取胸导管沿导丝推入胸腔，直至胸腔头侧（图 5-33）。

- 撤除导丝，连接针头排水帽(图 5-34)。
- 在胸导管近皮肤切口位置，放置缝合翼并固定(图 5-35)。
- 连接三通阀进行胸腔引流及冲洗。
- 猫佩戴项圈，防止损伤导管。
- 放置完毕，每 24 ～ 48 h 拍摄胸片检查胸导管位置及评估引流效果。

并发症

气胸、血胸、医源性脓胸、肺撕裂等。

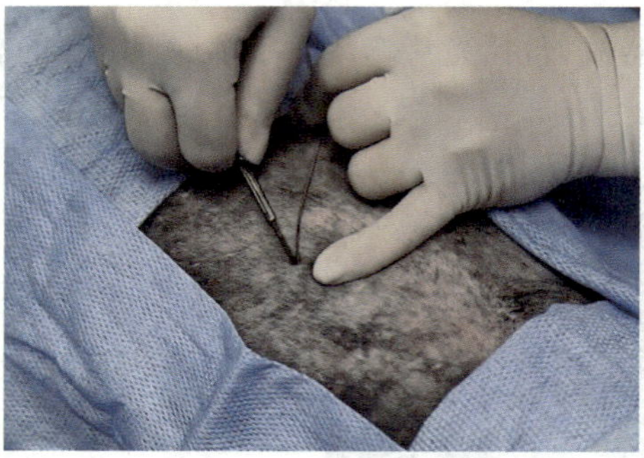

图 5-32　手术刀片扩大皮肤切口

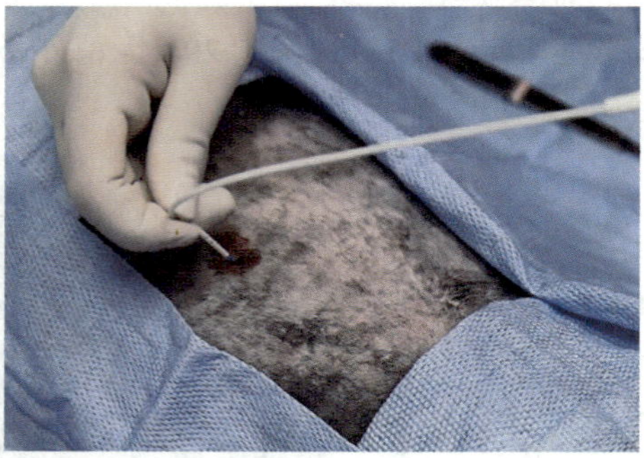

图 5-33　将胸导管沿导丝推入胸腔头侧

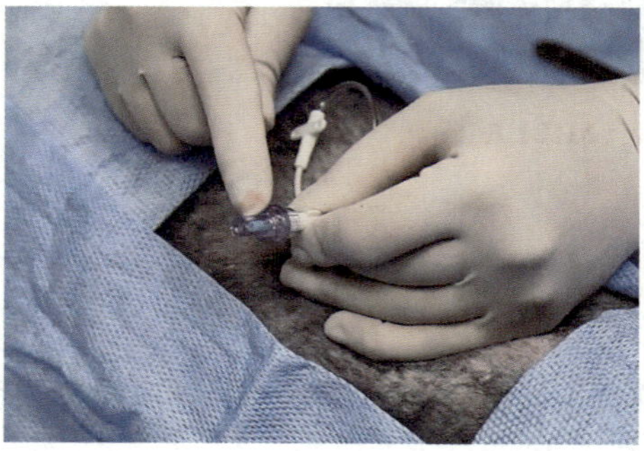

图 5-34　连接针头排水帽

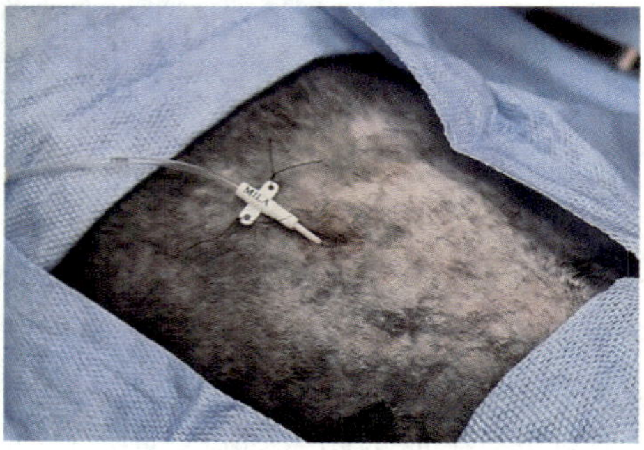

图 5-35　在近皮肤切口处放置缝合翼并固定

64. 胸导管放置技术

65. 胸导管放置(动画)

思维提升

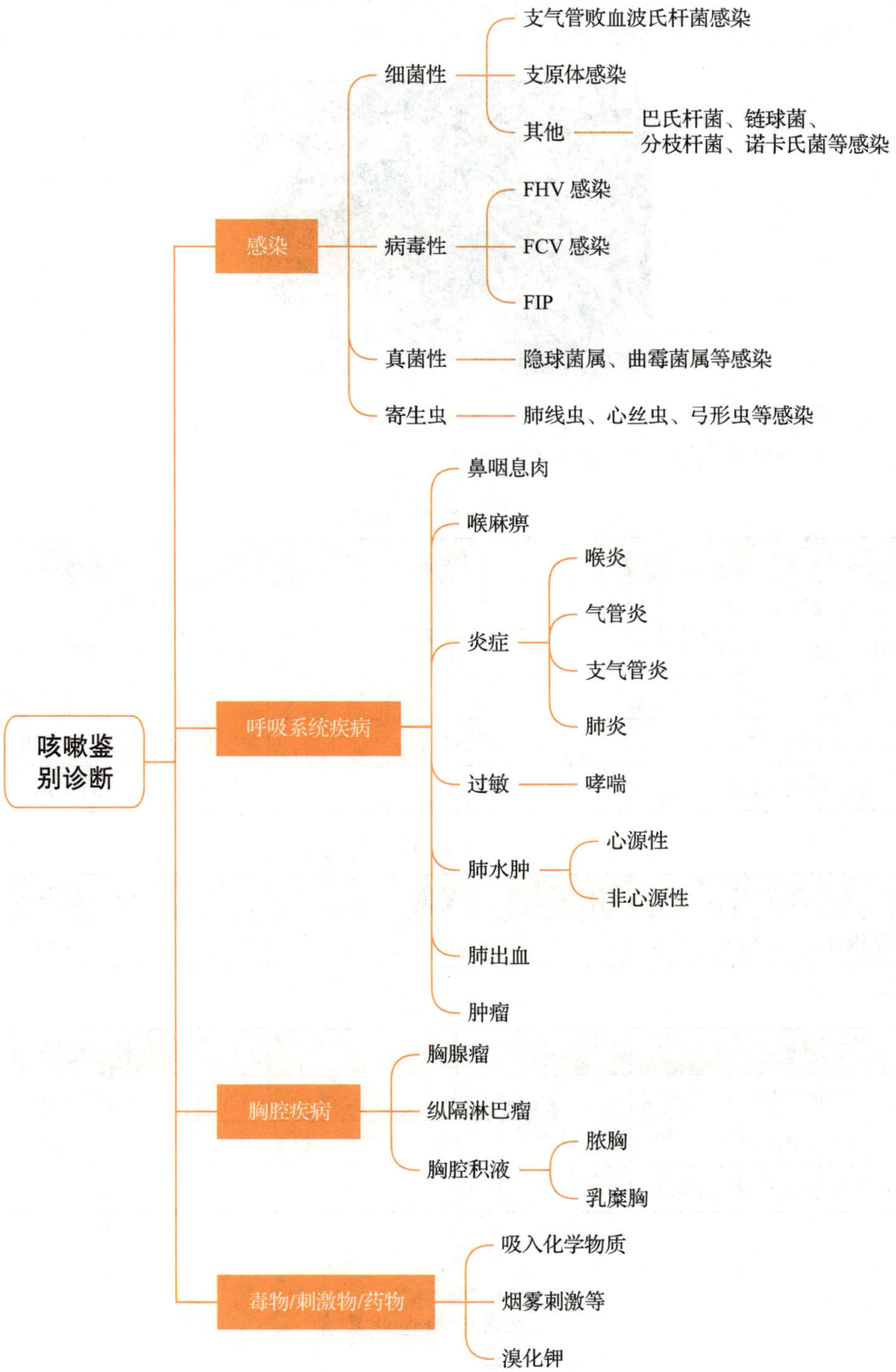
咳嗽鉴别诊断
感染
细菌性
支气管败血波氏杆菌感染
支原体感染
其他
巴氏杆菌、链球菌、
分枝杆菌、诺卡氏菌等感染
病毒性
FHV 感染
FCV 感染
FIP
真菌性
隐球菌属、曲霉菌属等感染
寄生虫
肺线虫、心丝虫、弓形虫等感染
呼吸系统疾病
鼻咽息肉
喉麻痹
炎症
喉炎
气管炎
支气管炎
肺炎
过敏
哮喘
肺水肿
心源性
非心源性
肺出血
肿瘤
胸腔疾病
胸腺瘤
纵隔淋巴瘤
胸腔积液
脓胸
乳糜胸
毒物/刺激物/药物
吸入化学物质
烟雾刺激等
溴化钾

病 例 分 析 〉〉〉

狸花猫，1 岁 7 个月，3.7 kg，公，主诉该猫 2 周前确诊猫瘟，已治愈，但今天早上发现呼吸加快，胸腹部起伏明显，体温 40.6 ℃，呼吸 56 次 /min，心率 158 次 /min（图 5-36）。

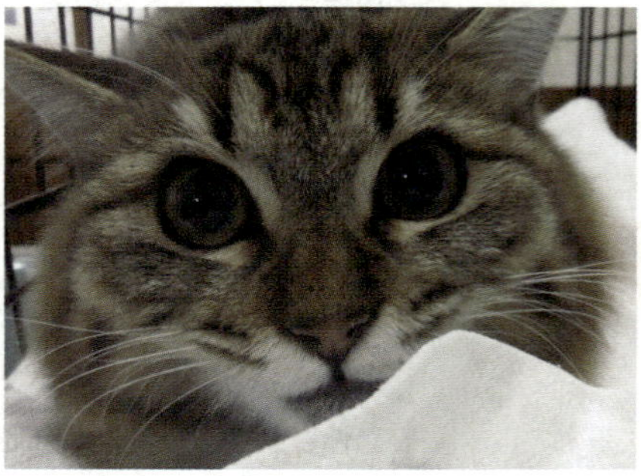

图 5-36 狸花猫患猫 2

血液学检查：结果见表 5-2 至表 5-4。

表 5-2 血常规检查结果

项目	测量值	参考范围
红细胞比容（HCT）	30.2 ↓	30.3% ~ 52.3%
网织红细胞（RETIC）	9.4 ↓	9.8 ~ 16.2 g/L
白细胞（WBC）	23.49 ↑	$(2.87 \sim 17.02) \times 10^9$/L
嗜中性粒细胞（NEU）	0.44 ↓	2.3 ~ 10.29 K/μL
血小板（PLT）	33	6 ~ 151 K/μL

表 5-3 血清淀粉样蛋白 A 检查结果

项目	测量值	参考范围
血清淀粉样蛋白 A（SAA）	43.39 ↑	0 ~ 2 mg/L

表 5-4 血液生化检查结果

项目	测量值	参考范围
葡萄糖（GLU）	168 ↑	77 ~ 153 mg/dL
肝酐（CREA）	2.1	0.8 ~ 2.4 mg/dL
γ - 谷氨酰氨基转移酶 (GGT)	16 ↑	0 ~ 1 U/L

血液学检查结果有什么问题？

影像学检查：结果见图 5-37 和图 5-38。

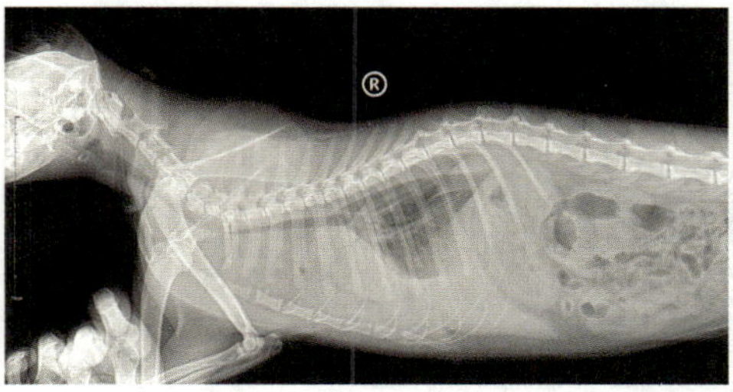

图 5-37　X 线侧位片

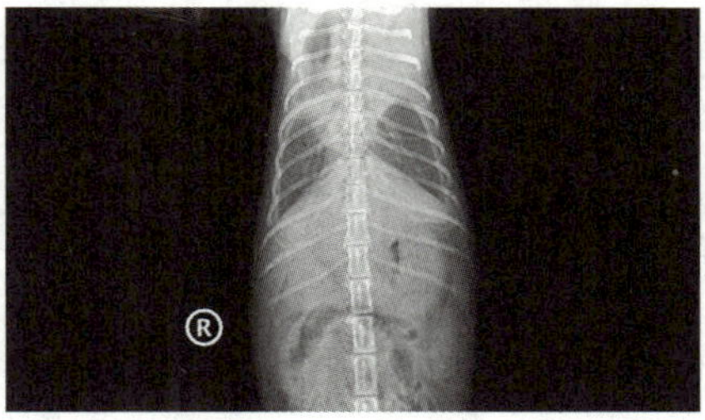

图 5-38　X 线正位片

影像学检查你发现了什么？

细胞学检查：结果见图 5-39。

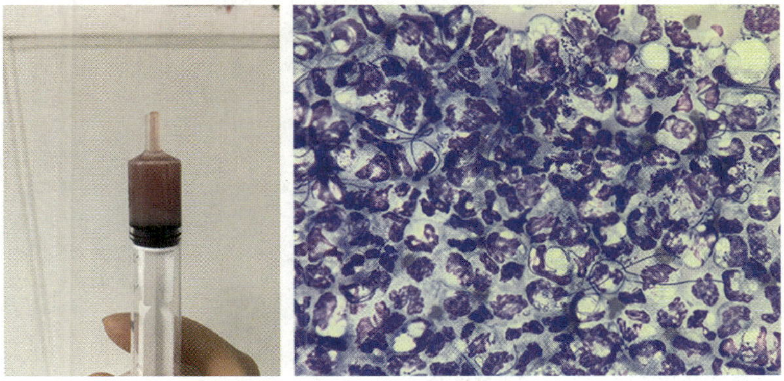

图 5-39　胸水及其细胞学检查

细胞学检查你发现了什么？

你的初步诊断是什么？

你的下一步处置是什么？

项目六

猫常见心血管系统疾病防治

学习目标

【知识目标】

★ 掌握猫肥厚性心肌病和高血压的诊治；

★ 了解猫肥厚性心肌病的分期相关知识。

【能力目标】

★ 能规范进行猫心音听诊、心脏超声扫查等操作；

★ 能规范进行猫肥厚性心肌病及高血压的分级。

【素养目标】

★ 通过复杂疾病的诊疗学习，培养逻辑思维能力和综合分析能力；

★ 培养危急重症预判意识与急救意识，涵养医学人文精神。

温故知新

心血管系统局部解剖：见图 6-1 至图 6-3。

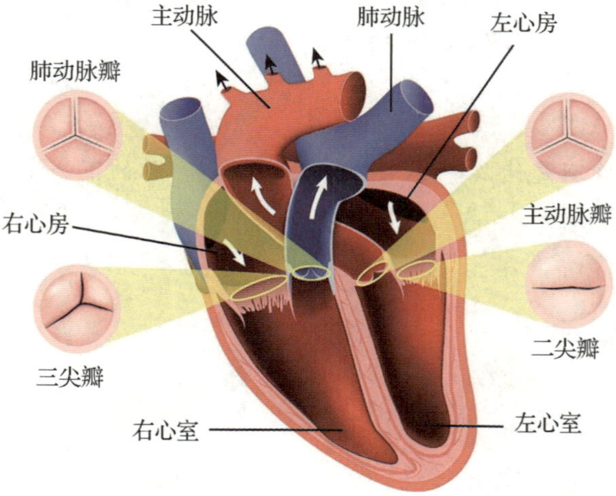

图 6-1　心脏局部解剖

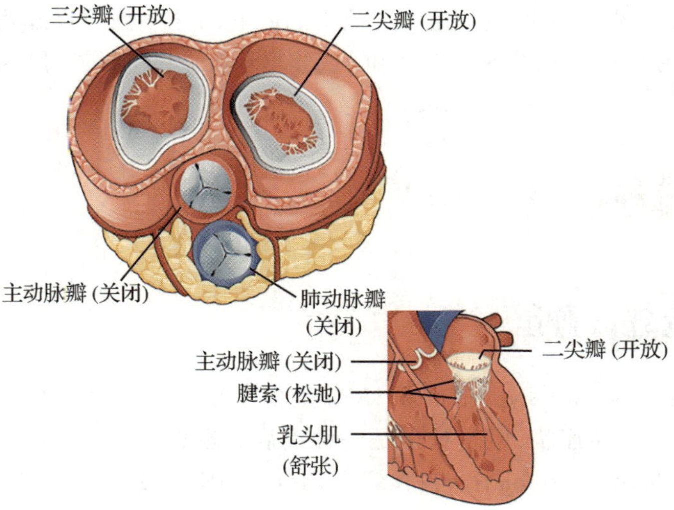

图 6-2　心脏舒张

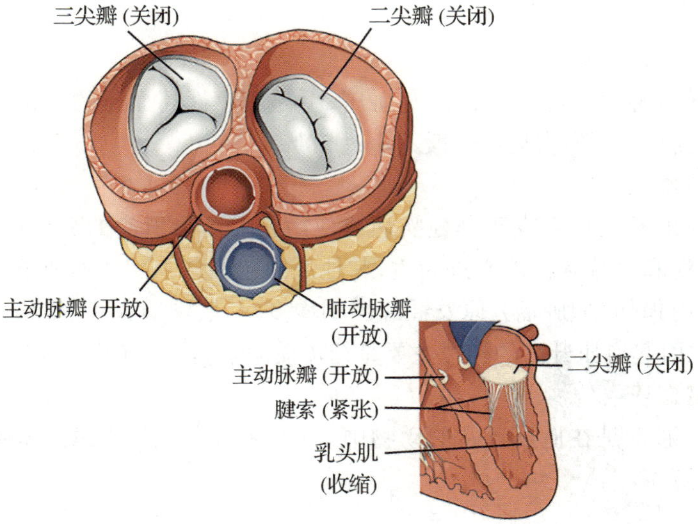

图 6-3　心脏收缩

1. 常用术语

①心杂音:在心脏收缩或舒张时血液在心脏或血管内产生湍流所致的室壁、瓣膜或血管振动所产生的异常声音。

②奔马律:是一种常见的心脏杂音,通常出现在心脏舒张期,类似于马奔跑时蹄子落地的声音。这种情况通常是由心脏瓣膜、血管或心肌病变引起的。

③心脏前负荷:又称容量负荷,是指心肌收缩之前遇到的负荷,实际上是心室舒张末期容量或心室舒张末期心室壁张力的反应。

④心脏后负荷:是指心肌收缩之后所遇到的阻力或负荷,又称压力负荷。主动脉压和肺动脉压就是左、右心室的后负荷。

⑤心源性肺水肿:是指因左心衰竭造成肺脏毛细血管静水压升高,使血管内液体流向肺泡间质,滞留在肺泡腔。

⑥充血性心力衰竭：由于心室泵血或充盈功能低下，心排血量不能满足机体代谢的需要，组织、器官血液灌注不足，同时出现肺循环和/或体循环淤血，是各种心脏病发展到严重阶段的临床综合症。

基础任务 〉〉〉

任务1 系统性高血压

系统性高血压（systemic hypertension，SH）是指持续性动脉血压高于正常参考值，在猫中非常常见，可作为一种症状，但本身也是一种疾病。理想状态下，猫正常收缩压为110～140 mmHg，舒张压为60～90 mmHg，当收缩压>160 mmHg或舒张压>120 mmHg时通常确定为高血压。

一、病因

（一）原发性或特发性高血压

原发性高血压特指没有明确原因的高血压，引起原发性高血压的因素一般与遗传、环境、年龄等相关，原发性高血压所占比例一般不超过20%。

（二）继发性高血压

继发性高血压通常是指继发于其他疾病或使用相关药物引起的高血压，在临床中最为常见，其中以慢性肾病和甲状腺机能亢进为主，其他原因包括肾上腺皮质机能亢进、糖尿病、甲状旁腺功能亢进、颅内损伤（如肿瘤）、原发性醛固酮增多症、肢端肥大症、嗜铬细胞瘤、高钙血症、红细胞增多症等。引起血压升高的药物主要是糖皮质激素、盐皮质激素、促红细胞生成素等。

（三）情境性高血压

情境性高血压通常是在血压正常的动物中，由于疼痛、兴奋、焦虑或紧张引起自主神经系统改变导致的血压升高。

二、分级及靶器官损伤

美国兽医内科学会（ACVIM）根据高血压及其靶器官损伤（target organ damage，TOD）的风险进行分级。高血压相关的TOD与高血压的严重程度、持续时间和相对变化有关。高血压的分级及TOD风险见表6-1。

表6-1 高血压的分级及TOD风险

风险类别	收缩压/mmHg	血压分期	TOD风险
Ⅰ	<140	血压正常	极低风险
Ⅱ	140～159	轻度高血压	低风险
Ⅲ	160～179	中度高血压	中风险
Ⅳ	>180	重度高血压	高风险

三、临床表现

猫高血压相关的临床表现主要体现在靶器官的相关损伤症状(表 6-2 和图 6-4)。

表 6-2 高血压相关临床表现

靶器官	表现	病变	备注
眼睛	瞳孔散大或大小不一,前房出血、突然失明等(图 6-5)	玻璃体出血,视网膜变性、水肿、出血及脱落(图 6-6),视神经乳头水肿,青光眼等	SBP ≥ 160 mmHg 可能会出现视网膜病变,SBP ≥ 180 mmHg 可能会突然失明,不可逆
心脏	心律失常、心杂音、奔马律、心动过速、充血性心衰症状等	左心室肥大,心力衰竭等	有效治疗或帮助心脏重塑,心室结构恢复正常
肾脏	慢性肾病相关症状,蛋白尿	肾小球硬化、肾小管坏死、间质性炎症和纤维化	不可逆
大脑	嗜睡、癫痫、共济失调、定向障碍或其他行为改变	脑水肿、颅内压升高、动脉硬化、血管出血等	临床症状随治疗好转而消失

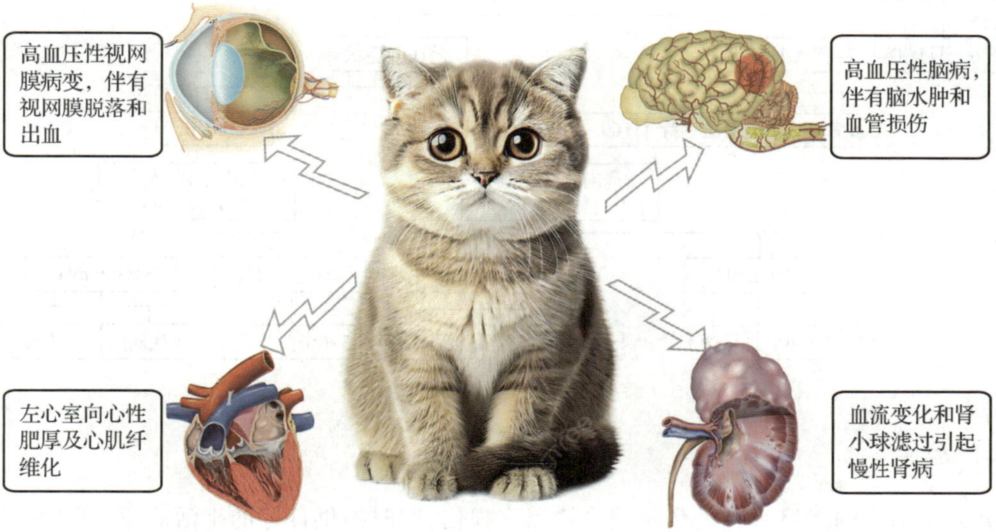

图 6-4 高血压靶器官损伤症状

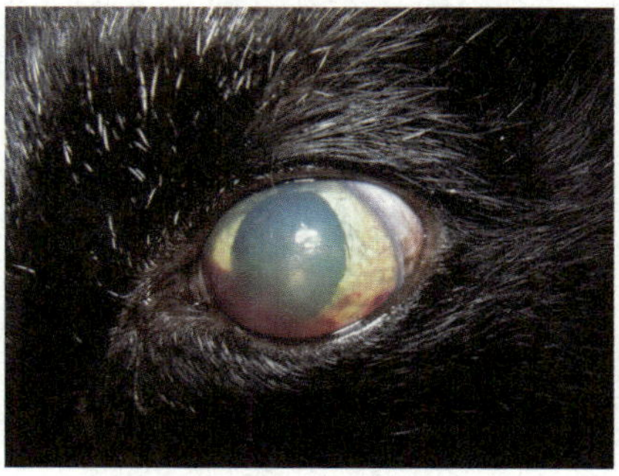

图 6-5 眼前房出血

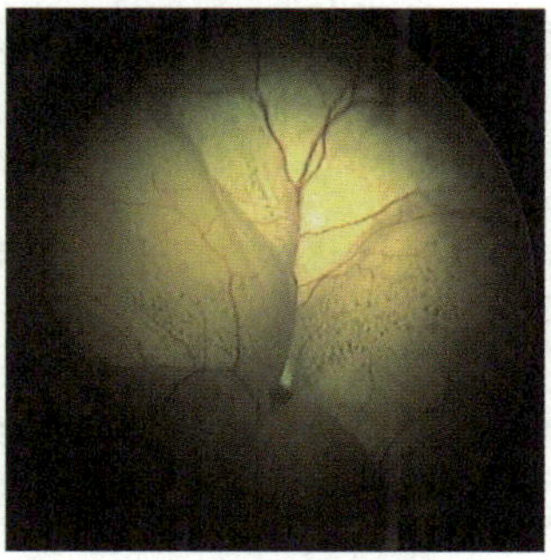

图 6-6 视网膜脱落

66. 猫高血压

四、诊断

(一)血压测定

临床上多采用多普勒方法测量猫的血压，该方法测量相对准确性高，但多以收缩压为准，舒张压往往测量不准确。

(二)TOD 评估

患猫在测量血压的同时，应该仔细评估 TOD 及潜在疾病。包括全面的体格检查，心脏、神经和眼部的评估以及完整的病史调查，评估流程见图 6-7。

实验室评估任何潜在的疾病，血清肌酐和/或 SDMA，尿比重和尿蛋白分析，血清甲状腺素，血清钠、钾、氯测定等。

其他检查包括心脏、腹部和眼部影像学检查，心电图、内分泌功能检测。

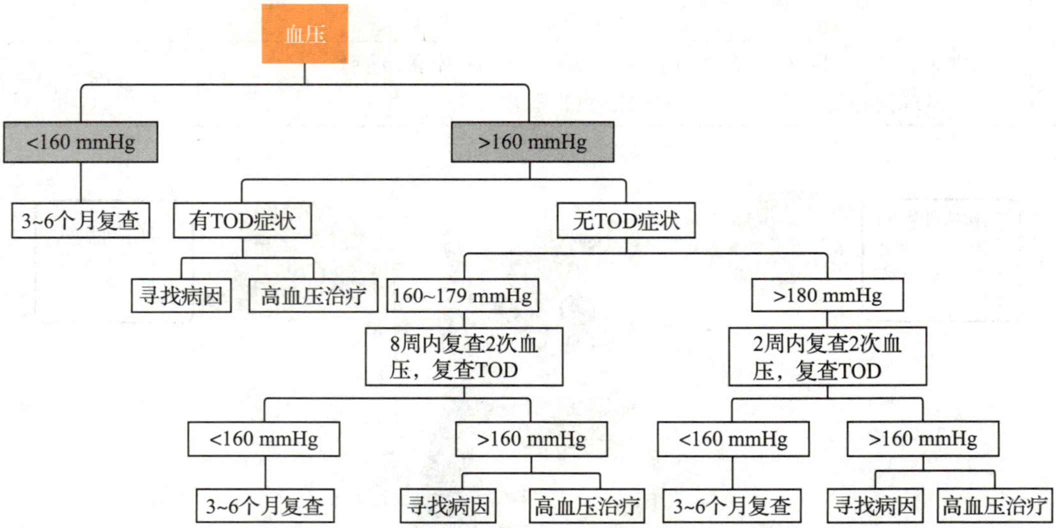

图 6-7　高血压患猫评估流程

五、治疗

高血压治疗的最终目标是尽量减少靶器官损伤，同时提供良好的生活质量。ISFM 建议当存在靶器官损伤或血压连续两次测量高于 170 mmHg(排除白大褂效应)时，应积极地进行血压控制。

(一)治疗原发病

由于猫高血压通常为继发性，因此，降压治疗应与潜在疾病治疗同时进行。

(二)饮食疗法

患猫饮食应注意钠盐的摄入，另外肥胖的动物，建议进行减肥以控制高血压。

(三)药物治疗

药物治疗目的是降低 TOD 风险，帮助维持或改善猫的健康状况。最初的目标是使收缩压 <160 mmHg，长期目标为收缩压 <140 mmHg。治疗常用药物见表 6-3。

表 6-3 高血压治疗常用药物

类型	药物	剂量	备注
钙离子通道阻断剂(CCB)	氨氯地平	0.625～1.25 mg/猫,PO,q12～24 h	猫首选降压药物 经治疗后血压通常能下降30～70 mmHg 严重者可将氨氯地平与ACEi或ARBs类药物合用
血管紧张素受体拮抗剂(ARBs)	替米沙坦	1 mg/kg,PO,q24 h	降压作用弱,通常只能使血压下降10～20 mmHg 脱水时禁止使用ARBs
血管紧张素转化酶抑制剂(ACEi)	贝那普利	0.25～0.5 mg/kg,PO,q12～24 h	CKD继发的高血压 心脏病 脱水时禁止使用ACEi
β受体阻断剂	阿替洛尔	6.25～12.5 mg/猫,PO,q24 h	优先用于甲亢患猫
α1受体阻断剂	哌唑嗪	0.25～0.5 mg/猫,PO,q24 h	适用于嗜铬细胞瘤动物
	酚苄明	2.5 mg/猫,PO,q8～12 h	
醛固酮拮抗剂	螺内酯	1～2 mg/kg,PO,q12 h	CKD继发的高血压
髓袢利尿剂	呋塞米	1～4 mg/kg,PO,q8～24 h	长期使用有低血钾风险

小贴士

降压的目的是降低TOD发生的可能性和严重程度。

降压时应使血压呈渐行性下降,避免急剧下降,以免导致大脑灌注不良。

(四)高血压危象处理

高血压危象是指猫有高血压且存在急性、严重、进行性TOD。在急诊情况下,无论何时,应该立即给予氨氯地平,剂量取决于临床症状及SBP的严重性。如果必要,氨氯地平可以在4～8 h后重复给药,在最初的24 h内逐渐递增至最大剂量2.5 mg/猫。如果不能口服给予氨氯地平,可以给予短效的肠外抗高血压药物(表6-4)。治疗目标是逐渐降低血压,而不是迅速降低血压。第1小时内血压应降低约10%,接下来的几个小时内再降低约15%,然后逐渐恢复正常。一旦猫状态稳定,应该开始常规治疗。

表 6-4 高血压危象的肠外用药

药物	剂量	备注
肼屈嗪	0.25～2 mg/kg,SC或IM,q8～12 h	直接血管舒张剂
硝普钠	1 μg/(kg·min),CRI	非特异性血管舒张剂

六、血压监测

患猫血压得到控制后,动物应每3个月复查1次血压,每6个月评估血常规、血液生化及尿液检查。

七、预后

预后取决于原发疾病、靶器官损伤程度、损伤是否可逆或者是否有生命危险以及其他因素。蛋白尿、年龄、氮质血症可能与预后不良相关。与高血压相关的失明、心脏病、慢性肾病都不可逆，只能控制和延缓病情。

八、预防

高血压的预防以定期体检及控制体重为主，建议中老年猫和高风险猫按推荐频率做好血压监测（表 6-5）。

表 6-5　血压监测频率

类型	监测频率
健康成年猫（3～6 岁）	每 12 个月 1 次
健康中老年猫（7～10 岁）	至少每 12 个月 1 次
健康老年猫（≥ 11 岁）	至少每 6～12 个月 1 次

思考与练习

1. 可能导致猫血压升高的原因包括（　　）。（多选）
   A. 甲亢　　B. 急性肾损伤
   C. 慢性肾病　　D. 紧张
   E. 肥胖
2. 关于猫高血压治疗说法正确的是（　　）。（多选）
   A. 继发性高血压应同时治疗原发疾病
   B. 治疗首选药物是氨氯地平
   C. 血压需要长期监控
   D. 猫应激也会出现血压升高
3. 高血压导致的靶器官损伤包括（　　）。（多选）
   A. 眼睛　　B. 心脏
   C. 肾脏　　D. 大脑
   E. 神经
4. 以下属于高血压导致的眼部损伤表现是（　　）。（多选）
   A. 眼前房出血　　B. 瞳孔大小不一
   C. 突然失明　　D. 眼球震颤
5. 高血压导致的肾脏损伤包括（　　）。
   A. 蛋白尿　　B. 肾脏缺血
   C. 肾脏缺氧　　D. 肾脏水肿

进阶任务

任务2 肥厚性心肌病

肥厚性心肌病（hypertrophic cardiomyopathy，HCM）是猫最常见的心肌病类型，占猫心肌病总数的58%～68%，其他疾病如限制型心肌病、未分类型心肌病、扩张型心肌病以及致心律失常性右心室心肌病较少见。

猫肥厚性心肌病以心室（主要是左心室）乳头肌、室间隔及左室游离壁增厚为特点，导致心脏泵血能力下降。患病猫通常死于心源性猝死，HCM被称为猫隐形杀手，患病率可达15%。

一、发病机理

原发性HCM被认为是常染色体显性遗传疾病，肌球蛋白和肌节收缩蛋白基因突变是主要致病原因。心脏肌球蛋白结合蛋白C3（*MyBPC3*）是心肌纤维的重要成分，也与心脏收缩紧密相关，*MyBPC3*基因突变导致的HCM已在缅因猫和布偶猫中得到证实。*MyBPC3*基因异常使心肌细胞变大增生，并导致心肌纤维化。心肌细胞的变化，导致左心室的厚度出现变化，左心室的结构异常，最终引起心脏泵血能力不足、左心房扩张，可能会出现肺水肿、充血性心衰、主动脉血栓（图6-8、图6-9）。

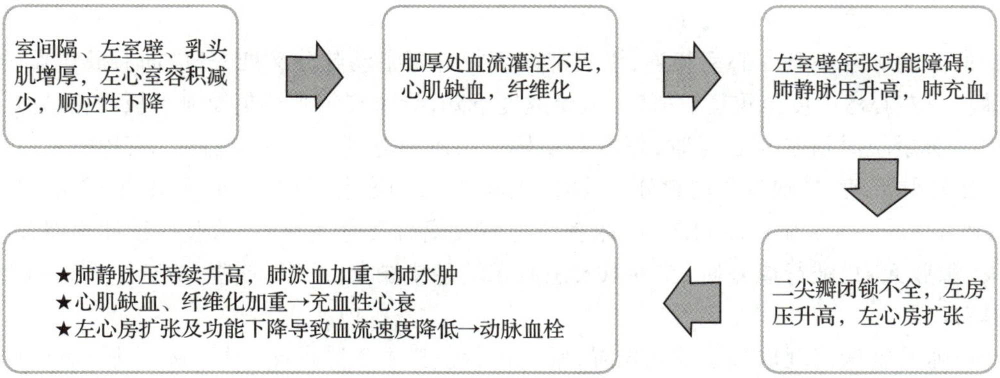

图6-8 肥厚性心肌病发病机理

除遗传因素外，其他包括年龄增长、高血压、甲亢、生长激素过多等原因，导致心脏发生容积或压力过负荷，为了维持正常的功能，心肌重塑，也会造成肥厚性心肌病。

二、流行病学

HCM在缅因猫、布偶猫、英国短毛猫、美国短毛猫、波斯猫、加菲猫、苏格兰折耳猫、孟加拉猫、斯芬克斯无毛猫、挪威森林猫和伯曼猫等品种中更为普遍。目前已经明确缅因猫和布偶猫为常染色体显性遗传，都在*MyBPC3*基因上。HCM无明显年龄界限，发病年龄范围从6月龄到16岁不等，公猫发病率高于母猫，尤其是去势公猫。

67. 猫肥厚性心肌病

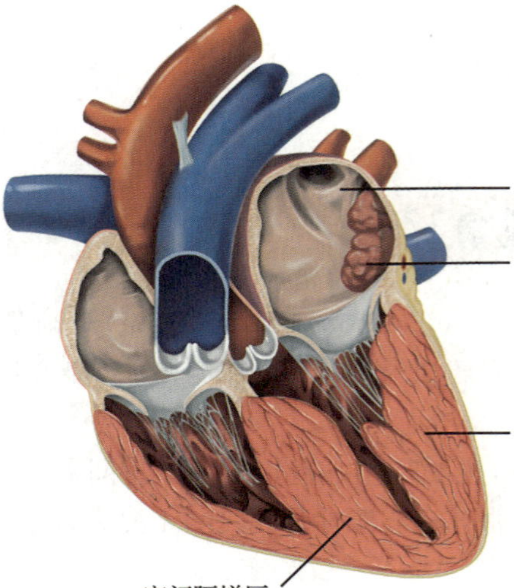

图 6-9　猫肥厚性心肌病典型病变

三、临床表现

HCM 临床症状有一定差异，大部分猫在确诊时无明显临床症状，这些猫常常因心脏出现杂音、奔马律时接受检查，或者在日常体检时发现。大多数病例可表现出心杂音，其他听诊异常包括奔马律及心律不齐。另外，有些病例可能在出现肺水肿、充血性心衰、血栓等严重临床症状后才诊断出来。当 HCM 发展到一定程度，常表现以下 3 种并发症。

（一）主动脉血栓

猫的主动脉与心脏左心室相连，沿腹部向下行进至主动脉分叉处，分成向后肢供血的左右髂动脉。当左心房中度至重度扩张时，血流速度下降，导致红细胞聚集及血小板活化，随后形成血凝块。血凝块滞留在左心房时，超声心动检查出现烟雾征。当血栓进入左心室、主动脉，然后沿着主动脉流动，当到达主动脉分叉处时，大部分血凝块会在这里汇聚沉积，形成主动脉血栓（arterial thromboembolism，ATE）。临床表现为前肢或后肢急性麻痹，患肢持续性疼痛，动脉脉搏缺失，患肢无力、跛行或瘫痪（图 6-10），患肢末端足垫淤血、发绀、厥冷，剪趾甲血线不出血等（图 6-11）。

动脉血栓临床表现取决于发病位置，常见位置包括主动脉远端、臂动脉、内脏动脉、中枢神

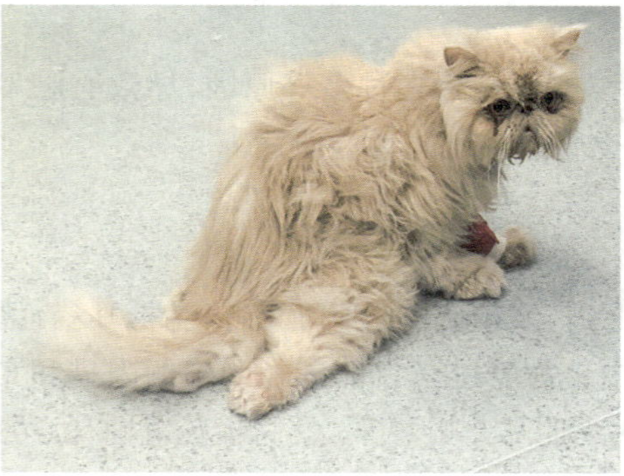

图 6-10　动脉血栓导致后肢瘫痪

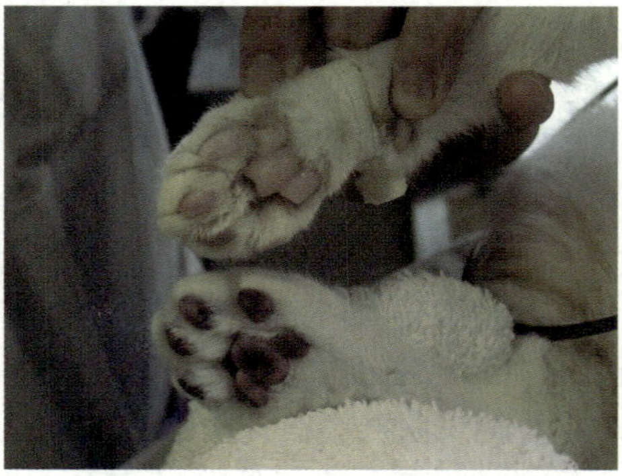

图 6-11　血栓导致患肢末端足垫淤血

经等，最常发生于主动脉分叉部。

（二）充血性心力衰竭

充血性心力衰竭（congestive heart failure，CHF）是由于泵血能力不足，心脏不能满足机体代谢的需要，所以心脏会代偿性增加心肌的收缩力度与频率。虽然可以在一定程度上缓解，但会极大地增加心脏负担，随着时间的累积，就会引发 CHF。心脏不堪重负，血液输送能力产生了问题，进而导致组织缺血缺氧。当心衰出现时，随着胸腔积液及肺水肿的发生，患猫表现为呼吸困难、呼吸频率增加、行动乏力、厌食、呕吐、体重下降等。出现 CHF 的猫很有可能同时存在血栓。CHF 往往突然发生，一些特殊事件诱发患猫发生心衰并不罕见，如麻醉 / 手术、静脉输液、应激等都有可能。

（三）猝死

患猫常发生突然死亡，无法预料。

四、诊断

HCM 的诊断依赖于心脏超声检查，同时需要排除其他非基因性的诱因，比如甲亢与全身性高血压都可能造成心肌问题。除了超声检查，其他还包括心电图、胸部 X 线、血压测量与血液学检查。

在诊断猫 HCM 时，目标不仅仅是能否成功诊断，还包括评估患猫猝死、心衰与血栓的风险及预后。此外，因为 HCM 本身的特性，务必进行定期的复查。

（一）病史及临床表现

很多患猫的病史没有明显异常，最常见的就诊症状是呼吸用力，充血性心衰是猫呼吸困难最常见的原因，健康猫平静状态下呼吸频率一般小于 30 次 /min。ATE 导致的轻瘫或瘫痪也是常见症状，如前肢或后肢瘫痪、疼痛、脉搏缺失、四肢冰冷、足垫发紫等。常常可听诊到收缩期杂音，但仅仅是心杂音或者心率不齐不一定代表患有心肌病，需要进一步检查。某些 HCM 患猫，可能在没有任何前驱症状的情况下突然死亡。

（二）超声心动检查

心脏超声可以评估心室结构的变化（腔室大小的变化，室中隔和心室壁完整性和厚度、瓣膜形态和运动状态）及心脏功能（心脏舒张和收缩情况、血流方向、流速测量、是否存在烟雾征、二尖瓣收缩期前向运动、左室流出道梗阻等，是否存在胸腔或心包积液等）。正常舒张期左心室壁、室间隔的厚度不超过 5～5.5 mm，超过 6 mm 以上可诊断为 HCM，超过 8 mm 以上属于严重的 HCM。

对于左心房大小评估也极为重要，左心房严重扩张说明猫已处于左心衰竭或存在左心衰竭高风险（表 6-6），同时也会导致患猫处于血流停滞的风险，进而形成血栓。通常可通过左心房内径与主动脉内径的比值（LA/AO）评估左心房大小（图 6-12、图 6-13），数值越大则心衰与血栓概率越高。

表 6-6　左心房大小的超声心动评估

左心房扩张程度	LA/AO	LAD/mm	说明
正常	<1.5	<16	
轻度扩张	1.5～1.79	16～19.9	

续表 6-6

左心房扩张程度	LA/AO	LAD/mm	说明
中度扩张	1.8～2	20～24	有发生 CHF 及 ATE 的风险
重度扩张	>2	>24	

注：LA/AO：左心房内径与主动脉内径比值；LAD：左心房内径

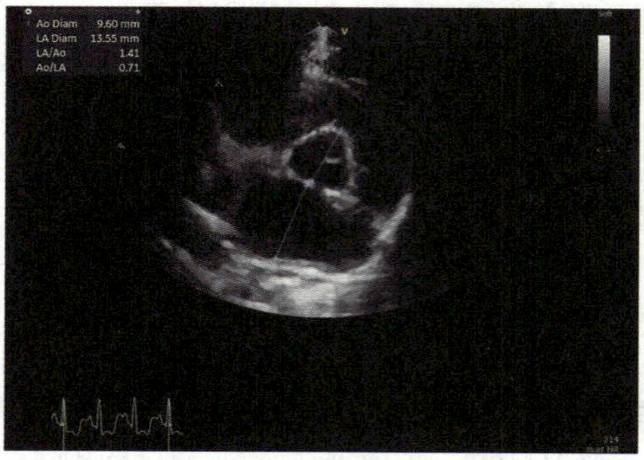

图 6-12　正常左心房大小

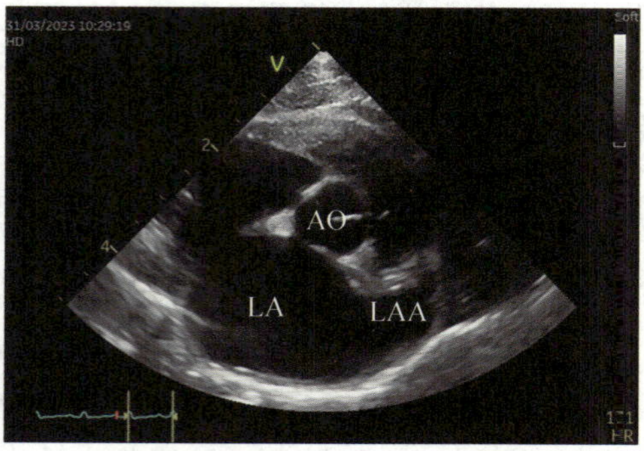

图 6-13　重度左心房扩张

心脏超声检查的局限性在于依赖操作者的熟练程度，另外如果猫本身状态不太好的情况下，勉强进行心超反而可能给猫造成压力而导致不良后果。

(三) X 线检查

胸部 X 线检查对于 HCM 诊断意义不大，但是可以评估心脏大小形态，有无肺水肿（图 6-14）、胸腔积液等变化。HCM 的 X 线典型表现是左心房出现明显扩张，心脏呈“爱心”形状（图 6-15）。虽然 X 线片被认为是确认心源性肺水肿的金标准，但是如果无法给猫安全拍摄 X 线片，应考虑推迟拍摄胸片，防止发生猝死。X 线片对 HCM 导致的轻度或中度心脏变化不敏感，有些猫即使疾病严重到足以引起 CHF，X 线片上心脏轮廓看起来也可能正常。

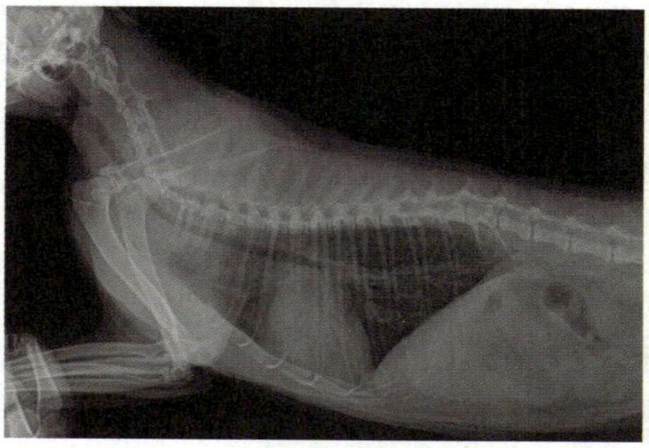
图 6-14　HCM 继发肺水肿

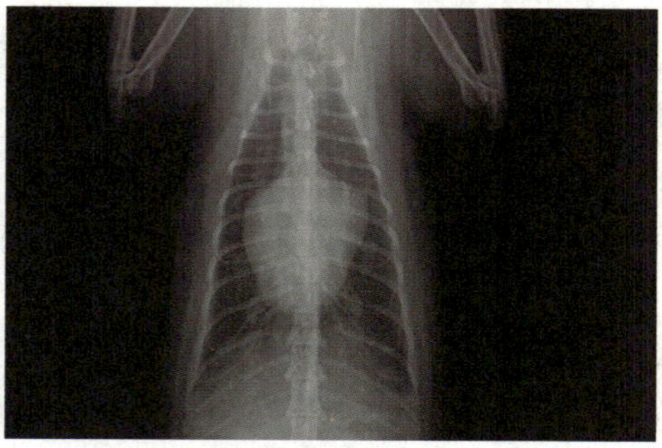
图 6-15　心脏呈“爱心”形状

(四) NT-proBNP 检查

N 端脑钠肽前体（NT-proBNP）已被广泛用于筛查 HCM，脑钠肽是由心肌细胞合成的具有生物学活性的天然激素，在正常个体的血液中含量极低，当心脏功能不全时，该激素会被大量释放用于调节心脏功能。作为一种半定量检测，NT-proBNP 检查在遇到猫呼吸困难，疑似心衰时可以进行快速鉴别诊断，但是结果正常不意味着无问题，结果异常，还需要进一步进行心脏超声排查。当所在医院无法做心超检查时，可以考虑做 NT-proBNP 检查。

（五）心电图检查

心电图在心肌病筛查方面价值不大，但对检查猫心律不齐有无可替代的作用。发现猫有心肌病，应一并进行心电图检查，HCM 患猫一般出现窦性心动过速、室上性早搏综合征、左前束支传导阻滞，一些猫会出现房颤。

（六）基因检测

缅因猫和布偶猫这两个品种可以使用快速、准确、灵敏的基因检测方法，检测阳性的猫应进行超声心动检查和临床评估，推荐无症状的基因检测阳性猫每 6～12 月复查超声。基因检测阴性结果也无法排除 HCM，因为可能由于其他原因或不确定的基因突变导致 HCM。

（七）血液学检查

血清生化指标不能作为 HCM 的诊断标准，但可显示与心力衰竭、ATE、近期治疗或潜在系统性疾病相关的异常病变。血液学检查可能出现 CK 和 / 或肌钙蛋白升高，当存在 CHF 时，BUN 和 / 或 CREA 升高，在典型的 ATE 中，由于横纹肌受损，会导致 CK、AST 和 ALT 升高。若同时患有甲亢，则 T_4 升高。此外，在确定了 HCM 后，仍然需要排除贫血、甲亢和肢端肥大症。以上几种情况也会导致心肌肥厚，但不属于原发性心肌肥厚，此时需要进行完全不同的治疗。

（八）血压检查

HCM 患猫会伴发全身性高血压，需要在安静的环境下进行测量，不同阶段可能会有不同的结果。

小贴士

BNP 可作为区分呼吸困难是由于心力衰竭还是原发性呼吸道疾病导致的方法。

心脏超声检查是诊断 HCM 的金标准。

五、治疗

猫肥厚性心肌病是一种渐进性的疾病，没有药物可以改变，治疗目的在于延缓心衰的进程和预防并发症，治疗之前应对患猫进行 HCM 分期。

（一）药物治疗

1. 抗血栓

当进入到 B2 期时充血性心衰与动脉血栓的概率大大增加，如果超声检查发现心房很大，LA/AO>2，或心房内出现烟雾征，即使没有症状也要开始进行抗血栓的治疗，推荐使用氯吡格雷、低分子量肝素或利伐沙班，可单独或联合使用。

2. 抗心率失常

如果发现心律失常要看有无出现心动过速，抗心率失常药建议心率在 240 次 /min 以上才开始使用，早期使用没有发现明显益处。如果出现严重的左室流出道梗阻，也可以使用阿替洛尔，降低左室流出道压力。

3. 利尿

当出现 CHF 或肺水肿时，应使用利尿剂治疗，首选髓袢利尿剂如呋塞米或托拉塞米。当利尿剂使用超过 6 mg/kg 时属于难以控制的心衰，将呋塞米更换成托拉塞米，考虑增加醛固酮拮抗剂螺内酯协同利尿。

4. 强心

如果出现低血压、低体温、低心律，且对初始治疗无反应，需要强心，使用匹莫苯丹，如果没有左室流出道梗阻，若仍不见好转可以使用多巴酚丁胺。

5. 镇痛

镇痛是管理急性 ATE 最初 24 h 的首要疗法，可选择布托啡诺。

6. 其他药物治疗

ACEI 类药物没有延长猫生命的作用，如出现持续性肺水肿或胸水时考虑给予贝那普利。

（二）减少应激

任何患猫都应最大限度减少其应激，提供安静舒适的生活环境非常重要。

（三）输氧

对于呼吸困难的动物应首先采取输氧治疗，而不应进行其他操作，待其稳定后再进行其他检查或治疗操作。对于出现严重胸腔积液患猫可在 B 超引导下穿刺，再输氧。

（四）其他疗法

饮食注意低钠，摄入过量的钠会导致水钠潴留，增加循环压力，加剧心功能下降。此外应补充辅酶 Q10、左旋肉碱、Omega 3 等。保证足够蛋白质的摄入，对低血钾的患猫应补钾。

六、监测

（一）日常监测

对处于 B2 期患猫建议宠物主人每天监测猫在安静状态下的呼吸模式与呼吸频率。对于急性发作病例进行良好控制后，可以遵循医嘱回家治疗，进行常规日常监测。

（二）健康体检

临床上大多数无症状 HCM 是通过 1 年 1 次的健康体检发现后，进行及时的管理，以提高生存机会。建议无任何症状的健康猫，应至少每年 1 次心脏检查，有症状且在服药期间，根据医生建议复查频率进行心脏检查。

（三）麻醉前检查

在患猫因手术等需要麻醉时，先要评估心脏功能，降低麻醉风险，从而降低麻醉死亡概率，此时就需要做术前的心脏检查。

（四）纯种猫 HCM 筛查

缅因猫和布偶猫具 HCM 基因概率较高，若无法进行基因检测，可进行定期心脏检查。其他纯种猫中也怀疑有遗传性 HCM，例如斯芬克斯猫、波斯猫、美国短毛猫、挪威森林猫、孟加拉猫、英国短毛猫和缅甸猫，还有部分非纯种猫也会怀疑具有 HCM 基因，以上品种可定期进行心脏检查。

七、预后

HCM 的预后取决于疾病的严重程度。轻度至中度的肥大，且无左心房扩张的无症状猫，预后良好，存活时间 4～6 年。充血性心衰的患猫预后不良，存活时间 2～6 个月，出现心衰且对治疗反应良好的猫，会有较长存活时间。发生 ATE 的患猫预后差，有研究指出，诊断后中位存活时间约 2 个月。发生 ATE 仍存活的猫，可能长期存活，但是血栓栓塞复发的风险较高。

思考与练习

1. 猫 HCM 的主要病理生理学变化是(　　)。(多选)
   A. 左心室壁增厚　　B. 室间隔增厚
   C. 心脏舒张功能明显下降　　D. 心脏收缩功能明显下降
2. 关于猫 HCM 说法错误的是(　　)。
   A. 具有一定的遗传性　　B. 与年龄无相关性
   C. 与性别无相关性　　D. 与饲养管理无相关性
3. 猫 HCM 体格检查可能出现(　　)。(多选)
   A. 心杂音、奔马律等　　B. 呼吸困难
   C. 突然瘫痪　　D. 体温升高
4. 猫 HCM 确诊方法是(　　)。
   A. 心音听诊　　B. X 光检查
   C. 心脏超声检查　　D. NT-proBNP 检查
5. 猫 HCM 引发充血性心衰时的治疗方案包括(　　)。(多选)
   A. 输氧　　B. 利尿
   C. 减少应激　　D. 强心

任务 3　肥厚性心肌病分级

为了分析猫心肌病对猫临床健康的影响，美国兽医内科学院(ACVIM)提出 HCM 分期系统，将 HCM 分为 A、B、C、D 4 期，基于是否存在心脏结构和 / 或功能变化以及其变化程度又进一步分为 B1 和 B2 期，目的是为预后和治疗提供参考依据(表 6-7 至表 6-9)。

A 期：存在风险但无 HCM 证据的猫。

B 期：患有 HCM 但无临床症状的猫。B1 期指充血性心衰(CHF)或动物血栓栓塞(ATE)低风险的猫，B2 期指 CHF 或 ATE 高风险的猫。心房大小是重要的预后标志，可以用来将亚临床心肌病(B 期)的猫进一步分为低风险(B1 期)和高风险(B2 期)，B1 期左心房大小正常或轻度增大，B2 期左心房中度至重度增大，左心房增大越严重，CHF 和 ATE 的风险越高。在给亚临床心肌病的猫进一步分期时，还应考虑的因素包括左心房和左心室收缩功能和左心室肥厚程度等。

C 期：出现 CHF 或 ATE 症状的猫，即使治疗后临床症状消失也属于 C 期。

D 期：出现 CHF 症状且治疗无效的猫。

表 6-7　HCM 分期方案

分期	特点	备注
A	存在风险的猫	
B1	无症状(包括过去和现在)，轻度 HCM，CHF 或 ATE 低风险	左心房大小正常或轻度增大、室间隔和 / 或左心室游离壁轻度增厚、轻度左室流出道梗阻及可能存在轻度舒张功能障碍

续表 6-7

分期	特点	备注
B2	无症状(包括过去和现在),中度及重度 HCM,CHF 或 ATE 高风险	左心房中度至重度增大,左心室游离壁或乳头肌局部或广泛性增厚、心肌纤维化、心室收缩功能改变、存在左室流出道梗阻或舒张功能障碍
C	有症状的 HCM(包括过去和现在)	
D	有症状且治疗无效	

表 6-8　HCM 分期诊断及治疗

分期	诊断	治疗	随诊
A	确诊:心超 筛查:NTproBNP	不用药,避免应激	每年复查:血压、心律、NT-proBNP、TT_4、心超
B1	确诊:心超	不用药,避免应激	每年复查:同 A 期
B2	确诊:心超 胸腔 X 线	1. 氯吡格雷 2. ACEI 类药物 3. 如未见左室流出道梗阻建议使用匹莫苯丹 4. 如发现左室流出道梗阻建议使用阿替洛尔 5. 避免应激,监测静息呼吸频率	1. 客户教育:CHF、ATE、呼吸困难的临床症状,监测呼吸频率 2. 复查:每 6 ~ 12 个月复查心超,如出现临床症状或呼吸次数 >30 次 /min 可提前复查
C	确诊:胸腔 X 线、心超、对 CHF 治疗有反应	1. 如未见左室流出道梗阻:胸腔穿刺(若需要)、速尿、氯吡格雷、ACEI 类药物、匹莫苯丹、螺内酯、低分子肝素钠 2. 如发现左室流出道梗阻:胸腔穿刺(若需要)、速尿、氯吡格雷、ACEI 类药物、螺内酯、低分子肝素钠 3. 避免应激,监测静息呼吸频率	1. 客户教育:CHF、ATE、呼吸困难的临床症状,监测呼吸频率 2. 复查:每 2 ~ 4 个月复查心超,如有血栓,每 2 周复查
D	经积极治疗生活质量仍很差	1. 参照 C 治疗方案,调整剂量或药物(添加匹莫苯丹或增加其剂量),托拉塞米、镇痛剂 2. 安乐	1. 随时就诊 2. 余下同 C 级

表 6-9　HCM 常用药物

名称	作用	注意事项或副作用	剂量
贝那普利	减少心脏负担,提高效率,降低血压	氮质血症、急性肾损伤、高血钾	0.25 ~ 0.5 mg/kg,PO,BID

续表 6-9

名称	作用	注意事项或副作用	剂量
匹莫苯丹	增加血钙，增强心脏收缩力，降低血管阻力，降低血压 未确诊病例禁用；通常禁用于伴左室流出道梗阻的猫	无可靠依据；在伴左室流出道梗阻的猫可能引起心动过速和低血压	0.625 ~ 1.25 mg/ 猫，BID
阿替洛尔	降低心率，CHF 患猫禁用	心动过缓、低血压、CHF	6.25 ~ 12.5 mg/ 猫，PO，BID
氯吡格雷	抗血栓		18.75 mg/ 猫，PO，SID
利伐沙班	抗血栓	可与氯吡格雷联用	0.5 ~ 1 mg/kg，SID
低分子肝素钠	溶解血栓		100 IU/kg，SC，q8 ~ 24 h
呋塞米 / 速尿	出现心衰时，伴有肺水肿	氮质血症、肾衰竭、低血压、低氯血症、低血钾、低血钠	急性发作期 3 ~ 6 mg/kg，首次推注 q2 h，此后 q6 ~ 8 h，IV/IM/SC；慢性管理，单日总剂量不超过 4 ~ 6 mg/kg，PO
螺内酯	利尿作用弱，可缓解低血钾	面部皮肤溃烂	1 ~ 2 mg/kg，PO，q12 ~ 24 h

思考与练习

1. 肥厚性心肌病分期的目的是为了便于 HCM 的诊疗操作。（　　）
   A. 正确　　B. 错误
2. 肥厚性心肌病 A 期患猫无需治疗。（　　）
   A. 正确　　B. 错误
3. 在对 HCM 分期时，主要是根据心房大小将 B 期进一步分为 B1 期和 B2 期。（　　）
   A. 正确　　B. 错误
4. 处于 C 期患猫经过治疗临床症状消失后可重新划为 A 期或 B 期。（　　）
   A. 正确　　B. 错误
5. 肥厚性心肌病无法治愈，预后不良。（　　）
   A. 正确　　B. 错误

拓展任务

任务 4　扩张性心肌病

扩张性心肌病（dilated cardiomyopathy，DCM）是以心室及心房扩张（图 6-16）及心室收缩功能下降为特征的疾病，通常左心室及左心房扩张明显。与 HCM 引起心肌厚度明显增厚不同，

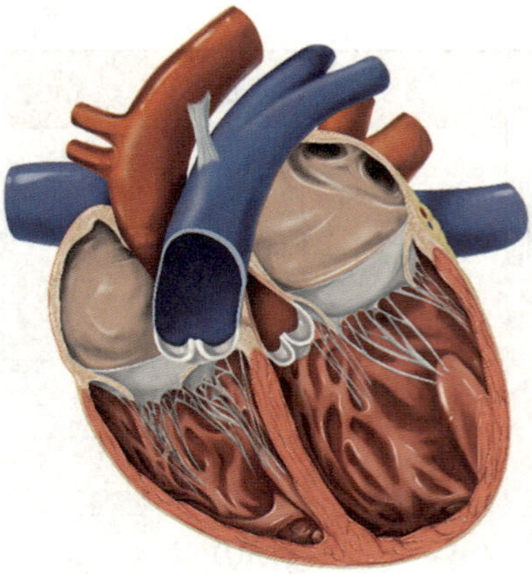

图 6-16　扩张性心肌病致全心扩张

DCM 患猫心室壁厚度正常或变薄。

一、发病原因

猫 DCM 发病率低于 HCM，DCM 是一种原因未明的原发性心肌疾病，大多为遗传性，此外牛磺酸缺乏也是 DCM 的主要原因。

心室收缩功能下降使泵血量减少，致血容量增加，心室发生离心性扩张使扩张的心室进一步引发二尖瓣反流使心房压升高，诱发肺水肿或胸腔积液。

二、临床表现

呼吸短促，厌食，运动不耐受，心动过速或过缓，低体温，可视黏膜苍白，晕厥甚至猝死。

三、诊断

（一）临床检查

患猫可能出现呼吸困难、运动不耐受、晕厥、咳嗽、腹围增大等。听诊表现为心律失常，心动过速或过缓，常常可听到奔马律或心杂音。

（二）心电图检查

心电图的异常表现在心律不齐、室性早搏、室性心动过速、房颤等。

（三）影像学检查

1. X 线检查

心脏通常表现为离心性扩张，有时可见肺水肿或胸水（图 6-17）。

2. B 超检查

全心增大，二尖瓣返流，发生 CHF 时可见胸腔积液，心包积液，有时可见腔室内出现“烟雾征”（血栓），多见于左心房。

（四）牛磺酸浓度检查

牛磺酸缺乏是指血浆牛磺酸浓度 <50 nmol/mL 或全血牛磺酸浓度 <250 nmol/mL，通过检测全血或血浆牛磺酸水平，可以排查牛磺酸缺乏所致的 DCM。

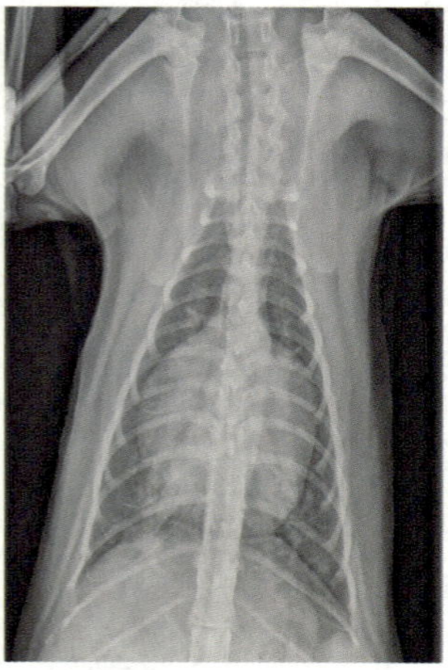

图 6-17　心脏严重扩张

四、治疗

如有严重的胸腔积液，需行胸腔穿刺术。当紧急出现因严重胸腔积液引起的呼吸急促和呼吸困难时，应通过输氧及利尿治疗，可考虑正性肌力药物匹莫苯丹及地高辛，同时针对其他临床表现及病理变化进行相应的治疗，如利尿、补充牛磺酸等。

五、预后

原发性 DCM 预后不良，若 DCM 继发心力衰竭可能存活数周至3个月。牛磺酸缺乏所致DCM,若及时治疗则预后良好。

技能强化 〉〉〉

技能训练 血压测量技术

一、测量部位

前肢正中动脉、后肢趾背侧动脉、尾动脉。

二、材料准备

多普勒血压计、胶带等。

三、操作流程

(一)袖带的选择

袖带选择应大小合适,袖带宽度为测量部位肢体周长的30%~40%。

(二)连接装置

连接袖带与压力表,以备使用。

(三)测量过程

(1)保定与剃毛:选择侧卧或俯卧保定,避免强制性保定,如果猫出现焦躁不安,应停止操作,待其安静下来再进行后面操作。在测量过程中尽量让猫处于同一体位,对测量部位进行适当剃毛处理(图6-18)。

(2)固定袖带:在所选动脉处剃毛,袖带应绑在测量肢体近心端并用胶带适当固定(图6-19)。

(3)探查血流:徒手探查测量部位脉搏(图6-20),在脉搏最明显处放置探头,放置前应在探头处涂抹适量耦合剂(图6-21),小范围移动找到血流音(“嗖—嗖”声)最明显的位置,保持袖带与动物心脏位置齐平。

(4)对袖带进行充气,直到血流音消失后,再使袖带压力增加20 mmHg左右(图6-22),随后袖带以约2 mmHg/s的速度放气,当听到第一声血流音时,此时压力表指针所指压力值即为收缩压(图6-23)。

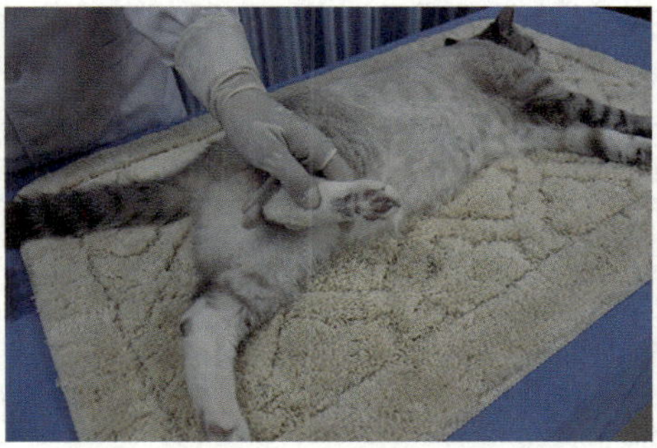

图6-18 足垫上方适当剃毛

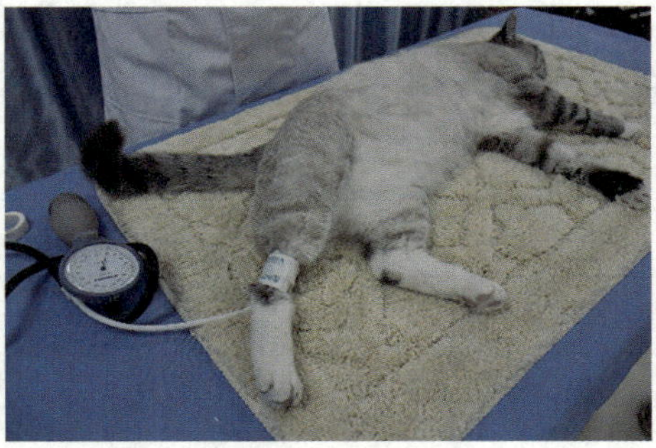

图6-19 固定袖带

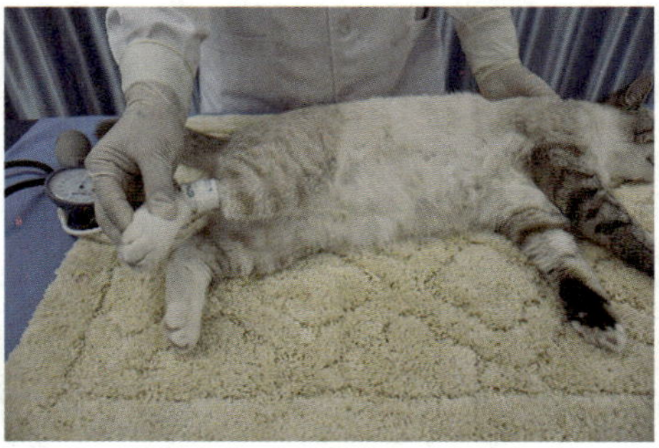

图 6-20　触摸动脉脉搏

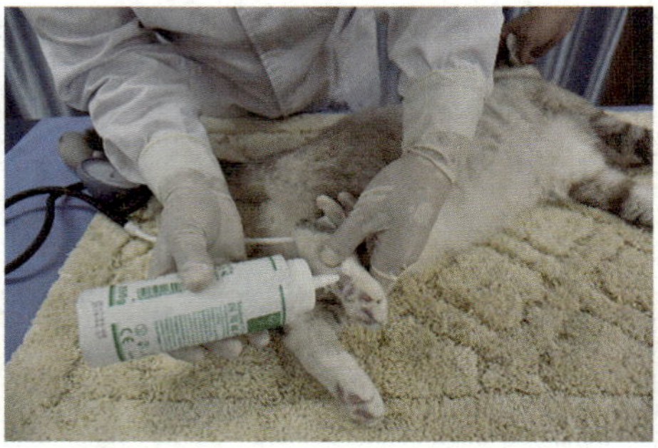

图 6-21　涂抹耦合剂

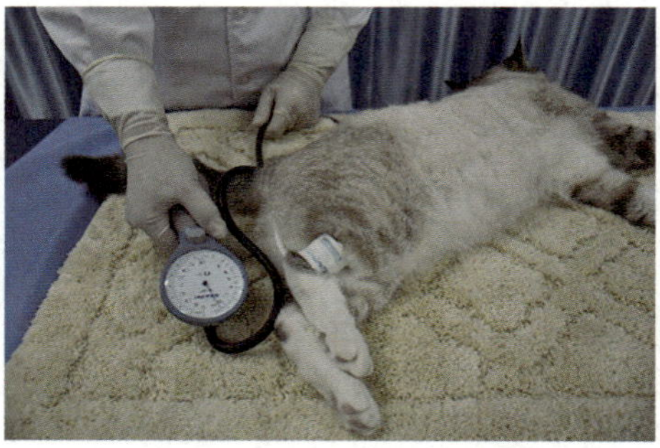

图 6-22　对袖带进行充气加压

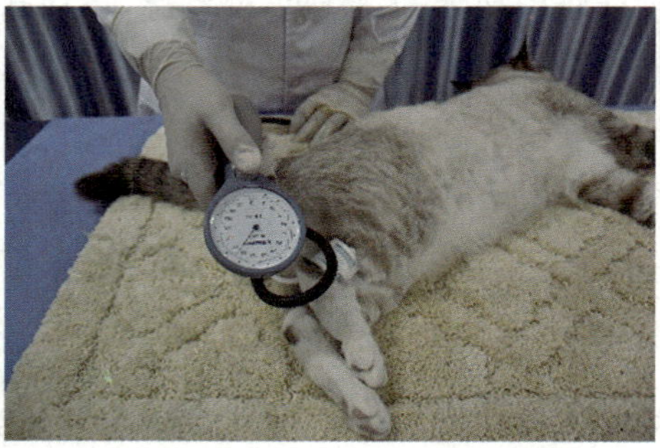

图 6-23　缓慢放气，监听第一个血流音

(5) 反复测量 5～7 次，在血压测量记录表（表 6-10）中记录数据，取平均值即为动物的收缩压，第一次测量值通常需要舍弃。对于测量结果误差较大的数值（变化范围超过 20%）应舍弃，不予计算。

四、注意事项

68. 猫血压测定技术

(1) 环境：应该在安静的房间内测量。

(2) 测量人员：应由训练有素、经验丰富的人测量血压，从而减少人为测量误差，每次测量人员保持一致。

(3) 袖带选择应合适，袖带选择过大造成测量值偏小，反之袖带选择偏小则测量结果偏大。

(4) 血压测量的袖带位置应该和心脏在同一水平面上。

(5) 测量时，猫出现移动会造成结果变化，应注意保持猫的安静，建议使用耳机避免多普勒的声音吓到猫。

表 6-10　血压测量记录表

日期		测量时间	
宠物姓名		性别	
年龄		体重	
体况评分 /BCS	□1 分　□2 分　□3 分　□4 分　□5 分　□6 分　□7 分　□8 分　□9 分		

续表 6-10

<table>
<tr><td colspan="4">保定体位</td></tr>
<tr><td>
□坐立位</td><td>
□俯卧位</td><td>
□侧卧位</td><td>
□站立位</td></tr>
<tr><td colspan="4">测量部位</td></tr>
<tr><td colspan="4">□右前肢 □左前肢  □右后肢 □尾部 □左后肢</td></tr>
</table>

测量仪器		袖带尺寸	
测量地点		其他在场人员	
测量人员			

<table>
<tr><td colspan="5">应激评估</td></tr>
<tr><td colspan="5">□无应激 □轻度应激 □中度应激 □严重应激</td></tr>
<tr><td colspan="5">收缩压测量结果 /mmHg</td></tr>
<tr><td>1.</td><td>2.</td><td>3.</td><td>4.</td><td>5.</td></tr>
<tr><td>6.</td><td>7.</td><td>8.</td><td>9.</td><td>10.</td></tr>
<tr><td colspan="5">平均值 /mmHg</td></tr>
</table>

思维提升

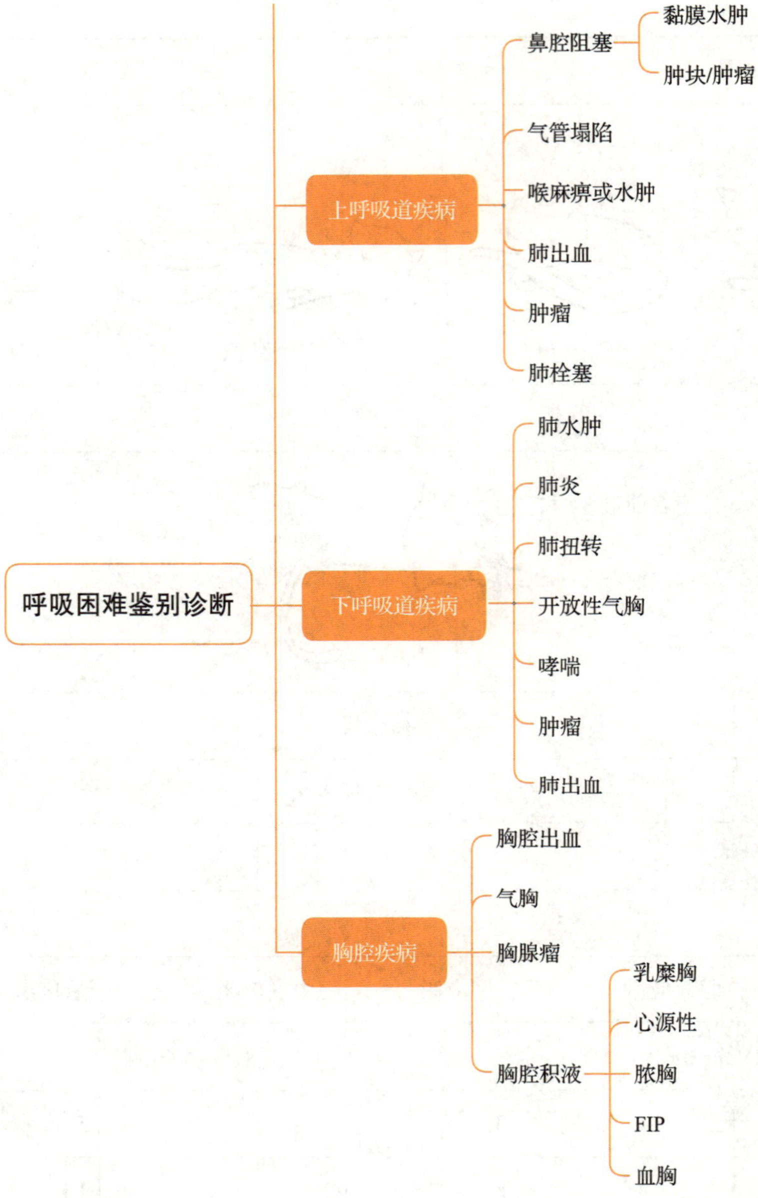

病例分析

美国短毛猫，2 岁，公，体重 5.6 kg，已去势，免疫驱虫正常，室内饲养，食物以猫粮为主（图 6-24）。主诉该猫于就诊前一天晚上食欲正常，就诊当天早上发现精神差，无食欲，呼吸急促，四肢无力。

体格检查：患猫精神沉郁、呼吸急促、舌头发紫、黏膜苍白。BCS 评分 5/9，体温 38 ℃，心率 230 次 /min，呼吸 85 次 /min，CRT<2s，血压 150 mmHg。听诊心音偏弱，肺区明显有湿啰音。

图 6-24 美国短毛猫患猫

69. 患猫呼吸急促
（项目六病例）

血液学检查：血常规检查无异常。其他检查结果见表 6-11 和表 6-12。

表 6-11 血清淀粉样蛋白 A 检查结果

项目	测量值	参考范围
血清淀粉样蛋白 A（SAA）	32.02	<2 mg/L

表 6-12 血液生化检查结果

项目	测量值	参考范围
葡萄糖（GLU）	448	74 ~ 159 mg/dL
血磷（PHOS）	8.7	3.1 ~ 7.5 mg/L

B 型钠尿肽（fBNP）检查结果：见图 6-25。

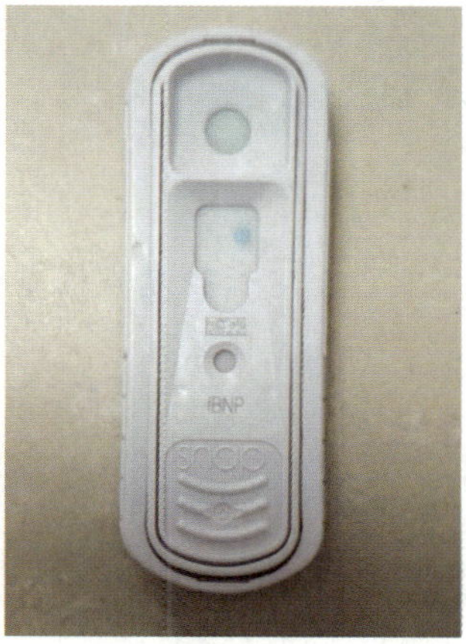

图 6-25 fBNP 检查结果

以上检查结果有什么问题？

胸部 X 线检查结果：见图 6-26 和图 6-27。
心脏超声检查结果：见图 6-28 至图 6-30。

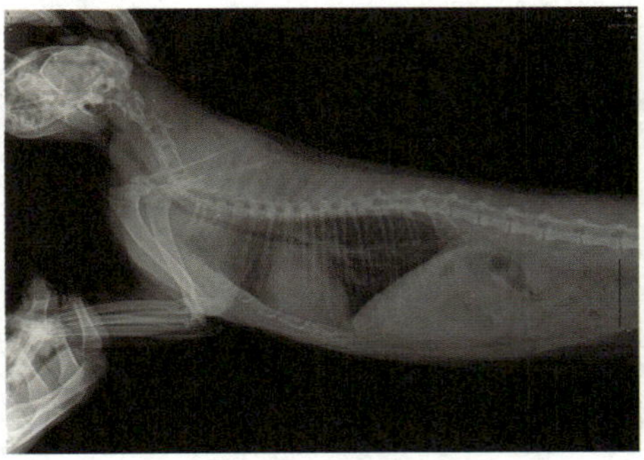

图 6-26　X 线侧位片

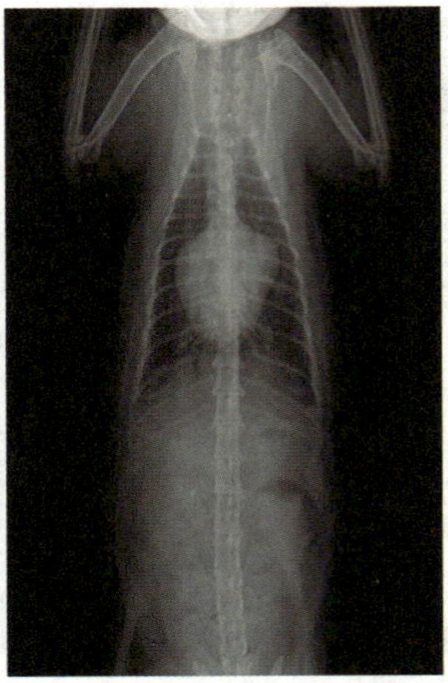

图 6-27　X 线正位片

X 线检查你发现了什么？

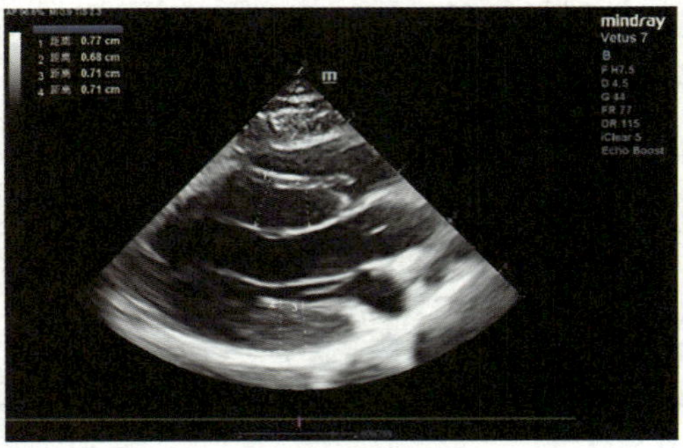

图 6-28　右胸骨旁侧长轴四腔心切面

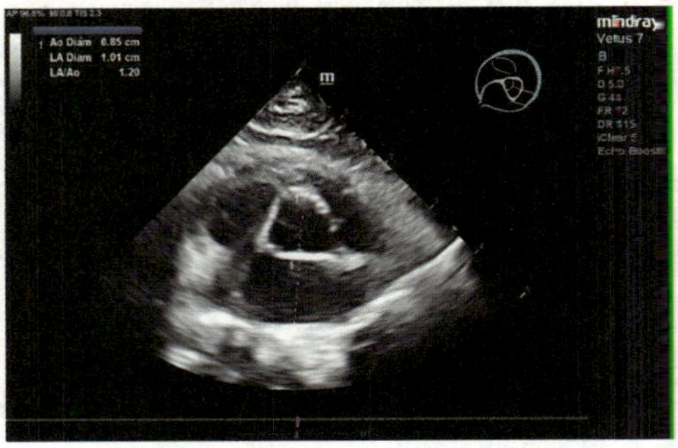

图 6-29　右侧胸骨旁短轴主动脉根切面

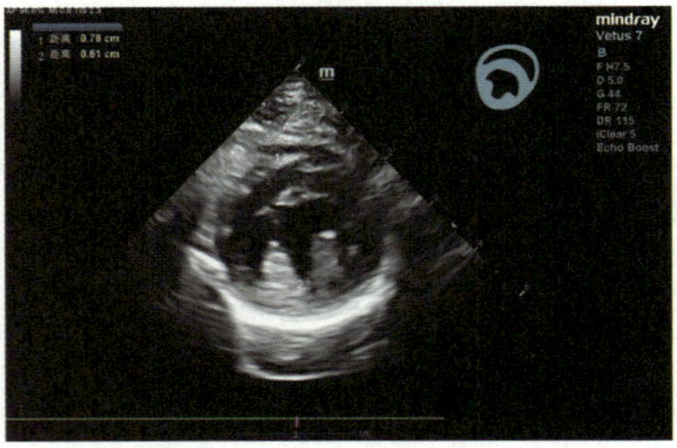

图 6-30　右侧胸骨旁短轴乳头肌切面

心脏超声检查你发现了什么？

你的诊断结果是什么？

你的治疗方案是什么？

项目七

猫常见内分泌系统疾病防治

学习目标

【知识目标】

★ 掌握猫甲状腺功能亢进、糖尿病诊治方法；

★ 了解猫醛固酮增多症、肢端肥大症相关知识。

【能力目标】

★ 能规范制定猫甲状腺功能亢进和糖尿病治疗管理方案；

★ 能规范进行猫耳缘静脉血糖检测操作。

【素养目标】

★ 培养正确的疾病诊疗思维，提高工作责任感，养成良好的医德医风；

★ 通过猫多饮多尿的鉴别诊断，培养处理复杂疾病的综合分析能力。

温故知新

甲状腺素生理作用及功能，见图 7-1 和表 7-1。

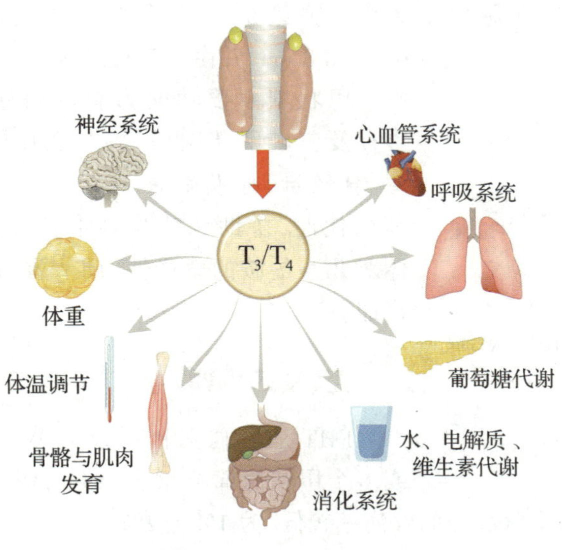

图 7-1　甲状腺素作用

表 7-1　甲状腺素生理功能

甲状腺素作用部位	甲状腺素分泌增加引起的生理变化
心血管系统	心率加快、心肌收缩力增强、心输出量增加、心肌耗氧量增加，严重者导致心肌缺血、坏死等
呼吸系统	兴奋呼吸中枢，导致呼吸加快
葡萄糖、脂肪、蛋白质代谢	促进糖原分解、糖异生及肠道对葡萄糖吸收；促进蛋白质分解代谢；促进脂肪合成及分解
神经系统	增强神经系统兴奋性
骨骼	刺激骨化中心发育、软骨骨化、促进长骨和牙齿的生长
消化系统	促进胃肠蠕动及排空
水、电解质代谢	利尿、排钾增加、导致钙磷代谢紊乱
基础代谢	提高机体基础代谢率，耗氧量增加，产热增加

基　础　任　务

任务 1　甲状腺功能亢进

70. 猫甲状腺功能亢进

猫甲状腺功能亢进（feline hyperthyroidism，FHT），简称甲亢，是由甲状腺素的过量分泌引起的，可导致机体代谢亢进和交感神经兴奋，引起心悸、出汗、多饮多尿和体重减轻的内分泌疾病。

一、局部解剖

猫甲状腺位于喉头下方第 5 ~ 8 气管环两侧，由两叶组成，长 2 cm，宽 0.2 ~ 0.3 cm，并由一狭长结构——甲状腺峡相连（图 7-2）。

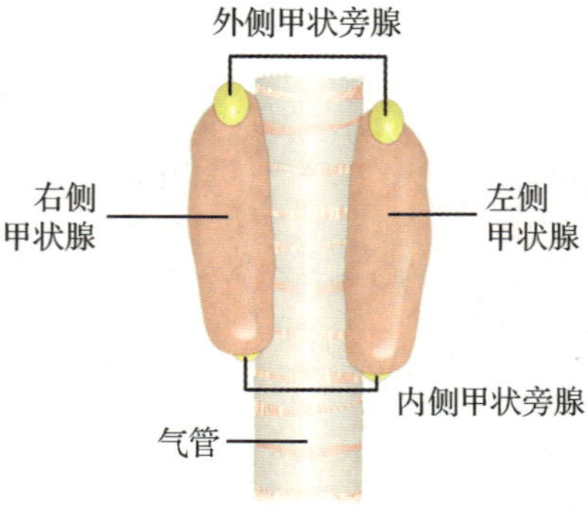

图 7-2　猫甲状腺局部解剖

甲状腺主要功能为制造和分泌四碘甲状腺原氨酸（T_4）及三碘甲状腺原氨酸（T_3），其作用包括调控组织代谢、耗氧量、呼吸速率、体温、心输出量、心率、血流量、葡萄糖代谢，协助调节长骨生长和神经元的成熟，增加机体对儿茶酚胺的感受性，调节蛋白质、脂质和磷的吸收与代谢。

二、发病机理

FHT 是由血液中 T_3 或 T_4 水平升高所致，通常由一个或多个甲状腺瘤样增生引起，20% 左右为单侧发病，而超过 70% 为双侧发病。猫甲状腺癌的发病率较低，为 1% ~ 2%。

三、病因

FHT原因尚未明确，免疫、感染、营养、环境或遗传等因素都可能引发甲状腺病变并导致甲亢。

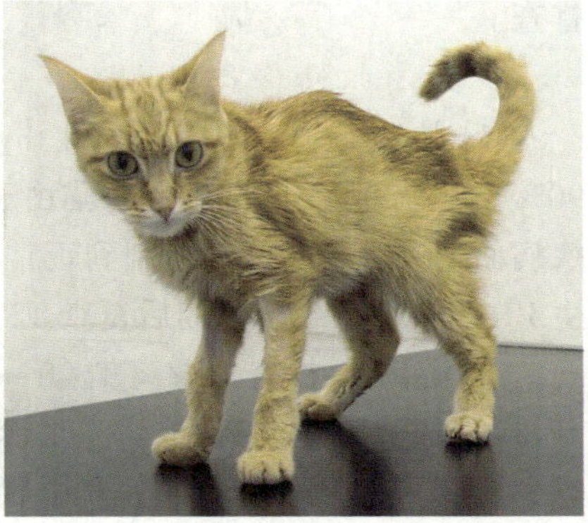

图 7-3 甲亢患猫

四、症状

甲亢患猫的典型临床症状是食欲好、体重却下降，不安或过度兴奋，被毛杂乱无光泽，多饮多尿，呕吐和腹泻等（图 7-3）。一些患猫会出现攻击行为，该行为变化在成功治疗甲亢后可消除。也可能出现食欲下降、呼吸急促、心动过速、奔马律等。

甲亢对多个系统具有影响，常见并发症包括甲状腺毒性心脏病、高血压、视网膜病变、慢性肾病、胃肠道疾病、吸收不良、钴胺素缺乏、胰岛素抵抗等，因此当老年猫患内科疾病时，应排查是否患有甲亢。

五、诊断

（一）物理学检查

甲亢早期症状表现为体重减轻，以肌肉丢失为主。颈部视诊、触诊可能发现甲状腺肿大（图 7-4、图 7-5），但是并非所有病例都有颈部肿块。

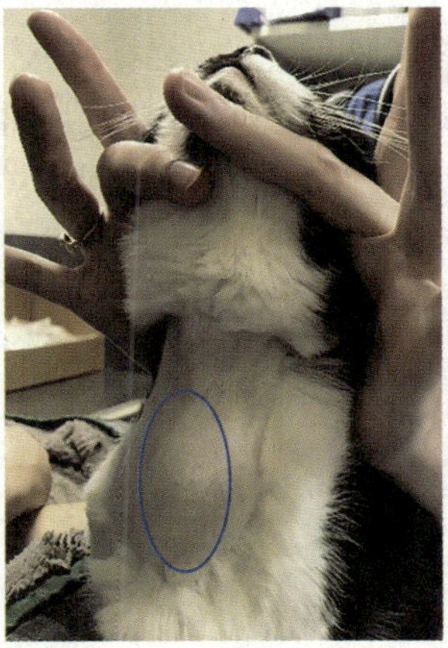

图 7-4 视诊甲状腺肿大

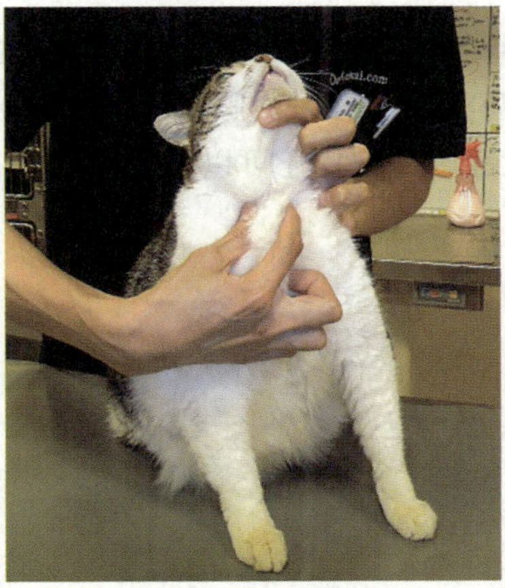

图 7-5 甲状腺触诊

（二）实验室检查

1. 常规诊断性检查

（1）血常规检查　结果为非特异性，患猫可能表现轻度的红细胞增加、嗜酸性粒细胞减少或淋巴细胞减少等。

（2）血液生化检查　患猫可能出现肝酶活性增加，如 ALT、ALP 或 AST 水平升高。约 1/4 的患猫在诊断时就已经出现氮质血症，其中一些是为肾前性，但更多见于并发的 CKD 所致。

（3）尿液检查　由于患猫可能并发 CKD、糖尿病或其他问题，所以需要通过尿液检查进行排查。

2. 特异性检查

(1)总 T_4 检查　总 T_4(total thyroxine,TT_4)检查是目前临床中诊断猫甲亢最常用的方法。90% 的患猫 TT_4 会升高,有些猫由于 TT_4 水平波动于正常范围内外或由于并发于其他非甲状腺疾病而使升高的 TT_4 被抑制到正常范围,因此表现为 TT_4 水平正常。在 TT_4 水平正常而怀疑发生 FHT 时,应在 2～4 周后复查 TT_4 水平或进行 T_3 抑制试验。

(2)游离 T_4 检查　游离 T_4(free thyroxine,fT_4)浓度是指总 T_4 中未结合的有生物活性的部分,检测的敏感性极高,被认为是诊断甲亢更敏感的指标,可以更准确地反映甲状腺的状态,且较少受到可抑制 TT_4 的各种非甲状腺疾病的影响。但是,fT_4 诊断的特异性低于 TT_4,所以 fT_4 不是确诊甲亢的唯一手段。尤其应该注意的是,在常规筛查中要同时检测 TT_4 和 fT_4,TT_4 升高而 fT_4 在正常范围内时,可以诊断为甲亢;TT_4 正常或处于临界值,fT_4 升高并不能诊断甲亢,还需额外检查。

(3)促甲状腺激素检查　促甲状腺激素(thyroid stimulating hormone,TSH)由垂体分泌,作用于甲状腺以促进甲状腺素分泌。在负反馈作用下,当机体甲状腺素浓度上升时,TSH 相应降低。在机体自主分泌甲状腺素过量导致甲亢的病患中,TSH 浓度通常极低。

3. 影像学检查

X 线检查或超声检查可发现心脏变化、胸膜积水或罕见情况下的肿瘤转移或纵隔疾病。X 线检查时观察不到甲状腺,超声检查可以检查肿物的来源、测定甲状腺的大小、评估甲状腺肿块大小,有助于制订治疗方案。

4. 甲状腺闪烁扫描

甲状腺闪烁扫描(thyroid scintigraphy)被认为是诊断猫甲亢的"金标准"。由于甲状腺闪烁扫描可直接观察功能性甲状腺组织(图 7-6),因此可以在实验室检查持续异常之前诊断出甲亢。此外,甲状腺闪烁扫描还可以防止血清甲状腺激素值假性升高的误诊问题。

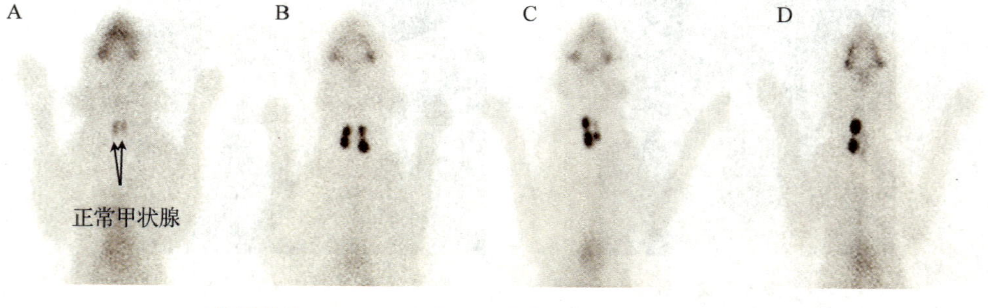

A:正常甲状腺;B、C:两叶均为腺瘤样结节;D:右叶有 2 个大的结节

图 7-6　甲状腺闪烁扫描结果

六、治疗

(一)药物治疗

抗甲状腺药物有助于减少甲状腺激素的产生和释放。这些药物只能减少循环甲状腺激素的水平而不能彻底治愈甲亢,而且需要终身服药。常用药物为甲巯咪唑,2.5 mg,q12～24 h,PO,卡比马唑作为甲巯咪唑的前体药物也可以使用,10～15 mg,q24h,PO。

小贴士

使用甲巯咪唑治疗期间需要每2～4周监测TT_4，直到达到目标水平，至少每6个月进行体格检查及常规实验室检查，若有其他显著并发症则应更频繁地进行检查。

（二）放射性碘疗法

碘131（[131]I）疗法为一种放射线同位素治疗方法，是猫甲亢的首选治疗方案，可不伤害正常甲状腺组织而破坏功能亢进的组织，通常仅一次治疗即可治愈。

（三）甲状腺切除手术

甲状腺切除虽然有效，但不作为甲亢治疗的第一选择，麻醉对于有心脏和其他器官问题的老年猫来讲是一个挑战，手术意外切除甲状旁腺还会出现激素失调的问题，此外，也存在手术失败的问题。

（四）饮食管理

限碘饮食可以防止碘的摄入，使甲状腺不能产生T_4或T_3激素，从而辅助治疗甲亢。

二、预后

甲亢虽然是可控制的疾病，但若未及时确诊和治疗，可引起心脏疾病、高血压、慢性肾病、胃肠道疾病及肿瘤等严重问题，严重者可导致死亡。

思考与练习

1. 猫甲亢的主要临床表现（　　）。（多选）
   A. 心悸
   B. 多汗
   C. 多饮多尿
   D. 体重增加
   E. 体温升高
2. 甲亢将导致猫出现（　　）。（多选）
   A. 心脏问题
   B. 肾脏问题
   C. 胃肠道问题
   D. 高血压问题
3. 甲亢患猫都会出现甲状腺肿大的情况。（　　）
   A. 正确　　B. 错误
4. 甲状腺素对多系统具有毒性作用。（　　）
   A. 正确　　B. 错误
5. 由甲亢引发的心脏病经过积极治疗可以治愈。（　　）
   A. 正确　　B. 错误

进 阶 任 务 〉〉〉

任务2 糖尿病

71. 糖尿病 1

糖尿病（Diabetes）是由多种原因引起、以持续性高血糖为特征的内分泌疾病。研究统计，糖尿病的发病率 0.5% ~ 1.25%，以老年猫多见，平均发病年龄为 11 岁（范围 7 ~ 14 岁）。

一、病因

糖尿病可分为Ⅰ型糖尿病、Ⅱ型糖尿病及继发性糖尿病。Ⅰ型糖尿病也称胰岛素依赖性糖尿病，主要是胰岛 β 细胞分泌胰岛素不足所致，患猫需要终身使用胰岛素治疗。Ⅱ型糖尿病也称非胰岛素依赖性糖尿病，是由于胰岛素分泌异常以及组织对胰岛素抵抗导致，常见于肥胖的猫。继发性糖尿病常与其他疾病相关，包括肾上腺皮质功能亢进、肢端肥大症、胰腺炎、胰腺癌、使用皮质类固醇激素等引起的严重胰岛素抵抗。

胰岛素抵抗是引起猫糖尿病的重要因素，即使胰岛素正常分泌，但是机体对胰岛素敏感性下降，导致胰岛素无法发挥降糖作用。胰岛素抵抗的原因主要包括肥胖、疾病或药物使用导致如生长激素、皮质类固醇激素或孕酮水平升高，从而减少细胞对葡萄糖的摄入。持续性高血糖导致葡萄糖毒性损伤胰岛 β 细胞，从而减少胰岛素分泌，加重了高血糖表现。

猫发生糖尿病的风险因素包括多个方面，肥胖是最主要的发病因素，老年猫具有较高的发病率，公猫发病率高于母猫。某些品种如缅甸猫、暹罗猫、俄罗斯蓝猫高发，室内缺乏运动的猫多发。

二、临床表现

糖尿病症状包括三多一少，可以通过评估猫砂团数量和大小判断是否多尿，多食在猫上并不明显，此外，患猫还会出现精神沉郁、被毛粗乱、脱水、肌肉萎缩等表现，白内障在糖尿病患猫中少见。

外周神经病变是猫糖尿病的并发症之一，这主要是高血糖导致外周神经可逆性损伤所致。动物会表现后肢虚弱、不能跳跃、步态改变、共济失调、跖行，跖行主要表现为后肢跗关节着地(图 7-7)。

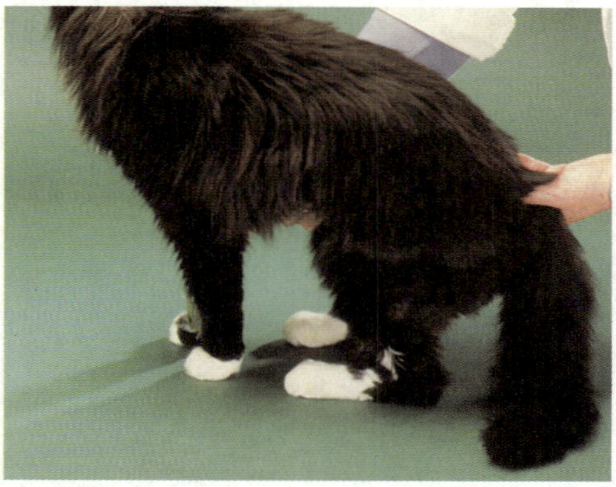

图 7-7　跖行表现

糖尿病酮症酸中毒属于急重症，是糖尿病严重的并发症之一。此外，糖尿病还会引起全身器官的疾病，比如膀胱炎、肾衰竭、尿毒症、脂肪肝、肝硬化、胰腺炎等。

三、诊断

（一）病史及临床表现

病史主要了解患猫的基本情况，肥胖、去势、老年猫容易发生，多尿可以从尿团数量及大小判断，以及其他相关的症状调查。但是其他一些疾病如甲亢、慢性肾病等也会出现多饮多尿的情况，要注意鉴别诊断。

体格检查结果取决于是否存在酮症酸中毒及其严重程度，以及其他并发症的情况。单纯性糖尿病患猫无典型的体格检查异常，很多患猫除肥胖外其他体况良好，长期未治疗的猫可能存在体重减轻，但除非存在并发症，否则很少出现消瘦。新诊断或控制不良的糖尿病患猫通常停止舔毛，被毛干燥、无光泽。

（二）实验室检查

1. 血液学检查

血液学检查主要体现在血糖明显升高，但是要注意应激性高血糖的问题。猫糖尿病时血糖通常高于 270 mg/dL（15 mmol/L）。

此外，血常规检查出现炎症指标升高，也要注意鉴别是否为应激性白细胞相的问题，生化检查还可能出现肝酶及其他指标的变化。血气检查可以判断离子紊乱及酸碱失衡的问题，尤其是发生酮症酸中毒。

果糖胺是葡萄糖与血清蛋白不可逆结合，血清果糖胺水平升高表明存在持续性高血糖，不受应激影响，可以鉴别应激性高血糖。果糖胺可以反映 1～2 周血糖浓度，但是可能无法反映近期发病或轻度糖尿病。在进行糖尿病动物监测时，果糖胺纵向变化结果比单次测量结果更加有意义。

2. 尿液检查

尿液检查非常重要，严重的高血糖超过肾糖阈就会出现糖尿，而应激性高血糖较少出现糖尿。出现酮症酸中毒时，尿酮体可能呈阳性。糖尿病的猫容易出现泌尿系统的感染，因此也要进行尿液培养来确定。

（三）其他检查

其他检查包括血压检查、胰腺炎筛查、甲状腺功能检查、影像学检查，可以评估动物有无其他的并存疾病或并发症。

四、治疗

糖尿病治疗管理目标包括消除临床症状，使血糖降到肾阈值，避免葡萄糖毒性，控制渗透性利尿等，也要预防控制继发性损伤、酮症酸中毒、低血糖等。

（一）胰岛素治疗

胰岛素治疗是控制患猫血糖最有效的方式，并可避免出现危及生命的并发症。

长效胰岛素是糖尿病患猫的常用药物，胰岛素使用不能过量，否则容易出现低血糖的问题。

使用胰岛素需要进行血糖监测，绘制 12 h 血糖曲线，初始曲线目标是识别低血糖和作用时间，治疗 5～10 d 后评估血糖浓度及胰岛素剂量改变。除非低血糖，否则应谨慎调整胰岛素，剂量最多每 5～7 d 调整 1 次，确保猫有足够的时间适应新的剂量。调整前和调整后 2～3 周测定果糖胺浓度，以评估调整后治疗效果。

理想的血糖曲线为浅碗状（图 7-8），理想的最低点在 80～150 mg/dL，最高点不超过 300 mg/dL，一旦某一点血糖值低于 80 mg/dL，必须减少胰岛素剂量，尽可能 24 h 内控制好血糖。

72. 糖尿病 2

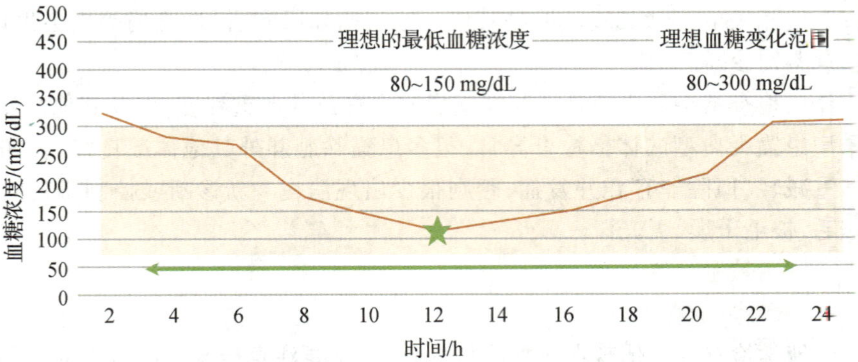

图 7-8　理想的血糖曲线

小贴士

胰岛素治疗常见并发症包括低血糖、苏木杰现象、胰岛素持效时间过短、胰岛素抵抗等。

苏木杰现象也称胰岛素诱导的高血糖，是指当血糖浓度过低或下降太快，低血糖直接刺激肝糖原分解或致升糖激素分泌（肾上腺素、胰高血糖素、儿茶酚胺）时，导致血糖浓度增加的情况。

胰岛素抵抗是指注射胰岛素剂量大于 2 U/kg，血糖仍无最低值，此时需要找到胰岛素抵抗的原因，切记不能因血糖水平高而一味增加胰岛素用量。

（二）口服降糖药

格列吡嗪是猫常用的口服降糖药，仅在主人不愿使用胰岛素时使用本药。格列吡嗪主要通过刺激胰岛素分泌达到降血糖作用。但是仅有 40% 的猫有效，剂量为 2.5 mg/ 猫，q12 h。格列吡嗪副作用包括胆汁淤积、低血糖、呕吐等，所以用药期间要监测血糖曲线，监测肝功能，若血糖持续高于 300 mg/dL，应停用改为胰岛素治疗。

新技术

新型糖尿病治疗药物

2022 年，钠 - 葡萄糖协同转运蛋白 2 抑制剂——贝格列净及维拉格列净在美国已被 FDA 批准用于新诊断糖尿病猫的治疗，这两种药物皆经口给药，主要用于未经胰岛素治疗的糖尿病病例。其原理是通过抑制近端肾小管对葡萄糖的吸收，增加尿糖排泄量，从而达到降低血糖目的。

（三）饮食管理

肥胖是胰岛素抵抗的主要原因，控制体重是治疗猫糖尿病的重要方面。推荐使用高蛋白低碳水化合物食物，可以减少餐后高血糖，增加代谢速率，优先推荐选择糖尿病处方粮。

（四）控制并发症

查明并控制引起胰岛素抵抗或干扰胰岛素治疗的并发症对治疗糖尿病至关重要，尤其是诊断糖尿病时或先前血糖控制良好的猫血糖突然控制不良时，应检查并发症问题。检查应包括详细的病史、体格检查、血常规检查、血清生化检查、血清甲状腺素浓度检查、尿液分析和细菌培养以及腹部超声检查。

(五)注意事项

糖尿病患猫需要长期监测,建议主人在家监测动物主要包括多饮、多尿改善情况、食欲、体重等,有无虚弱、运动失调、嗜睡、麻痹等低血糖表现。在家监测血糖,绘制血糖曲线,往往可以获得更可靠的结果。糖尿病治疗初期应每隔2～3周复查1次,评估治疗情况,稳定后可延长复查间隔时间。

新技术

连续血糖监测技术

连续血糖监测系统(continuous glucose monitoring,CGM)是一种安置在患猫身上长达2周并测量间质血糖水平的设备。目前猫最常用的CGM系统是雅培公司的FreeStyle Libre系统,它由放置在动物身上的一个小型传感器组成,以及移动电话应用程序或读取器扫描传感器获得血糖数据(图7-9)。

CGM可避免连续静脉穿刺,提供更详细的血糖曲线,从而评估胰岛素治疗情况。CGM可以准确识别全天的血糖波动,以及连续几天的血糖变化,从而使临床医生能够做出更明智的胰岛素治疗决策(图7-10、图7-11)。

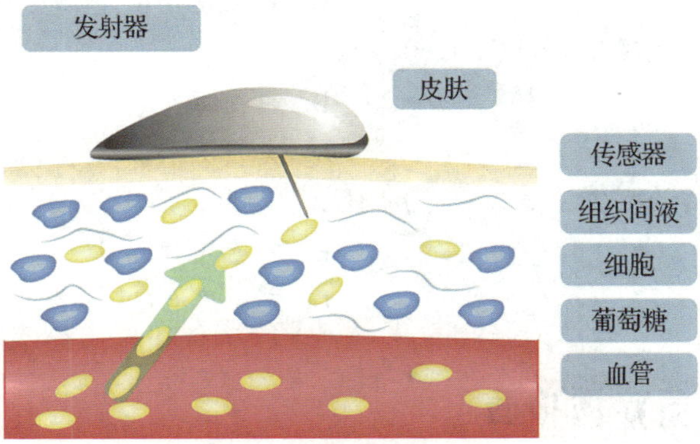

图7-9 传感器工作原理

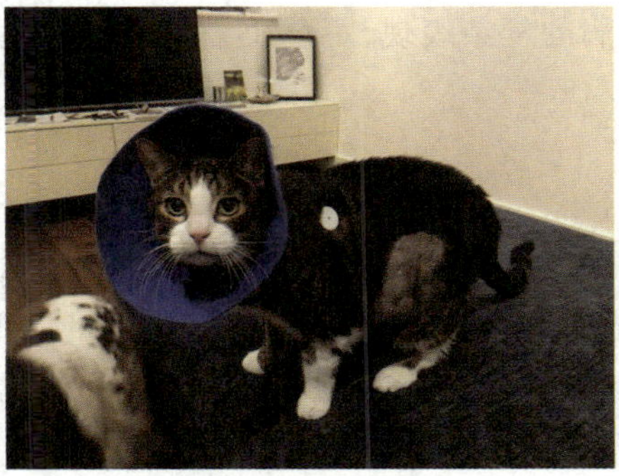

图7-10 传感器安置在皮下

图7-11 读取器扫描传感器可获得血糖数据

五、预后

猫糖尿病虽然不能治愈，但是若及早诊断治疗，病情得到缓解，可以获得良好的生活质量。当患猫进入临床缓解期，可不注射胰岛素而维持正常血糖水平。猫确诊后前6个月的治疗是关键，这一时期的死亡率高，但是高缓解率也出现在这一时期，若猫诊断后6个月病情未缓解，则应持续使用胰岛素。进入缓解期的猫需要持续的低碳水化合物饮食管理，并持续监测血糖。

思考与练习

1. 胰岛素依赖性糖尿病的主要原因是（　　）。
   A. β 细胞分泌胰岛素不足　　B. α 细胞分泌胰岛素不足
   C. δ 细胞分泌胰岛素不足　　D. β 细胞分泌胰岛素过量
2. 继发性糖尿病常与哪些疾病有关（　　）。（多选）
   A. 肾上腺皮质功能亢进　　B. 肢端肥大症
   C. 胰腺炎　　D. 长期使用皮质类固醇激素
3. 猫糖尿病时血糖通常高于（　　）。
   A. 14 mmol/L　　B. 15 mmol/L
   C. 16 mmol/L　　D. 17 mmol/L
4. 猫糖尿病的临床表现不包括（　　）。
   A. 多饮多尿　　B. 白内障
   C. 跖行表现　　D. 共济失调
5. 糖尿病最有效的治疗方法是（　　）。
   A. 胰岛素治疗　　B. 对症治疗
   C. 液体疗法　　D. 抗生素治疗

任务3　糖尿病酮症酸中毒

糖尿病酮症酸中毒（diabetic ketoacidosis，DKA）是由糖尿病导致高酮血症、高血糖、代谢性酸中毒、严重脱水及休克的综合征。DKA是糖尿病的复杂表现，可危及猫生命，属于危急重症，死亡率17%～50%。

一、发病机理

胰岛素绝对或相对缺乏时，脂肪分解增加产生大量脂肪酸，脂肪酸转运至肝脏经 β-氧化产生乙酰乙酸、β-羟丁酸、丙酮等酮体物质。酮体持续在血液中蓄积时，引起代谢性酸中毒。由于酮体蓄积于血液，其量最终会超过肾小管重吸收阈值，导致酮体出现在尿液中，加剧葡萄糖引起的渗透性利尿，并增加电解质的丢失（如钠、钾、镁）。血糖浓度升高会增加血浆渗透压，而渗透性利尿时水分丢失超过电解质丢失又会加剧血浆渗透压升高。血浆渗透压升高会导致细胞内水分转移至细胞外，引起细胞脱水（图7-12）。

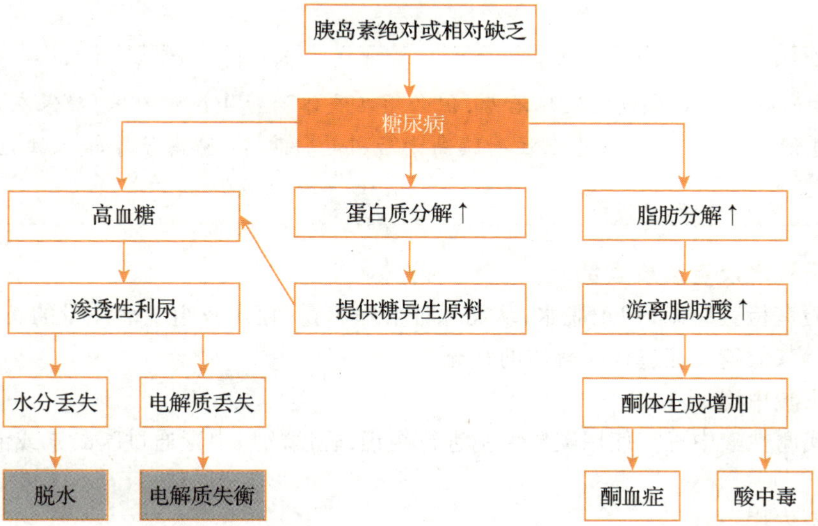

图 7-12 DKA 发病机理

二、病因

DKA 除了与胰岛素产生与拮抗相关外，还可能继发于其他疾病，包括胰腺炎、尿路感染、慢性肾病、甲亢、肺部疾病（如肺炎）、心脏病（如充血性心力衰竭）、肝病（如脂肪肝）等。

三、临床表现

DKA 时通常表现为嗜睡、厌食、呕吐、脱水、虚弱无力或步态异常。也能体现糖尿病典型症状，如多饮多尿、食欲增加、体重减轻等。

严重者出现呼吸异常（呼出气体有烂苹果味）、黄疸、腹痛（有时由于继发性胰腺炎），震颤或癫痫发作、昏迷、甚至休克或死亡。

四、诊断

（一）病史及临床表现

大多数患猫具有多饮多尿、体重减轻的病史，物理学检查表现为精神沉郁、脱水、跖行等。

（二）实验室检查

通过血常规、血液生化、尿液检查及血气分析，评估严重、脱水、器官功能等情况，当符合糖尿病实验室检查指标，且存在代谢性酸中毒、血液酮体及尿酮体阳性即可确诊 DKA。

（三）其他检查

怀疑有其他问题如胰腺炎、尿路感染、心肺问题时，应根据需要进行 fPLI、尿液细菌培养、影像学检查等。

五、治疗

（一）胰岛素治疗

胰岛素治疗是 DKA 治疗最主要的方法，通过提供足量的胰岛素抑制脂肪分解、酮体生成和肝脏糖异生。

小贴士

胰岛素治疗前 2 h 应进行液体治疗，但必须在液体治疗 4 h 内开始，确保在血钾正常情况下开始进行胰岛素治疗，防止在注射胰岛素后引起钾离子、磷离子等转入细胞内，加剧电解质的紊乱。

(二)纠正脱水及电解质紊乱

根据实验室检查结果，纠正脱水，从而保证心输出量、血压及组织灌注量的正常，针对低钠血症、低钾血症、低磷血症进行电解质的补充。

(三)纠正酸中毒

严重的代谢性酸中毒需使用碳酸氢钠进行纠正，轻度的酸中毒通过胰岛素或液体疗法可进行纠正。

(四)并发疾病治疗

DKA 常并发胰腺炎、感染、心脏问题、肾脏问题、甲亢等疾病，根据并发疾病的性质，需要进行积极治疗。

(五)动物监护

(1)初始时应每 1～2 h 测定血糖 1 次。

(2)每 2～4 h 监测体液状态、呼吸和脉搏，并根据情况调整液体治疗方案。

(3)每 6～12 h 监测血清电解质和静脉二氧化碳总量，根据情况调整液体治疗和补充碳酸氢钠。

(4)每 2～4 h 监测排尿量、尿糖、尿酮体，根据情况调整治疗方案。

(5)每天监测体重、PCV、体温和血压。

(6)根据并发疾病监测其他项目。

六、预后

短期预后取决于临床症状和并发症的严重程度。DKA 属于危急重症，需要引起重视，并及早诊断、及早治疗，否则预后不良。

思考与练习

1. 糖尿病酮症酸中毒主要导致(　　)。(多选)

A. 脂肪分解代谢产生大量酮体　　B. 严重的电解质紊乱

C. 严重的代谢性酸中毒　　D. 胰岛素分泌不足

2. 糖尿病酮症酸中毒导致电解质紊乱包括(　　)。(多选)

A. 低血钾　　B. 低血镁

C. 低血磷　　D. 低血钙

3. 糖尿病酮症酸中毒引起的酸碱失衡主要是(　　)。

A. 代谢性酸中毒　　B. 呼吸性酸中毒

C. 代谢性碱中毒　　D. 呼吸性碱中毒

4. 糖尿病酮症酸中毒首选治疗方案时(　　)。

A. 液体疗法　　　　B. 输氧

C. 补充电解质　　　　D. 胰岛素治疗

5. 糖尿病酮症酸中毒诊断方法包括(　　)。(多选)

A. 血气分析　　　　B. 血液生化检查

C. 凝血检查　　　　D. 尿液检查

拓展任务

任务 4　醛固酮增多症

醛固酮增多症(hyperaldosteronism)是猫最常见的肾上腺皮质疾病,其特征是肾上腺肿瘤或增生引起的醛固酮自主分泌增加,多见于中老年猫,在人类医学中被称为康恩综合征。

一、病理生理学

醛固酮是一种盐皮质激素,由肾上腺皮质的球状带分泌,其作用于肾远曲小管并发挥保钠排钾、排氢离子的作用,钠的重吸收可使机体水分重新进入血管内,从而增加细胞外液容量并使血压升高,此外醛固酮还可刺激成纤维细胞,促进心脏、肾脏、血管纤维化。醛固酮分泌主要受肾素 - 血管紧张素 - 醛固酮系统(renin-angiotensin-aldosterone system,RAAS)和细胞外钾离子浓度的调节,维持机体体液平衡和血压稳定。

二、病因

醛固酮增多症分为原发性或继发性。原发性醛固酮增多症在大多数情况下是由单 / 双侧肾上腺球状带肿瘤或双侧结节性增生所引起的,良性或者恶性,伴有或不伴有局部和远端侵袭。

继发性醛固酮增多症常见于甲亢、CKD、心脏病等,主要是通过刺激 RAAS 系统促进醛固酮分泌。

三、临床表现

原发性醛固酮增多症主要临床表现是低钾血症和高血压。低钾血症常表现为厌食、肌肉无力、颈部腹屈(图 7-13)、迟缓性麻痹、明显的共济失调和呼吸困难等。由高血压引起临床表现以眼部症状为主,如眼内出血、视网膜脱落、突然失明等。

四、诊断

(一)病史及临床表现

突然失明是原发性醛固酮增多症患猫的常见临床症状(由系统性高血压所致)。有时患猫仅出现非特异性的临床症状如多饮多尿、胃肠道症状、嗜睡和体重减轻。当发现低钾血症和系统性高血压时,有或无肾上腺肿块都应该考虑本病。

(二)实验室检查

患猫通常出现低钾血症,而高钠血症发生率较低,还可能出现氮质血症。原发性醛固酮增多症的典型特征是血浆醛固酮水平升高，同时血浆肾素活性降低，临床上常常通过血浆醛固酮与肾素比值筛查醛固酮生成的异常调节。

（三）影像学检查

超声、CT、MRI 等检查可用于识别肾上腺异常。肾上腺皮质肿瘤引起的原发性醛固酮增多症猫最常见的超声图像表现为单侧肾上腺肿块，通常为低回声，直径通常为 1 ~ 5 cm（图 7-14）。

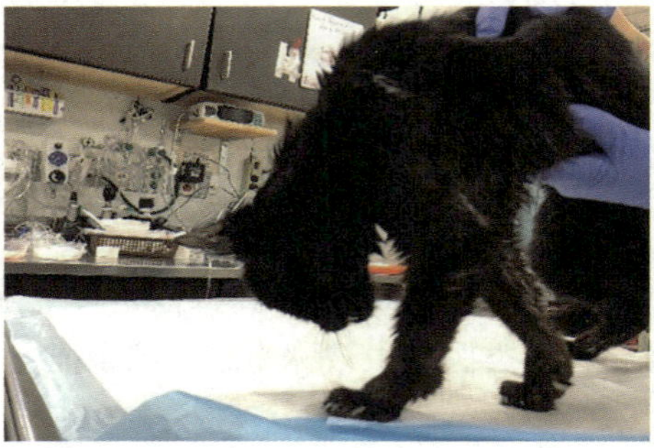

图 7-13　低钾血症导致颈部腹屈

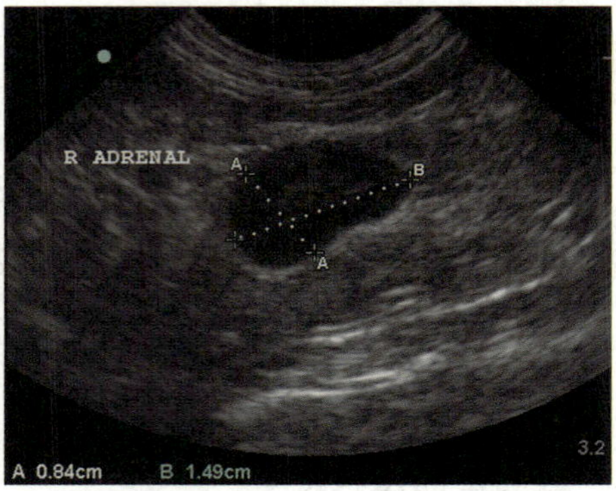

图 7-14　肾上腺增生，直径 1.19 cm

小贴士

超声检查正常，也可能存在病理变化，不能通过超声检查确诊本病，应结合临床表现、血液学检查进行综合分析。

五、治疗

（一）保守治疗

1. 醛固酮拮抗剂

常用螺内酯，初始剂量为 2 mg/kg 体重，q12 h，以帮助控制低钾血症。

2. 补钾

可以长期口服葡萄糖酸钾补充钾，建议 2 ~ 6 mmol/ 只，PO，q12 h。

3. 控制血压

首选氨氯地平，0.625 ~ 1.25 mg/ 只，PO，q12 ~ 24 h，是猫最常使用的抗高血压药物。

（二）手术治疗

单侧肾上腺切除术是非转移性单侧肾上腺肿瘤引起的原发性醛固酮增多症的首选治疗方案。

小贴士

术前和术中必须仔细控制高血压和低钾血症。

手术的潜在并发症包括出血、血栓等。

手术禁忌症：双侧增生或罕见的双侧肿瘤、肿瘤转移、肿瘤浸润和局部发生粘连、存在合并症和重大麻醉风险等。

六、预后

成功切除肾上腺肿瘤通常预后良好，接受药物保守治疗的猫预后不如手术治疗的猫。

任务5 肢端肥大症

猫肢端肥大症(feline acromegaly)是一种以生长激素(growth hormone,GH)分泌过多为特征的疾病，最常见于中年至老年雄性绝育猫，平均年龄为10岁左右。

一、病理生理学

生长激素可调节碳水化合物、蛋白质和脂肪等营养物质的新陈代谢，同时抑制胰岛素的作用。此外，通过作用于肝脏，还促进了储存在其中的肝糖原的分解，并分泌胰岛素样生长因子(insulin-like growth factor-1,IGF-1),IGF-1有促进生长作用，引起肌肉、骨骼和软组织增生，引发器官肿大，最常见于肾脏和心脏。

二、临床表现

肢端肥大症的临床表现主要由IGF-1、GH及垂体肿瘤3方面因素所致(表7-2)。

表7-2 猫肢端肥大症临床表现

因素	影响部位	具体表现
IGF-1	骨骼及肌肉	体重增加 脸变宽、杵状爪、下颌前突、齿间隙增大(图7-15、图7-16) 软腭和喉部组织过度生长
	呼吸系统	吸气性呼吸困难、打鼾、喘息、运动不耐受、易疲劳
	心血管系统	肥厚性心肌病相关症状，如心脏杂音、高血压、心律失常和充血性心力衰竭
	皮肤	皮褶过多、多毛症等
	其他器官	肝脏、肾脏、肾上腺等肿大
GH	糖尿病	多食、多饮多尿
垂体肿瘤	神经症状	嗜睡、昏迷、共济失调、转圈和行为改变等

图7-15 下颌前突及面部变宽

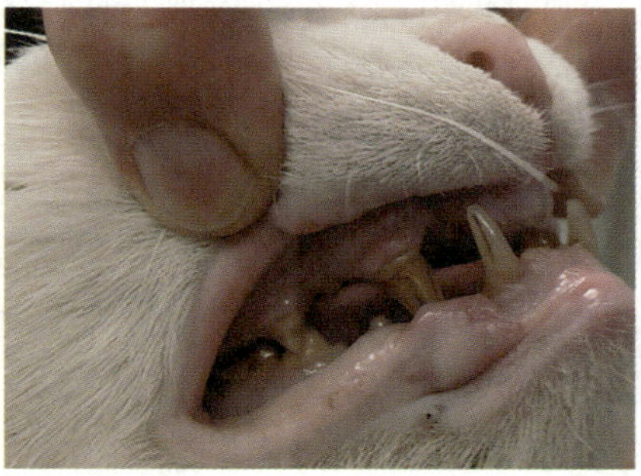

图7-16 齿间隙增大

三、诊断

（一）病史及临床表现

当患猫出现与肢端肥大症相关的体型变化，或不明原因的器官肿大、不明原因的体重增加或面部 / 身体特征变化以及神经系统症状，应考虑本病。此外，长期难以控制的糖尿病患猫并伴随体重增加常常是怀疑肢端肥大症的因素之一。

（二）实验室检查

1. 血液学检查

血液学异常表现包括红细胞增多、高血糖、肝酶升高、高胆固醇血症、高磷血症、高球蛋白血症、氮质血症等。

2. 尿液检查

尿液异常表现包括糖尿、酮尿、蛋白尿、等渗尿等。

（三）内分泌功能检查

1. 生长激素测定

通常测量血清生长激素是人肢端肥大症常用诊断方法，但针对猫生长激素的特异性测定尚未广泛应用。此外，生长激素水平不是肢端肥大症的可靠诊断，因为生长激素的产生是周期性的，其水平在疾病早期也可能不会升高。

2. IGF-1 测定

IGF-1 是猫肢端肥大症最常用的检查指标，与生长激素不同，IGF-1 水平在一天内波动不大，仅 IGF-1 浓度升高可能无法明确本病，但血清 IGF-1 升高并伴有胰岛素抵抗及体重增加应考虑本病。

3. 肾上腺皮质功能测试

猫胰岛素抵抗最常见的两个原因是肾上腺皮质功能亢进和肢端肥大症。这两种疾病都与垂体肿块和双侧肾上腺肿大有关。因此，所有疑似肢端肥大症患猫都应通过 ACTH 刺激试验和 / 或低剂量地塞米松抑制试验排查肾上腺皮质功能亢进问题。

（四）影像学检查

CT 检查和 MRI 检查都可用于识别垂体肿块。然而垂体瘤不能诊断猫肢端肥大症，因为垂体的其他功能性肿瘤也可能导致胰岛素抵抗性糖尿病，而没有垂体肿块也不能排除肢端肥大症。

猫肢端肥大症相关的影像学表现与 IGF-1 分泌导致的肥大效应有关，颅骨骨质增生，脊柱脊椎病，下颌骨突出是常见的表现。骨膜反应、骨赘产生、软组织肿胀和关节间隙塌陷是与猫肢端肥大症相关的退行性关节病的体征。胸片可显示肥厚性心肌病征象和 / 或充血性心力衰竭。非特异性体征如腹部器官肿大（肝、肾和肾上腺）可通过腹部超声发现。

小贴士

肢端肥大症需结合病史、物理学检查、实验室检查、影像学检查、内分泌功能检查等进行综合诊断。

四、治疗

（一）药物治疗

通常选择生长抑素类似物如奥曲肽、帕瑞肽等，通过抑制生长激素分泌达到治疗目的。帕瑞肽作为一种新药可用于肢端肥大症的长期管理，该药可降低 IGF-1 水平，并提高胰岛素敏感性。

（二）放射疗法

放射疗法适用于无法手术或该区域无法进行手术治疗的情况。通常选择钴远距离放射疗法，但放射治疗的缺点是起效慢、重复麻醉和费用问题。立体定向放射治疗（stereotactic radiation therapy，SRT）是治疗本病的最新技术，但尚未普及。

（三）手术治疗

手术通常选择垂体切除术，但存在费用高，可行性受限等问题。

（四）并发疾病治疗

肢端肥大症最主要的并发症是糖尿病，因此需根据情况进行糖尿病管理。

五、预后

预后因个体不同而有所差异。经治疗的患猫短期预后相对良好。然而，长期预后相对较差，大多数猫死于充血性心力衰竭、慢性肾病或垂体肿瘤扩散等。通过早期诊断和治疗，长期预后可能会改善。

技能强化 〉〉〉

技能训练 血糖测定技术

糖尿病患猫需要定期监测血糖水平，从而评估患猫血糖情况，指导临床用药。

适应症

评估住院动物血糖；主人在家监测患猫血糖。

材料

宠物血糖仪、试纸、采血针、采血笔、棉球或棉签、红霉素软膏或凡士林等。

采血部位

耳缘外侧静脉（图 7-17）或悬趾采样。

操作步骤

- 准备：将采血针装入采血笔中，调好档位，将试纸条插入血糖仪，启动血糖仪。
- 采血：采血前用热毛巾敷于耳廓 2～3 min，促进血液循环。涂红霉素软膏或凡士林于耳缘准备采血处；将棉球或棉签垫在耳廓内侧（图 7-18），采血笔压在耳廓外侧的耳缘静脉，按压采血笔刺入耳缘静脉，确保血滴血量足够（图 7-19、图 7-20）。
- 读值：将试纸末端黑色标记处接触血滴，直到血糖仪显示已经吸取血样，记录血糖值及检测时间（图 7-21）。也可在前肢悬趾足垫采样（图 7-22），同样方法读取血糖数值（图 7-23）。
- 止血：采完血后，用另一干净棉球或棉签按压止血。

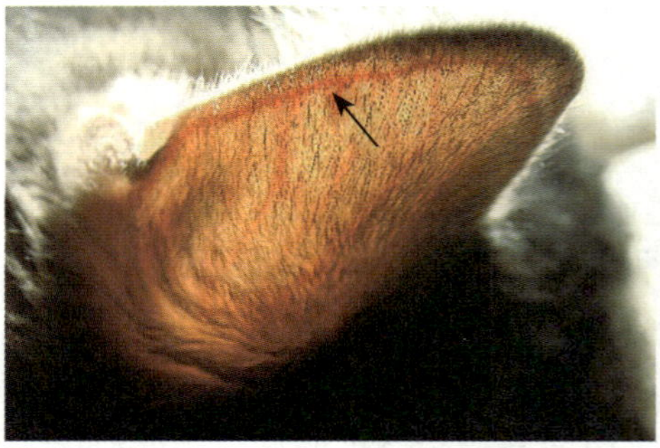

图 7-17　猫耳缘外侧静脉

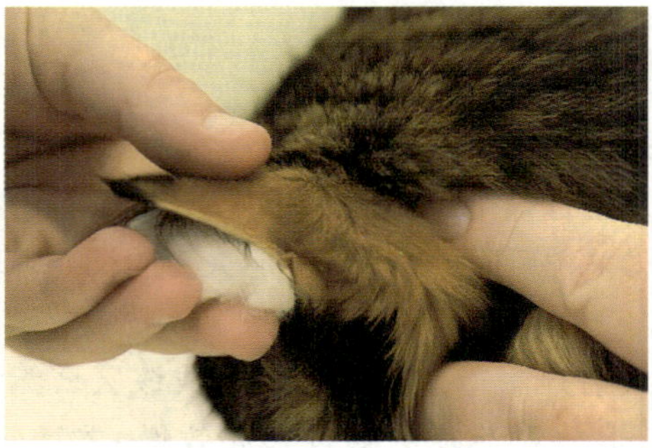

图 7-18　干棉球垫在耳廓内侧

图 7-19　采血笔刺入耳缘静脉

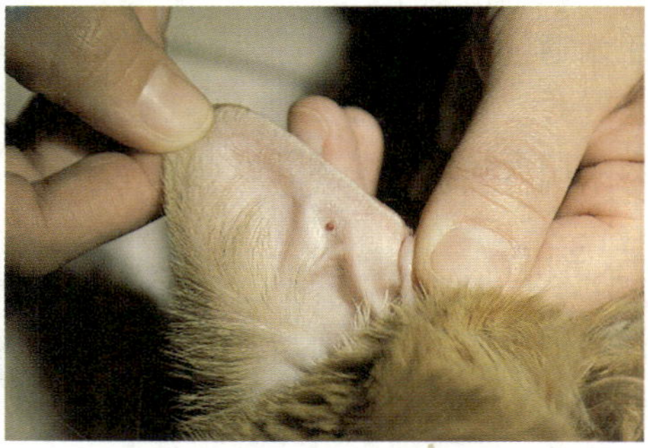

图 7-20　足量的血滴

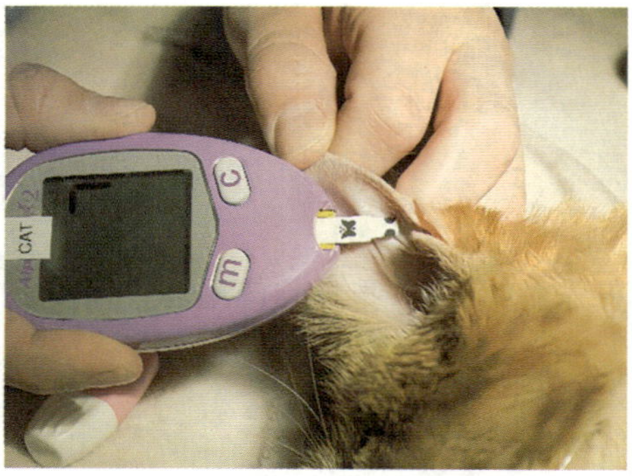

图 7-21　试纸接触血滴并记录血糖值

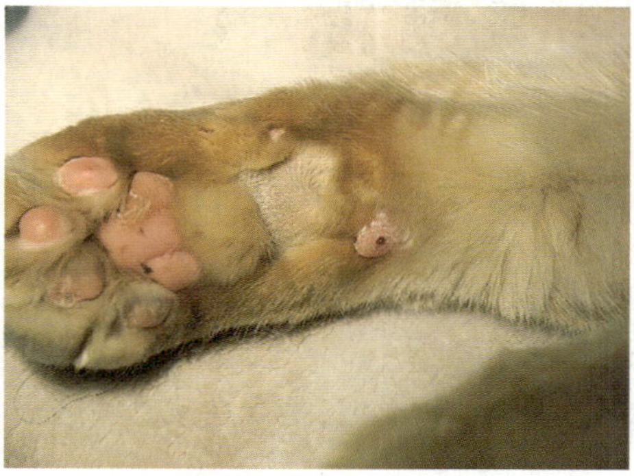

图 7-22　前肢悬趾足垫采样

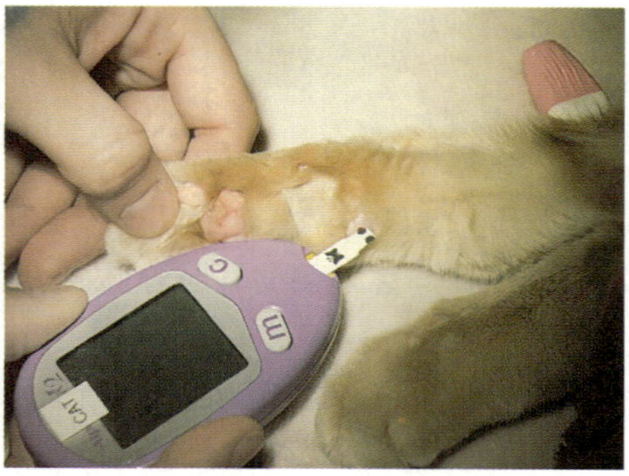

图 7-23　试纸条接触并读数

73. 血糖测量技术

注意事项

- 涂抹红霉素或凡士林可有利于血滴形成，防止血液扩散。
- 可选择注射器针头代替采血笔。
- 每日监测血糖时间尽量保持一致。

思维提升

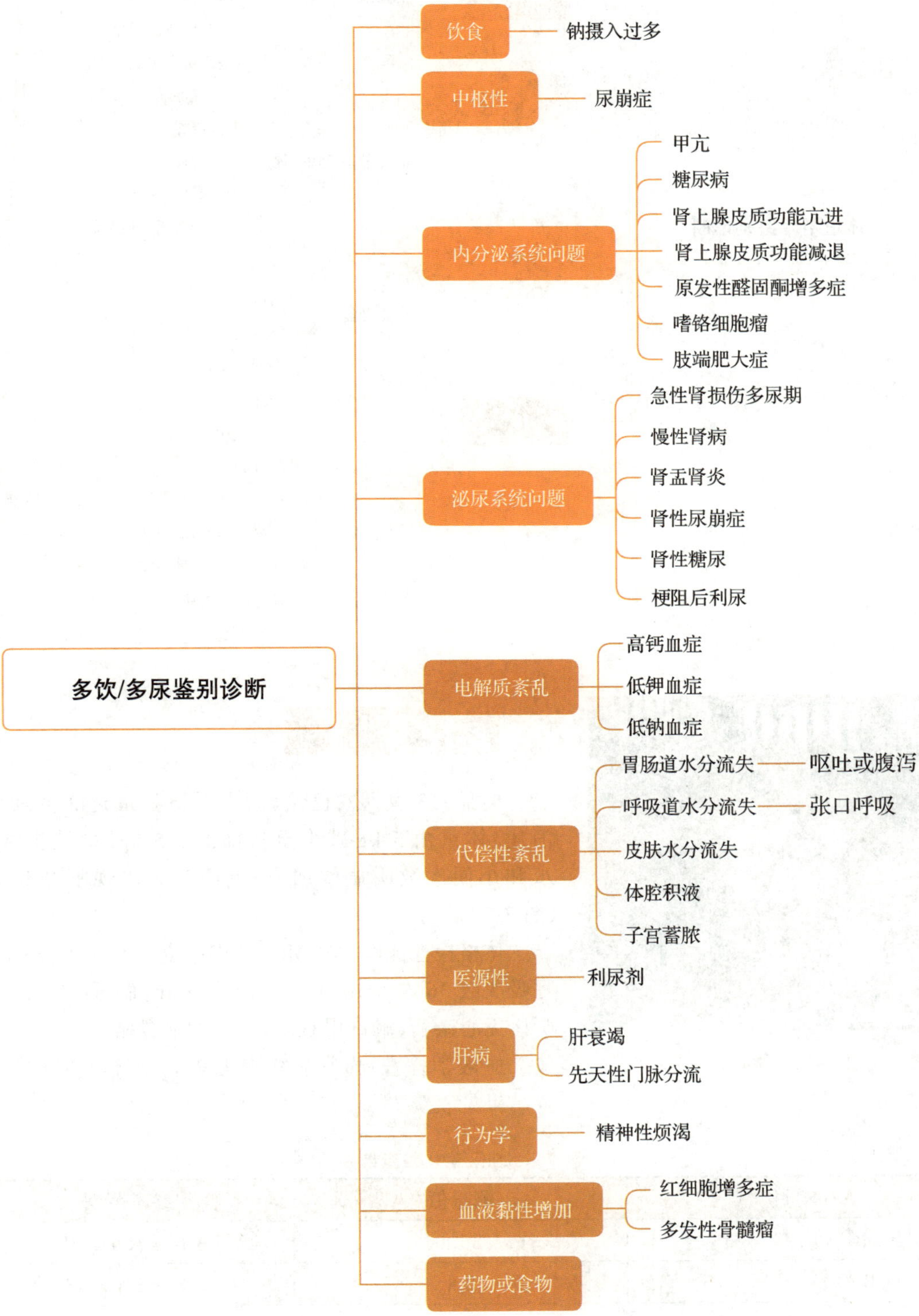
多饮/多尿鉴别诊断
饮食
钠摄入过多
中枢性
尿崩症
内分泌系统问题
甲亢
糖尿病
肾上腺皮质功能亢进
肾上腺皮质功能减退
原发性醛固酮增多症
嗜铬细胞瘤
肢端肥大症
泌尿系统问题
急性肾损伤多尿期
慢性肾病
肾盂肾炎
肾性尿崩症
肾性糖尿
梗阻后利尿
电解质紊乱
高钙血症
低钾血症
低钠血症
代偿性紊乱
胃肠道水分流失
呕吐或腹泻
呼吸道水分流失
张口呼吸
皮肤水分流失
体腔积液
子宫蓄脓
医源性
利尿剂
肝病
肝衰竭
先天性门脉分流
行为学
精神性烦渴
血液黏性增加
红细胞增多症
多发性骨髓瘤
药物或食物

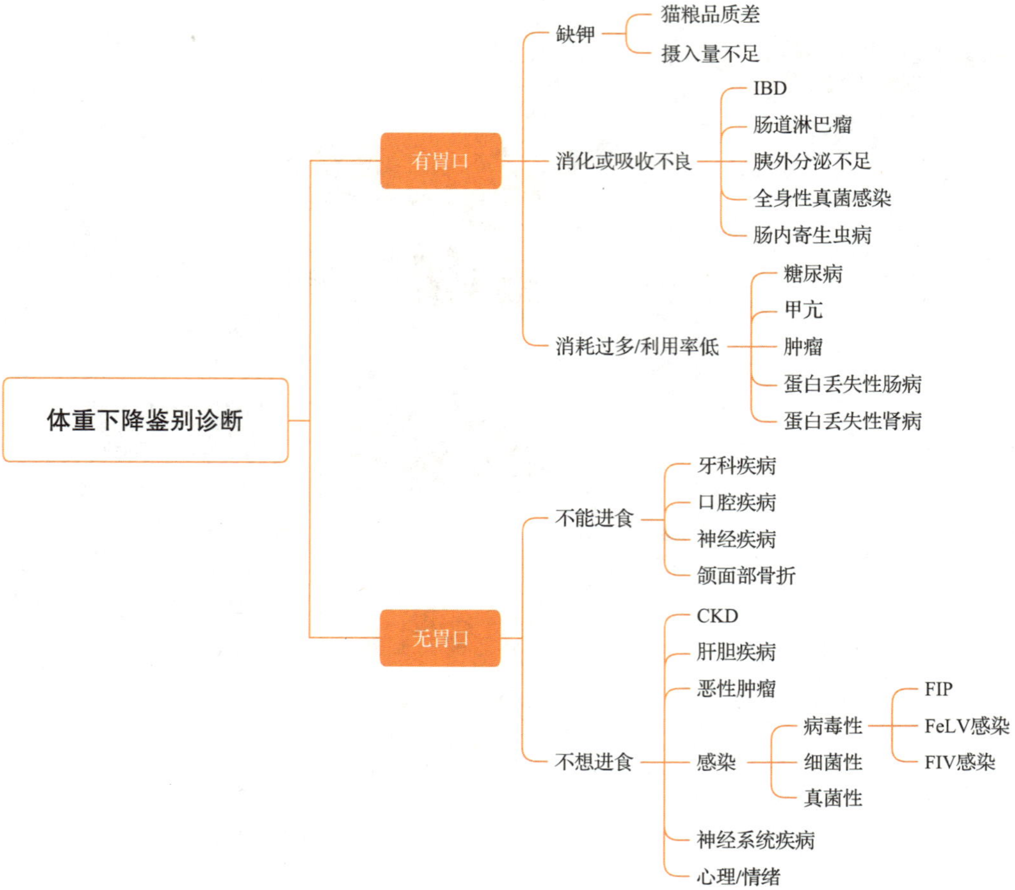

病例分析

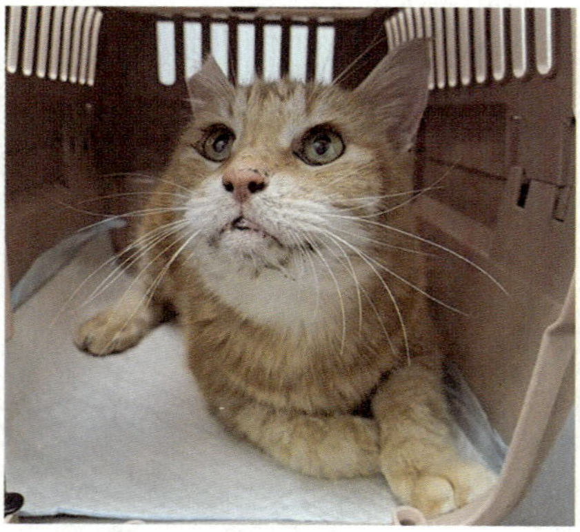
图 7-24　橘猫患猫

橘猫，13 岁，公，已绝育，主诉该猫最近 3 个月明显消瘦，体重由 5 kg 减少至目前的 3.5 kg，食欲正常，饮水和小便次数明显增加，最近两三天出现呕吐和腹泻（图 7-24）。

体格检查：BCS 3/9，MCS 肌肉中度丢失，体温 38.7 ℃，呼吸次数 36 次 /min，心率 240 次 /min，血压 176 mmHg，听诊无心杂音，触诊甲状腺，未见明显异常。

血液学检查：血常规检查无明显异常。血液生化检查结果见表 7-3。

表 7-3　血液生化检查结果

项目	测量值	参考范围
尿素氮（BUN）	35.8	16 ~ 36 mg/dL
肌酐（CREA）	0.8	0.8 ~ 2.4 mg/dL

续表 7-3

项目	测量值	参考范围
丙氨酸氨基转移酶(ALT)	345 ↑	27～158 U/L
碱性磷酸酶(ALKP)	212 ↑	12～59 U/L
总甲状腺素(TT_4)	118 ↑	10.3～60.49 nmol/L
对称性二甲基精氨酸(SDMA)	16 ↑	0～14 μg/dL

血液学检查结果有什么问题?

尿液检查结果:见表 7-4 和表 7-5。

表 7-4 尿液检查结果

项目	测量值	项目	测量值
尿比重(USG)	1.030	酮体(KET)	—
酸碱度(pH)	6.6	尿胆红素(UBG)	—
蛋白质(PRO)	—	红细胞(RBC)	+
葡萄糖(GLU)	—	白细胞(WBC)	+

表 7-5 尿液 UPC 检查

项目	测量值	参考值
尿蛋白肌酐比(UPC)	0.4	0.2～0.4

尿液检查你发现了什么?

X 线检查结果:见图 7-25 和图 7-26。

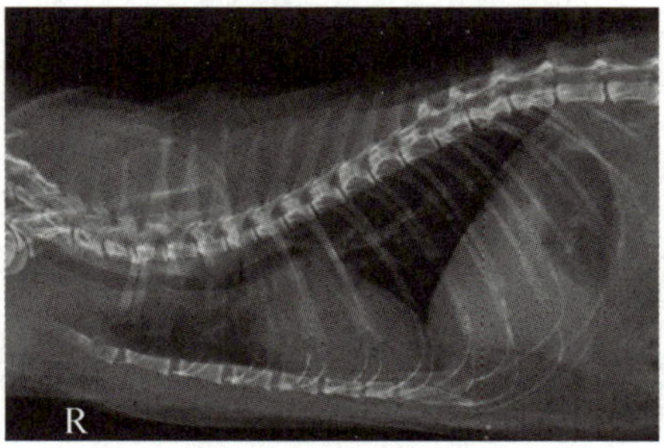

图 7-25 胸部 X 线侧位片

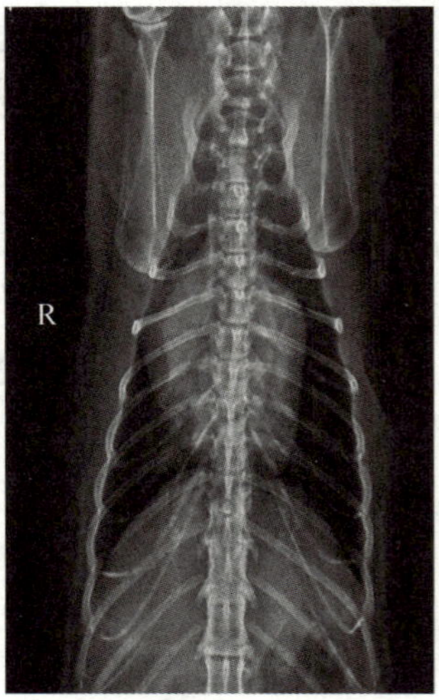

图 7-26　胸部 X 线正位片

影像学检查你发现了什么？

你的诊断结果是什么？

你的治疗方案是什么？

项目八

猫常见寄生虫病防治

学习目标

【知识目标】

★ 掌握猫弓形虫、贾第鞭毛虫及三毛滴虫感染的诊治方法；

★ 掌握猫弓形虫及隐孢子虫感染的公共卫生安全问题。

【能力目标】

★ 能规范进行直肠拭子采样操作；

★ 能正确规范进行各项粪便检查的操作及判读。

【素养目标】

★ 通过弓形虫及隐孢子虫感染的学习，提高公共卫生安全意识；

★ 通过三毛滴虫与贾第鞭毛虫感染的鉴别诊断，培养勤思考、善分析的逻辑思维能力。

温故知新

★ 什么是原虫？

原虫是最原始、最简单、最低等的单细胞生物，其基本结构包括细胞膜、细胞质和细胞核，猫的原虫病病原包括球虫、弓形虫、贾第鞭毛虫、三毛滴虫、隐孢子虫等（图 8-1 至图 8-6）。

★ 生活史

通常分为滋养体、包囊或卵囊。

滋养体：通常指在生活史中活动、摄食、增殖阶段的原虫，滋养体是主要的致病阶段。

包囊或卵囊：当生活史中出现不利条件时，滋养体团缩，水分被吸收，分泌囊壁，成囊。包

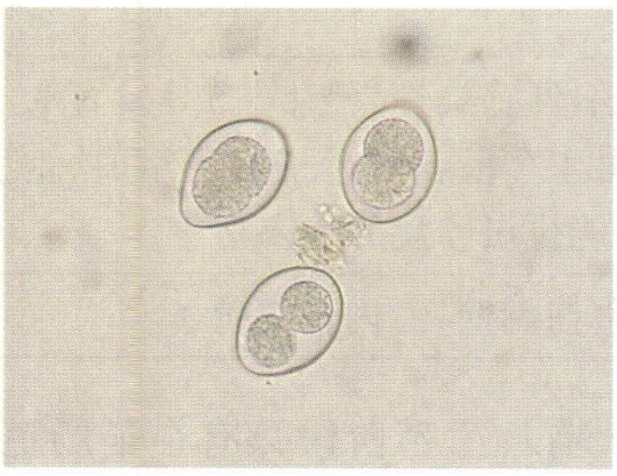

图 8-1　等孢球虫卵囊

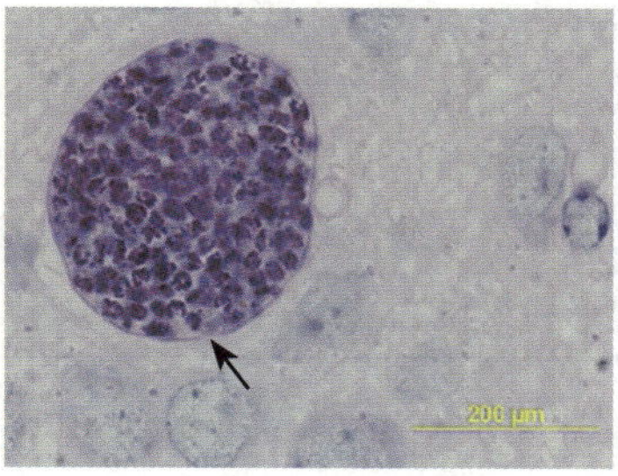

图 8-2　弓形虫包囊（脑组织）

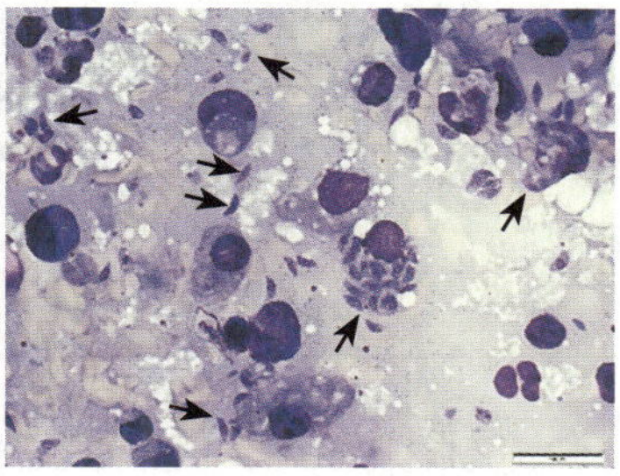

图 8-3　弓形虫裂殖子（小肠抹片）

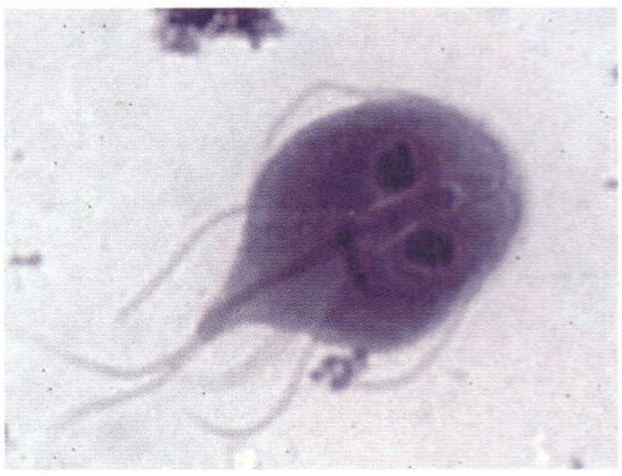

图 8-4　贾第鞭毛虫滋养体

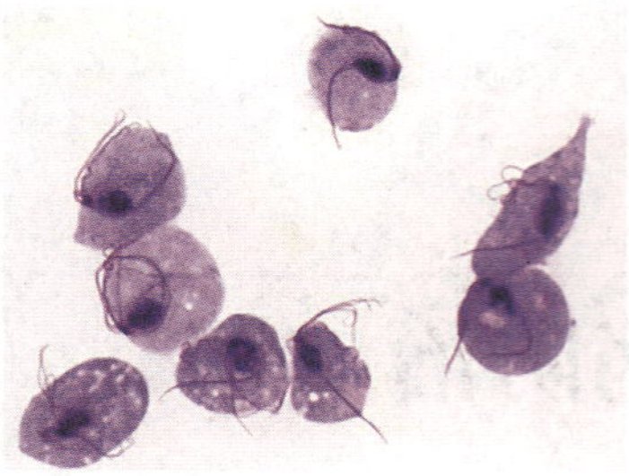

图 8-5　三毛滴虫滋养体

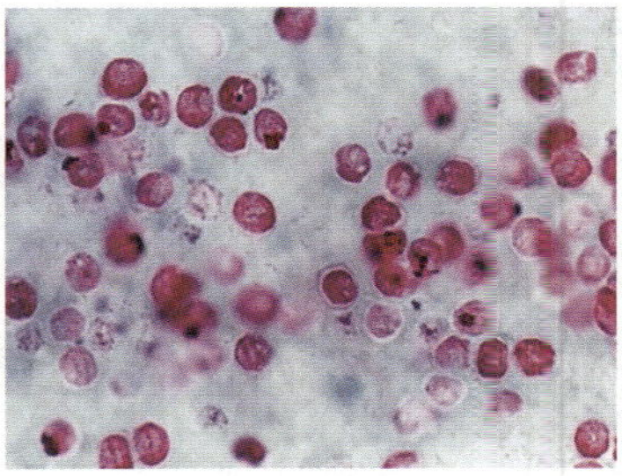

图 8-6　隐孢子虫卵囊

囊或卵囊是重要的传播阶段，具有感染力，通常对外界具有较强的抵抗力。

★ 生殖

无性生殖：包括二分裂、多分裂和出芽生殖。

有性生殖：包括配子生殖和接合生殖。

基础任务 〉〉〉

任务 1　弓形虫感染

74. 猫弓形虫病

刚地弓形虫（toxoplasma gondii）是一种专性胞内寄生顶复门原虫类寄生虫，可感染包括人类在内的所有温血动物。猫科动物是刚地弓形虫唯一的终末宿主，也是弓形虫的中间宿主之一。

一、生活史

弓形虫各个感染阶段见表 8-1 和图 8-7。

表 8-1　弓形虫感染阶段

感染阶段	存在部位	特点
速殖子	中间宿主	快速裂殖阶段
缓殖子	中间宿主	缓慢裂殖阶段，在组织中形成包囊
裂殖子	猫科动物小肠	在猫科动物小肠上皮细胞内发育增殖，新月状，前尖后钝
配子体	猫科动物小肠	由游离的裂殖子侵入另一个肠上皮细胞发育形成配子母细胞，进而发育为配子体，有雌雄之分
卵囊	猫科动物肠道及粪便	刚从猫粪排出的卵囊为圆形或椭圆形，不具感染性，经 1～5 d 发育为孢子化卵囊，含 2 个孢子囊，每个分别由 4 个呈新月形子孢子组成。孢子化卵囊具有感染性。猫科动物是唯一能排出卵囊的终末宿主
包囊	中间宿主组织	呈圆形或椭圆形，具有一层富有弹性的坚韧囊壁，囊内含缓殖子

弓形虫发育过程大致可分为有性生殖和无性生殖两个阶段。有性生殖阶段只有在猫肠道内才能完成，并通过粪便排出卵囊。在温度和湿度合适的环境下，卵囊暴露在空气中 1～5 d 后

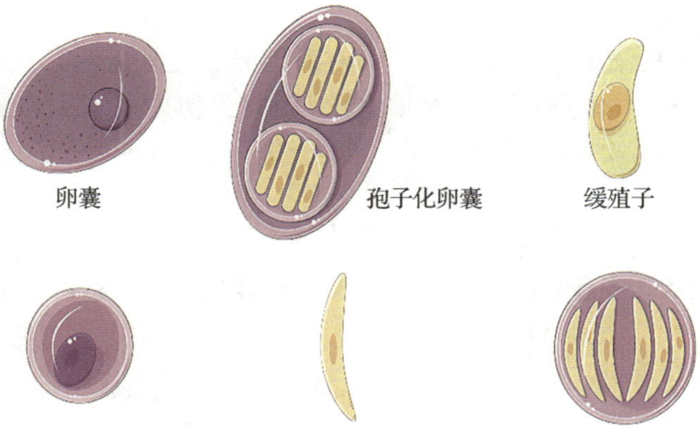

图 8-7 弓形虫各阶段

75. 弓形虫生活史(动画)

即形成孢子化卵囊。肠外无性生殖阶段(速殖子、缓殖子)发生在哺乳动物和禽类。急性感染期速殖子在血液或淋巴液中传播,在细胞内快速增殖,导致细胞死亡、组织坏死和肉芽肿性炎症。急性感染期后,弓形虫在组织内分裂减慢,形成缓殖子包囊,在宿主肠外组织中形成持久性病变。当宿主出现免疫抑制时,缓殖子包囊可以快速转变为速殖子进行快速增殖(图 8-8)。

a:摄入含有弓形虫包囊的老鼠;
b:包囊壁在胃及十二指肠内消化,释放出缓殖子;
c:缓殖子侵入肠道上皮细胞;
d:缓殖子分裂生殖产生裂殖子;
e:裂殖子分化为小配子或大配子(f);
g:配子生殖形成卵囊(h);
i:卵囊随粪便排出;
j:卵囊进一步发育形成孢子化卵囊

图 8-8 弓形虫发育过程

二、流行病学

猫可通过捕食含有速殖子和裂殖子的老鼠、鸟类,或通过食入孢子化卵囊而感染弓形虫(少见)。猫一般只于初次感染后的第 1～2 周通过粪便排出卵囊,刚刚排出的卵囊一般不具有感染性,卵囊在合适的湿度与温度下形成孢子化卵囊才具有感染性,这一过程需要至少 24 h。孢子化卵囊能在环境中存活数月到数年,而且对大多数消毒剂具有抵抗力。卵囊可污染水源、潮湿的土壤或食物等,所有这些都是中间宿主的感染来源。感染弓形虫的啮齿类动物会出现捕猎行为改变,对猫的抵抗减弱,从而有可能增加猫感染弓形虫的风险,促进弓形虫的有性生殖发育。

刚地弓形虫的流行率视猫的生活方式不同而有所差异。室外生活且有捕猎习惯的猫发病率更高。尽管流行率很高，但卵囊的排泄期有限，因此粪便中弓形虫卵囊的检出率很低（<1%）。

小贴士

刚排出的卵囊一般不具有感染性，及时和频繁地清理粪便可避免和减少弓形虫的传播。

三、临床表现

急性临床症状比较罕见，常见于免疫功能不全的猫，感染部位包括淋巴结、肝脏、肺、大脑、脊髓和眼睛。感染后临床表现包括精神沉郁、厌食、发热或低体温，甚至猝死，也可出现肝、肺、胰腺或神经系统等疾病表现。患猫常见单侧或双侧葡萄膜炎（图 8-9），脉络膜视网膜炎、肺炎（图 8-10）等，可能出现腹部疼痛、呼吸困难等表现，肠道症状比较罕见。

对于有以下临床表现的猫，应将弓形虫感染列入鉴别诊断范围：前 / 后葡萄膜炎、皮肤病、发热、肌肉感觉过敏、心肌炎、体重减轻、厌食、抽搐、共济失调、黄疸、腹泻或胰腺炎。

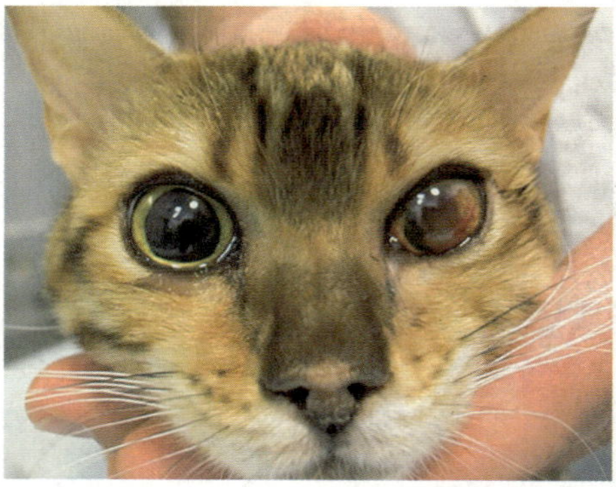

图 8-9　左眼前房葡萄膜炎及眼前房积血

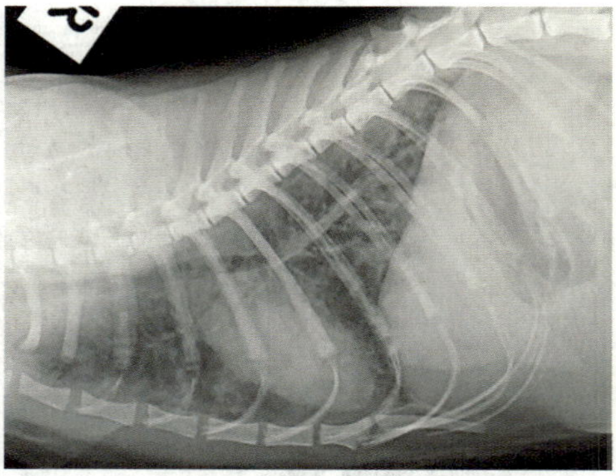

图 8-10　弓形虫感染引起的肺炎

四、诊断

（一）粪便检查

通常采集猫的粪便进行粪便漂浮试验检查弓形虫卵囊，但是由于猫排卵囊时间不确定，漏诊情况多见，因此不作为临床检查主要手段。弓形虫卵囊大小约为球虫卵囊的 1/4（图 8-11）。

（二）血清学检查

血清抗体检测并不能准确地指示猫是否在排卵囊的阶段，也不能评估猫是否曾经排出卵囊，一般作为辅助诊断的方法之一。若 IgG 和 IgM 抗体均为阴性提示未感染弓形虫；若 IgG 抗体阳性且效价低，IgM 抗体阴性提示曾经感染过弓形虫，但现阶段不会对机体造成损伤，可不需要干预；若 IgG 和 IgM 抗体均为阳性，且效价高，提示正处于弓形虫感染的活跃期，需要用药干预，以免对猫造成进一步的伤害。除血液样本，具有眼部症状或神经症状患猫的房水或脑脊液样本也可进行抗体检测。

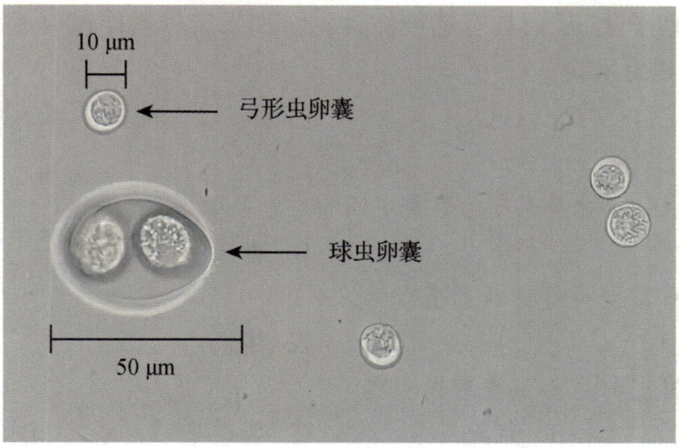

图 8-11 猫弓形虫与球虫混合感染（粪便漂浮实验，100×）

（三）PCR 检查

采集血液进行 PCR 检查是目前临床中常用方法，但结果阳性不一定指示动物处于感染阶段，组织包囊中缓殖子或亚临床感染猫体内的速殖子也会出现在血液中。对于有葡萄膜炎的猫，最好通过房水样本的抗体检测或 PCR 检查结果来进行诊断，对于有神经症状的猫则可采集脑脊液样本进行 PCR 检查。

（四）细胞学和组织病理学检查

细胞学和组织病理学检测到组织或体液中速殖子是确诊弓形虫感染的方法，但临床应用较少。此外，临床症状符合弓形虫感染，或排除了其他疾病，以及对治疗有反应，也可辅助诊断本病。

五、治疗

药物首选克林霉素，10 mg/kg 体重，PO，q12 h，连用 4 周。若未见改善，可选择磺胺类药物与甲氧苄啶(15 mg/kg 体重，PO，q12 h)或乙胺嘧啶(0.25～0.5 mg/kg 体重，PO，q12 h)联合用药，连用 4 周。

出现肝弓形虫病或肺弓形虫病、葡萄膜炎、神经症状的猫预后慎重。伴有免疫抑制的猫预后不良，通常容易复发。

六、预防

预防措施包括严格室内饲养，阻止猫捕食啮齿类动物或其他中间宿主，禁喂生骨肉，及时清理猫砂盆，按时体检，预防保健等。

七、公共卫生安全

弓形虫病是一种重要的人兽共患病，对胎儿和免疫力低下的人群影响很大。妊娠期女性的原发感染可导致胎儿出现死产、中枢神经系统疾病和眼部疾病。据研究，大约 10% 的 AIDS 病人出现由组织包囊内缓殖子活化而引发的弓形虫性脑炎。

人主要通过摄食孢子化卵囊或组织包囊、或经胎盘感染弓形虫病。为预防弓形虫病，应避免吃未煮熟的肉、避免接触污染的土壤、新鲜蔬菜生食前要洗净或避免生食、免疫功能不全者或孕妇不接触任何猫砂盆等。接触猫可能不是感染弓形虫的常见途径，主要是由于猫排出的卵囊至少需要 24 h 才能孢子化，从而具有感染性，因此，如果家养猫能及时清除粪便，阻断卵囊的孢子化，可大大降低感染的风险。

思考与练习

1. 猫既是弓形虫的终末宿主，也是其中间宿主。(　　)

A. 正确　　B. 错误

2. 猫一旦感染弓形虫将终身排卵囊。(　　)

A. 正确　　B. 错误

3. 从猫粪便中排出的弓形虫发育阶段是(　　)。

A. 包囊　　B. 卵囊　　C. 裂殖子　　D. 速殖子

4. 猫感染弓形虫后具有明显的临床表现。(　　)

A. 正确　　B. 错误

5. 以下关于弓形虫感染说法正确的是(　　)。

A. 孕妇孕期内不能养猫

B. 猫弓形虫感染率很高，不建议养猫，以免危及人的健康

C. 外出的猫比室内猫感染风险高

D. 弓形虫的所有发育阶段都具有感染性

进阶任务

任务 2　贾第鞭毛虫感染

贾第鞭毛虫属的寄生虫为鞭毛虫类原虫，可感染包括人类在内的多种哺乳动物，贾第鞭毛虫通常导致猫小肠性腹泻。

一、病原

贾第鞭毛虫(giardia)也称贾第虫、梨形鞭毛虫或肠鞭毛虫，是一种双核带鞭毛的原生类寄生虫。贾第鞭毛虫有两种形态：滋养体、包囊。

贾第鞭毛虫滋养体似梨形或椭圆形，左右对称，长 9 ~ 21 μm，宽 5 ~ 15 μm，厚 2 ~ 4 μm。细胞内有双核，腹面扁平，背面隆起，1 对呈半月形的中体与轴柱 1/2 处相交(图 8-12)。贾第鞭毛虫有 4 对鞭毛，借助鞭毛不停地摆动，虫体做翻滚运动，就像风吹过的落叶，也称为翻滚落叶状运动。

包囊呈椭圆形，长 8 ~ 14 μm，宽 7 ~ 10 μm，有薄而光滑的外壳，与虫体间有明显的间隙。未成熟包囊有 2 个细胞核，无感染性；成熟包囊有 4 个细胞核，具有感染性。贾第鞭毛虫包囊随粪便一起排出体外，可在环境中生存数月，特别是在水和潮湿的环境中。

贾第鞭毛虫有 8 种基因型，A 型到 H 型，犬最常感染 C 型和 D 型，猫最常感染 F 型。人类也易感染贾第鞭毛虫，可感染 A 型、B 型，猫偶尔感染 A 型、B 型，因此，在某种意义上，贾第鞭毛虫感染属于一种人兽共患病。

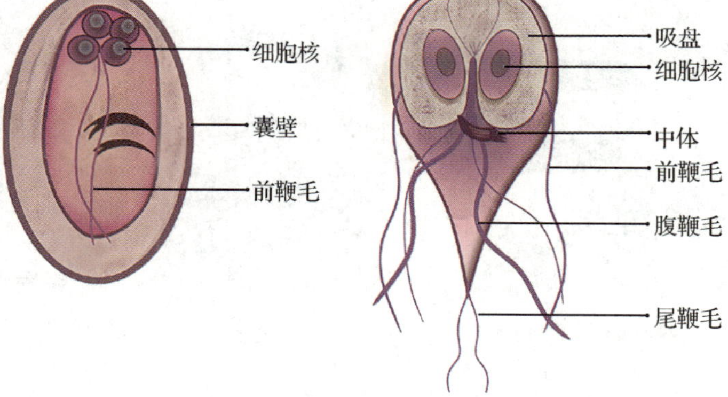

76. 猫贾第鞭毛虫感染

a. 成熟包囊　　b. 滋养体

图 8-12　贾第鞭毛虫成熟包囊及滋养体(腹面观)

二、生活史

猫经口摄入感染性包囊后通过胃，在胃酸和胰酶的作用下，于小肠脱囊释放滋养体。滋养体主要寄生于十二指肠，利用吸盘吸附于肠壁，以二分裂方式繁殖。当滋养体进入大肠时，在中性 pH 和次级胆汁盐作用下形成包囊。包囊随粪便排出，形成具有感染性的四核包囊，包囊抵抗力强，可存活数月，猫从摄入包囊到排出粪便的时间是 5～16 d。

本病的传染源是污染的水源、食物或环境，经粪口传播，各年龄均可发，生活环境差、<1 岁的幼猫或纯种猫多发。

三、临床表现

大多数被感染的猫不表现临床症状，<1 岁的猫更容易感染贾第鞭毛虫并出现相关的肠道疾病。贾第鞭毛虫可导致小肠上皮细胞损伤，改变肠道的正常菌群结构，从而导致腹泻、吸收不良综合征以及胃肠液分泌过多。贾第鞭毛虫导致的腹泻表现为小肠性腹泻，间歇性或持续性，伴有脂肪痢、厌食、呕吐、体重减轻与精神不振等。

四、诊断

任何出现腹泻的猫只，都应进行寄生虫感染的排查。

(一)粪便直接检查

粪便检查前要求采集新鲜、有效的粪便样本，所谓的有效粪便是指非正常粪便，如稀便或血便。粪便直接涂片检查分 2 种情况：一种情况是采集样本后加生理盐水镜检，观察有无活动的滋养体，滋养体运动方式呈翻滚落叶状运动，另一种情况是采样后加入一滴卢戈氏碘液进行染色，这样比较方便看到贾第鞭毛虫的包囊形态(图 8-13)。也可以直接涂片后进行瑞氏染色，检查滋养体或包囊(图 8-14)。

(二)粪便漂浮法检查

由于贾第鞭毛虫是随着粪便间断排出的，因此应采集 3 d 的粪便样本并分别进行粪检。饱和硫酸锌溶液离心漂浮方法检查的敏感性可达 70%。

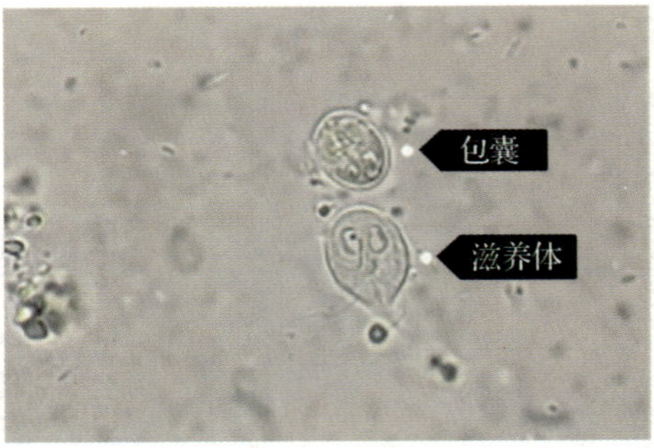

图 8-13　贾第鞭毛虫包囊及滋养体(40×)

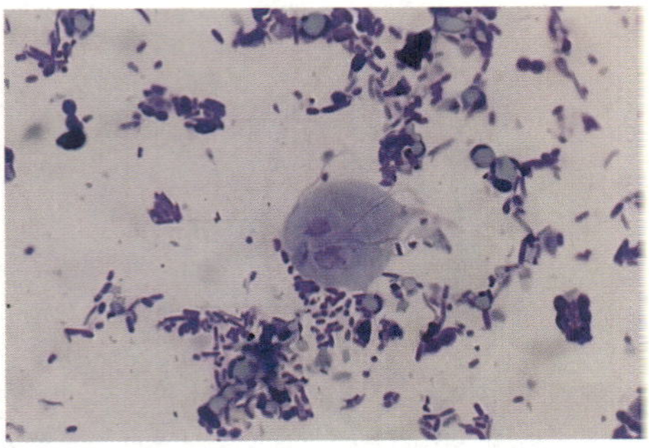

图 8-14　贾第鞭毛虫滋养体(瑞氏染色,100×)

粪便检出率低的主要原因是贾第鞭毛虫包囊较小,大概为球虫卵囊大小的 1/4,容易漏检,也容易与植物碎片或酵母菌混淆,可以使用卢戈氏碘溶液染色。另外,滋养体体外存活时间短,只在新鲜、水分多的粪便中可检测到,而猫也存在间歇性排包囊的情况,因此一定要在粪便异常的情况下进行采样检查,否则很容易出现假阴性的结果。在临床中,检出率低造成的漏诊也是病原难以清除和治疗不彻底的原因之一,因此多次采样及采取多种方法进行检查是非常必要的。

(三)粪便 ELISA 检查

ELISA 检查具有较高的敏感性与特异性,爱得士 SNAP 贾第鞭毛虫检验试剂盒进行抗原检测也是常用的方法,且敏感性高,可达 90%。

(四)PCR 检查

PCR 检查是目前临床应用最多的方法,敏感性可达 95% 以上,PCR 最大优势就是可以进行基因分型,可以用于鉴别动物是否感染人兽共患的 A 型和 B 型。

小贴士

腹泻的猫只应首先排查寄生虫感染问题,直接涂片检查检出率低,推荐采用多种方法进行粪便检查,防止漏检问题。

五、治疗

本病的治疗目标是控制腹泻症状,减少或阻止包囊散播。治疗药物可选择甲硝唑或芬苯达唑,二者也可联合使用。

若临床症状持续出现或对治疗反应不佳,则应考虑动物有无其他疾病过程,如肠道炎性疾病、胰外分泌不足、再感染,或同时感染了其他的病原体等。

六、预后

通常预后良好,但是存在二次感染及治疗失败的问题,患有免疫缺陷性疾病的猫,治疗难度增加。

为了判断是否治愈,可在治疗后 1～3 d 及治疗后 3 周分别进行饱和硫酸锌溶液离心漂浮试验,由此评估治疗效果。若检查结果阳性可确定治疗失败,若治疗 1～3 d 后检测阴性但 3 周后检测阳性，通常认为是再次感染。抗原检测通常不用于评估治疗效果，因为感染消除后抗原阳性结果会持续较长时间。

七、预防

要确保食物及水源安全，注意猫砂盆清洁与消毒，降低动物饲养密度，检测阳性的猫应进行隔离饲养并做好环境消毒。

在公共卫生方面，人要注意饮用水的安全，避免喝生水，接触动物粪便要及时清洁消毒。

思考与练习

1 在某种意义上，贾第鞭毛虫属于人兽共患病。(　　)

A. 正确　　B. 错误

2 贾第鞭毛虫主要经粪口传播，主要通过粪便直接涂片检查。(　　)

A. 正确　　B. 错误

3. 洗澡或清理肛周被毛可作为一种辅助治疗的手段。(　　)

A. 正确　　B. 错误

4. 贾第鞭毛虫的包囊具有感染性。(　　)

A. 正确　　B. 错误

5. 贾第鞭毛虫感染时，症状明显，多为急性表现。(　　)

A. 正确　　B. 错误

任务3　三毛滴虫感染

三毛滴虫感染又称滴虫病，是由胎儿三毛滴虫引起的一种肠道寄生虫病，三毛滴虫主要寄生于猫的回肠、结肠、盲肠，导致大肠性腹泻，粪便通常混有黏液或血液。本病在世界范围内流行，在猫上非常常见，据相关统计本病的感染率在30%左右。

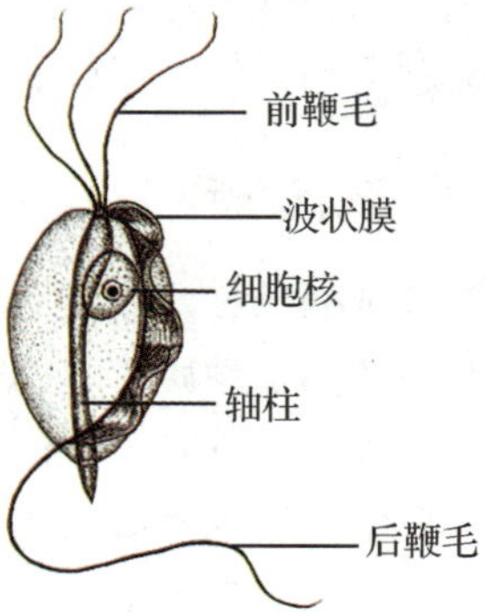

图 8-15　三毛滴虫结构

一、病原

胎儿三毛滴虫(tritrichomonas foetus)是一种微小的单细胞、有鞭毛的原生类寄生虫。三毛滴虫只有一种形态即滋养体，滋养体呈梨形、梭形或圆形，细胞核偏于一侧，波状膜沿着虫体长度分布，有3个前鞭毛及1个后鞭毛，轴柱贯穿于整个滋养体，突出于滋养体末端(图8-15)。由于鞭毛的存在，滋养体具有一定的运动性，呈严格的盲目向前运动。

小贴士

三毛滴虫与贾第鞭毛虫大小相近，容易混淆。未染色前可以通过运动形式初步区分，染色后可通过形态结构进行鉴别诊断。

77. 猫三毛滴虫感染

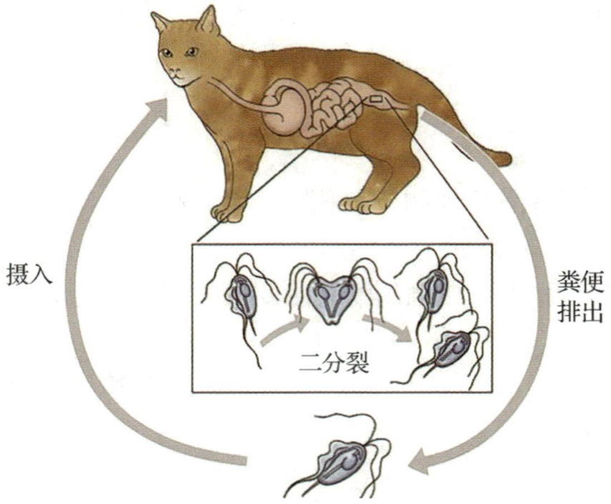

图 8-16　三毛滴虫生活史

二、生活史

猫经口摄入三毛滴虫滋养体后，滋养体在猫的盲肠、结肠肠隐窝和黏膜定殖，滋养体以二分裂方式繁殖但不形成卵囊。滋养体会随粪便排出体外，由于没有卵囊的保护，导致滋养体在干燥环境中非常不稳定，但在湿润环境中最长可存活数小时至数天不等（图 8-16）。

三、流行病学

本病的传染源是污染的粪便，主要经粪口途径传播，尤其是多猫环境下共用一个猫砂盆更容易造成本病的扩散。若不清除病原，在多猫家庭中，可以造成猫的反复性感染。虽然各年龄段的猫都可感染，但幼猫更多见，尤其是<1 岁的幼猫，而且生活环境拥挤的猫只、纯种猫更易感。

四、临床表现

三毛滴虫感染可导致回肠末端、盲肠、结肠的淋巴细胞浆细胞性炎症，引起大肠性腹泻，粪便半成形或稀糊状，散发恶臭味，通常混有黏液或血液。腹泻通常为慢性或间歇性表现，粪便可能时好时坏，有时表现为前段粪便正常但后段粪便稀软或带有黏液或血液，里急后重也经常发生。感染后，多数猫的食欲和精神尚可，体重通常没有明显变化，但严重感染时也会出现厌食、精神差的表现。

三毛滴虫感染也可能表现为亚临床症状，也可表现为对抗生素治疗无效，或停止治疗后情况恶化的慢性大肠性腹泻。

五、诊断

本病的诊断主要包括询问病史和临床症状以及粪便检查。在饲养过程中，如果猫出现慢性或慢性间歇性腹泻，表现为大肠性腹泻的症状应考虑本病的可能。

粪便检查对本病诊断非常重要。粪检前采样有一定的要求，猫采样前两周不能使用抗生素，需采集异常的粪便，如稀软带有黏液或血液的粪便，以便提高检出率，粪便最好不带着猫砂，不要冷冻。粪便可通过棉拭子取样或结肠冲洗法采样，尤其推荐采用后者采样方法。粪便直接涂片主要是在中低倍镜下看到活动的滋养体进行诊断。粪便直接涂片检查非常方便，但检出率较低，敏感性 <15%，粪便漂浮法检查通常无效。可通过多次粪便涂片检查来提高检出率，也可对粪便进行直接涂片染色检查，在油镜下看到三毛滴虫滋养体也是重要的检查手段（图 8-17、图 8-18）。

粪便 PCR 方法检查的敏感性可达 95% 以上，目前这一技术已经成为宠物医院的常规检查方法。

粪便培养也可作为检查方法，主要采用 Inpouch TF 培养基进行，其检出敏感性在 55% ～ 80%，培养时间取决于培养温度，但是目前这一方法在宠物医院尚未开展使用。

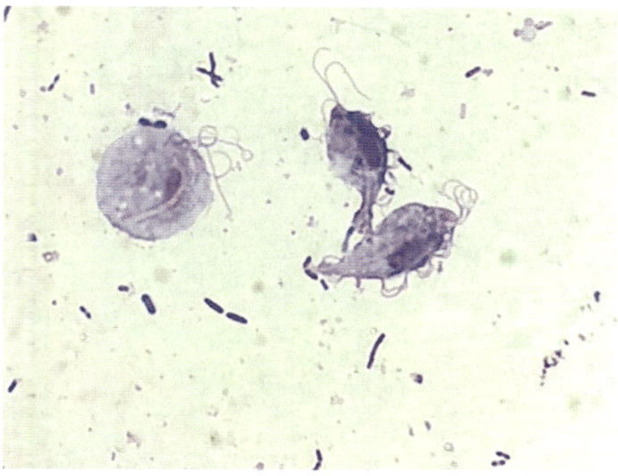

图 8-17 油镜下三毛滴虫

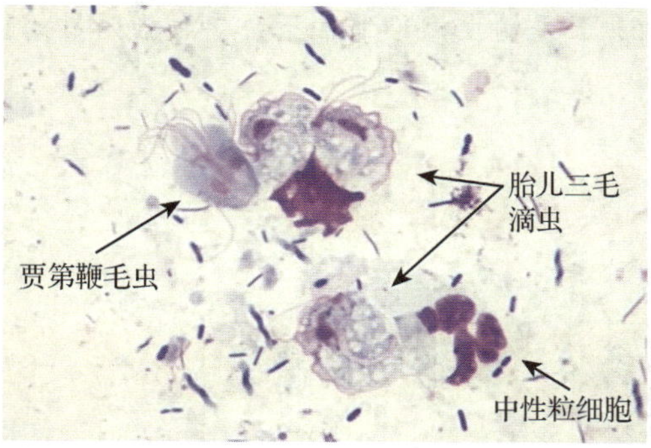

图 8-18 油镜下三毛滴虫与贾第鞭毛虫滋养体比较

六、治疗

治疗用药可选择罗硝唑，30 mg/kg 体重，PO，q24 h，连用 14 d。高剂量的罗硝唑可能增加神经毒性的风险，引起嗜睡、食欲不振、共济失调和癫痫等。在用药同时，配合使用益生菌可以提高治疗效果，使用罗硝唑之后也有一定的复发概率。在一些猫上，不经治疗可自愈，但是容易复发。由于对人的健康存在威胁，接触罗硝唑需戴手套。罗硝唑可导致畸形，禁用于怀孕、泌乳或小于 12 周龄的幼猫。此外，根据不同个体情况，配合进行相应的对症治疗，如止泻、补液、刺激食欲等。

如果在使用罗硝唑后仍有三毛滴虫感染（PCR 阳性），有可能是以下原因：药量不足、用药时间太短或药物存在质量问题。此外，治疗失败也有可能归因于家里其他猫出现无症状感染，成为新的传染源，因此，在治疗三毛滴虫期间应采取隔离措施，防止交叉感染。

七、预后

通常预后良好，但是有一定的复发性。

八、预防

降低饲养密度，减少应激，改善猫居住环境，猫砂盆要专猫专用。发现可疑病例要及时检测、隔离和移除检测结果阳性的猫。不建议将接受过治疗的猫再次引进猫舍。此外，蜗牛、蛞蝓、金鱼、乌龟等生物都可能携带三毛滴虫，因此要严格禁止猫喝鱼缸里的水。

思考与练习

1. 三毛滴虫感染会导致猫小肠性腹泻。（　　）
   A. 正确　　B. 错误
2. 猫感染三毛滴虫主要通过粪口途径感染。（　　）
   A. 正确　　B. 错误
3. 甲硝唑也可用于三毛滴虫的治疗。（　　）
   A. 正确　　B. 错误
4. 三毛滴虫的滋养体可在环境中生存较长时间。（　　）
   A. 正确　　B. 错误

5. 三毛滴虫感染通常不会导致猫明显的体重下降和食欲减退。(　　)

A. 正确　　　　B. 错误

拓展任务

任务4　隐孢子虫感染

隐孢子虫属于球虫类寄生虫,猫隐孢子虫感染的病原包括猫隐孢子虫(*Cryptosporidium felis*)及微小隐孢子虫(*Cryptosporidium parvum*),其中微小隐孢子虫可感染人,属于人兽共患病。隐孢子虫主要寄生于猫的小肠上皮细胞,影响小肠的吸收功能,使小肠分泌更多的黏液,表现为水样腹泻。

一、流行病学

猫隐孢子虫的传播主要通过粪-口途径,如摄入污染的水源或食物,舔污染的爪子等,幼猫及免疫功能不全的猫感染及发病的风险更高。隐孢子虫的卵囊呈圆形或椭圆形,较小,直径4～6 μm,粪检不易发现(图8-19),在高温(60 ℃以上)下易失活。

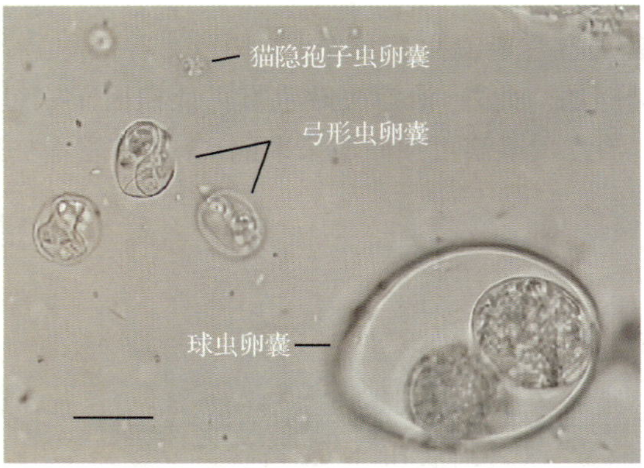

图8-19　猫隐孢子虫卵囊较小,粪检不易发现

隐孢子虫通过粪口途径传播,猫摄入卵囊后,释放出的孢子侵入小肠上皮细胞并开始细胞内繁殖。当有性繁殖阶段开始,内源性复制结束,孢子会融合形成一个卵囊,在肠道中孢子化,并随粪便排出体外。不仅排出的卵囊具有感染能力,在体内的薄壁卵囊在肠道中破裂,释放孢子,可进一步导致自体感染(图8-20)。

二、临床表现

猫感染隐孢子虫后的临床表现包括水样腹泻、脱水、体重减轻等。与小肠其他寄生虫如贾第鞭毛虫及胎三毛滴虫的共同感染可导致更为严重的临床症状。

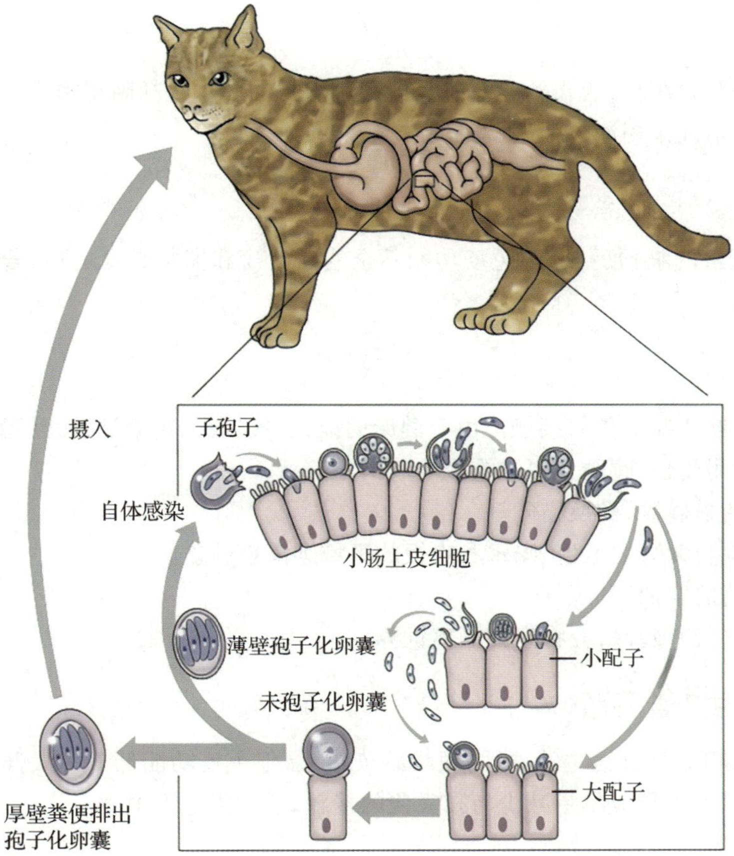

图 8-20 隐孢子虫生活史

三、诊断

通过粪便样本检查进行诊断，检测方法包括粪便镜检、ELISA 法、IFA 法、PCR 法等。由于隐孢子虫间断性排出体外，所以显微镜检查的灵敏度有限，若进行粪便镜检最好进行抗酸染色检查(图 8-21)，目前宠物临床多采用 PCR 法进行本病的诊断。

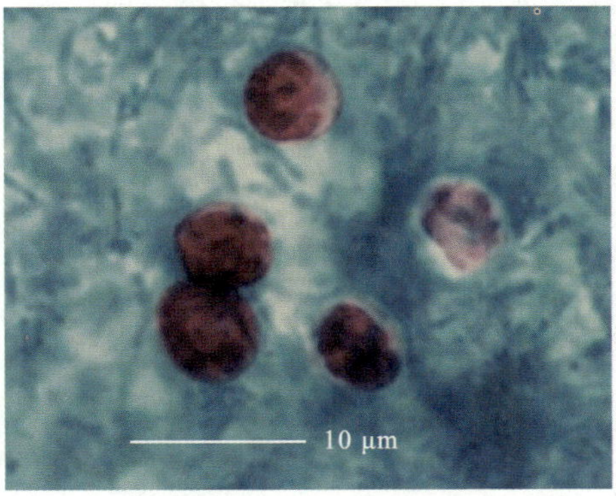

图 8-21 粪便抗酸染色后的隐孢子虫卵囊

四、治疗

大多数感染为自限性，无需治疗。若需治疗可选择的药物包括阿奇霉素、泰乐菌素、硝唑尼特等。也可根据情况采用液体疗法，对症支持。

五、预后

免疫功能正常的猫预后较好，免疫功能不全的猫治疗和恢复难度增加，若控制不佳则预后不良。

六、预防

预防的关键在于减少粪口接触。由于健康的猫也可以成为传染源，而且隐孢子虫对环境和消毒剂具有高度耐受性，预防应更加重视。其措施包括：

(1)定期清洁猫砂盆，勤换猫砂。

(2)保证水源与食物的卫生，喝水和吃饭的区域远离猫砂盆。

(3)做好环境的定期消毒。

(4)多猫家庭若有确诊，应将患猫隔离饲养。

七、公共卫生安全问题

猫隐孢子虫相对具有宿主特异性，很少感染给人，但免疫功能低下的人群和儿童有很大的感染风险，因此以上人群应尽量减少与猫粪便的接触，并加强个人卫生。

技能强化

技能训练　粪便检查技术

★ 粪便直接涂片法

适用范围

粪便虫卵、卵囊或滋养体检查。

材料准备

载玻片、盖玻片、生理盐水、棉拭子等。

操作流程

- 准备一载玻片，滴1～2滴生理盐水备用。
- 动物保定好，无菌棉签采集直肠拭子。
- 将2 mm×2 mm×2 mm的新鲜粪样与1～2滴生理盐水充分混合，厚薄适度，以透过书本上字为宜。
- 盖上盖玻片后，在中低倍镜下检查。

★ 粪便涂片染色法

适用范围

粪便中细胞、细菌、原虫等检查。

材料准备

载玻片、棉拭子、染色液等。

操作流程

➢ 动物保定好，用无菌棉签轻轻地经肛门进入直肠末端 3～4 cm，指向直肠壁，然后轻轻旋转几次。

➢ 取出棉签，在载玻片上轻轻滚动多次，形成不同涂抹厚度的区域。

➢ 风干后，Diff-Quik 或瑞氏吉姆萨染色液染色。

➢ 在油镜下观察粪便染色涂片中的细菌、细胞等。

★ 粪便浮集法

适用范围

球虫、弓形虫及贾第鞭毛虫卵囊，钩虫、蛔虫、鞭虫等比重较小的虫卵检查。

材料准备

载玻片、盖玻片、棉拭子、饱和硫酸锌溶液、离心机、10 mL 离心管等。

操作流程

➢ 取 3～5 g 粪便于烧杯中，加饱和硫酸锌溶液 30～50 mL，混匀。

➢ 使用双层纱布将上述液体过滤于另一烧杯中，将 8 mL 过滤液转移至一离心管中，1 500～2 000 r/min，离心 3 min。

➢ 补加饱和硫酸锌溶液于上述离心管中并形成凸液面，覆盖一盖玻片，其间不留气泡。

➢ 10～15 min 后，取下盖玻片，覆在载玻片上，显微镜下检查。

注意：也可使用商品化浮集瓶进行粪便漂浮检查。

★ 粪便沉淀法

适用范围

主要用于比重较大的虫卵，如吸虫及绦虫虫卵等的检查。

材料准备

载玻片、盖玻片、棉拭子、水、吸管、离心机、离心管等。

操作流程：

➢ 取 3～5 g 粪便，加入 30～50 mL 水，混匀，过滤于离心管中。

➢ 在离心机以 1 500～2 000 r/min 的速度离心 3 min，去除上清，保留沉淀及少量液体，继续加入 10 mL 左右的水。

➢ 重复上述步骤 3 次。

➢ 最后一次离心去上清后，重悬沉淀，吸管吸取沉淀液，滴 1～2 滴于载玻片上，盖上盖玻片，显微镜下检查。

注意事项

➢ 需采集新鲜的、异常粪便样本检查。

➢ 直肠灌洗可代替棉拭子采样，用于直接涂片检查，一般通过注射器与大小适宜的橡胶管连接，注入生理盐水 10 mL 后反复抽吸，获得灌洗液进行检查。

思维提升

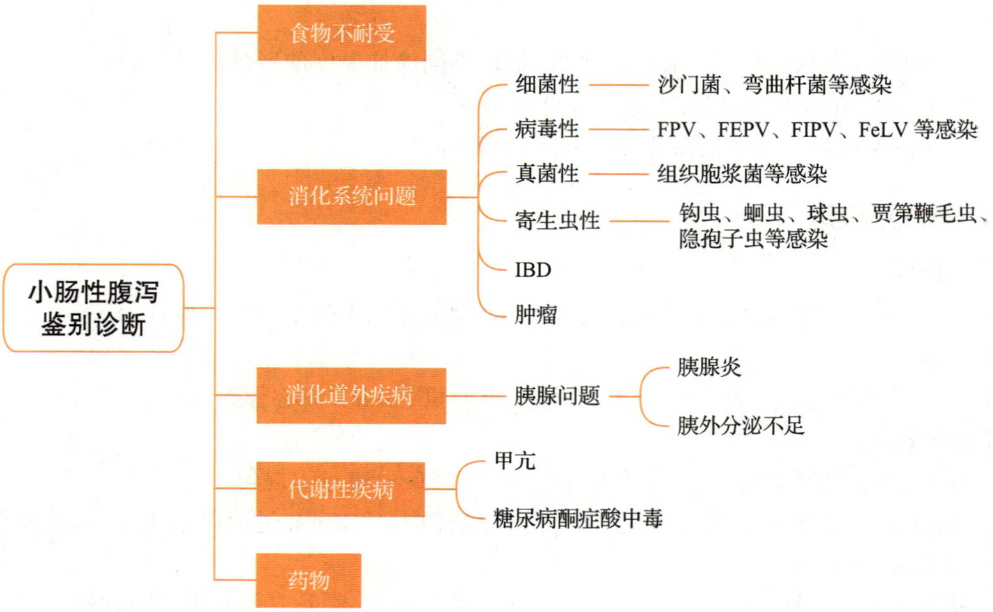

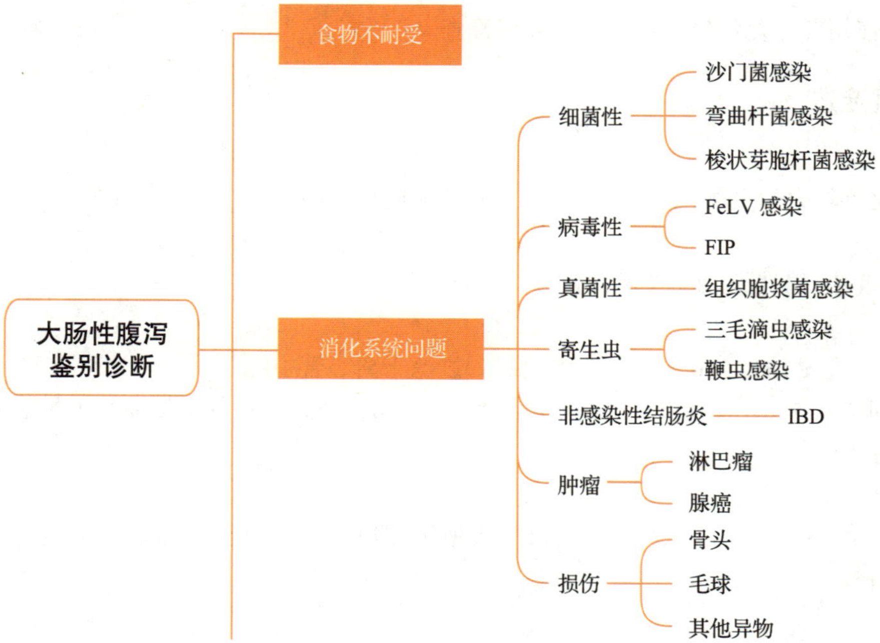

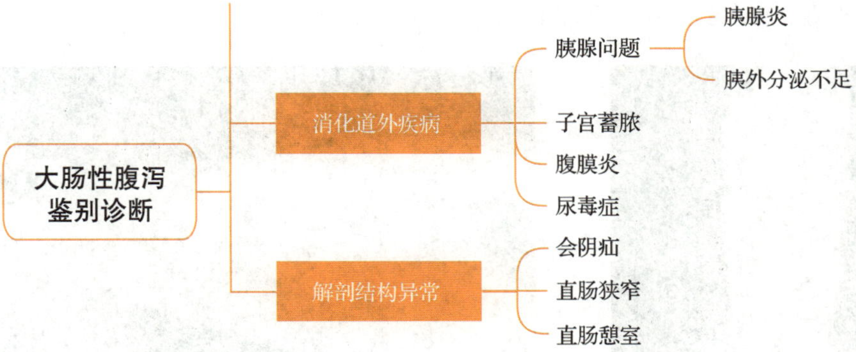

病例分析

加菲猫，9岁，3.5 kg，公，主诉该猫从小间歇性腹泻，最近两周明显消瘦，3～4 d前腹泻加重，粪便带鲜血（图8-22）。

图8-22　加菲猫患猫

体格检查：T38.2 ℃，呼吸次数28次/min，心率184次/min，BCS评分3/9，MCS2分，脱水程度10%左右。

血液学检查：结果见表8-2和表8-3。

表8-2　血常规检查结果

项目	测量值	参考范围
红细胞（RBC）	6.45 ↓	6.54～12.20 M/μL
红细胞比容（HCT）	27.5 ↓	30.3%～52.3%
血红蛋白（Hb）	9.4 ↓	9.8～16.2 g/L
白细胞（WBC）	18.36 ↑	2.87～17.02 K/μL
嗜中性粒细胞（NEU）	12.07 ↑	2.3～10.29 K/μL
单核细胞（MON）	0.96 ↑	0.05～0.67 K/μL
嗜酸性粒细胞（EOS）	2.77 ↑	0.17～1.57 K/μL

表8-3　血液生化检查结果

项目	测量值	参考范围
尿素氮（BUN）	55 ↑	16～36 mg/dL
肌酐（CREA）	2.1	0.8～2.4 mg/dL
血磷（PHOS）	6.6	3.1～7.5 mg/dL

血液学检查结果有什么问题？

影像学检查：结果见图 8-23 和图 8-24。

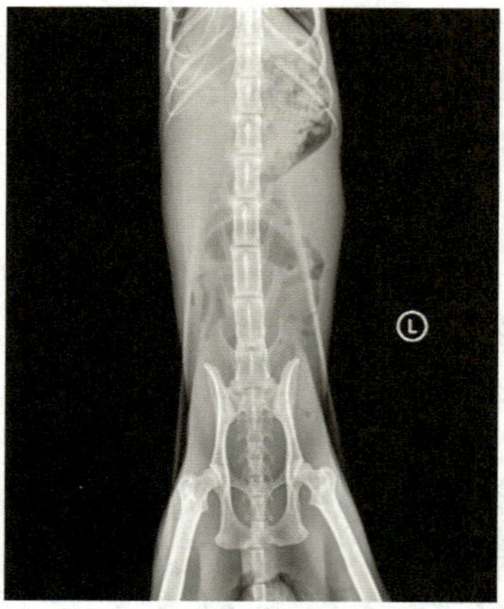

图 8-23　X 线正位片

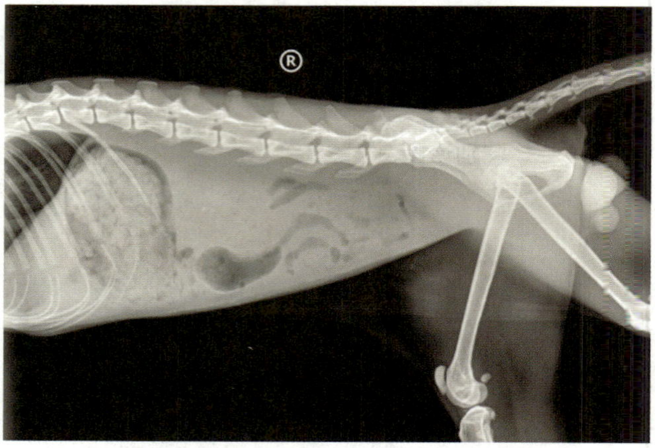

图 8-24　X 线侧位片

78. 粪便直接镜检
（项目八病例）

影像学检查你发现了什么？

粪便显微镜检查：结果见图 8-25。

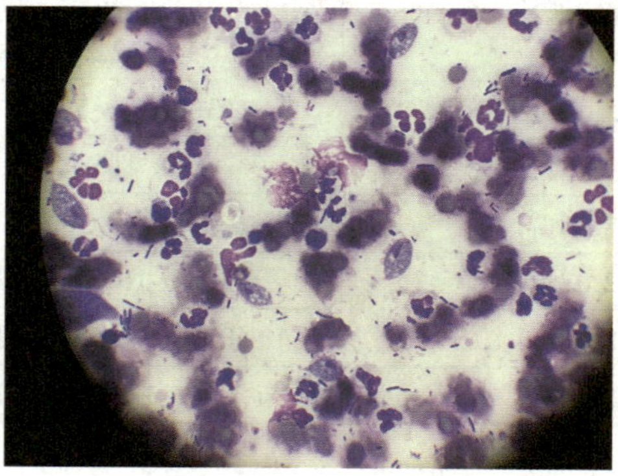

图 8-25　粪便镜检结果

粪便检查你发现了什么？

你的诊断结果是什么？

你的治疗方案是什么？

项目九

猫常见皮肤病防治

学习目标

【知识目标】

★ 掌握猫癣、外耳炎、痤疮、嗜酸性肉芽肿等常见皮肤疾病的诊治；

★ 了解猫落叶天疱疮的诊治；

★ 知道猫常用皮肤病治疗的药物。

【能力目标】

★ 能规范进行皮肤粘片、皮肤刮片、皮肤触片及拔毛检查等皮肤检查操作；

★ 能正确选择不同皮肤病治疗药物。

【素养目标】

★ 通过学习，恪守规范用药、合理用药、诚信守法的职业道德；

★ 培养比学赶超、追求卓越、终身学习的职业态度。

温故知新

皮肤常见病变类型见表 9-1。

表 9-1　皮肤常见病变类型

病变	特点
脱毛	毛发部分或完全丢失（图 9-1）
皮屑	角化细胞聚集形成的松散碎片，易剥落、薄片状、糠麸状，油腻或干燥，松散或黏附（图 9-2）
皮脂溢	以皮屑过多为特征、或过度油腻为特征的皮肤状况（图 9-3）
结痂	干性渗出物、血清、脓汁、血液、细胞、皮屑或药物黏附于皮肤表面（图 9-4 至图 9-6）
表皮环	感染灶向外蔓延形成的、扩大的环形皮屑（图 9-7）
红斑	平整的、局部红色区域（图 9-8）
红肿	整体抬高的皮肤病变，直径 >1 cm（图 9-9）
色素沉着	皮肤局部颜色加深，多以褐色、灰色及黑色为主（图 9-10）
糜烂	浅层表皮缺失（图 9-11）

续表 9-1

病变	特点
溃疡	暴露于真皮层的表皮连续缺失（图 9-12）
脓疱	较小、界线清晰、内含脓汁的红色圆点状隆起（图 9-13）
水疱	易破、界线分明、充满清亮液体的表皮凸起，直径 <1 cm（图 9-14）
大疱	局限性，内容物为液体，直径 >1 cm
丘疹	较小、发红、坚实、凸起的病变，直径 <1 cm（图 9-15）
风疹	界线清晰、局部迅速凸起于皮肤表面的病变（图 9-16）
结节	界线清晰、实质性隆起，延伸至皮肤深层，直径 >1 cm（图 9-17）
苔藓样变	皮肤增厚、变硬，常见色素过度沉着（图 9-18）

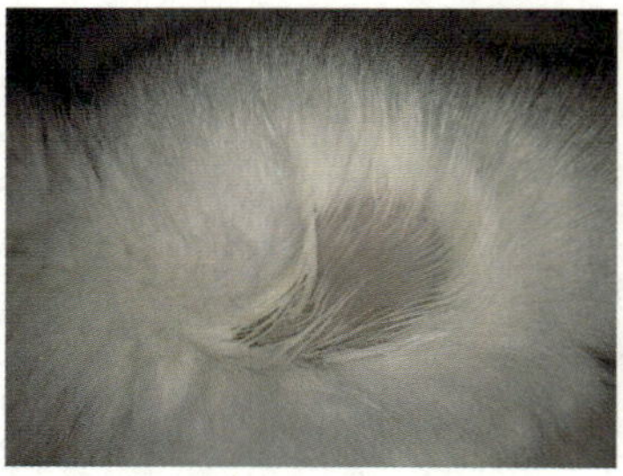

图 9-1　脱毛

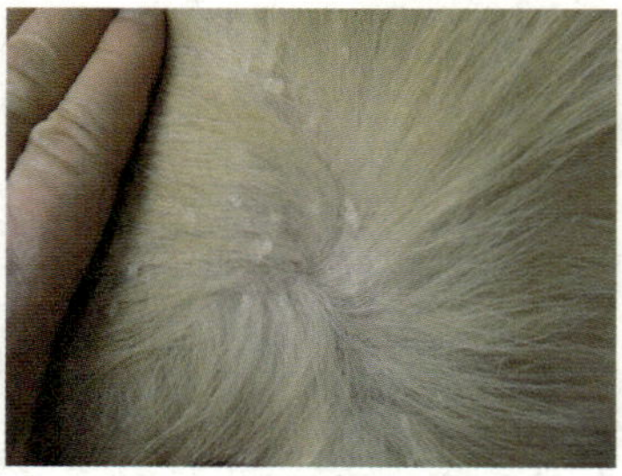

图 9-2　皮屑

图 9-3　皮脂溢

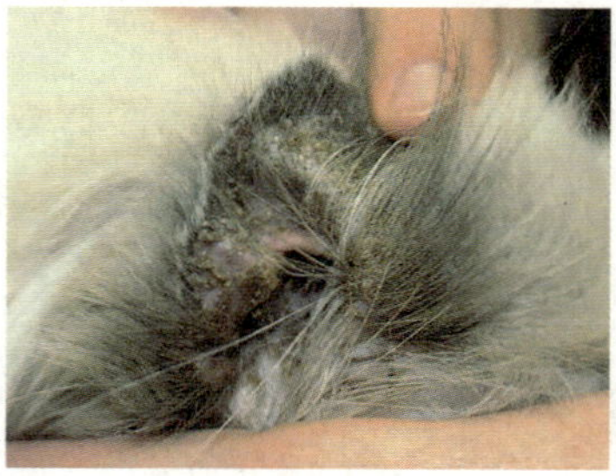

图 9-4　结痂

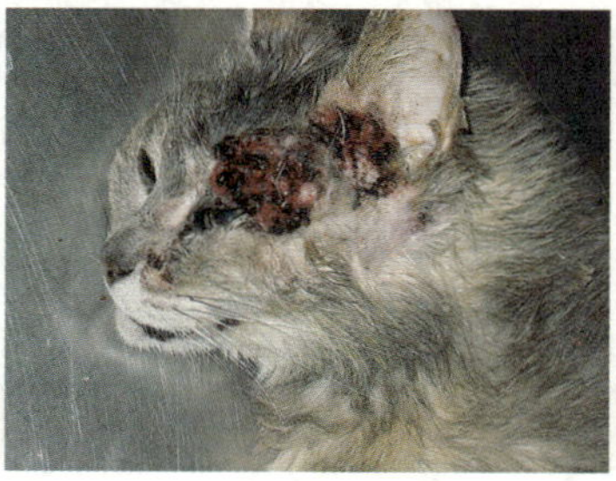

图 9-5　出血

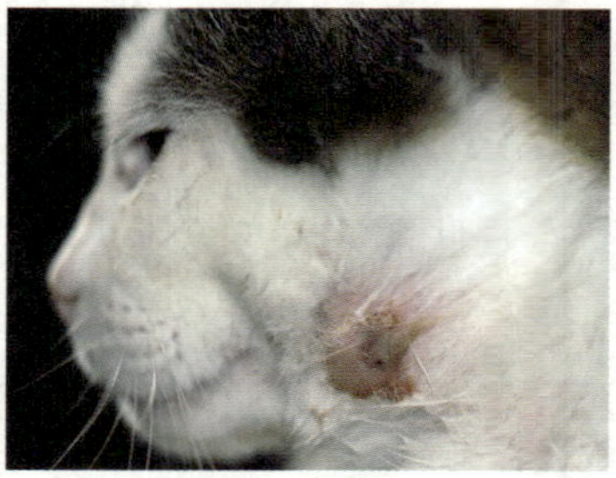

图 9-6　化脓

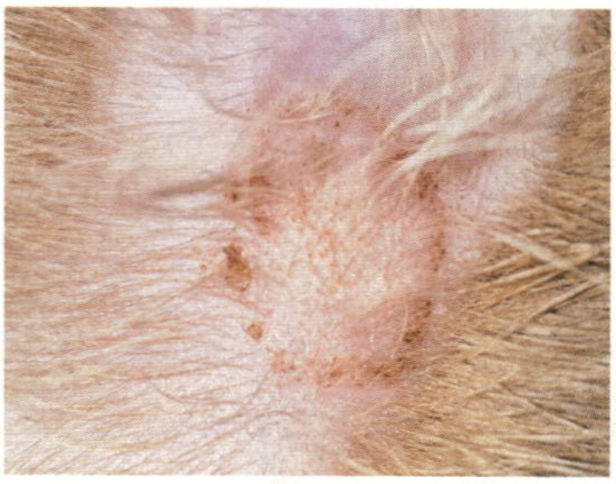

图 9-7　表皮环

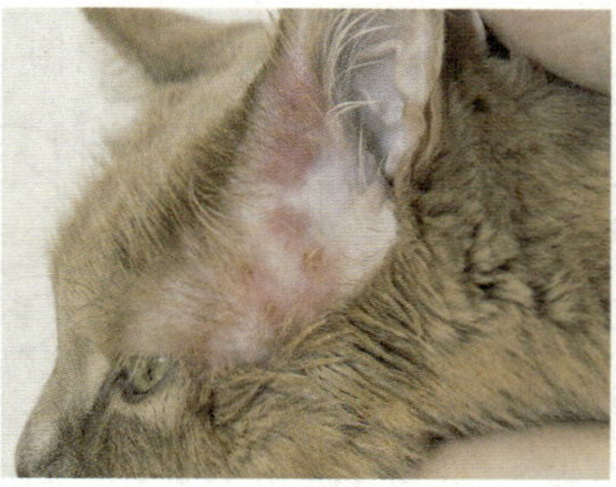

图 9-8　红斑

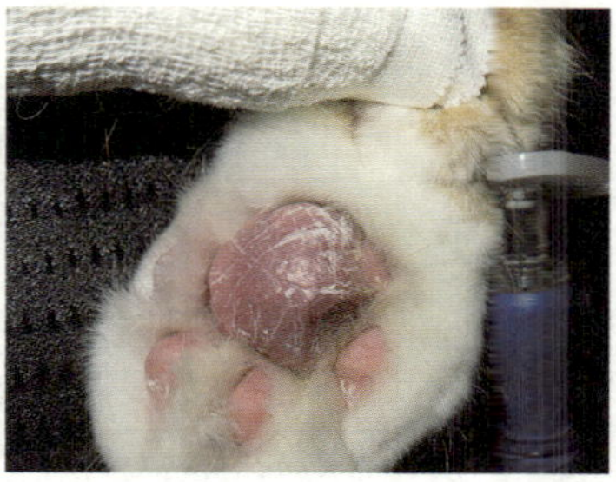

图 9-9　红肿

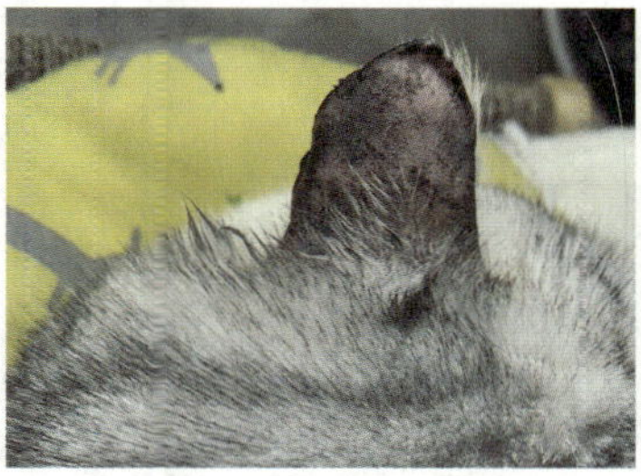

图 9-10 色素沉着

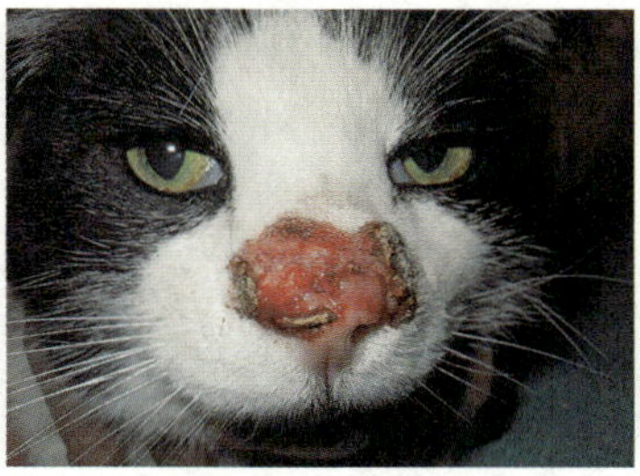

图 9-11 糜烂

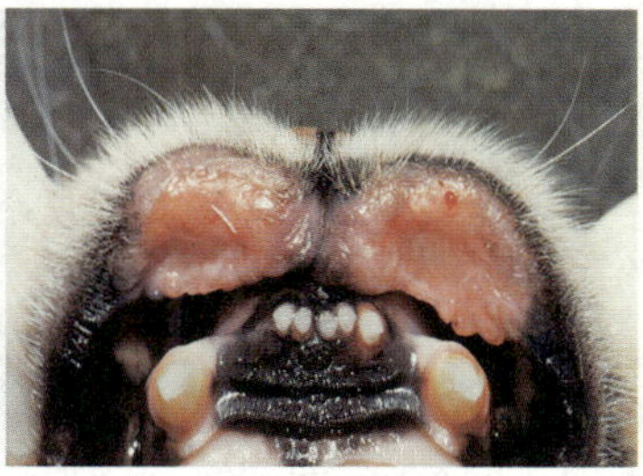

图 9-12 溃疡

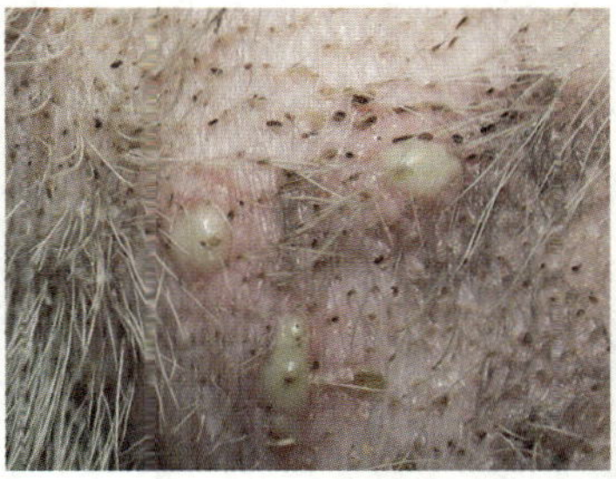

图 9-13 脓疱

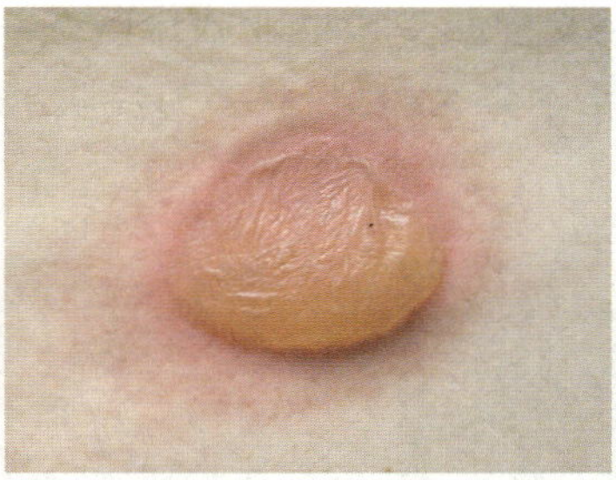

图 9-14 水疱或大疱

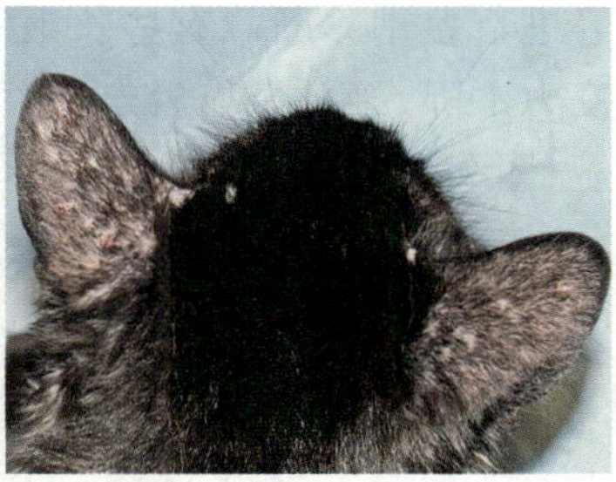

图 9-15 丘疹

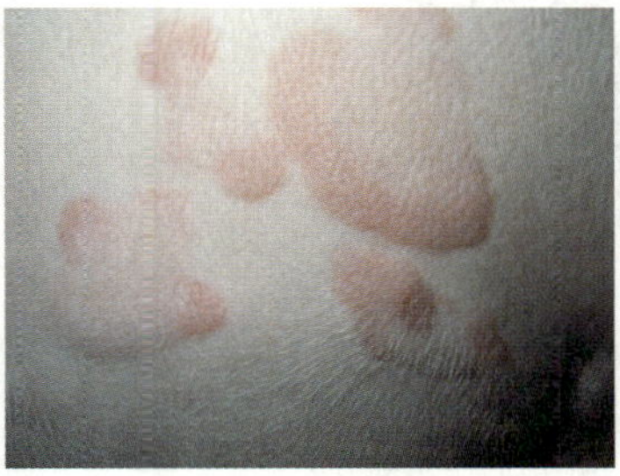

图 9-16 风疹

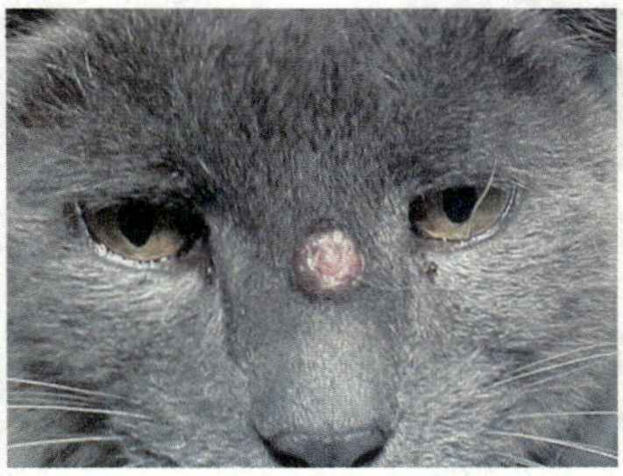

图 9-17 结节

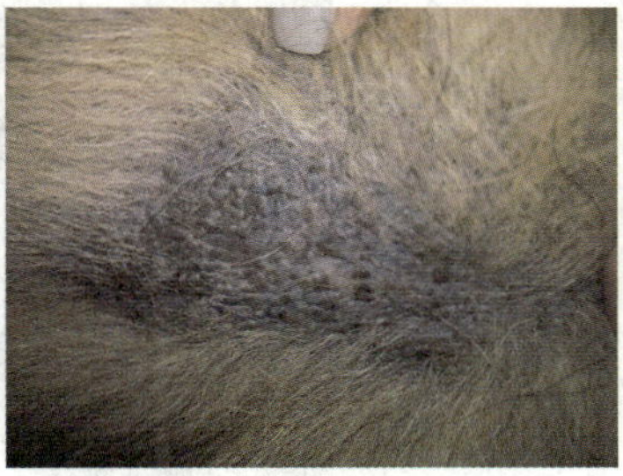

图 9-18 苔藓样变

基础任务 〉〉〉

任务1 皮肤癣菌病

猫皮肤癣菌病(feline dermatophytosis)常称猫癣(ringworm),是由嗜角质真菌感染毛干和皮肤角质层引起的皮肤病,临床特征为皮肤圆形或不规则脱毛斑,覆以丘疹和鳞屑。猫癣是猫最常见的真菌性皮肤病,具有传染性,可以传染给人类,属于人兽共患病。

79. 猫皮肤癣菌病

一、病因

98% 以上的猫癣是由犬小孢子菌引起的,其次是石膏样小孢子菌和须毛癣菌。

皮肤癣菌病在幼龄猫多发,多猫环境下常见,当猫免疫力低下如发生免疫抑制性疾病(白血病病毒感染、艾滋病、传染性腹膜炎等）或者药物使用（如糖皮质激素、免疫抑制剂）时多发，怀孕、哺乳期也多发。

二、临床表现

患猫出现从轻微到严重程度不等的瘙痒。一般为局限性、多灶性的圆形或不规则的脱毛斑（图 9-19），常伴随不同程度的鳞屑，残留的毛呈毛茬或断裂状态。患猫皮肤通常伴发红斑、丘疹、结痂、皮脂溢、粟粒性皮炎，病程长者可出现皮肤色素沉着（图 9-20）。严重感染可出现全身性脱毛（图 9-21）、鳞屑，瘙痒明显。一些患猫可能出现炎性反应，表现为皮肤红肿，需要与肿瘤等进行鉴别诊断。有些长毛猫呈无症状带菌的亚临床状态。人感染的原因主要包括自身免疫力下降、接触患猫后未及时清洁消毒，主要症状多为皮肤出现圆形红斑并伴有鳞屑，瘙痒明显（图 9-22）。

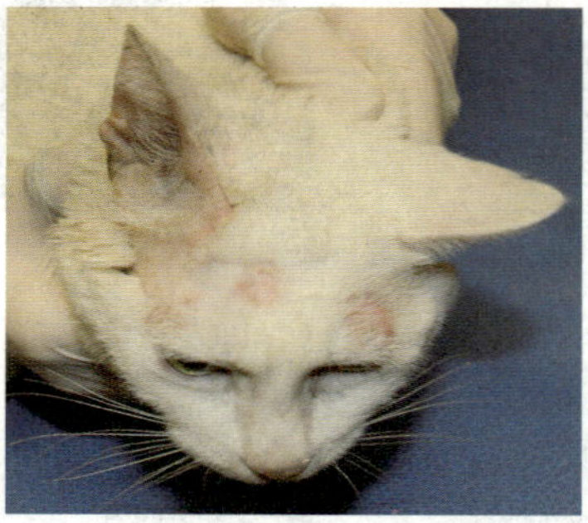

图 9-19　典型圆形脱毛斑

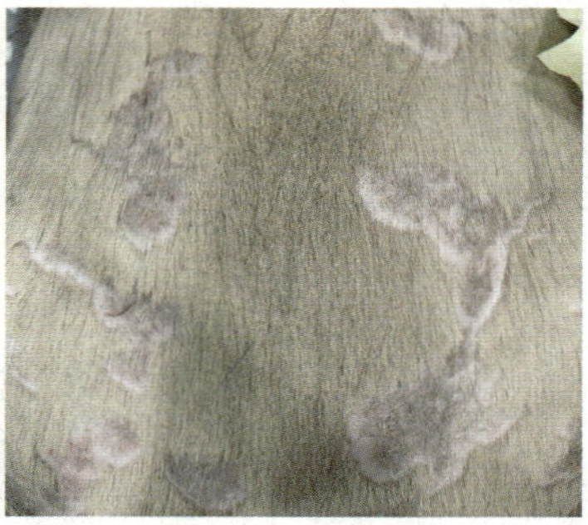

图 9-20　脱毛、红斑及色素沉着

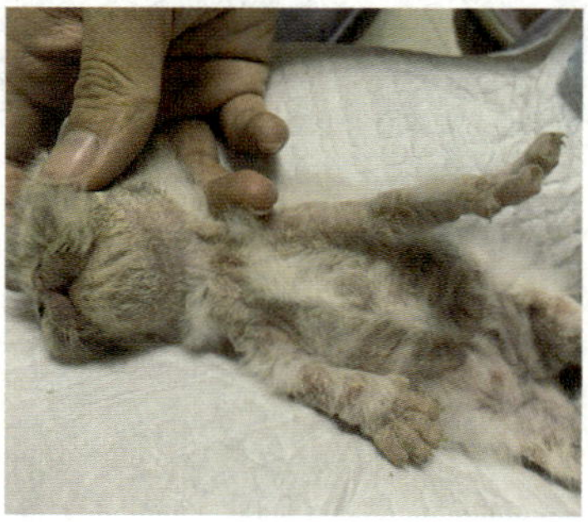

图 9-21　严重的全身感染

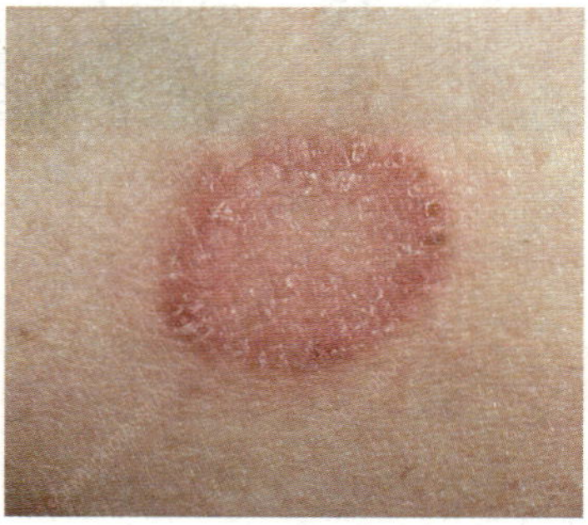

图 9-22　人感染后皮肤形成红斑、鳞屑

三、诊断

（一）病史及临床表现

当患猫主要以头部、耳朵及面部等部位出现抓挠或脱毛，且伴发鳞屑时，应筛查猫癣。

（二）显微镜检查

1. 皮肤粘片检查

在病灶处使用医用透明胶带粘片，瑞氏染色后在油镜下检查，可看见大量真菌的小分生孢子，圆形或椭圆形，中心蓝染，外周呈现透明环（图 9-23），偶见真菌菌丝（图 9-24），但无法看到大分生孢子。

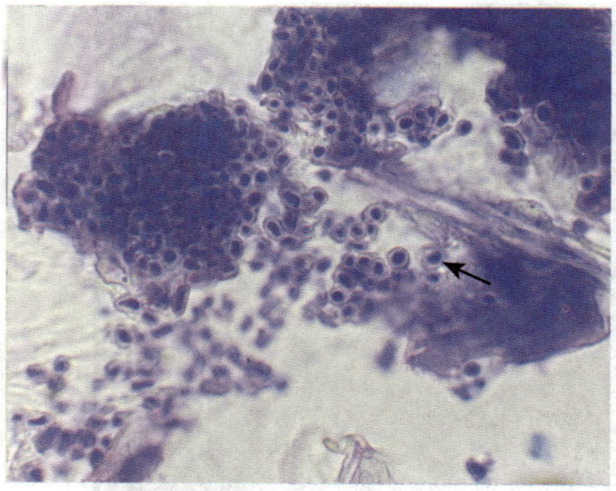

图 9-23 真菌小分生孢子（箭头所示）

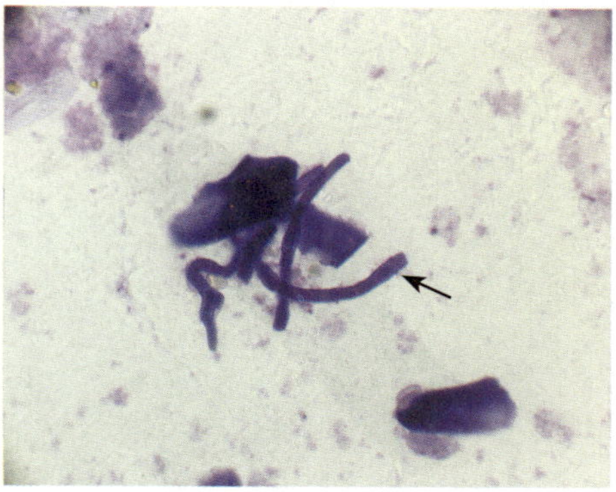

图 9-24 真菌菌丝（箭头所示）

小贴士

自然感染状态下只能检查到小分生孢子，而无法看到大分生孢子，有时环境杂菌如链格孢霉菌可能误判为大分生孢子，应注意鉴别（图 9-25）。

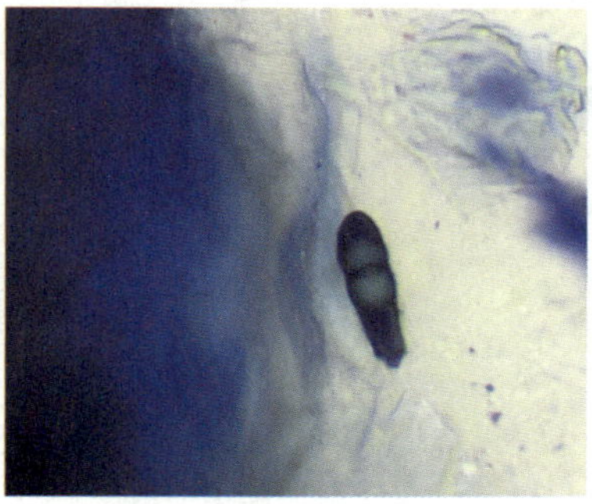

图 9-25 环境杂菌（链格孢霉菌，100×）

2. 拔毛镜检

在病健交界处采集毛发，置于载玻片上，滴加 1～2 滴 10% 氢氧化钾溶液，盖上盖玻片，在中低倍镜下检查，真菌感染的被毛呈现朽木样外观，毛干周围点状物质即为真菌小分生孢子（图 9-26）。

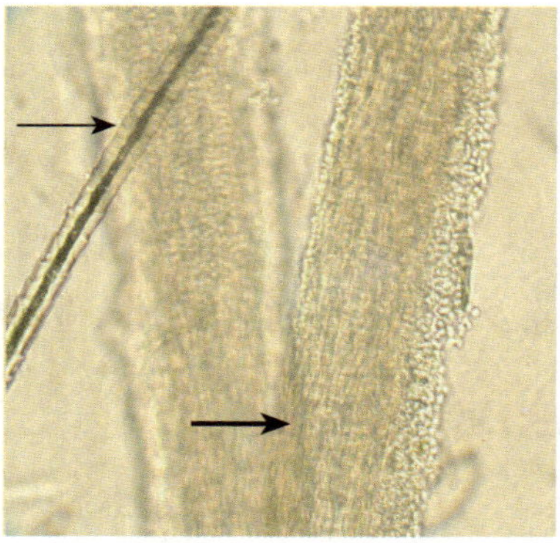

图 9-26 左侧箭头所示为正常毛干，右侧箭头所示为感染毛干

（三）伍德灯检查

伍德灯内置一种通过镍或钴过滤的紫外光（图 9-27）。犬小孢子菌是唯一能在侵入毛干时产生可发出荧光的色氨酸代谢产物的真菌，暗视野照射下可看到黄绿色荧光（图 9-28）。伍德灯检查常出现假阴性和假阳性情况，只作为初步筛查使用，不能作为确诊手段。

（四）真菌培养

采集病健交界处毛发进行真菌培养可作为确诊方法，培养后采集菌落涂片染色可看到大分生孢子，犬小孢子菌的大分生孢子呈纺锤形，大小为（10～25）μm×（75～100）μm，

图 9-27　伍德灯

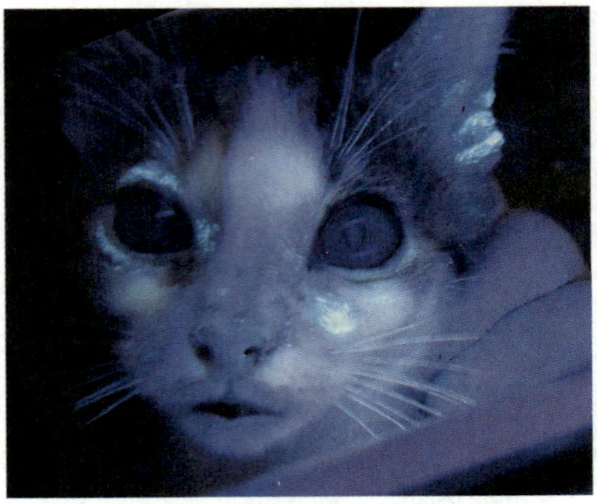

图 9-28　伍德灯照射后可见黄绿色荧光

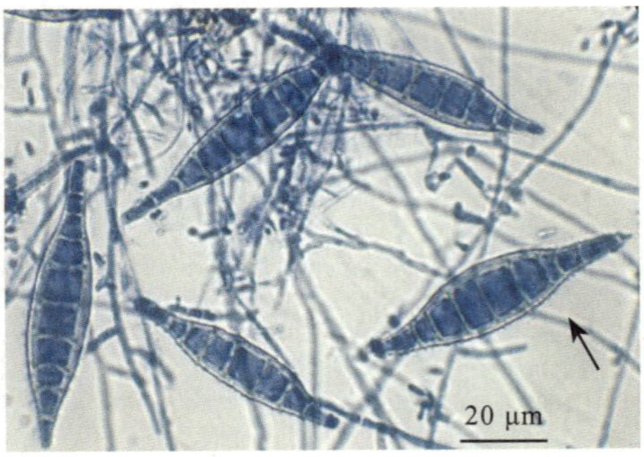

图 9-29　犬小孢子菌的大分生孢子

有 6 个以上的分隔（图 9-29）。

（五）其他检查

其他的检查方法包括荧光染色检查、皮肤病理组织学检查以及 PCR 检查等。

四、治疗

（一）局部治疗

局部患处进行剃毛处理，可使用抗真菌喷剂或膏剂进行治疗，患猫需佩戴伊丽莎白圈，防止舔舐患部造成真菌进一步扩散。

（二）全身用药

1. 口服给药

对于较严重的患猫必须进行全身用药，伊曲康唑 5～10 mg/kg 体重，q24 h，PO，持续用药 14 d。每 2 周复查 1 次。

2. 全身药浴

使用含有氯己定和咪康唑的洗浴香波进行全身药浴。

3. 辅助用药

适当补充卵磷脂、ω-3 或 ω-6 不饱和脂肪酸，可促进皮肤和被毛的修复。

五、预防

提高患猫免疫力和皮肤抵抗力，添加不饱和脂肪酸等营养物质辅助预防。做好环境清洁消毒及宠物主人的消毒工作，做到环境彻底净化。

思考与练习

1. 皮肤粘片检查猫癣时，通常可以看到真菌的（　　）。

A. 菌丝　　　　B. 小分生孢子

C. 大分生孢子　　　　D. 荚膜

2. 确定猫癣痊愈的标准是（　　）。

A. 临床症状消失　　B. 伍德灯检查阴性
C. 皮肤镜检未看到分生孢子　　D. 真菌培养阴性

3. 诊断猫癣的方法包括(　　)。(多选)
A. 临床表现　　B. 伍德灯检查
C. 皮肤镜检　　D. 真菌培养

4. 宠物临床进行猫癣诊断最常用的方法是(　　)。
A. 皮肤刮片　　B. 伍德灯检查
C. 皮肤粘片　　D. 真菌培养

5. 针对猫癣治疗的首选药物是(　　)。
A. 酮康唑　　B. 咪康唑
C. 伊曲康唑　　D. 特比萘芬

任务2　外耳炎

外耳炎(otitis externa)是指所有耳廓或外耳道的炎症性疾病。猫耳部疾病的发病率为 6%～7%,无性别差异。

80. 猫外耳炎

一、病因

猫外耳炎的病因大致分为 3 类。

(一)原发因素

原发因素主要包括寄生虫感染(耳螨为主)、细菌感染(葡萄球菌属、链球菌属、假单胞菌属、变形杆菌属和大肠杆菌等)、酵母菌感染(马拉色菌为主)、超敏反应(特异性反应、食物过敏、接触性皮炎,多见于犬)等。

(二)易感因素

易感因素主要包括耳道结构(耳道狭窄)、耳道内肿瘤、息肉、异物等阻塞、耳内水分增加(环境潮湿、洗澡进水)、免疫介导性疾病等。

(三)习惯因素

习惯因素主要包括条件致病菌,如马拉色菌、需氧菌感染等。

二、临床表现

常见症状包括外耳道分泌物增加和瘙痒,患猫频繁抓挠耳朵、甩头,分泌物性状差异较大,可以为黄褐色或黑褐色结痂或浓稠的黏性分泌物(图 9-30、图 9-31),耳镜检查有时见外耳道红肿,有时散发恶臭味。严重者因搔抓或甩头可能继发耳血肿,甚至出现疼痛表现。

三、诊断

(一)病史及临床表现

当动物表现为搔抓耳部、甩头、耳道分泌物增加等情况应及时筛查外耳炎的问题。

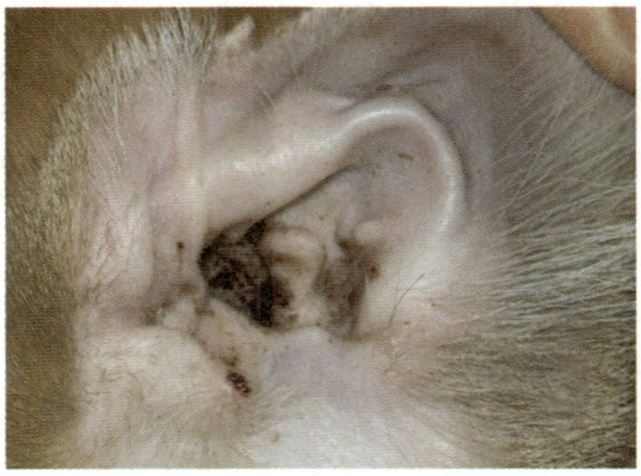

图 9-30　干燥结痂

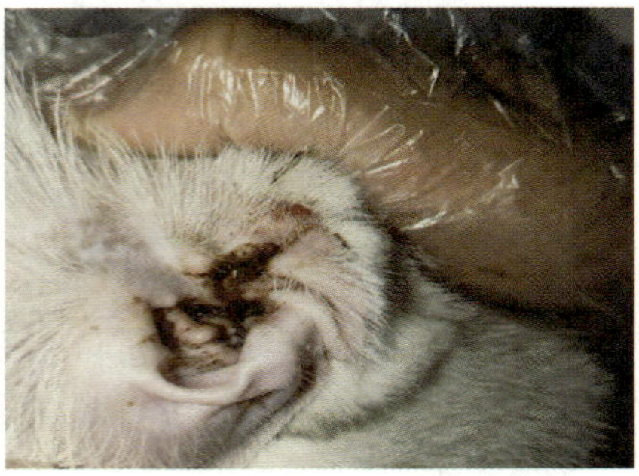

图 9-31　黏性分泌物

（二）耳道镜检

1. 耳镜检查

耳镜检查可以较为直观地看到外耳道内部情况，有利于疾病的预判，也可评估耳道有无肿块、耳道壁有无增厚等情况（图 9-32、图 9-33）。

图 9-32　简易手持式检耳镜

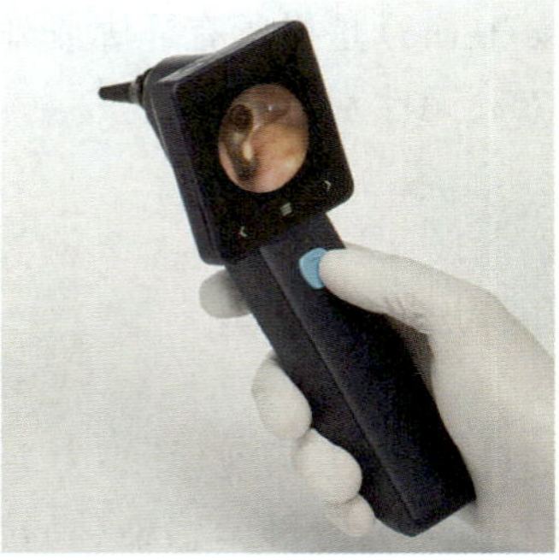

图 9-33　手持式检耳镜

2. 显微镜检查

对于外耳道分泌物显微镜检查，可直观看到耳螨、真菌及细菌（图 9-34 至图 9-36）。若每个油镜视野有超过 3 个马拉色菌、5 个球菌或 1 个芽孢杆菌存在，即表明有感染，如果观察到嗜中性粒细胞，尤其是细胞吞噬细菌就可确定感染（图 9-37）。

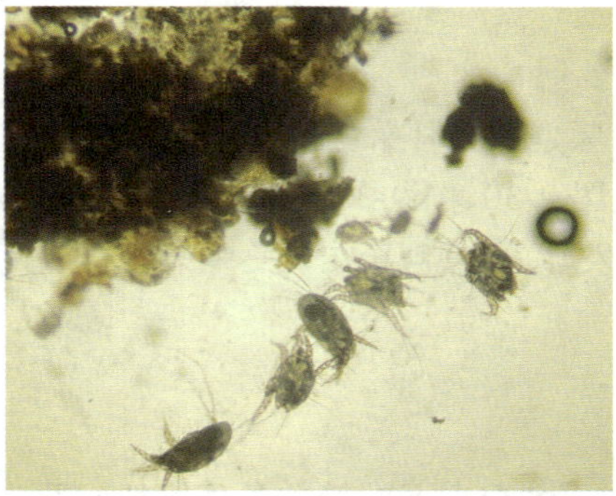

图 9-34　耳螨（100×）

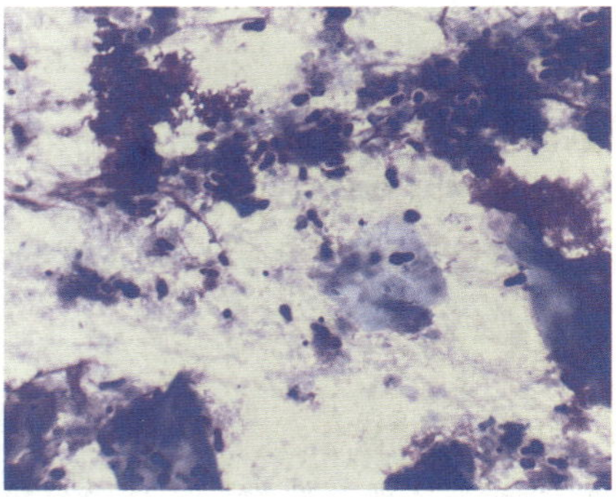

图 9-35　马拉色菌（100×）

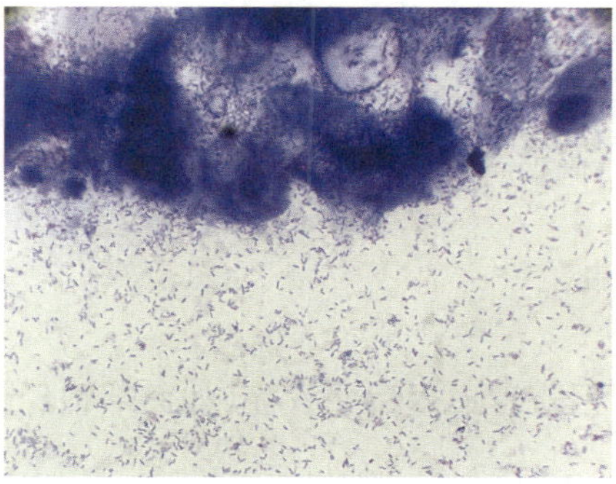

图 9-36 杆菌（1 000×）

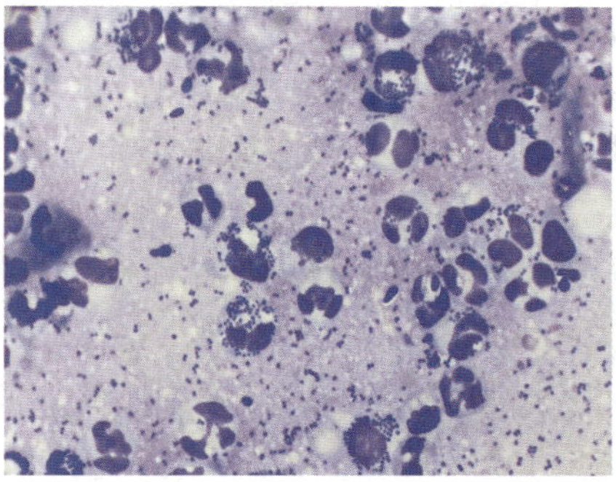

图 9-37 球菌伴有大量嗜中性粒细胞吞噬细菌（1 000×）

（三）其他检查

由于许多猫的耳炎可能是由代谢引起的，因此需要详尽的实验室检查，包括完整的血常规检查、血液生化分析、甲状腺素检查、猫免疫缺陷病病毒和猫白血病病毒检测。当怀疑有肿瘤或息肉时，需要进行 CT 扫描。当有肿块或怀疑有自身免疫性疾病时，通常需要对耳道组织或耳廓进行病理组织学分析。

小贴士

引起外耳炎因素很多，不能通过简单的临床检查进行诊断，对于反复性、顽固性外耳炎应进行综合检查。

四、治疗

确诊引起外耳炎的具体原因，对患猫进行全面彻底的耳部检查及清理，是消除存在致病因素的关键，并且能确保治疗的有效性。常用的耵聍溶解剂包括含有琥珀辛酯钠、十二烷基硫酸钠、植物鞘氨醇、硼酸、水杨酸、蛋白酶或洗必泰等成分的各类洗耳液。

（一）清洁患耳

清洗的目的包括去除患猫外耳中妨碍治疗的分泌物、细菌毒素、细胞碎屑和激发炎症的自由脂肪酸。建议使用生理盐水进行清洁，若有溶解耵聍的相关药物可在生理盐水使用前 5～15 min 软化耳垢，并按摩耳根部，以达到良好的清理效果。

不建议使用棉签或是止血钳夹棉球清理耳朵深处，这样可能造成耳道的损伤及耳道内物质下移，甚至可能导致中耳炎。

（二）局部治疗

针对细菌性、真菌性以及耳螨引起的外耳炎，可以在清洁耳道后进行局部用药，局部用药一般为油剂，可按相关产品说明使用。

由于寄生虫、细菌或真菌感染导致并且反复发作或久治不愈者，可以考虑进行耳道内镜冲洗。

（三）对因治疗

1. 细菌性耳炎

除进行局部用药外，在严重病例或有抗药性的感染，应考虑采用全身抗生素治疗，同时佩戴项圈防止进一步损伤。

2. 马拉色菌性耳炎

除进行局部用药外，严重感染者考虑全身用药，如伊曲康唑。

3. 耳螨性耳炎

除进行局部用药外，还应针对性地进行体外驱虫。

4. 其他原因

若为息肉、肿块或肿瘤，则主要通过手术治疗，但需考虑术后并发症，如面部神经损伤可能导致头部倾斜或霍纳综合征。

五、预防

一定要查明并去除引起外耳炎的潜在病因。为了防止耳炎复发，建议定期清洁耳道；做好定期驱虫；一般情况下健康的耳朵有自净功能，但在日常尤其是洗澡时要防止水进入耳道。

思考与练习

1. 猫外耳炎常见的原因包括（　　）。（多选）

A. 病毒感染　　B. 真菌感染

C. 细菌感染　　D. 耳螨感染

2. 猫外耳炎主要临床表现包括（　　）。（多选）

A. 甩头　　B. 抓挠耳部

C. 耳道分泌物增加　　D. 听力下降

3. 耳道拭子细胞学镜检结果显示无炎性细胞，有大量鞋底状或花生状、大小均一的蓝染物质，则提示该猫最有可能患的耳道疾病是（　　）。

A. 癣菌性耳炎　　B. 中耳炎

C. 马拉色菌性耳炎　　D. 耵聍性耳炎

任务3　痤疮

81. 猫痤疮

痤疮（acne）也称黑下巴，是猫常见的一种皮肤病。痤疮多见于嘴唇至下巴周围，也可发生在尾根（称为种马尾），平均发病年龄为4岁，无性别或品种差异性。

一、发病机理

正常皮脂腺位于真皮层，开口于毛囊内。猫皮脂腺多分布在眼睑、嘴唇、下巴和尾根部（图9-38）。皮脂起到润滑皮肤和毛发、减少皮肤水分流失，以及参与信息标记等作用，皮脂腺分泌异常时会阻塞毛囊，形成痤疮。痤疮的具体成因，因个体不同而异。有研究认为，猫痤疮的本质是皮脂溢，其可能源于螨虫、真菌或马拉色菌的感染导致的腺体的囊泡性角化及增生。

二、病因

图 9-38 猫主要皮脂腺分布情况

(一)压力

患猫长期处于压力状态下,抑制免疫系统,触发肾上腺素和皮质类固醇激素的释放,导致皮脂腺产生更多的皮脂,同时细菌可能会因此而不受抑制地在多余的皮脂中生长,为继发感染提供了条件。

(二)塑料碗

塑料碗长期使用后会产生毛刺、划痕,且塑料碗难以彻底清洗,容易滋生细菌,当猫进食时与碗发生摩擦,刺激下巴皮肤,导致肿胀、发炎和感染。

(三)自我护理能力下降

由于各种原因如肥胖、各种疼痛性疾病导致猫梳洗舔毛行为减少,可使进食后油脂或食物残渣黏附在下巴周围未及时清洁而引发本病。

(四)皮脂分泌过多

食物过油,可能会分泌过多的皮脂,从而形成痤疮。

(五)过敏因素

考虑对食盆或食物过敏所致,但需要进行鉴别诊断。

(六)免疫抑制因素

免疫缺陷病毒或猫白血病病毒会使患猫免疫系统受到抑制,这些病毒可导致蠕形螨的增殖。

(七)其他因素

在多猫家庭里,猫通过嘴唇和下巴上的皮脂腺在椅子和门等垂直物体上摩擦留下气味起到标记领地的目的,这种过度摩擦的行为可能会诱发痤疮。此外,由于绝育而导致激素紊乱时,免疫力有时会受到干扰。

三、临床表现

患猫轻度症状表现为下巴出现小而质地坚硬,触摸有粗糙感的煤渣样黑色颗粒,也可能在上嘴唇、尾部出现,无瘙痒及疼痛(图 9-39)。中度症状表现为毛囊炎,患处皮肤红肿、丘疹、脱毛,瘙痒明显,抓挠后导致出血、结痂、化脓等(图 9-40)。重度症状表现为患处肿胀、蜂窝织炎、破

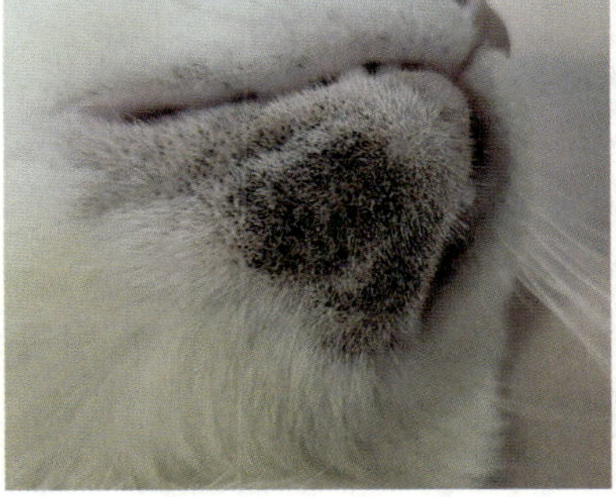

图 9-39 痤疮典型表现(煤渣样)

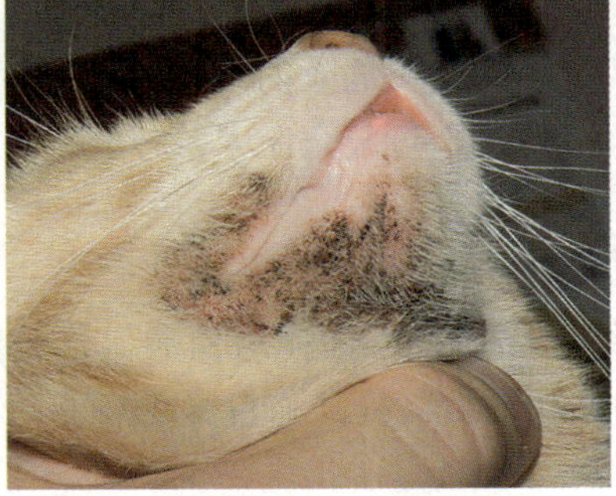

图 9-40 下巴及口唇周围红肿结痂

溃感染，形成疤痕组织及皮肤增厚，患猫会因疼痛而食欲不振、厌食（图 9-41）。发生在毛部多表现为煤渣样病变，或有皮屑，严重者出现破溃、渗出、化脓，发生在尾根称为种马尾（图 9-42）。

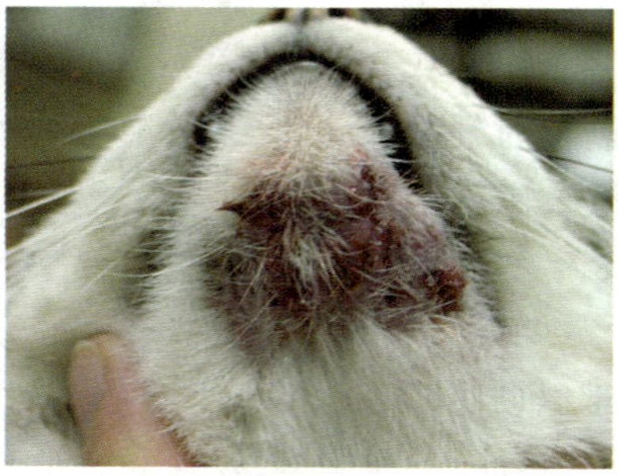

图 9-41　重度痤疮，破溃感染

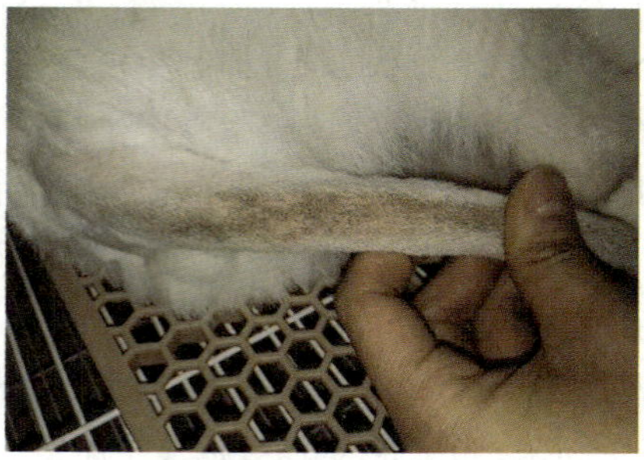

图 9-42　种马尾

四、诊断

（一）病史及临床表现

当患猫出现下颌部或尾根处有煤渣样黑色颗粒、瘙痒等现象应考虑本病。

（二）显微镜检查

猫痤疮常见由葡萄球菌和链球菌感染，需要与真菌感染、寄生虫感染进行鉴别诊断。

（三）其他检查

根据需要可进行细菌及真菌培养，甚至进行皮肤活检以明确病因。

五、治疗

猫痤疮的治疗取决于病情的严重程度，找出患猫发病的主要原因，是治疗患猫痤疮的关键。

（一）轻度病症

轻度表现仅影响美观，可不进行治疗。

若治疗可使用医用洗必泰消毒剂，1 ～ 2 次 /d 擦洗表面皮屑与污物，配合使用含过氧化苯甲酰香波抑制黑头形成、去除多余皮脂，持续 1 周。无需使用口服药物，应防止继发感染以及消除潜在病因。

（二）中度病症

局部剃毛有助于进行诊断、药物涂抹及清洁，药物可使用克林霉素软膏或莫匹罗星软膏。

（三）重症病症

在病情严重或存在危险的继发性感染时，需在麻醉状态下清创，使用抗生素，通常疗程为 3 周至 1 个月，严重者可配合激素治疗。

六、预防

保持环境清洁卫生，选择陶瓷器皿代替塑料食盆，食盆应每日清洗干净，用餐后清洁猫下巴，解除猫的应激因素，提高猫自身免疫能力，定期驱虫。

思考与练习

1. 痤疮发生的病因包括（　　）。（多选）

A. 食物油脂过多　　B. 品种因素

C. 食盆因素　　D. 过敏因素

2. 黑下巴的预防方法包括（　　）。（多选）

A. 选择合适食物　　B. 选择陶瓷食盆

C. 保持下巴清洁　　D. 提高猫自身免疫能力

3. 轻度黑下巴可选择（　　）进行清洁。（多选）

A. 洗必泰　　B. 酒精

C. 过氧化苯甲酰　　D. 碘伏

进阶任务

任务 4　嗜酸性肉芽肿

嗜酸性肉芽肿（eosinophilic granuloma complex，EGC）是猫常见的皮肤炎性疾病，发病部位包括皮肤、黏膜皮肤交接处和口腔。ECG 并不是特发性的疾病，而是猫的多个皮肤反应模式。皮肤组织学或细胞学检查以大量嗜酸性粒细胞聚集为特征。多发于成年猫，无品种特异性，一般发病年龄在 2～6 岁，通常母猫发病率高于公猫。目前有研究显示，本病发生有一定的遗传倾向性。

82. 猫嗜酸性肉芽肿

一、病因

EGC 发病原因尚不明确，通常与过敏相关，如食物过敏、遗传性过敏症或昆虫过敏（尤其是跳蚤和蚊子）。其致病机理主要是由嗜酸性粒细胞聚集和脱颗粒造成的，进而介导真皮中胶原蛋白变性。血液循环中的嗜酸性粒细胞在抗原抗体复合物、寄生虫或微生物的刺激下进入组织，特别是进入皮下部位而引起本病。

二、临床表现

猫嗜酸性肉芽肿病因有 3 种类型，患猫可能同时出现 2 种及 2 种以上的临床表现。

（一）无痛性溃疡 / 惰性溃疡

发病部位主要位于上唇，病灶界线明显，单侧或双侧发生，病灶呈现溃疡状，外观似火山口（图 9-43）。无痛性溃疡不引起瘙痒、疼痛，病变可以扩展到硬腭（图 9-44），有极少数病例会发展成鳞状上皮细胞癌。

（二）嗜酸性斑块

嗜酸性斑块病灶界线分明，皮肤隆起，顶端扁平、红斑或有结痂，通常出现在腹部、大腿内侧、腹股沟区、颈部和面部，可引起明显瘙痒（图 9-45、图 9-46）。容易继发细菌感染，出现明显的渗出。

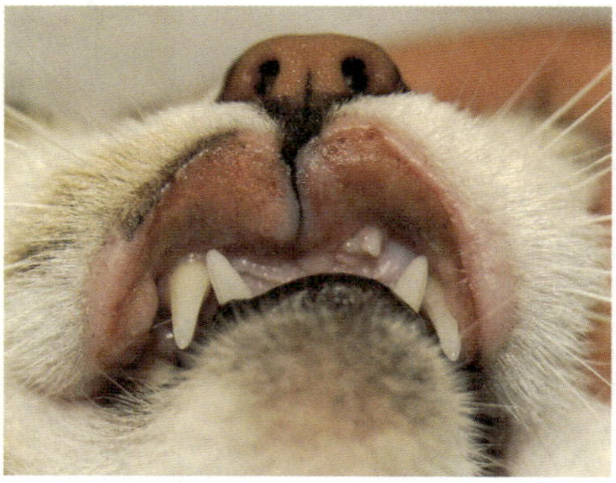

图 9-43　火山口样外观

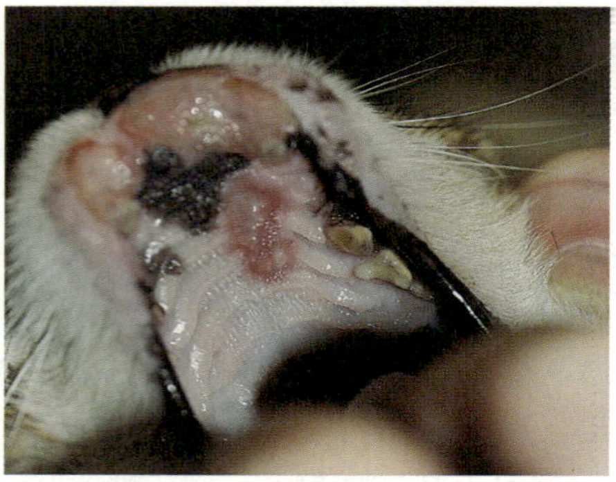

图 9-44　无痛性溃疡扩展至硬腭

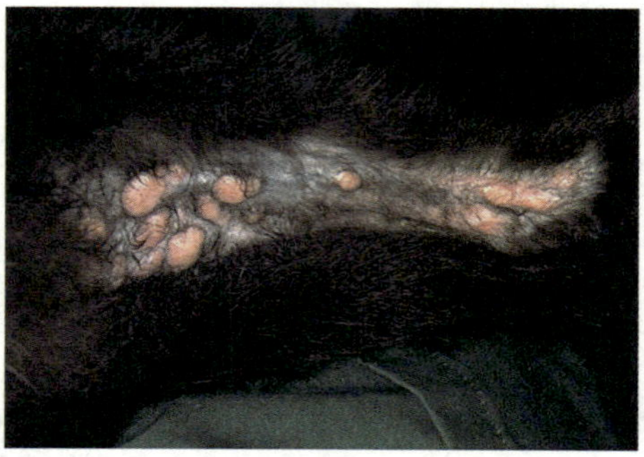

图 9-45　皮肤脱毛、隆起

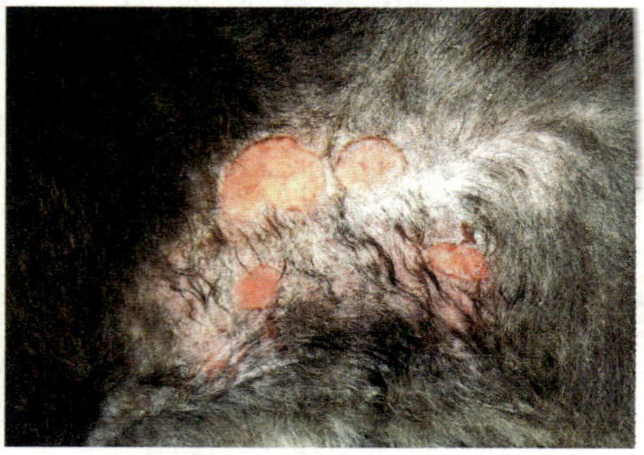

图 9-46　皮肤脱毛、破溃，渗出不明显

（三）肉芽肿变异型

肉芽肿变异型症状多变，典型症状为线性肉芽肿，表现为一条或两条大腿后方皮肤出现脱毛的线性损伤，颜色从淡黄色到红色、界线明显、质地坚硬，通常无瘙痒及疼痛（图 9-47）。病变也可能出现在下巴、足垫、口腔中，发生在下唇位置造成下唇肿大外翻，俗称肥下巴（图 9-48），也可导致足垫肿胀、溃疡（图 9-49）。口腔内的肉芽肿病变表现为增生或溃疡栏变，溃疡表面有坏死的白色至黄色病灶，口腔病变还可能引起吞咽困难、流涎、咀嚼障碍、咳嗽等问题（图 9-50）。

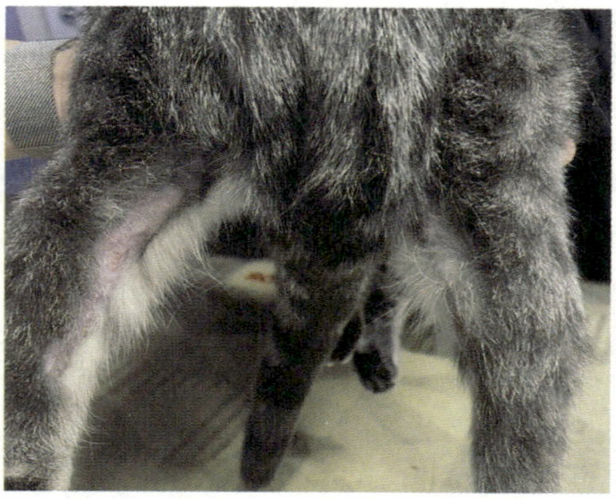

图 9-47　大腿后方线性肉芽肿

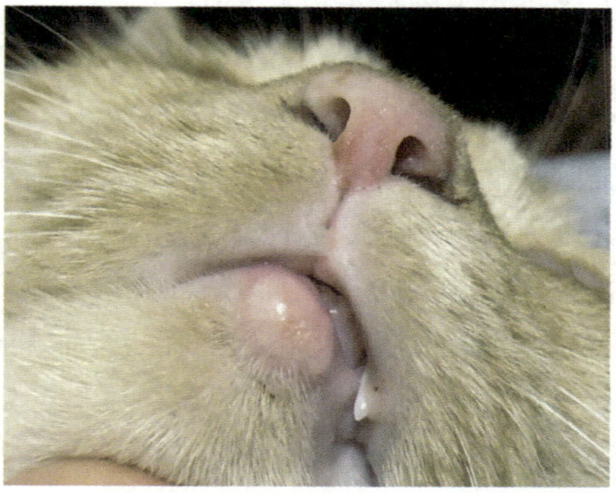

图 9-48　肥下巴

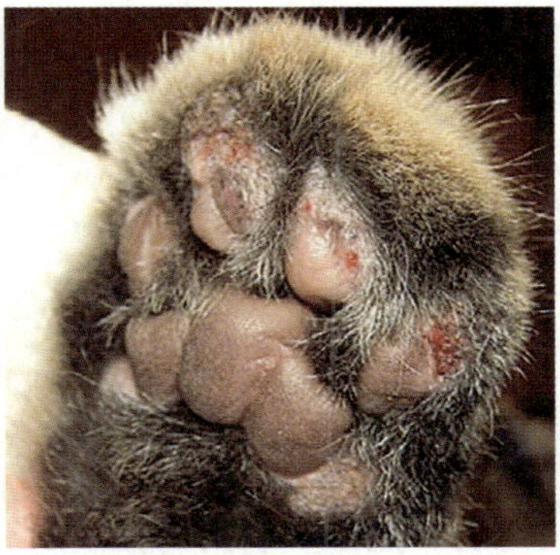

图 9-49 足垫肿胀、溃疡

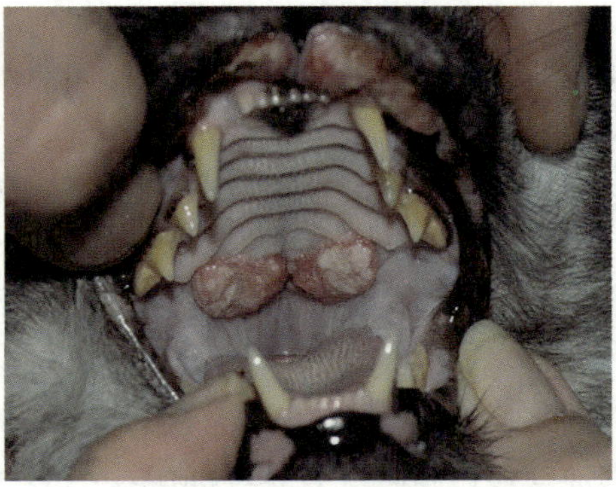

图 9-50 口腔内肉芽肿(软硬腭之间)

三、诊断

(一)病史及临床表现

根据发病特点及病史调查,如有无蚊虫叮咬史等进行初步诊断。

(二)细胞学检查

通过触片进行瑞氏染色,不可用涂抹的方式来制作抹片,会造成细胞的破裂,显微镜下细胞以嗜酸性粒细胞为主,有时细胞以肥大细胞为主。

(三)病理组织学检查

对病变组织进行病理组织学检查,可发现结节性至弥漫性肉芽肿性皮炎,病理学特征为出现数量不等"火焰状"结构,主要由嗜酸性粒细胞、嗜酸性颗粒及部分组织细胞围绕胶原蛋白变性带 / 胶原纤维束所致。

(四)其他检查

其他检查主要包括血液学检查、尿液检查、皮肤粘片检查、皮肤细菌及真菌培养以及皮肤病理组织学检查。在一些病例中,血常规中嗜酸性粒细胞数量可能增多。若使用免疫抑制剂如环孢素治疗本病,还需要进行弓形虫抗体检查,治疗无效的患猫有必要进行血清过敏试验或皮肤敏感性试验,若仍无法确诊,可通过治疗性诊断进行排查或进行食物消除试验,食物消除试验需要连续饲喂 6～8 周后,评估结果,可以基本确定过敏原。

小贴士

嗜酸性肉芽肿表现类型多样,与猫癣、细菌感染、皮肤肿瘤或鳞状上皮细胞癌等相似,需要通过详尽而全面的检查进行鉴别诊断。

四、治疗

(一)对因治疗

明确病因进行对因治疗非常重要,但是很多时候难以明确过敏原,因此建议先从食物和体外驱虫方面着手进行管理。

(二)免疫疗法

通常选择泼尼松龙、环孢素或苯丁酸氮芥,单一或联合用药。

(三)抗生素治疗

抗生素通常选择头孢氨苄、阿莫西林、克林霉素等药物。

(四)手术治疗

若口腔病变经药物治疗无效或引起明显机能障碍时,可以考虑手术切除。

(五)其他治疗

补充 ω-3、ω-6 不饱和脂肪酸,可能有利于皮肤屏障以及减少炎症级联反应。

五、预后

有些猫存在自愈的可能,这种情况在年轻的患猫更常见,一般 1 岁以内的猫发病后可能在 3～5 个月自发性消退。对于个体无潜在病因复发的病例,需要长期的治疗来防止复发。药物治疗时,对于顽固性和并发副作用的病例,预后不良。大部分猫经过持续有效治疗预后良好,小部分顽固性病例,或者引起严重并发症的猫则预后不良。

六、预防

预防措施包括严格进行体内外驱虫,尤其要避免环境中存在跳蚤,严格限制患猫的外出,减少猫的应激,提升免疫力等。

思考与练习

1. 猫嗜酸性肉芽肿的原因是(　　)。
   A. 饮食问题　　B. 品种因素
   C. 应激因素　　D. 过敏因素
2. 肉芽肿变异型包括(　　)。(多选)
   A. 线性肉芽肿　　B. 口腔溃疡样变
   C. 肥下巴　　D. 足垫肿大、溃疡
3. 嗜酸性肉芽肿细胞学或组织学检查中具有诊断意义的细胞是(　　)。
   A. 嗜碱性粒细胞　　B. 巨噬细胞
   C. 浆细胞　　D. 嗜酸性粒细胞
4. 嗜酸性肉芽肿确诊方法是(　　)。
   A. 皮肤压片检查　　B. 病理组织学检查
   C. 临床表现　　D. PCR 检查
5. 嗜酸性肉芽肿治疗首选药物是(　　)。
   A. 皮质类固醇药物　　B. 抗细菌药物
   C. 营养皮肤药物　　D. 抗真菌药物

任务 5　落叶型天疱疮

落叶型天疱疮(pemphigus foliaceus,PF)是一种自体免疫性皮肤病,最常见于中老年猫,其特征是耳、鼻平面、眼周、下巴和爪子上出现脓疱和结痂性病变。PF 的组织学特征是皮肤棘层松解和角质细胞间黏附力丧失,产生棘层松解细胞。

一、病因

大多数情况下，落叶型天疱疮的原因无法确定。已发现人类和犬具有遗传倾向，猫尚未有报告证实此类数据。

PF 是一种猫罕见的自体免疫性皮肤疾病，自身产生抗体来对抗角质化细胞上的细胞黏附分子，因而导致表皮的连接丧失，而造成皮肤棘层松解细胞的出现。

二、临床表现

落叶型天疱疮的主要特征为在眼、鼻、耳和足部出现黄色痂壳和糜烂（图 9-51 至图 9-54）。主要病变为脓疱，呈多灶性。由于猫皮肤较薄，脓疱发生后不久即发生破裂，导致糜烂和结痂。瘙痒程度不一，严重瘙痒可导致继发性溃疡。某些情况下，落叶型天疱疮主要或只出现在足垫或爪间皱褶处，病变多呈鳞屑状，也可能出现糜烂和结痂。甲沟炎伴黄色渗出物或干酪样渗出物是猫落叶型天疱疮的独有特征。猫落叶型天疱疮可导致完全脱毛和全身性剥脱性红皮病，但猫较少发生全身性病变。严重大面积糜烂或溃疡的患猫可出现嗜睡、厌食、肢体水肿、淋巴结肿大或发热。

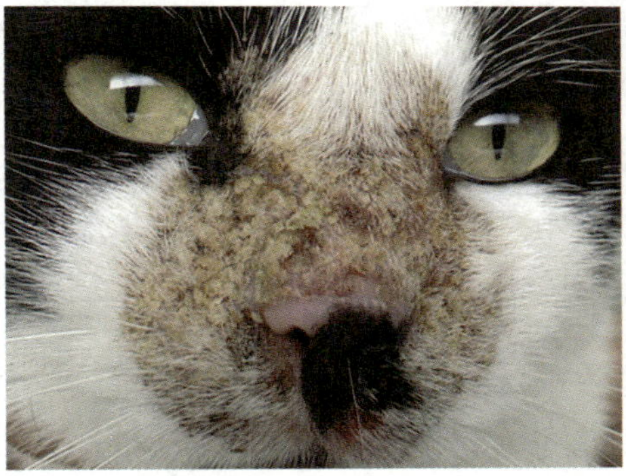

图 9-51　鼻部周围黄色结痂

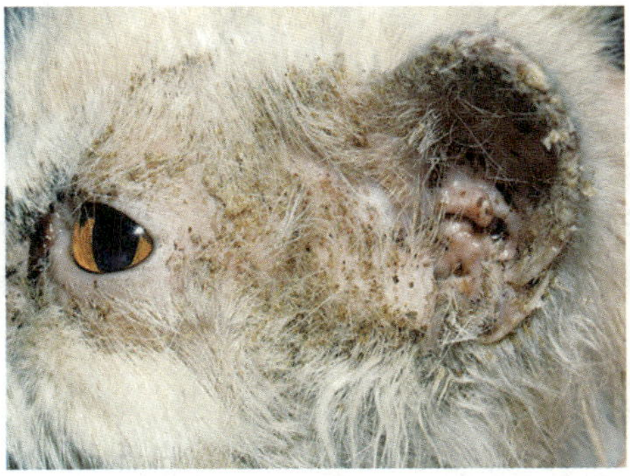

图 9-52　耳周及眼周黄色结痂

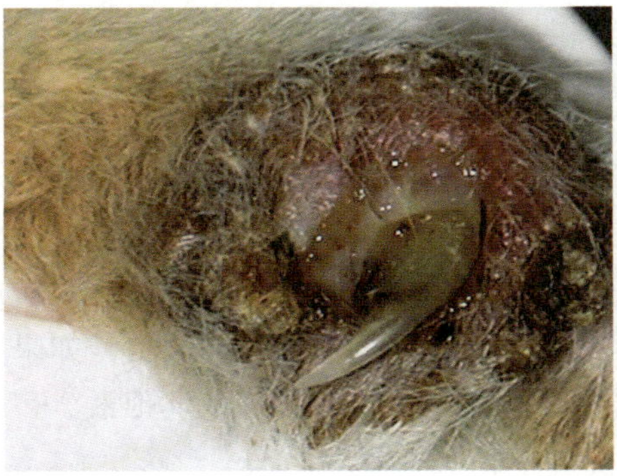

图 9-53　爪冠周围溃烂结痂

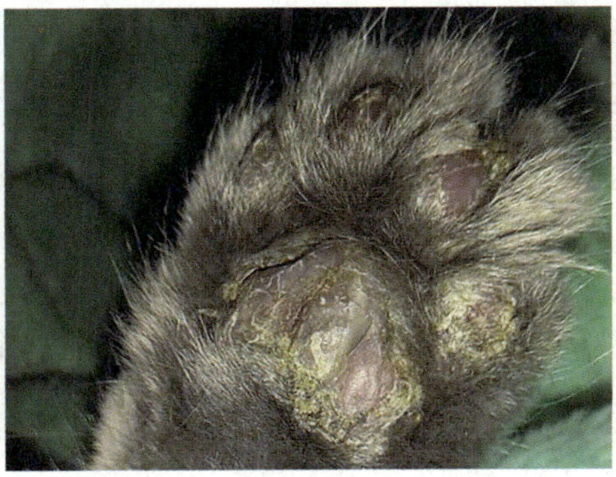

图 9-54　足垫红肿结痂

三、诊断

（一）病史及临床表现

当患猫出现皮肤脓疱、糜烂流脓、表皮鳞屑、痂皮 / 结痂、脱毛以及发烧、厌食、瘙痒、精神沉郁、淋巴结肿大等情况时，需要考虑 PF。

（二）细胞学检查

穿刺脓疱内容物或采集结痂下方皮肤样本进行细胞学检查，多采用触片检查，风干后进行瑞氏染色。若存在棘层松解细胞，即具有深蓝色“煎鸡蛋”外观的成群圆形角质细胞（图 9-55），还可能同时存在嗜中性粒细胞或嗜酸性粒细胞，无细菌存在，常提示 PF，但不能据此确诊，皮肤癣菌病和细菌性毛囊炎也可能出现棘层松解细胞。

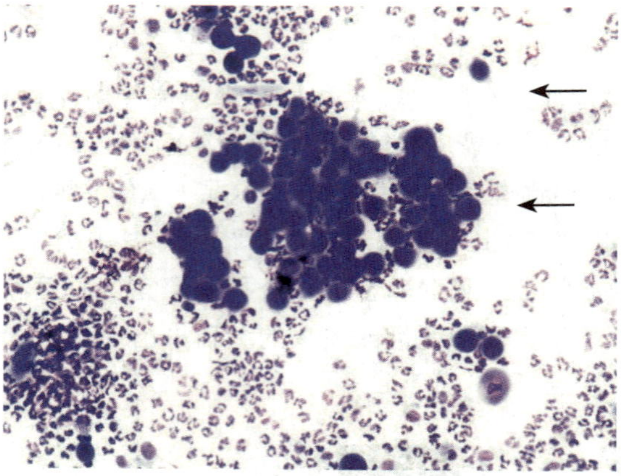

图 9-55　棘层松解细胞散在或成簇（箭头所示，100×）

（三）病理组织学检查

采集带有完整脓疱（若有）或黏附痂皮的皮肤样本进行检查。在病理组织学上，可见角质层下脓疱含有活跃的棘层松解细胞且无感染的证据可诊断为落叶型天疱疮。

小贴士

落叶天疱疮与猫癣、嗜酸性肉芽肿、外耳炎、细菌感染等临床表现相似，需通过详尽的检查进行鉴别诊断。

四、治疗

治疗的目标是使用最安全的治疗方法和最低有效药物剂量，来控制疾病及其症状。

（一）全身用药

糖皮质激素单一疗法可减少炎症细胞因子和自身抗体。最常用的药物是泼尼松龙，两周后应该重新评估治疗反应。当症状缓解后，可减少剂量，直至以最低剂量控制病情。如果治疗两周后无明显改善或出现药物副作用，可在治疗方案中联合使用苯丁酸氮芥或环孢素。

（二）局部用药

局部治疗是采用含类固醇的产品或他克莫司，q12 h，以减少局灶的炎症，并且可降低控制症状的全身治疗剂量。一旦病情缓解，外部药使用的频率应当降低，以减少局部不良反应。

（三）其他治疗

局部或全身药浴有助于去除痂皮，可以根据需要选择使用。

五、预后

落叶型天疱疮无法彻底治愈，往往需要终身用药，最终的治疗目标是使用最低剂量的免疫抑制剂，以控制病情并减少副作用。有些病例会完全缓解，治疗可以停止。定期监测临床症状、全血计数和血清生化指标非常重要，还需要定期监测药物不良反应、细菌感染、皮肤癣菌病和蠕形螨病等。

思考与练习

1. 落叶型天疱疮的发病原因是（　　）。

A. 品种因素　　B. 自身免疫性问题

C. 感染因素　　D. 环境因素

2. 落叶型天疱疮的主要发病部位是（　　）。（多选）

A. 眼周　　B. 鼻背侧

C. 耳朵　　D. 下巴

3. 落叶型天疱疮的典型细胞学特征是（　　）。

A. 可见淋巴细胞　　B. 可见中性粒细胞

C. 可见颗粒细胞　　D. 可见棘层松解细胞

4 关于落叶型天疱疮的诊断，说法错误的是（　　）。

A. 脓疱的细胞学可见嗜中性粒细胞和棘层松解细胞

B. 脓疱细胞培养，通常可见细菌

C. 病理检查采样需要剥离痂皮，采集痂皮下组织

D. 需要与蠕形螨、疥螨、嗜酸性肉芽肿、猫癣等相鉴别

5. 落叶型天疱疮治疗通常选择（　　）。（多选）

A. 糖皮质激素　　B. 环孢素

C. 苯丁酸氮芥　　D. 抗生素

拓展任务 ›››

任务6　食物过敏性皮炎

食物过敏是免疫介导的食物不良反应，即动物机体识别一种物质将其认为是“异物”，因此激活机体免疫系统以打击“外来入侵”，而这种物质通常是蛋白质。猫最常见的过敏原是牛肉、乳制品和鱼。据统计，食物过敏性皮炎占猫所有皮肤病的1%～6%。

一、临床表现

猫食物过敏性皮炎没有独特的发病模式，无季节性，任何年龄都可发生。瘙痒是最常见的临床表现，且对全身性糖皮质激素治疗反应不佳或无反应。瘙痒可局限于头部、颈部、耳部，也可能发生在全身（图9-56）。皮肤病变各异，可能出现对称性脱毛、红斑、粟粒性皮炎、嗜酸性肉

芽肿综合征、抓痕、结痂、皮屑等(图 9-57)。可出现反复发作性外耳炎,也可能并发胃肠道症状,如腹泻、呕吐,也称为食物不耐受。

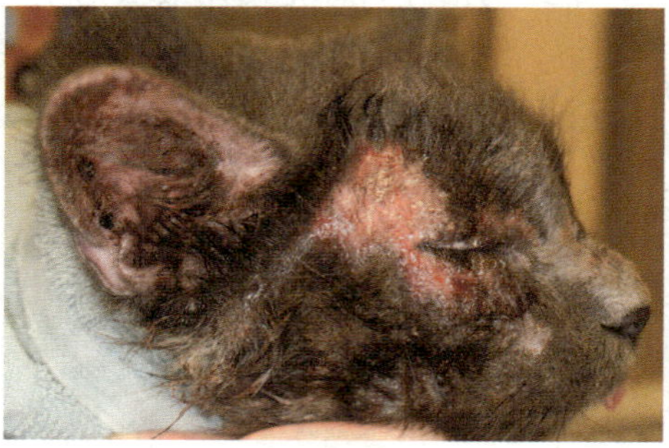

图 9-56 瘙痒致皮肤损伤

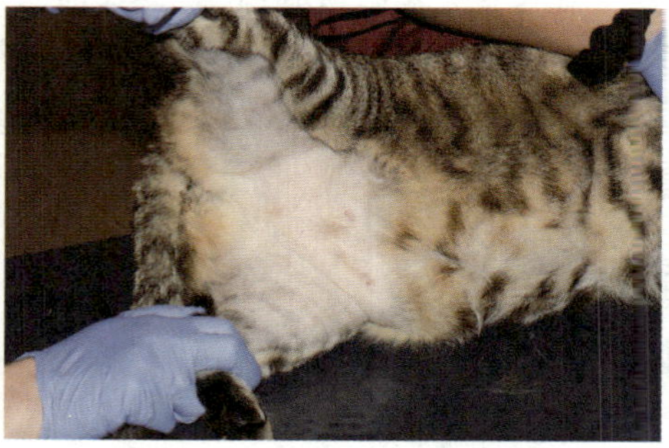

图 9-57 脱毛

二、诊断

(一)食物排除试验

食物过敏难以确诊,食物排除试验是唯一可靠的诊断方法,试验需要持续 12 ~ 16 周。

1. 自制单一蛋白食物

由宠主在家自制单一蛋白食物,观察到过敏症状消退,随后让患猫恢复之前的饮食进行激发后症状复发,即可诊断。单一蛋白食物来源包括山羊肉、绵羊肉、火鸡肉等。

2. 低敏处方粮 / 水解蛋白处方粮

水解蛋白质分子量小,降低了蛋白质的抗原性和致敏性,不会引起肥大细胞脱颗粒,从而防止触发 IgE 介导的 I 型过敏反应。

3. 改变患猫的蛋白质来源

常选择未摄入过蛋白质,如鹿肉、鸭肉、羔羊肉、兔肉、山羊肉、袋鼠肉、猪肉、鸵鸟肉或其他未摄入过的鱼肉等,观察过敏症状有无改善。

(二)其他检查

详尽的病史调查、临床表现、血液学检查、皮肤检查、皮肤病理组织学检查虽然不具有特异性诊断意义,但是可用于与其他皮肤疾病进行鉴别诊断。

三、治疗

除进行饮食管理外,还应针对皮肤问题进行管理,如针对体表寄生虫、瘙痒、感染的治疗,食物排除试验应在以上治疗两周后进行,以评估治疗反应是食物排除作用所致。

四、预后

若有效避免摄入过敏原,则长期预后良好。

任务 7 跳蚤过敏性皮炎

跳蚤过敏性皮炎是由于猫对跳蚤唾液蛋白敏感,并通过跳蚤反复或间歇性叮咬引起的一种常见皮扶病。

一、病因

跳蚤(猫栉首蚤)的唾液含有类组胺化合物、蛋白溶菌酶、抗凝因子等,吸血过程中,这些蛋白质释放进入动物体内,引发敏感动物发生速发型(Ⅰ型)过敏反应或迟发型(Ⅳ型)过敏反应。

二、临床表现

猫跳蚤过敏性皮炎没有一种独特的模式,患猫通常出现粟粒性皮炎,因搔抓导致出血、结痂的颈部自损性皮炎(图 9-58),或颈部、腰荐背侧、大腿内侧和下腹部脱毛(图 9-59)。其他症状包括继发于过度梳理的对称性脱毛和嗜酸性肉芽肿。

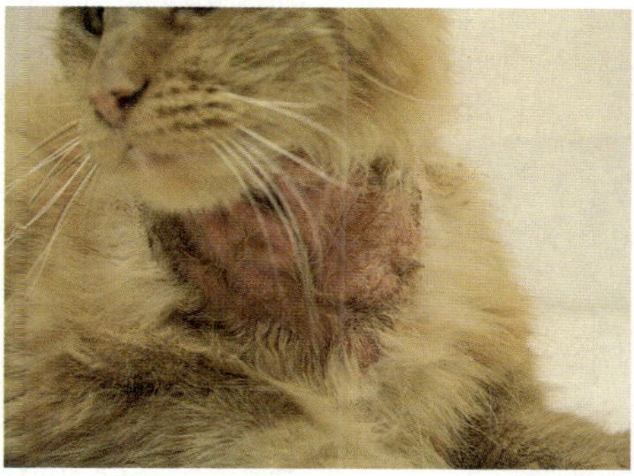

图 9-58　颈部自损性皮炎

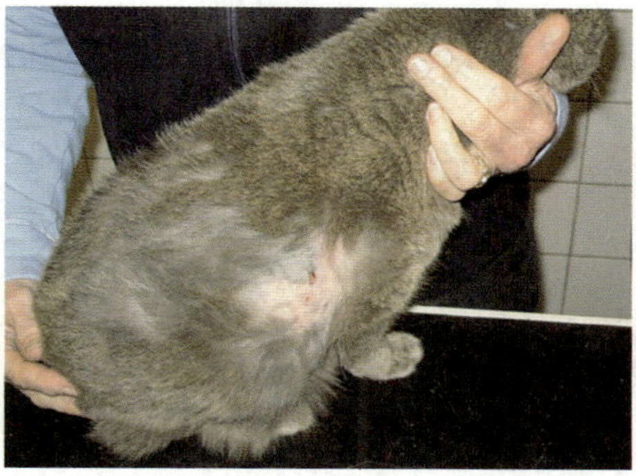

图 9-59　脱毛

三、诊断

(一)病史及临床表现

患猫身上发现跳蚤或其排泄物,可考虑本病。有时难以发现,而一些高度敏感的猫,即使一只跳蚤也可引起严重的过敏性皮炎。

(二)细胞学和组织学检查

细胞学和组织学检查不具有特异性,病变差异很大,范围从浅表至深层和间质性血管周围皮炎,以嗜酸性粒细胞为主。细胞学检查可发现肥大细胞、淋巴细胞和巨噬细胞。搔抓引起继发感染和自我损伤的程度,可以决定观察到嗜中性粒细胞的多少。

(三)过敏反应试验(皮内或血清学试验)

跳蚤抗原皮肤试验阳性,或者血清免疫球蛋白 IgE 抗跳蚤抗体滴度阳性,都高度提示本病,但也可能存在假阴性。

(四)治疗性诊断

通过体外驱杀跳蚤,若症状消失即可确诊。

四、治疗

(一)控制跳蚤

对患猫及多猫家庭的其他猫驱虫,药物可选择含有非泼罗尼、吡虫啉、塞拉菌素、多拉菌素、甲氧普烯、阿福拉纳或沙罗拉纳成分驱跳蚤药物。

(二)环境消杀

对存在严重跳蚤感染的环境，可选择除虫菊酯类、吡虫啉、呋虫胺或非泼罗尼喷剂，消杀时应禁止猫进行室内，防止中毒。

(三)控制感染

若继发细菌感染，应使用抗生素进行治疗。

(四)控制瘙痒

若瘙痒严重可选择类固醇激素或免疫抑制剂，如泼尼松龙、地塞米松、曲安奈德、环孢素等、抗组胺药物或止痒药浴香波进行管理。

五、预防

定期驱虫可有效预防跳蚤过敏性皮炎的发生。

技能强化

技能训练1　皮肤刮片检查技术

适用范围

- 表面寄生虫：疥螨、姬螯螨等。
- 深层寄生虫：蠕形螨、疥螨等。

材料准备

载玻片、盖玻片、手术刀片、液体石蜡或50%甘油溶液等。

操作流程

- 载玻片上滴加2～3滴液体石蜡，手术刀片在液体石蜡中润湿（图9-60）。
- 选择病健交界处为采样部位，使用钝的手术刀片进行样本刮取。
- 顺着毛发生长方向刮，这样可促进毛囊内容物的刮出，若怀疑蠕形螨应刮至渗血为止（图9-61）。
- 取刮取物包括鳞屑和被毛等置于载玻片上，盖上盖玻片进行镜检（图9-62）。

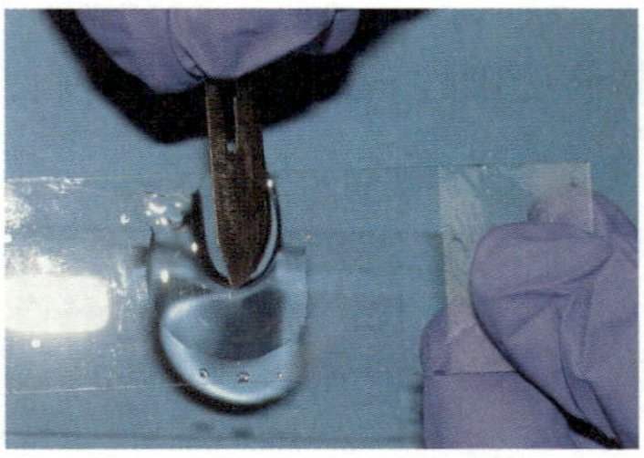

图9-60　刀片浸润液体石蜡

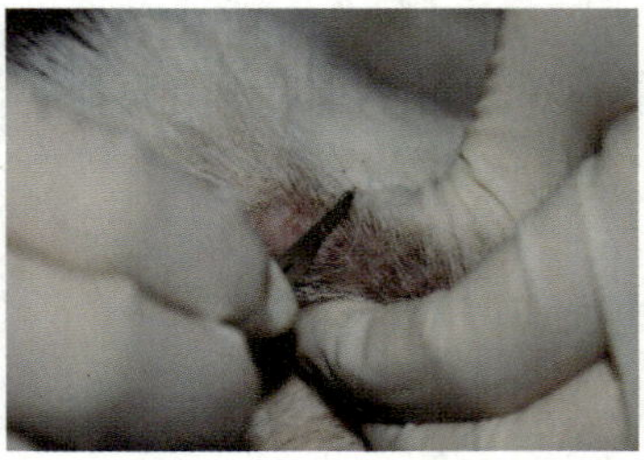

图9-61　顺着被毛方向刮

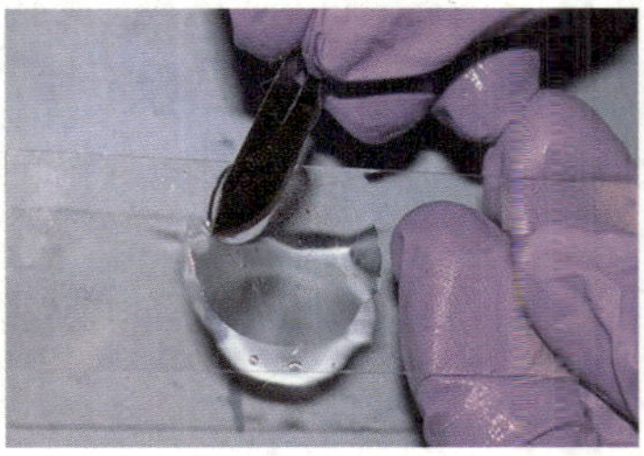

图9-62　刮取物置于载玻片上

技能训练2 皮肤触片检查技术

适用范围

➢ 丘疹、脓疱、糜烂、溃疡或病变皮肤有潮湿或渗出部位。

➢ 结痂或表皮环边缘下方组织。

材料准备

载玻片、瑞氏染色液等。

操作流程

➢ 寻找湿润但不含大量渗出的病变，使用玻片轻轻触压（图 9-63），若有痂皮可用载玻片边缘轻柔去除痂皮再进行压片（图 9-64），若为脓疱、水疱、丘疹可用无菌注射器针头刺破后再进行压片（图 9-65）。

➢ 若病变渗出严重，使用灭菌纱布块吸干渗出，再使用玻片触压。

➢ 快速风干，染色，镜检。

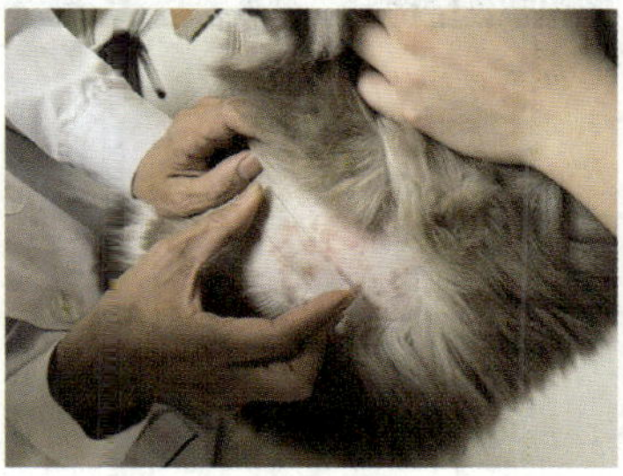
图 9-63 载玻片轻轻触压病变组织

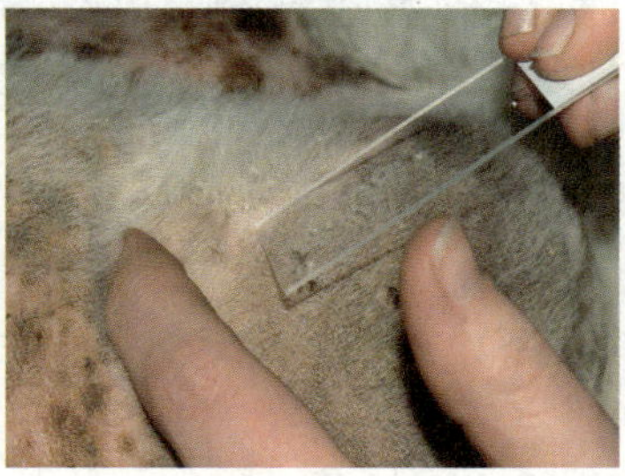
图 9-64 载玻片边缘轻轻推开痂皮

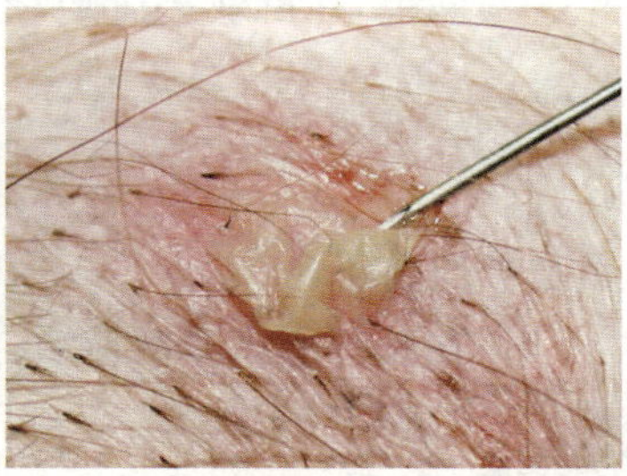
图 9-65 无菌针头刺破脓疱

技能训练3 皮肤粘片检查技术

适用范围

➢ 采集表皮剥离的细胞和毛发。

➢ 干燥区域：脱毛、红斑、皮屑、结痂、丘疹等。

➢ 慢性病变：苔藓化，色素沉着，皮脂分泌过多。

➢ 难以采样的位置（如趾间、眼睑、嘴唇、肛周、皮褶）。

材料准备

透明胶带（宽 2 cm 左右，图 9-66）、载玻片、盖玻片、Diff-quick 染色液、显微镜油等。

操作流程

➢ 胶带反复贴压病变皮肤，多次重复采样（图 9-67）。

➢ 胶带的黏着面朝下放在玻片上，两端分别固定于载玻片两端（图 9-68、图 9-69）。

➢ 将载玻片浸入染液中进行染色黏着面向上，便于染色），不浸入 A 液防止脱胶及样本丢失（图 9-70、图 9-71）。

➢ 染色结束后，将胶带一端取下折转粘于载玻片另一面，避免皱褶，使用纸巾抹平以及干

图 9-66　透明胶带

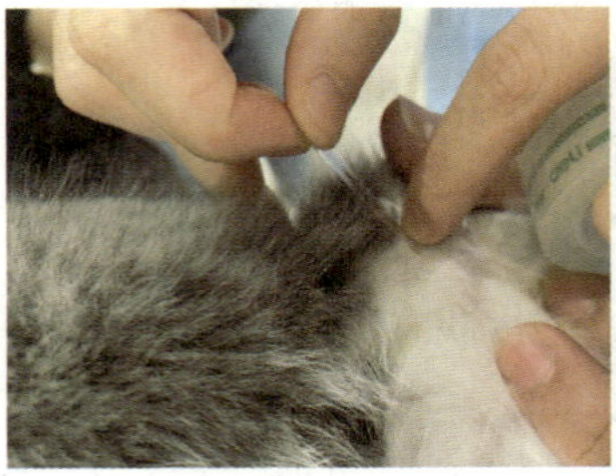

图 9-67　透明胶带反复贴压病变皮肤

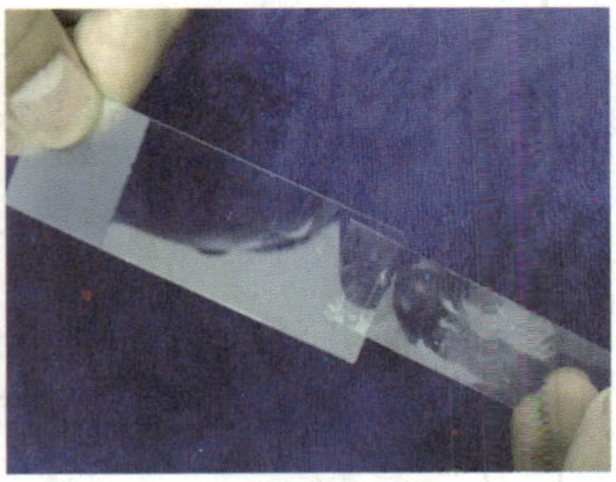

图 9-68　胶带一端贴于玻片一侧

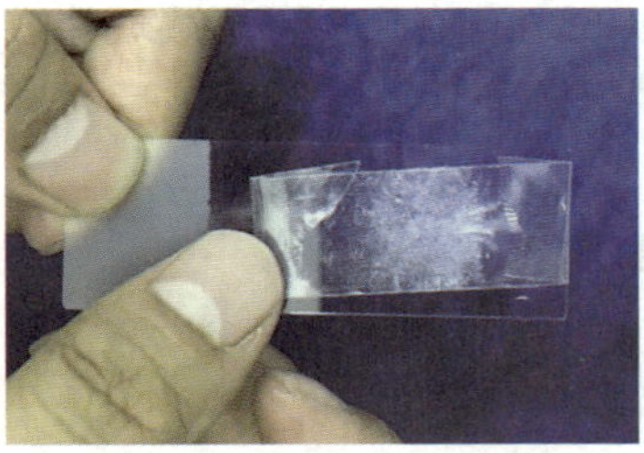

图 9-69　胶带另一端贴于玻片另一侧

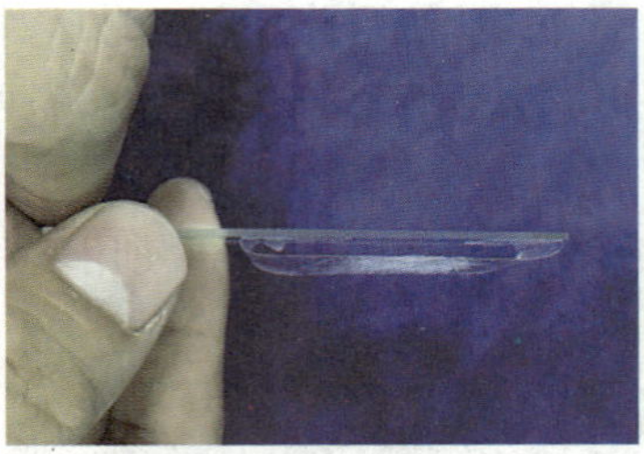

图 9-70　胶带黏着面向上

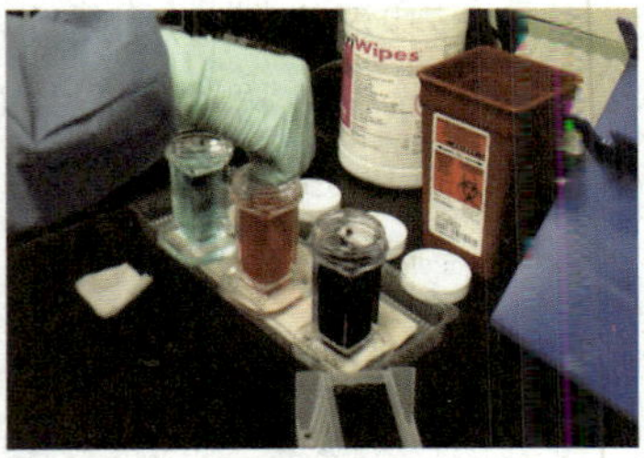

图 9-71　Diff-quick 染色

燥胶带的表面。

- 在胶带上滴显微镜油，置油镜下检查。

技能训练 4　皮肤活组织采样技术

适用范围

- 严重或对治疗无反应时。
- 不常见的病灶或病程发展不可预期的病例。
- 患宠出现全身性疾病时。
- 结节或不愈合的溃疡进行活检以排除肿瘤。
- 排查其他鉴别诊断。

材料准备

皮肤打孔活检器(规格 4 mm 或 6 mm，图 9-72)、手套、组织剪、持针钳、组织镊、缝合线、10% 福尔马林溶液、记号笔等。

采样点的选择

- 脱毛区：选取脱毛最多的区域，同时包括脱毛区边缘及正常被毛区域组织。
- 破溃区：选取破溃区域及其邻近表皮正常区域组织。
- 脓疱：采集包括完整脓疱的皮肤组织。

采样前注意事项

- 怀疑细菌或真菌感染，采样前 5～7 d 停止使用抗生素。
- 动物根据情况选择全身麻醉、局部麻醉或镇静。

➢ 采样区域被毛剪短，且不破坏皮肤组织。

➢ 不破坏痂皮或皮肤表面。

➢ 不清洁及消毒采样区皮肤。

➢ 记号笔标记采样区（图 9-73）。

采样流程

➢ 皮肤打孔活检器垂直于采样区域皮肤，按压活检器并沿顺时针或逆时针旋转（图 9-74、图 9-75）。

➢ 穿透皮肤后移除活检器，此时皮肤黏附皮下组织。

➢ 使用组织剪将样本与深层皮下组织分离并剪除（图 9-76）

➢ 采样后创口缝合 1 ～ 2 针（图 9-77）。

➢ 根据采样目的进行样本处理。如进行组织病理检查，应将样本泡在 10% 的福尔马林溶液中送检；若进行真菌培养，应将样本放置于灭菌生理盐水中，同时向送检机构提供病史及临床表现、鉴别诊断列表、采样部位等信息。最好采集多个部位，防止漏检。

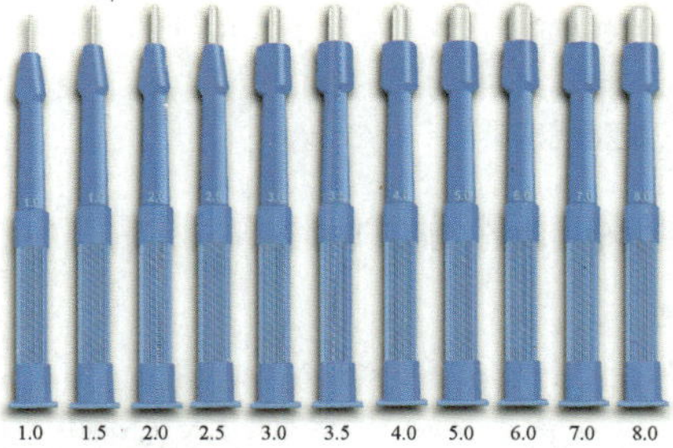

图 9-72　皮肤打孔活检器

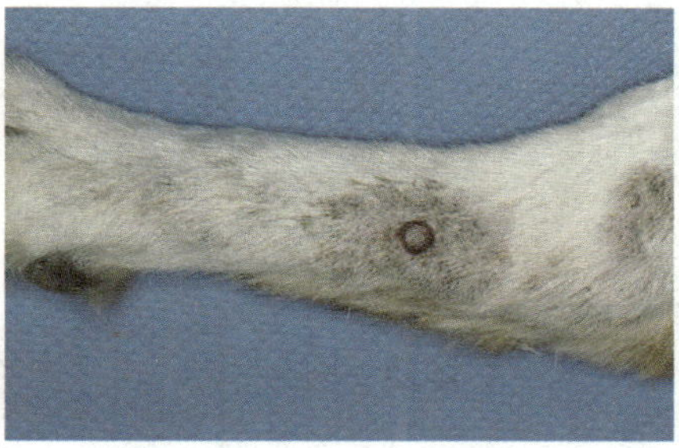

图 9-73　记号笔标记

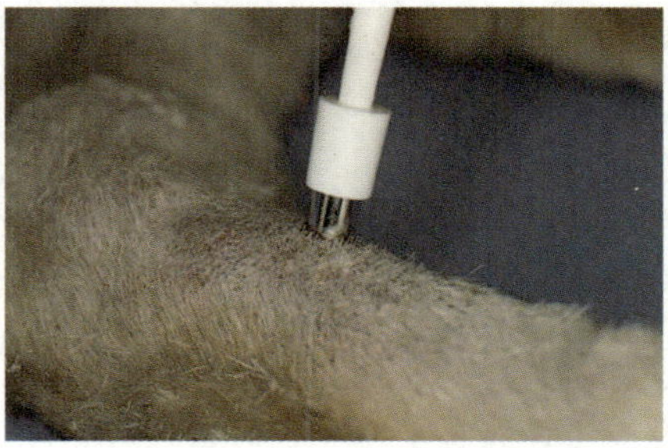

图 9-74　活检器垂直于皮肤

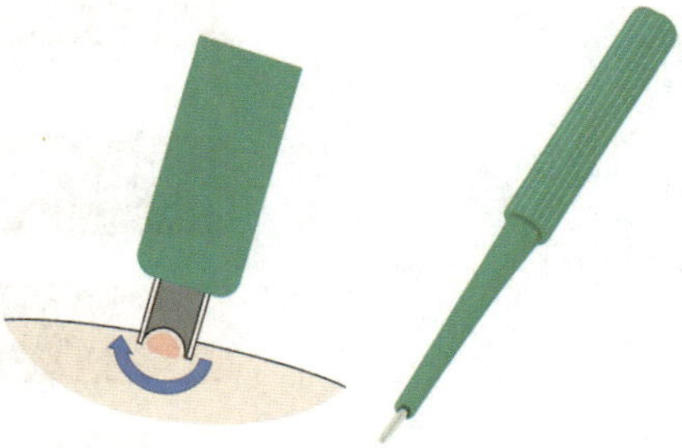

图 9-75　活检器沿一个方向旋转

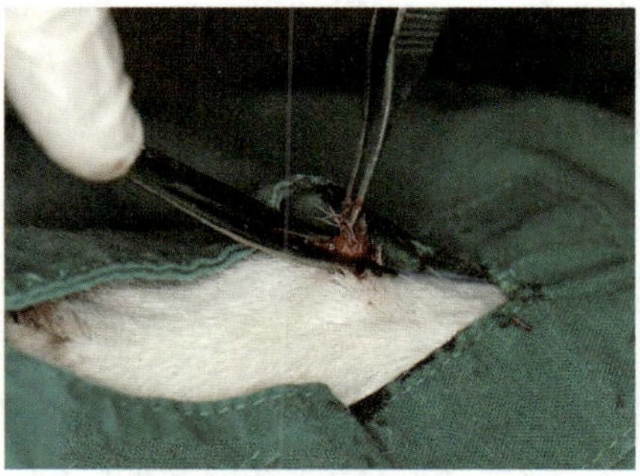

图 9-76　组织剪分离样本与皮下组织

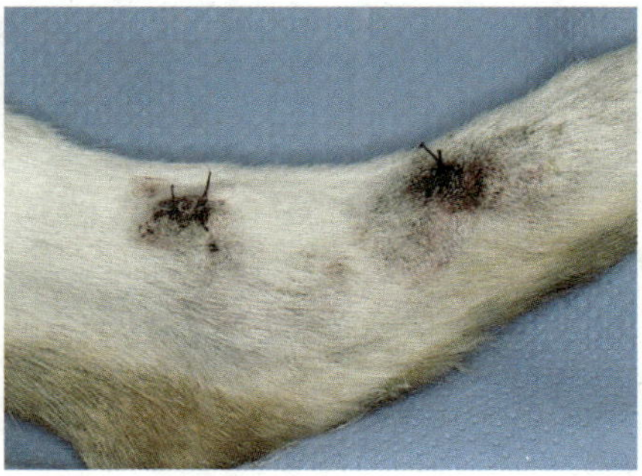

图 9-77　创口缝合 1 ～ 2 针

思 维 提 升

- 瘙痒鉴别诊断
  - 过敏
    - 嗜酸性肉芽肿
    - 食物过敏
    - 跳蚤过敏
    - 肠内寄生虫感染
  - 猫特应性皮肤综合征
    - 环境过敏：尘螨、花粉、霉菌等
  - 外寄生虫
    - 疥螨感染
    - 耳螨感染
    - 姬螯螨感染
    - 其他：跳蚤、虱子等感染
  - 接触性皮炎
  - 免疫介导性疾病
    - 落叶型天疱疮
    - 红斑狼疮
  - 药物性皮疹
  - 副肿瘤综合征
  - 鳞状上皮细胞癌
  - 其他
    - FHV 感染
    - 特发性面部皮炎

- 脱毛鉴别诊断
  - 自损性
    - 无瘙痒
      - 心理性
    - 瘙痒
      - 感染性
        - 猫癣
        - 葡萄球菌感染
        - 马拉色菌感染
      - 外寄生虫
        - 跳蚤
        - 螨虫
          - 蠕形螨
          - 背肛螨
          - 姬螯螨
          - 耳痒螨等
        - 虱子
      - 过敏反应
        - 跳蚤
        - 食物
        - 特应性皮炎
      - 其他
        - 甲亢
        - 皮肤淋巴瘤
  - 自发性
    - 猫癣
    - 蠕形螨感染
    - 葡萄球菌感染
    - 副肿瘤综合征
    - 静止期脱毛
    - 生长期脱毛

病例分析

橘猫，9 岁，公，已去势，初次就诊时右耳廓呈结节样病变，右前肢背侧破溃结痂，肘后方呈溃疡样变，足垫局部红肿；左前肢足背侧及外侧呈溃疡样变，可见肌肉及肌腱组织，后肢踝部存在类似病变(图 9-78 至图 9-83)。病情发展迅速，并未向其他位置转移。主诉患猫局部瘙痒明显，存在舔舐患部情况，饮食欲正常。

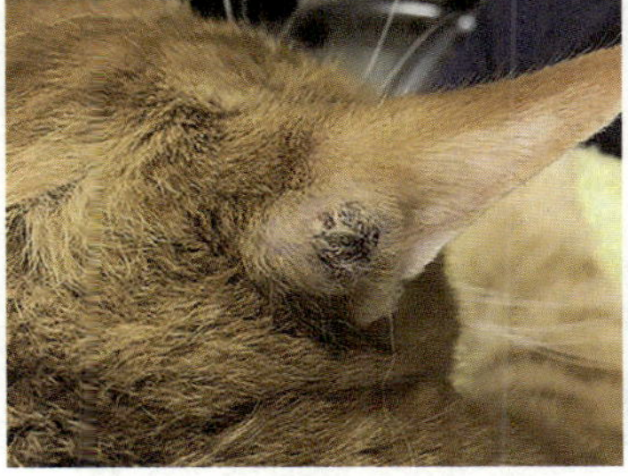

图 9-78 右耳廓结节样变

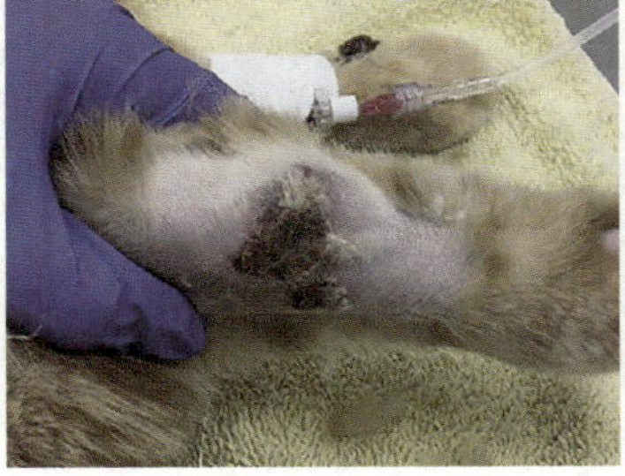

图 9-79 右前肢破溃结痂

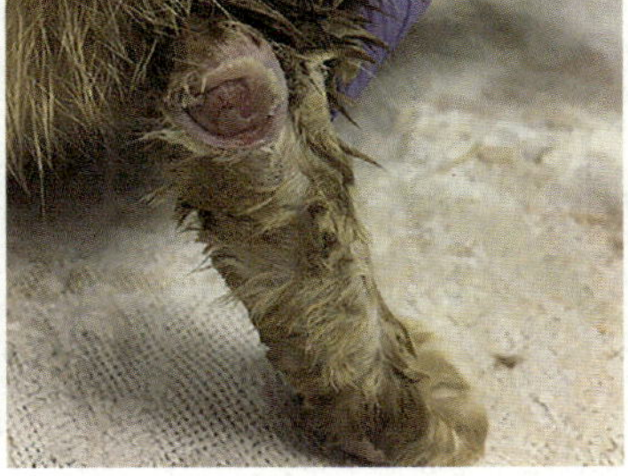

图 9-80 右前肢肘后方溃疡

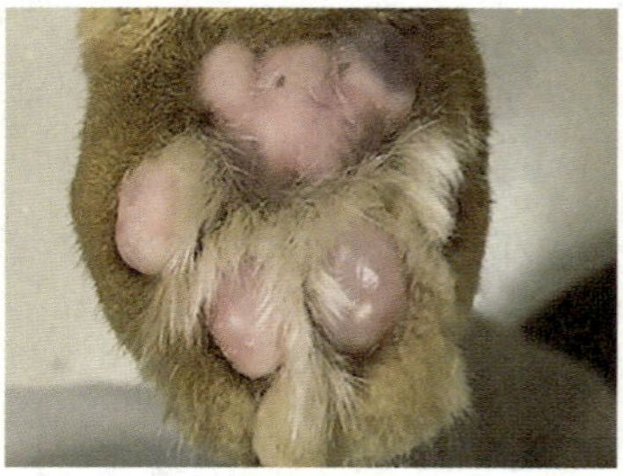

图 9-81　右前肢足垫红肿

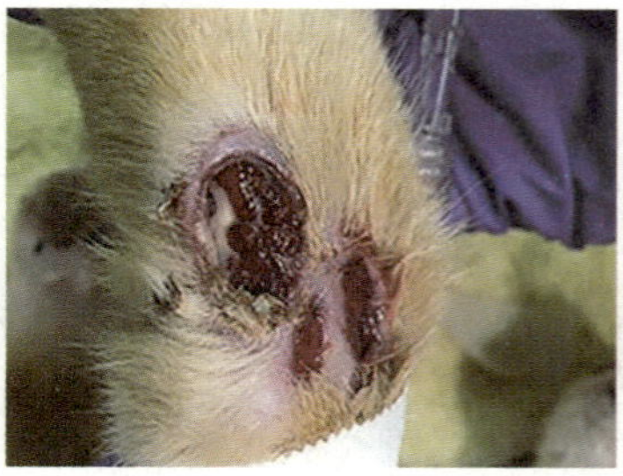

图 9-82　左前肢腕部深层溃疡

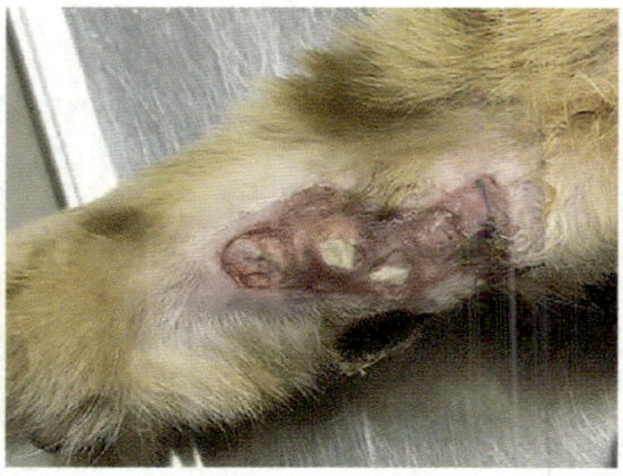

图 9-83　左前肢肘外侧浅层溃疡

对溃疡部位进行压片采样检查,可见嗜中性粒细胞及巨噬细胞,未见细菌。血常规检查嗜酸性粒细胞增加,超过正常范围(3 562 个 /μL，正常值 0～1 500 个 /μL)。细菌及真菌培养阴性。

病理组织学检查提示坏死性溃疡及嗜酸性粒细胞性皮炎,表现为真皮下大量嗜酸性粒细胞浸润,伴有肥大细胞及淋巴细胞(图 9-84)。就诊后经验性给予普多沙星(6 mg/kg 体重,q24 h),病理组织学结果出来后,给予泼尼松龙(2 mg/kg 体重,q24 h),其他药物停用,同时给予单一水解蛋白处方粮。4 周后,该猫症状缓解,四肢创口基本愈合,血常规嗜酸性粒细胞数值正常,泼尼松龙剂量减量(1 mg/kg 体重,q24 h)。

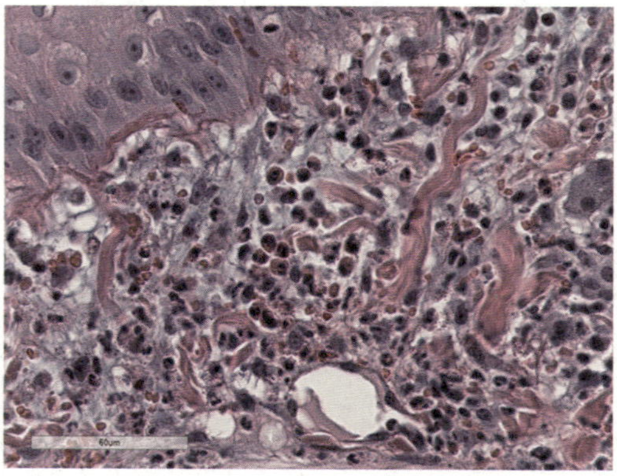

图 9-84　真皮层被嗜酸性粒细胞、肥大细胞及小淋巴细胞浸润

但后期猫主人未按时进行复查及遵医嘱用药。1 个月后再次就诊时,该猫病情加重,主要集中在耳廓及足垫,右前肢肘部后方明显化脓(图 9-85 至图 9-87)。细菌培养证实为假中间葡

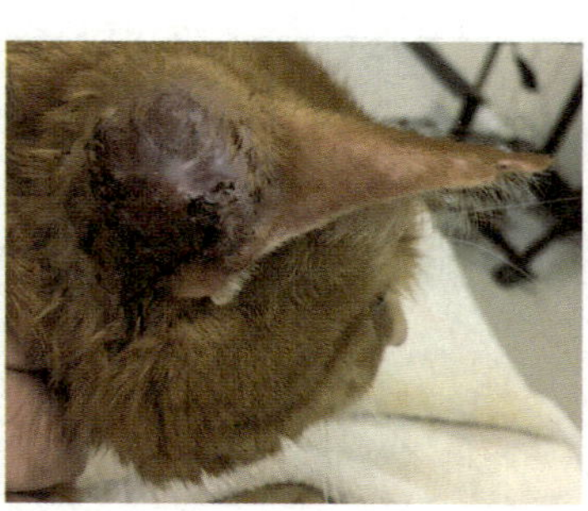

图 9-85　右耳廓红肿,结节样外观

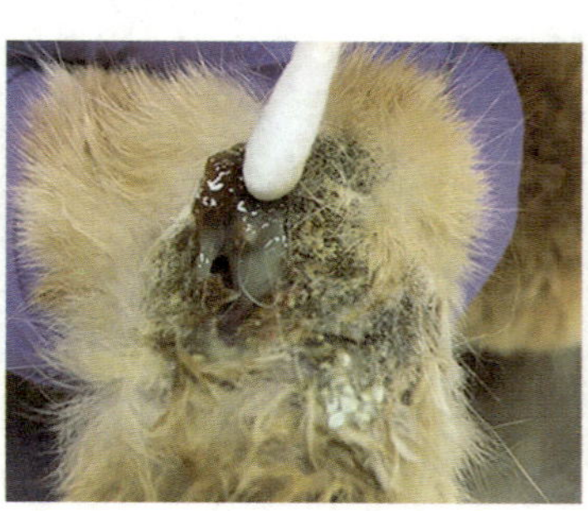

图 9-86　右前肢肘后化脓

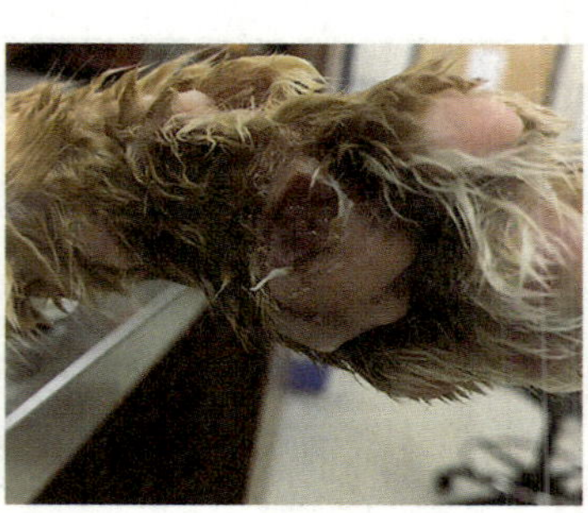

图 9-87　右前肢足垫溃疡

葡萄球菌感染，根据药敏试验结果最后选择利奈唑胺治疗，配合莫匹罗星软膏局部外用，同时继续口服泼尼松龙（2 mg/kg 体重，q24 h）。

两周后足部伤口愈合良好。但耳廓病变未见好转，且有扩大趋势，细针抽吸采集组织送检，增加口服环孢素（5 mg/kg 体重，q24 h），泼尼松龙减量（0.1 mg/kg 体重，q48 h）。耳廓组织学检查结果提示皮肤血管瘤，遂进行外科手术切除（图 9-88）。3 个月后复查，该猫恢复正常，停用所有药物（图 9-89、图 9-90）。

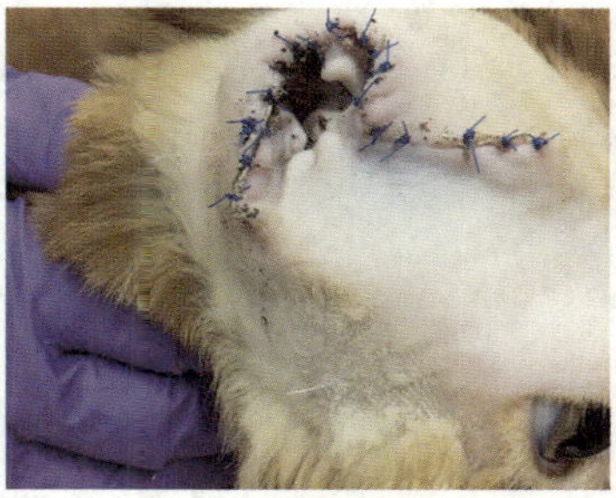

图 9-88　右耳廓切除术后

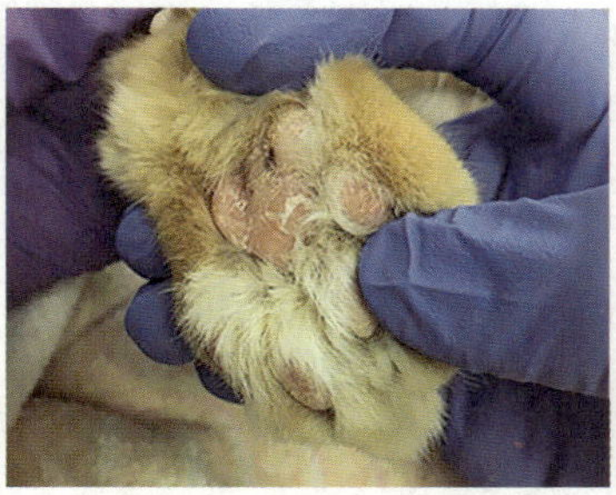

图 9-89　足垫病变预后良好

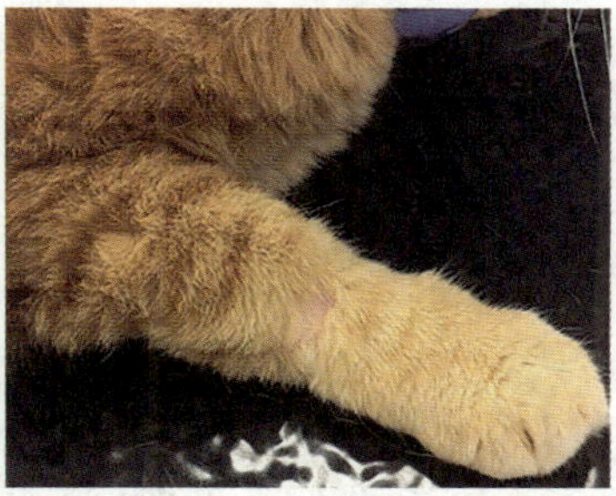

图 9-90　右前肢病变预后良好

项目十

猫常见中毒性疾病防治

学习目标

【知识目标】

★ 掌握猫常见中毒性疾病的诊治方法；

★ 了解猫常见中毒原因。

【能力目标】

★ 能规范进行猫催吐及洗胃的操作；

★ 能正确为宠主提供预防猫中毒的指导性意见。

【素养目标】

★ 培养认真负责、团结协作、爱岗敬业的职业素养，涵养医者仁心的医学人文精神；

★ 培养拯救生命的责任意识，强化守护宠物健康的使命担当。

温故知新

肝脏是重要的解毒器官，解毒功能主要是通过对各种有害物质进行生物转化和代谢实现。无论是经口摄入的毒素或是呼吸道等其他途径摄入的毒素，最终会进入血液对机体进行破坏。肝脏通过门静脉收集及首过效应，形成机体解毒的第一道防线。肝脏的解毒机制包括Ⅰ相解毒和Ⅱ相解毒两个阶段。当机体内存在毒素，无论是外源性还是内源性，都会通过门静脉进入肝脏进行代谢转化。参与肝脏Ⅰ相解毒的酶是细胞色素 P450 酶，大部分的酶都需要通过氧化、还原或者水解进行催化反应。肝脏Ⅱ相解毒通常会增加底物的水溶性和分子量，从而更容易从体内排出。肝脏的Ⅱ相解毒反应类型，包括葡萄糖醛酸化、硫酸化作用、谷胱甘肽结合、谷胱甘肽转硫酶、乙酰化作用、氨基酸结合反应、甲基化、与毒物结合等。

猫是肉食动物，对食物的要求更单一，因此与杂食动物相比，其进化出的生物转化途径更少。当猫接触到一种外源毒物，需要通过生物转化途径解毒能力不足，从而导致中毒。此外，猫体内缺乏葡萄糖醛酸转移酶，不能进行葡萄糖醛酸化，这使得猫对要通过葡萄糖醛酸化代谢的外源毒物非常敏感。猫常见外源性毒物见表 10-1。

表 10-1 猫常见外源性毒物

类别	代表性毒物
家用及化工产品	各种杀虫剂、蟑螂饵、老鼠药等
	蚊香、除虫菊酯类灭蚊剂及驱虫剂等
	各类清洁剂、消毒剂，如滴露等衣物消毒剂、未经稀释的漂白剂等
	防冻剂、含铅油漆、含氮磷钾的肥料等
	摩丝、指甲油、含精油的护肤品等美妆用品
植物	各类植物（如百合花、虎皮兰、龟背竹、滴水观音、夹竹桃、郁金香、文竹、牡丹、水仙、芦荟、常春藤等）、各类水果（如葡萄、柑橘类、樱桃、杧果、菠萝、李子、桃等）或种子（如苹果、西瓜、葡萄、柿子、石榴、荔枝、李子、樱桃、杏等）
食品	巧克力、葱蒜（包括洋葱、韭菜等）、木糖醇、葡萄干、咖啡相关产品等
药物	人用感冒药及抗抑郁药等

基础任务 〉〉〉

任务 1　对乙酰氨基酚中毒

对乙酰氨基酚也称扑热息痛，猫对其极为敏感，即使摄入少量也能引起中毒，中毒剂量为 50 mg/kg。

一、中毒机理

猫对乙酰氨基酚中毒原理主要是对乙酰氨基酚超量后会引起高铁血红蛋白血症、溶血性贫血、生成海因茨小体及肝细胞坏死。

对乙酰氨基酚在肝脏中有 3 种代谢方式：葡萄糖醛酸化、硫酸化和细胞色素 P450 酶系统。对乙酰氨基酚 90% 经葡萄糖醛酸化及硫酸化代谢，并代谢为无毒物质经胆汁和尿液排出。而猫缺乏葡萄糖醛酸转移酶，不能将对乙酰氨基酚代谢为无毒代谢产物。此外猫利用细胞色素 P450 酶系统代谢对乙酰氨基酚，产生 N- 乙酰醌亚胺（N-acetylbenzoquinoneimine，NAPQI），正常情况下，NAPQI 与谷胱甘肽结合以去除毒性，而谷胱甘肽是细胞抗氧化剂，保护细胞免受氧化损伤，谷胱甘肽被 NAPQI 耗竭后，导致细胞氧化损伤。随后，NAPQI 通过与肝细胞膜上的硫基结合并损害脂质双层而导致肝损伤。

随着 NAPQI 的持续累积，亚铁血红蛋白被氧化为高铁血红蛋白，使红细胞失去携氧能力，出现高铁血红蛋白血症，导致组织缺氧。此外受损的血红蛋白沉积于红细胞膜上，形成海因茨小本，导致红细胞脆性增加，使红细胞容易破裂，最后出现溶血性贫血。

二、临床表现

早期症状包括精神沉郁、厌食、呕吐及流涎，还可能出现腹痛。在 24 h 内会出现高铁血红蛋白血症，表现为体温下降、黏膜发绀（图 10-1）、心率加快、呼吸急促等，也可能出现黏膜黄染、面部及足部水肿（图 10-2）、排棕色尿液等情况。若不及时治疗，可导致猫的死亡。

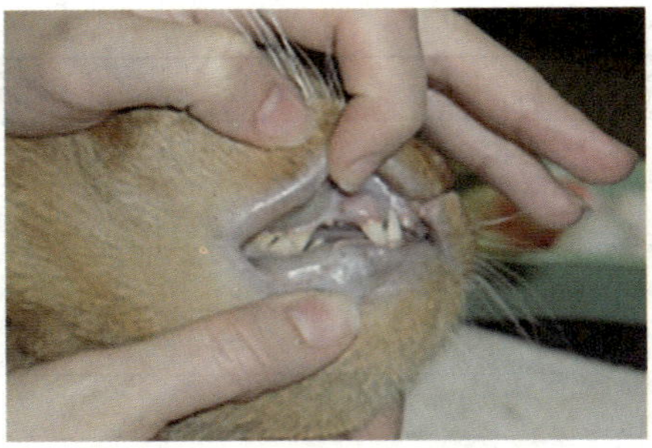

图 10-1　高铁血红蛋白血症引发缺氧表现——黏膜发绀

图 10-2　足部及面部水肿

三、诊断

猫对乙酰氨基酚中毒的诊断主要依据临床表现、主人提供的药物接触史以及实验室检查。临床上，猫可能出现呕吐、嗜睡、呼吸困难、黄疸等症状。若存在可能接触含有对乙酰氨基酚的药物的情况，应高度怀疑中毒。

实验室诊断包括血常规与血涂片、血清生化、尿液、血气等检查。采血时，可观察到血液呈棕色（图 10-3），这是高铁血红蛋白血症典型颜色。血液学检查常见的异常包括溶血和高铁血红蛋白血症，血涂片可见红细胞膜上的海因茨小体（图 10-4）。生化检查中肝功能指标 ALT、AST、ALP 等水平升高，并可能伴随胆红素水平升高。

图 10-3　高铁血红蛋白血症显示棕色血液

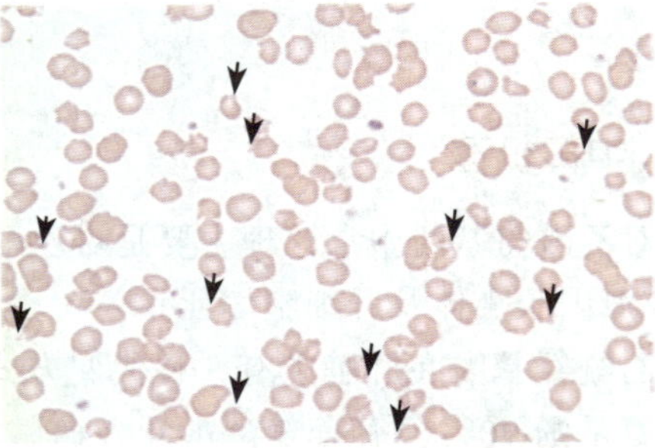

图 10-4　血涂片上的海因茨小体（箭头所示）

四、治疗

对乙酰氨基酚中毒的治疗主要是支持疗法和解毒治疗，一旦确诊或高度怀疑对乙酰氨基酚中毒，应立即开始治疗。

（一）清除毒物

若猫在摄入 2 ～ 3 h 内就诊可采取催吐、洗胃或使用活性炭吸附剂以减少吸收。活性炭可以通过口服或通过鼻饲管给药，剂量为 1 ～ 4 g/kg 体重，按 1g 活性炭兑 5 mL 水进行口服给予，用于吸附残留在胃肠道中的毒素，减少其进一步吸收。

（二）特效药解毒

N- 乙酰半胱氨酸（N-acetylcysteine，NAC）是一种有效的解毒剂，它可以作为谷胱甘肽的前体，提供 NAC 可以增加体内谷胱甘肽的含量，从而结合 NAPQI，去除毒性，同时还具有抗氧化的功能。初次使用剂量为 140 mg/kg，PO 或 IV，q4 ～ 6 h，随后按 70 mg/kg 体重的剂量每 6 h

给予1次，连续治疗7次，如果仍存在临床症状，则继续使用。

此外，西咪替丁可抑制细胞色素P450，限制有毒代谢产物的产生，推荐剂量5～10 mg/kg体重，PO，q6～8 h。维生素C有助于将高铁血红蛋白还原为亚铁血红蛋白，使用剂量为30 mg/kg体重，q6～12 h，PO或IV。

（三）保护肝脏

可选择S-腺苷甲硫氨酸、水飞蓟素等治疗，以保护肝细胞免于氧化伤害。

（四）对症治疗

进行支持治疗，如输氧、止吐、补液、纠正电解质紊乱和酸碱平衡，以及监测并处理可能发生的凝血障碍。必要时，可考虑输血疗法。

小贴士

猫对乙酰氨基酚中毒治疗目标是补充谷胱甘肽，将高铁血红蛋白转化为亚铁血红蛋白，预防或治疗肝坏死。

五、预后

猫对乙酰氨基酚中毒的预后取决于动物摄入的药量和接受治疗的时间。如果治疗不及时，则预后不良。

六、预防

预防方法包括应避免将药物置于猫可触及的地方，严格按照宠物用药指导原则，避免人药猫用等。

思考与练习

1. 猫对乙酰氨基酚中毒的剂量是（　　）。
   A. 20 mg/kg　B. 30 mg/kg
   C. 40 mg/kg　D. 50 mg/kg
2. 猫对乙酰氨基酚中毒的机理不包括（　　）。
   A. 导致高铁血红蛋白血症　B. 导致溶血性贫血
   C. 生成豪杰氏小体　D. 导致肝细胞坏死
3. 猫对乙酰氨基酚中毒的临床表现包括（　　）。（多选）
   A. 呕吐　B. 黏膜苍白或发绀
   C. 呼吸困难　D. 多饮多尿
4. 猫对乙酰氨基酚中毒诊断的主要依据是（　　）。（多选）
   A. 病史调查　B. 临床表现
   C. 实验室检查　D. 影像学检查
5. 以下可用于猫对乙酰氨基酚中毒治疗的药物是（　　）。（多选）
   A. N-乙酰半胱氨酸　B. 雷尼替丁
   C. 西咪替丁　D. S-腺苷甲硫氨酸

任务2 阿维菌素中毒

阿维菌素中毒是由猫摄入或接触的阿维菌素超过其能够承受的剂量所致，阿维菌素是宠物临床常用的针对线虫及体外寄生虫的驱虫药，同类产品包括伊维菌素、多拉菌素、塞拉菌素等，在安全剂量内对猫无毒。若猫用药剂量超过 2.5 mg/kg 时可出现临床症状，如共济失调、瞳孔散大和呕吐，而当剂量大于 5 mg/kg 时，可出现震颤、失明、癫痫发作、呼吸衰竭和昏迷甚至死亡。

一、中毒机理

小剂量的阿维菌素对机体无明显的毒性，但是高浓度的时候，药物可以通过血脑屏障而对中枢神经系统产生抑制作用。它主要是干扰神经生理活动，刺激突触前神经末梢 γ 氨基丁酸(GABA)的释放，使 GABA 与突触细胞上的受体结合能力增强，导致中枢神经系统以及神经肌肉传导受阻，发生迟缓性麻痹而死亡。而阿维菌素引起猫失明的机制尚不明晰。

二、临床表现

猫阿维菌素中毒的临床表现主要包括神经系统的症状，如共济失调、震颤、呕吐、流涎、呼吸困难等。在严重的情况下，猫可能会出现抽搐、昏迷甚至死亡。眼部症状是阿维菌素中毒的一个重要特征，可能出现瞳孔散大(图 10-5)、失明和视网膜脱落等情况。

图 10-5　阿维菌素中毒导致瞳孔散大

这些症状可能在用药后的几小时内出现，也可能在用药后的几天或几周内出现，通常持续时间不定。

三、诊断

阿维菌素类中毒的诊断主要根据猫的药物接触史、临床表现和对其他相关疾病的排除。生活中，很多宠主会自购宠物驱虫药用于猫，往往容易导致误用或超量使用的问题，这也是猫发生阿维菌素中毒的常见原因。

目前，尚无直接能检测猫体内阿维菌素浓度的标准检测方法，常规的实验室检查可以用于评估有无其他并发问题。

四、治疗

阿维菌素中毒后无特效解救药物，治疗以去除毒物和支持性治疗为主。由于阿维菌素为脂溶性，可以输注脂肪乳溶液治疗，方法为按 1.5 mL/kg 体重静脉注射 20% 的脂肪乳 5 min 以上，然后按 0.25 mL/(kg·min)输注 30 min。如出现抽搐，也可以使用抗惊厥药物控制神经症状发作，如使用丙泊酚进行匀速输注。其他支持性治疗包括维持体液平衡，营养支持等。

五、预防

避免给猫使用或接触阿维菌素相关产品，若使用应佩戴项圈，防止误舔。若家中有宠物犬使用相关产品，应将犬进行隔离，防止猫误舔中毒。自购驱虫药时应使用猫专用的驱虫药，并仔细阅读说明书，按推荐剂量给药。

小贴士

猫误用犬驱虫药或误舔含有阿维菌素相关驱虫药是中毒的主要原因，因此需要对宠物主人进行科学普及，使用猫专用驱虫药或安全系数更高的驱虫药，避免发生中毒。

思考与练习

1. 以下不属于猫阿维菌素中毒的原因是（　　）。
   A. 误食阿维菌素　　B. 过量使用
   C. 将其他宠物的相关产品用于猫　　D. 常量使用
2. 以下不属于阿维菌素中毒的症状是（　　）。
   A. 瞳孔散大　　B. 失明
   C. 肌肉震颤　　D. 过度兴奋
3. 以下关于猫阿维菌素中毒表述正确的是（　　）。
   A. 猫坚决不能用阿维菌素相关产品
   B. 猫阿维菌素中毒无特效解救药物
   C. 猫中毒后无药可救，最后都会死亡
   D. 猫阿维菌素中毒最可靠的诊断依据是血液学检查

进阶任务

任务 3　百合花中毒

百合花是常见的观赏花，百合花的每一部分对猫来说都有毒，包括花瓣、叶子、茎和花粉。百合花主要对猫肾脏有极强的毒性，可导致肾小管坏死。

百合属植物如复活节百合、观星百合、亚洲百合、虎百合、日本百合等，以及萱草属的百合（黄花菜）已被证明会导致猫的肾毒性。常见引起猫中毒的百合科植物见表 10-2。

表 10-2　常见引起猫中毒的百合科植物

种属	代表性品种	毒性	图片
真百合属	复活节百合	肾毒性	
真百合属	观星百合	肾毒性	
	日本百合		
	亚洲百合		
	虎皮百合		
	香水百合		
萱草属	黄花菜	肾毒性	
铃兰属	铃兰	强心苷	

一、中毒机制

中毒机制尚不明晰，但普遍认为猫摄入百合花会引发急性肾损伤，毒素破坏肾小管上皮细胞，导致细胞死亡和脱落，引起急性肾小管性肾炎。

小贴士

百合花的任一部位均对猫有剧毒，包括浸泡过花叶的水。因此，养猫家庭应避免摆放百合类植物。

二、临床表现

猫在摄入百合花 3 h 内可出现呕吐、流涎、嗜睡、厌食等，随后在 12 ～ 48 h 内出现急性肾损伤，由多饮多尿、脱水逐渐过渡到少尿或无尿的症状，也可能出现定向障碍、共济失调、面部和足部水肿、癫痫发作等。摄入后 3 ～ 7 d 内，随着症状逐渐恶化，就会发生死亡。

以上临床症状的出现，可能根据不同个体猫的年龄、体质、摄入毒素的量以及对毒素处理的能力不同而有所差异。

三、诊断

本病需要通过病史、临床表现、物理学检查和实验室检查等进行诊断。

（一）病史及临床表现

了解患猫近期是否接触过百合花，宠主通常能提供猫是否有采食植物的习惯，或家中近期有摆放百合花这类的信息。其次可观察临床表现，如恶心、呕吐、食欲下降以及急性肾损伤的临床症状等。通过触诊肾脏，可能出现肾脏肿大或敏感性增加。

（二）其他检查

猫百合花中毒通常导致急性肾损伤，通过血液学和尿液检查可评估肾功能以及其他可能并发的问题，为治疗提供参考依据。血液生化检查常常表现为 SDMA、BUN、CREA、血磷及血钾等肾脏指标显著升高，尿液检查可能出现管型尿、蛋白尿、糖尿、等渗尿等。

在得出初步诊断后，可通过进一步的腹部超声来帮助评估肾脏的结构和功能，以及确定是否存在其他并发疾病。

四、治疗

猫百合花中毒无特效解救药物，主要治疗方案是清除毒素和后续支持治疗。

（一）去除毒素

一旦发现猫可能摄入了百合，首先应立即去除毒素。如果能在猫接触百合的 2 ～ 3 h 内就诊通过催吐、洗胃或口服活性炭，可以大幅度降低毒素被吸收的风险。若有花粉黏附在患猫皮肤或被毛上，应及时清洗去除。

（二）支持治疗

治疗猫百合花中毒的最关键因素是在肾病无尿期发展之前积极地开始液体治疗，以防止脱水及维持充足的尿量并将毒素排出体外。同时，定期监测肾脏指标，以评估肾损伤的程度和液体治疗的效果。对于已经处于急性肾损伤少尿期的病例，通过利尿治疗效果不理想，最好进行更加有效的肾脏替代疗法。

治疗期间应监测肾脏指标变化及尿量，用于评估治疗效果及预后。一旦呕吐得到控制，可考虑通过饲管给予营养。

五、预后

预后取决于肾脏损伤的严重程度，若在 18 h 内给予早期治疗则预后良好，若不及时治疗或持续性少尿或无尿，则预后不良。

六、预防

预防本病的关键是避免猫接触百合花，禁止摆放百合花或含有百合成分的花卉装饰品。外出的猫，也要留意避免其接近种植的百合。

思考与练习

1. 猫百合花中毒会导致（　　）。

A. 肝毒性　　B. 肾毒性

C. 肺毒性　　D. 胃肠毒性

2. 关于百合花，以下对猫有毒的部分是（　　）。

A. 花瓣　　B. 叶片

C. 花粉　　D. 以上都是

3. 关于猫百合花中毒说法错误的是（　　）。

A. 猫中毒后通常可自行痊愈

B. 猫中毒后主要引起急性肾损伤

C. 严重中毒者，最好进行肾脏替代疗法

D. 本病最好结合病史、临床检查及实验室检查进行综合诊断

任务4　除虫菊酯类中毒

除虫菊酯是干燥菊属植物除虫菊花的提取物，很早就用于驱杀害虫。常见的除虫菊酯类杀虫剂有溴氰菊酯、氯氰菊酯、氰戊菊酯，家庭常用产品如宠物驱虫剂、杀虫剂、蚊香、蚊香液及部分驱蚊水等均含有除虫菊酯类成分。

猫对除虫菊酯类化合物极度敏感，可导致神经毒性，中毒通常因误用含有高浓度的除虫菊酯类的宠物驱虫剂导致。

一、中毒机理

除虫菊酯主要作用于细胞膜上的钠离子通道和氯离子通道，可兴奋神经和肌肉细胞，最终引起骨骼肌功能紊乱。此外，除虫菊酯对感觉神经末梢的作用还会引起动物感觉异常。

猫对拟除虫菊酯十分敏感，尤其是最常用的氯菊酯对猫来说是剧毒，菊酯类主要由氧化以及葡萄糖醛酸化作用代谢，但是猫的肝脏葡萄糖醛酸化能力低，所以更易发生中毒。

二、临床表现

猫通常在接触后数小时至 48 h 内出现中毒表现。初期症状可能包括感觉过敏、呕吐、厌食、腹泻等，进而发展为神经系统症状，如癫痫发作、流涎、震颤、抽搐（包括颜面神经抽动、耳朵抖动）、瞳孔散大和共济失调等。严重者可能出现惊厥、昏迷乃至死亡。部分猫还可能出现超敏反应，比如红斑、丘疹或水疱。

三、诊断

本病诊断主要包括病史、临床症状以及实验室检查。

病史调查对本病具有诊断意义，详细询问宠物主人是否使用过含有除虫菊酯类成分的驱虫产品或者摄入其他含有此成分的制品。其次，观察患猫是否表现出典型的中毒症状，如神经系统及消化系统症状。

实验室检查虽无诊断意义，但可用于评估患猫全身状况，为治疗提供依据。存在严重肌肉抽动的病猫可能导致横纹肌溶解症，此时可见肾脏指标的上升及肌红蛋白尿。直接的毒物检测比较困难，因此在病史不明情况下，需要排除其他可能导致类似临床症状的疾病。

四、治疗

猫除虫菊酯中毒无特效解毒药物，可采取以下方案进行处理。

（一）紧急处理

首要治疗步骤是立即停止毒物的暴露，将中毒猫从污染环境中移出，并迅速清洗皮肤上的残留化学物以降低吸收。猫摄入了毒物，如果中毒时间较短，可考虑采取催吐、洗胃或使用活性炭吸附剂以减少吸收。

（二）控制癫痫

控制癫痫发作、震颤或抽搐是最核心的治疗目标，肌肉松弛剂美索巴莫是首选药物，剂量为 50～200 mg/kg，IV。可选择苯二氮卓类药物（如地西泮或咪达唑仑）、丙泊酚或阿法沙龙，禁用吩噻嗪类镇静剂。当药物对癫痫治疗无效时，立即使用气体麻醉。唾液分泌过多时，可使用阿托品控制。此外，静脉注射脂肪乳可有助于结合毒素，减少其毒性作用。

（三）支持治疗

支持治疗包括维持电解质平衡、纠正脱水、维持体温等，必要时应进行吸氧处置。一旦动物稳定下来，应选择温和的清洁剂彻底清洗皮毛上残留的毒物。

五、预后

大多数情况下，只要及时治疗，一般预后良好，中毒严重者可能导致死亡。

六、预防

为预防猫除虫菊酯中毒，应避免使用含除虫菊酯成分的杀虫剂产品。猫与犬一起饲养时，避免给犬使用可能对猫有害的除虫菊酯类产品，因为猫可能会舔舐犬的皮毛，更加不能将犬的相关驱虫产品用于猫。

思考与练习

1. 猫除虫菊酯类药物中毒的主要原因是(　　)。
   A. 家里使用除虫菊酯类蚊香片　　B. 使用除虫菊酯类体外驱虫药
   C. 家里使用除虫菊酯类蚊香液　　D. 使用除虫菊酯类环境杀虫剂
2. 猫除虫菊酯类药物中毒的主要神经症状是(　　)。
   A. 精神抑郁　　B. 精神兴奋　　C. 共济失调　　D. 肌肉痉挛和抽搐
3. 猫除虫菊酯类药物中毒的核心治疗方案是(　　)。
   A. 补液　　B. 洗澡　　C. 控制神经症状　　D. 吸氧
4. 只要使用除虫菊酯的产品就会导致猫的中毒。(　　)
   A. 正确　　B. 错误
5. 猫发生除虫菊酯类药物中毒应立即进行催吐。(　　)
   A. 正确　　B. 错误

拓展任务 〉〉〉

任务 5　杀鼠药中毒

杀鼠剂通常用于家庭、花园、农场和工业场所及其周围。猫可能会吃啮齿动物的诱饵,但更常见的是由于猫捕捉并吃了有毒的啮齿动物而中毒。引起中毒的灭鼠剂有多种类型,具体治疗需要根据不同药物采取对应治疗方案。

一、溴鼠灵

(一)作用机理

溴鼠灵的作用机理为氧化磷酸化脱偶联反应,引起神经系统的髓鞘空泡化而导致脑水肿。

(二)临床表现

食入后 2～7 d 出现临床症状,有些会推迟至两周后,表现为共济失调、震颤、抽搐甚至瘫痪等。

(三)治疗

催吐或活性炭治疗;给予苯巴比妥、地西泮等镇静药物;维持水合状态,提供营养支持;治疗脑水肿。预后不良,死亡率高。

二、胆钙化醇 / 维生素 D3

(一)作用机理

胆钙化醇的作用机理为增加胃肠对钙磷吸收,血钙升高,引起急性肾损伤。

(二)临床表现

呕吐、厌食、嗜睡、多饮多尿等。

(三)治疗

催吐或活性炭治疗;针对急性肾损伤和高血钙进行治疗。

三、香豆素类及茚二酮类杀鼠剂

此类杀鼠药包括华法林、杀鼠酮、溴敌隆、溴鼠灵、敌鼠钠盐等。

（一）作用机理

抑制凝血因子在肝脏中的合成，拮抗维生素 K 的凝血作用。

（二）临床表现

食入后最快在 36 ~ 72 h 后出现症状，但也有可能长达 2 ~ 4 周后才出现症状。猫常出现嗜睡、食欲不振、血肿或淤血斑、黏膜苍白、呼吸困难等。

（三）治疗

催吐或活性炭治疗；维生素 K_1，2.5 mg/kg，SC，然后每天口服 0.25 ~ 2.5 mg/kg，持续 1 周；输血治疗。

四、士的宁

（一）作用机理

拮抗抑制性神经传导物质甘氨酸。

（二）临床表现

神经质、僵硬或僵化、抽搐、瞳孔散大、流涎、呼吸衰竭等。

（三）治疗

催吐或活性炭治疗；镇静、利尿、吸氧等。

五、磷化锌

（一）作用机理

磷化锌进入胃内酸性环境会释放磷化氢气体，导致胃肠道刺激及窒息。

（二）临床表现

厌食、昏睡、吐血、腹痛、共济失调、抽搐及呼吸困难等。

（三）治疗

摄入 8 h 内用碳酸氢钠洗胃；止吐、保护胃黏膜；维持水合状态及其他对症治疗。预后不良，死亡率高。

思考与练习

猫发生敌鼠钠盐中毒时主要症状是（　　）

A. 黄疸　　B. 出血　　C. 抽搐　　D. 肺水肿

技能强化

技能训练 1 催吐技术

催吐是猫中毒性疾病治疗的常见方法，催吐的目的是从上消化道中尽可能多地清除摄入的毒物，并限制其进一步被吸收。

催吐药物

猫常用催吐药物包括赛拉嗪及右美托咪定两种（表 10-3）。

表 10-3　猫常用催吐药物

催吐药物	机理	剂量	副反应	注意事项	解救药物
右美托咪定	作用于呕吐中枢引起猫呕吐	7-10 μg/kg，IM 或 3.5 μg/kg，IV	外周血管收缩、高血压、心律失常和反射性心动过缓	对于患有心脏病或血流动力学不稳定的猫应谨慎使用	阿替美唑 0.1～0.3 mg/kg，IM
赛拉嗪		0.44 mg/kg，IV 或 1.1 mg/kg，SC 及 IM	高血压、低血压、心动过缓、中枢神经系统抑制和镇静	患有心脏病或血流动力学不稳定的猫应考虑替代药物	育亨宾 0.1 mg/kg，IM

注意事项

催吐通常采用皮下、肌内或静脉注射，药物使用后 5～10 min 发挥作用，应密切观察动物反应，催吐最常见的并发症是吸入性肺炎或摄入物质无法有效吐出等。不推荐使用双氧水对猫催吐，可能会导致出血性胃炎。

禁忌症

➢ 摄入腐蚀性物质的猫：如摄入漂白粉、化学品等，此时催吐会让腐蚀性物质再度经过食道，造成二次损伤。

➢ 有吸入性肺炎高风险的猫：有神经症状、癫痫、喉麻痹、昏迷或极度虚弱时，动物的吞咽反射变差，此时催吐可能会导致窒息或吸入性肺炎。

➢ 已经呕吐多次的猫：此时催吐效果较差。

➢ 有心血管疾病的猫：催吐可能会刺激迷走神经，导致心搏徐缓甚至心脏停止。

➢ 腹壁有伤口的猫：如果刚做完开腹手术，腹壁尚未愈合，催吐可能造成腹压上升，使缝线或伤口裂开。

技能训练 2　洗胃技术

适应症

在不能催吐或催吐后不能达到预期的情况下，可进行洗胃，洗胃在摄食毒物后 2 h 以内效果较好。

材料准备

18Fr 胃管或胃窥镜、温生理盐水、镇静或麻醉设备等。

操作流程

➢ 麻醉和镇静：鉴于洗胃是一个侵入性程序，需要给猫适量的镇静剂或麻醉剂以减轻压力和不适。

➢ 插入胃管：润滑胃管后，小心地将胃管通过口腔，沿舌面插入食道后进入胃部。确认胃管位置，可以通过注入少量空气听胃内是否有气泡声或抽取胃内容物来确认。

➢ 洗胃：缓慢注入 5～10 mL/kg 生理盐水，然后轻轻按摩腹部，随后将液体抽出。根据情况反复操作，直到洗出液清澈无异物。

➢ 胃黏膜保护：洗胃后，可能需要给予活性炭吸附剩余毒物，并提供胃黏膜保护剂等药物，减少胃部损害。

➢ 监测和后续处理：洗胃后，需密切监控猫的生命体征，稳定其生理状态，必要时进行进一步治疗。

思维提升

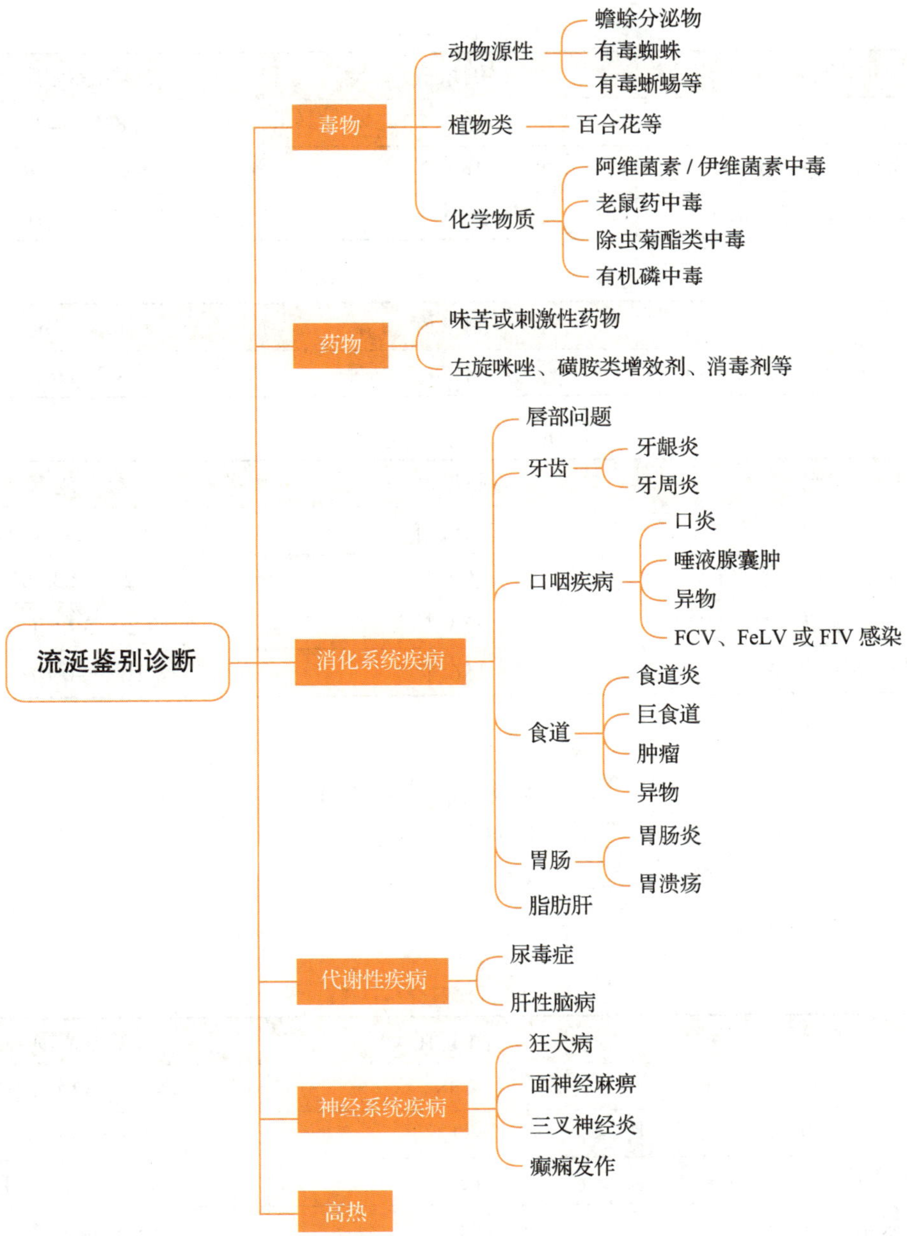

图 10-6　美国短毛猫患猫

病例分析

美国短毛猫，8 岁，3.5 kg，公，主诉该猫从昨天至今频繁呕吐，先是猫粮，后是黄色黏液，精神差，无食欲，主人说前几天朋友送来水仙花的叶子有咬过的痕迹，怀疑中毒（图 10-6）。

体格检查：体温 37.7 ℃，呼吸 25 次 /min，心率 146 次 /min，触诊腹部较为敏感。

血液学检查：结果见表 10-4 至表 10-6。

表 10-4　血常规检查结果

项目	测量值	参考范围
红细胞比容（HCT）	50.7 ↑	28% ~ 49%
血红蛋白（Hb）	164 ↑	93 ~ 153 g/L
平均红细胞体积（MCV）	58.4 ↑	39 ~ 52 fL

表 10-5　血清淀粉样蛋白 A 检查结果

项目	测量值	参考范围
血清淀粉样蛋白 A（SAA）	1.54	<2 mg/L

表 10-6　血液生化检查结果

项目	测量值	参考范围
葡萄糖（GLU）	23.87 ↑	4.11 ~ 8.84 mmol/L
丙氨酸氨基转移酶（ALT）	702 ↑	8.2 ~ 123 U/L
天冬氨酸氨基转移酶（AST）	273 ↑	9.2 ~ 39.5 U/L
碱性磷酸酶（ALP）	156 ↑	10 ~ 90 U/L

血液学检查结果有什么问题？

血气分析：结果见表 10-7。

表 10-7　血气分析结果

项目	测量值	参考范围
钠（Na）	138	147 ~ 162 mmol/L
氯（Cl）	113	112 ~ 129 mmol/L
二氧化碳总量（TCO_2）	12 ↓	16 ~ 25 mmol/L
尿素氮（BUN）	13 ↓	15 ~ 34 mg/dL

续表 10-7

项目	测量值	参考范围
葡萄糖(GLU)	276 ↑	60～130 mg/dL
红细胞比容(HCT)	42 ↑	24%～40%
酸碱度(pH)	7.1 ↓	7.25～7.4
二氧化碳分压(PCO_2)	36.3	33～51 mmHg
碳酸氢根(HCO_3^-)	11.2 ↓	13～25 mmol/L
碱剩余(BEecf)	18	10～27 mmol/L
血红蛋白(Hb)	14.3 ↑	8～13 g/dL

血气分析结果你发现了什么？

你的诊断结果是什么？

你的治疗方案是什么？

思考与练习答案

项目一任务1:ABC;ABCDE;AC;B;B
项目一任务2:D;D;C;A;D
项目一任务3:D;D;A;D;ABCD
项目一任务4:B;A;B;B;A

项目二任务1:BC;E;C;B;ABCD;B
项目二任务2:ABD;C;AB;A;B
项目二任务3:B;B;D;A;B
项目二任务4:AC;D;D;B;B
项目二任务5:D;AB;C
项目二任务6:A;C
项目二任务7:BD;D;A
项目二任务8:C;ABCDE;AC
项目二任务9:A;C;ABCD;A;D
项目二任务10:A;B

项目三任务1:B;B;D;A;B
项目三任务2:A;B;B;A;B
项目三任务3:B;A;A;B;B
项目三任务4:D;B;A;A;A
项目三任务5:B;BC;C;D;C
项目三任务6:A;B;A;B;A
项目三任务7:B;B;A;A;B
项目三任务8:B;D;ABCD;A;A
项目三任务9:B;B;D;A;D
项目三任务11:B;D;A;A;B

项目四任务1:AB;BD;BCD;AB;C
项目四任务2:ABCD;A;C
项目四任务3:C;A;D;D;ABCD

项目五任务1:B;D;A;B;A
项目五任务2:B;D;A;D;B
项目五任务3:D;B;B;D

项目六任务1:ACDE;ABCD;ABCD;ABC;A
项目六任务2:ABC;C;ABC;C;ABCD
项目六任务3:A;A;A;B;B

项目七任务1:AC;ABCD;B;A;A
项目七任务2:A;ABCD;B;B;A
项目七任务3:ABC;ABC;A;D;ABD

项目八任务1:A;B;B;B;C
项目八任务2:A;B;A;B;B
项目八任务3:B;A;B;B;A

项目九任务1:B;D;ABCD;C;C
项目九任务2:BCD;ABC;C
项目九任务3:ACD;ABCD;AC
项目九任务4:D;ABCD;D;B;A
项目九任务5:B;ABC;D;B;ABC

项目十任务1:D;C;ABC;ABC;ACD
项目十任务2:D;D;B
项目十任务3:B;D;A
项目十任务4:B;D;C;B;B
项目十任务5:B

参考文献

[1][美]Gary D.Norsworthy,Lisa M.Restine. 猫病学[M]. 5版 赵兴绪,译. 沈阳:辽宁科学技术出版社,2021.

[2][加拿大]Susan E.Little. 猫内科学[M]. 7版. 张海霞,夏兆飞,译. 武汉:湖北科学技术出版社,2020.

[3][澳]Andrea Harvey,[英]Severine Tasker. 猫科诊疗基础指导手册[M]. 毛军福,崔丽丽,董轶,译. 沈阳:辽宁科学技术出版社,2023.

[4][美]Ilona Rodan, Sarah Heath. 猫行为健康和福利[M]. 陈江楠,夏兆飞,译. 北京:中国农业科学技术出版社,2018.

[5][英]Ian Ramsey. 小动物药物手册[M]. 7版. 袁占奎,裴增杨,译. 北京:中国农业出版社,2014.

附录

缩略语

简写	对应中文
kg	千克
mg	毫克
d	天
PO	口服给药
SC	皮下给药
IV	静脉给药
IM	肌内注射
SID	一天一次给药
BID	一天两次给药
TID	一天三次给药
q8 h	每 8 小时给药一次
q12 h	每 12 小时给药一次
q24 h	每 24 小时给药一次